現代数学への入門　新装版

代数入門

現代数学への入門　新装版

代数入門

上野健爾

岩波書店

まえがき

本書は代数を通した現代数学への入門書である．数学を代数学，幾何学，解析学などと分けるのは便宜的なものである．1つの数学的対象がいくつもの側面を持っていることからも，数学を代数，幾何，解析と厳密に分類することは不可能であることが分かる．

代数学と呼ばれる数学の分野は，主として，四則演算(加減乗除)およびその一般化にあたる演算をもとにして数学的対象を考察する．その際に，幾何学的観点や解析学的観点からの考察が大切な役割をすることも多い．逆に幾何学や解析学で代数学的観点が大切な役割をすることも多い．本書では，代数学的観点を主としながらも，取り扱う対象の種々の側面をできる限り述べることとした．

本書の前半部，第1章から第4章で取り扱う範囲は，高校数学での「数と式」の部分にあたる．西洋の数学にせよ，江戸時代に特異な発展をとげた和算にせよ，未知数を文字を使って表示する方法が確立して数学が一大発展をしたことを考えるとき，「数と式」の持つ意味の大切さはいくら強調しても強調したりないものがある．こうした点をふまえて，第4章までは数と式について紙数の許す限り詳しく述べることとした．

第4章までの議論は第5章以降でさらに高い立場に立って深められる．有理数全体や実数全体が持つ性質が抽象化されて体となり，整数全体や多項式全体が持つ性質が抽象化されて可換環となることは第6章と第7章で述べる．こうした可換環や体という抽象的な概念を自己のものとしたとき，逆に整数全体や有理数全体の持つ代数的な性質が明らかになる．また，そのことを通して方程式を解くことの意味も明らかになる．数学的な対象を抽象的に捉えることの重要性を本書を通して理解されることを希望する．

ところで，整数全体や実数全体といった観点から数を考えることは大切であるが，個々の整数や実数にも興味ある性質を持ったものがある．こうした具体的な問題も数学的には大変おもしろい．本書ではこうした点にもできるだけ触れることとした．

すでに述べたように，文字式を自由に使えるようになって，数学は一大発展をとげた．分かってしまえばさして難しいとも思えない文字式であるが，そこに秘められている数学的内容は豊富である．本書前半部では，文字式の持つ基本的性質について述べ，さらに方程式についても簡単に触れた．方程式を解くために数の概念を複素数まで拡張する必要が出てきたが，第4章ではこうした歴史的観点から複素数を導入し，方程式を解くことを考える限りでは，複素数まで数を拡張しておけば十分であることを主張する代数学の基本定理で第4章までの前半部を締めくくることとした．複素数は虚数と呼ばれるように，登場したときは奇妙な数として取り扱われたが，その後の数学の進展で複素数は数学になくてはならない数となった．代数学の基本定理はその糸口となった重要な定理である．複素数は数学の様々の分野でも大切な役割をするが，本書では第6章以降も何度も登場することになる．

なお，入門書としての本書の性格から，実数について十分に論じることはできなかったので，付録に有理数の完備化として実数を捉える観点を手短かに述べた．この観点は解析学では特に重要である．また完備化の観点から p 進数という別の“数”を定義できることについても簡単に触れておいた．p 進数は数論で重要な役割をする．

本書の後半部第5章から第7章は現代代数学の基本的概念である，群，環，体の初歩について，特に体を中心として述べる．文字を使って自由に式を表現できるようになってからの代数学の中心は数論と方程式論であった．特に5次方程式の根の公式を求めることが18世紀に多くの数学者によって試みられたが成功しなかった．19世紀に入ってアーベルにより5次方程式は代数的に解くことはできないことが示され，さらにガロアによって方程式を代数的に解くことの意味づけが群の言葉を使って与えられ，代数学の新しい進展が始まった．しかし，ガロアによってその重要性を指摘された群の概念が理解され，ガロアの理論が理解されるまでにはかなりの年月を要した．しかも，それは群を置換群あるいは幾何学と関係した変換群として取り扱ったものであり，今日のように群を抽象的に定義するようになったのは19世紀も終わりになってからであった．さらに，環や体が定義され，その一般論が作られたのは20世紀に入ってからである．

このように，群，環，体という基本的な代数系が数学的対象として明確に定義されるようになってから100年しかたっておらず，現代代数学が初学者になじみにくいのは当然のことと思われる．一方では，群，環，体という基本的な代数系は，数学を記述する言葉として，現代数学のいたるところで登場する．そうした意味では，こうした代数系に早くからなじんでおくことは，現代数学を理解する上で重要なことと思われる．こうした点を考慮して，本書では，群，環，体の初歩を紙数の許す限り，非抽象的な形で述べることとした．群については置換群(対称群)を中心として，体については方程式の解法と関連させて，また環は可換環に限定して多項式環を中心として述べた．

しかしながら，第4章までと較べると，数学の調べが大きく変わってしまったととまどわれる読者もおられることと想像される．それは，深い宗教心に満ちた宗教曲や華麗なオルガン曲，イタリアへのあこがれを秘めた室内楽曲などのバッハの音楽に慣れ親しんだあとで，未完の「フーガの技法」をはじめて聞くときのとまどいに似ているかもしれない．一面の雪景色の中で奏でられるように思われる「フーガの技法」も聞き込めば聞き込むほどバッハの音楽の本質が顕れてきて，その奥に潜む音楽の素晴らしさが私達を魅了してやまないものとなってくる．それと同様に，一見，抽象的な数学の向こうに私達を魅了してやまない数学が隠れている．そこへ至るために，しばしの忍耐力が必要になることがあるのは致し方ないことではあるが．

本書では群，環，体を必要とする背景をできる限り述べることに努めたが，それは，いったんこうした抽象的な定義の必要性が分かってしまうとかえって冗長に感じられてしまう．そのこともあって，第5章以降を書く際に，代数学の特色でもあるが，代数系を天下りに抽象的に定義して，議論を展開したいという誘惑に何度もかられ，その結果，記述が中途半端になってしまったきらいがある．抽象代数学の初歩をマスターした読者にはかえって読みづらい記述になったかもしれないが，一方では，代数系を抽象的に定義することの必要性をある程度分かっていただけるのではとも思われる．本書を読まれたあとで，さらに現代代数学の入門書を読まれ，数学上の論理的な必然性に従って本書の内容を整理されることを読者への宿題とさせていただきたい．

本書は岩波講座『現代数学への入門』の「代数入門 1, 2」を単行本化したものである．講座刊行の際，忍耐強く執筆を励ましていただいた岩波書店編集部に心から感謝する．

2004 年 2 月

上 野 健 爾

学習の手引き

本書は代数学を通した数学の入門書であり，解析学や幾何学と関連する話題にも積極的に触れてある．第 4 章までは数学を抽象的に取り扱うための準備も兼ね備えている．第 4 章までで取り扱われる多くの話題は，多くの読者には既知のことと思われるが，それでも紙と鉛筆を手元において，本書の計算を自分で確かめ納得しながら読んでいただきたい．

第 4 章まではさっと斜めに読めば簡単に読めてしまうが，実は述べられていることが，第 5 章以降でいくぶん姿を変えて抽象的になって現われる．第 4 章までをていねいに読んでおれば，抽象的な記述が何を意味するのか明らかになる．そのことに十分留意して第 4 章までを読んでいただきたい．

第 1 章は，数学にとってもっとも基本的な記号について簡単に述べてある．特に，本書で何度も使う記号について述べた．また集合について述べた節があるが，これは集合論を述べたものではなく，数学を記述するための言葉としての集合について述べたものである．第 1 章を最初に読んだとき理解できない箇所があっても，後に記号が実際に出てくるときに見直していただければ簡単に理解できるので，その部分はとりあえずとばして読んでもらってかまわない．

第 2 章は数について述べてある．その多くは，当たり前であったり，計算が面倒であったりするが，本文中の例は必ず自分で計算し直して結果を確かめてほしい．

第 3 章は多項式(整式)と方程式の初歩について述べてある．多項式の部分は，整数との類似をつねに考えながら読んでいただきたい．第 7 章では整数や多項式の持つ性質が抽象化されて，可換環の理論として展開される．整数で成り立つ性質が多項式でも成り立つか，たとえば多項式の場合の合同式をどのように考えたらよいかなど本文中に述べられていないことも問題にしながら読んでいただきたい．第5章以降で，こうした疑問への解答が，時として思いもかけない形で与えられる．また，この章では微分に関連することも述べられているが，詳しいことについては本シリーズ『微分と積分1』を参照していただきたい．

第4章は複素数について述べてある．複素数の計算は実数の世界から見ると奇妙に思われることも多い．しかし，その奇妙さは，複素数の持つ固有の性質であり，実は背後に調和のとれた美しい世界が拡がっていることの現われでもある．本シリーズ『複素関数入門』の最初の部分を併読することによってさらに理解を深めることができる．

また，第4章までの演習問題は本文で述べられなかったことを多く扱っており，第5章以降への橋渡しも兼ねているので，よく考えて解いていただきたい．たとえすぐには解けなくても，考えたことによって，さらに高度な学習が可能になろう．

まえがきでも少し触れたが，第4章までに較べて，第5章以降の記述はかなり抽象的になっている部分がある．紙数の許す限り例を入れ，類似の概念も，繰り返しを厭わずできる限り何度も述べることとしたが，それでも難しく感じられる部分もあるかもしれない．そのような箇所は例や例題をよく検討し，さらにそれらにならって自ら例を作っていただきたい．特に，定義や定理に出てくる条件の一部を落とすとどのようなことが起こるのか，例を作って検討することをぜひ実行していただきたい．そのことによって，理解が深まってくる．

ところで，第4章までを読みとばしてきた読者には，第5章を読み始める前に第2章§2.1(c),(d)，§2.2および演習問題，第3章§3.2，§3.3，演習問題を紙と鉛筆を用意して熟読していただきたい．第5章以降では，こうした部分が抽象化され一般化されて述べられているからである．

また，第6章，第7章では定理の証明が多くのページにわたるものがある．§6.3(d),(e)で述べるアーベルの定理はその典型的な例である．このような部分では，証明の要点をノートに取りながら読まれると比較的理解が容易になる．

なお，本書では本文中で十分に述べることのできなかった数学上重要な事実を演習問題として出している部分がある．比較的詳しい解答を巻末にのせてあるが，最初は自力で考えていただきたい．演習問題の結果を後で使うこともあるので，演習問題を解いてから次の章へ進まれることをお勧めする．

数学記号

$\mathbb{N}$	自然数の全体
$\mathbb{Z}$	整数の全体
$\mathbb{Q}$	有理数の全体(有理数体)
$\mathbb{R}$	実数の全体(実数体)
$\mathbb{C}$	複素数の全体(複素数体)

ギリシャ文字

大文字	小文字	読み方	大文字	小文字	読み方
A	α	アルファ	N	ν	ニュー
B	β	ベータ	Ξ	ξ	クシー
Γ	γ	ガンマ	O	o	オミクロン
Δ	δ	デルタ	Π	π, ϖ	パイ
E	ϵ, ε	イプシロン	P	ρ, ϱ	ロー
Z	ζ	ゼータ	Σ	σ, ς	シグマ
H	η	イータ	T	τ	タウ
Θ	θ, ϑ	シータ	Υ	υ	ユプシロン
I	ι	イオタ	Φ	ϕ, φ	ファイ
K	κ	カッパ	X	χ	カイ
Λ	λ	ラムダ	Ψ	ψ	プサイ
M	μ	ミュー	Ω	ω	オメガ

目　　次

1 記号の使用

数学では記号が大切な役割をする．文字式を使うことができるようになって数学は飛躍的に進歩した．この章では記号の必要性について簡単にふれるとともに，後の章でよく使う記号のいくつかを導入する．

§1.1 文字と式

(a) 文字式

$1, 2, 3, 4, \cdots$ といった数を直接書かずに，ある整数を a や n といった文字を使って表わすようになって，代数学のみならず数学の進展が始まった．整数 a と整数 b とを足すと整数 c になることを

$$a+b=c$$

と表わすことができることは，分かってしまえば何でもないことであるが，このように文字を使って数式を表わすことができるようになるまでには長い長い年月を必要とした．数字を使って

$$1+2=3,$$
$$123+321=444$$

と個々の数の足し算を表わすことと，$a+b=c$ と書くことの間には大きな差がある．文字を使って表わされる式を**文字式**という．

2 個の整数 a, b の積を $a\times b, a\cdot b, ab$ などと表現する．特に間違いが生じな

いときにはabと書くことが多い．(ちなみに，数学の記号や表記法は**約束**にすぎない．したがって，正しい記号や表記法といったことはなく，誤解を生じない限りどのような記号や表記法を使ってもよい．したがって，同じことを表わすのに，上の積の表記法のように異なる記号や表記法を使うことも多い．便利で誤解の少ない表記法が望ましい．数学では歴史的なことから決まってしまった記号や表記法が多い．)

整数の積と和に関しては

$$a(b+c) = ab+ac \tag{1.1}$$

が成り立つことが知られている．(1.1)は分配法則と呼ばれるが，(1.1)の左辺は整数aに整数bとcとを足したものを掛けることを意味し，右辺はaとbを掛けたものとaとcとを掛けたものとの和を意味し，両者は定義としては違うものである．この両者が実は等しいことを主張しているのが分配法則(1.1)である．a, b, cに具体的な整数をあてはめて

$$\begin{aligned} 2\times(3+5) &= 2\times3+2\times5 \\ 81\times(8+2) &= 648+162 \end{aligned} \tag{1.2}$$

と書いてみると，(1.1)の意味していることが分かる．(1.2)では，個々の数についての等式であり，このような等式は数を変えることによっていくらでも作られる．このような個々の数に関する等式は，整数を文字を使って表わすことによって(1.1)の形に表現することができる．それだけでなく，整数の和と積の持っている性質をきわだたせてくれる点で，(1.2)のように個々の数に関する等式より優れている．文字式の使用がどんなに革新的なことであったか，おぼろげに分かっていただけると思う．

文字を使った表記法の例として**累乗**(**ベキ**(**冪**)ということも多い)の記号を導入しておこう．数aをn回掛けたもの

$$\underbrace{a\times a\times\cdots\times a}_{n}$$

をa^nと記し，aのn乗という．たとえば

$$3^2 = 3\times3 = 9,\quad 2^3 = 2\times2\times2 = 8,\quad 10^4 = 10\times10\times10\times10 = 10000$$

が成り立つ．この累乗の記号を使うと，100は10^2，1,000は10^3，10,000は

10^4 などと書くことができ，1 億は 10^8，1 兆は 10^{12} と表わすことができる．

累乗については，後に詳しく述べることにするので，ここでは次の基本的な性質を例題で確認するにとどめよう．

例題 1.1

（1） $a^m \times a^n = a^{m+n}$ を示せ．

（2） $(a^m)^n = a^{mn}$ を示せ．

（3） $(ab)^n = a^n b^n$ を示せ．

[解]

（1）

$$a^m \times a^n = (\underbrace{a \times a \times \cdots \times a}_{m}) \times (\underbrace{a \times a \times \cdots \times a}_{n}) = \underbrace{a \times a \times \cdots \times a}_{m+n} = a^{m+n}$$

（2）

$$(a^m)^n = \underbrace{a^m \times a^m \times \cdots \times a^m}_{n} = \underbrace{(\underbrace{a \times a \times \cdots \times a}_{m}) \times (\underbrace{a \times a \times \cdots \times a}_{m}) \times \cdots \times (\underbrace{a \times a \times \cdots \times a}_{m})}_{n} = \underbrace{a \times a \times \cdots \times a}_{mn} = a^{mn}$$

（3）

$$(ab)^n = \underbrace{(ab) \times (ab) \times \cdots \times (ab)}_{n} = (\underbrace{a \times a \times \cdots \times a}_{n}) \times (\underbrace{b \times b \times \cdots \times b}_{n}) = a^n \times b^n = a^n b^n$$

∎

注意 1.2　数学では，しばしば $a_1, a_2, a_3, \cdots, a_n$ とか $b_1, b_2, \cdots, b_m$ といった記号が登場する．下に小さくついている $1, 2, 3, \cdots, n$ は**添数**(suffix)と呼ばれる．アルファベットが 26 文字しかなく，大文字小文字を使っても 52 文字で文字が少なすぎるので，違う文字として使うために添数をつけて $a_1, a_2, \cdots, a_n$ などとして使う習慣がある．a の累乗 $a^2, a^3, \cdots, a^n$ とはまったく違う使い方なので注意する必要がある．また a_j の n 乗は $(a_j)^n$ と書いた方が間違いは少ないが，わずらわしいので，しばしば a_j^n と書かれる．

ところで，私達のまわりにはきわめて大きい数や小さい数が登場する．このとき累乗の記号を使うと便利である．たとえば，光の進む速度は真空中では1秒あたり約30万km，$300000\,\mathrm{km/s} = 3\times10^5\,\mathrm{km/s}$ である．現在の精密な測定によると約 $2.99792458\times10^5\,\mathrm{km/s}$ である．

では，小さな数を表示するにはどうしたらよいであろうか．後に詳しく述べるが，上の累乗の考え方を負の数にも一般化することができる．たとえば

$$10^{-1} = \frac{1}{10}, \quad 10^{-2} = \frac{1}{10^2}, \quad 10^{-3} = \frac{1}{10^3}$$

と約束する．特に

$$10^0 = 1$$

と約束すると，指数法則

$$10^m \cdot 10^n = 10^{m+n}$$

は任意の正，負の整数に対して成り立つことが分かる．

この記法を使うと，電子の質量は約

$$9.1093897\times10^{-31}\,\mathrm{kg} = 9.1093897\times10^{-28}\,\mathrm{g}$$

と表示できる．中性子の質量は約

$$1.6749286\times10^{-27}\,\mathrm{kg}$$

であり，中性子の質量は電子の質量の

$$(1.6749286\times10^{-27}) \div (9.1093897\times10^{-31}) = (1.83868\cdots)\times10^3$$

倍，約2000倍であることが分かる．自然界に現われる大きな数，小さな数を1995年度版の理科年表に基づいてコラムに記しておく．なお，さまざまな国際単位では，基準の単位の10の累乗を特別な名前をつけて呼ぶことが多い．長さの基準はm(メートル)で，1km(1キロメートル)は 10^3 m を，1mm(1ミリメートル)は 10^{-3} m を意味する．詳しくはコラムを参照していただきたい．

大きな数，小さな数

自然界にはきわめて大きな数や小さな数が登場する.

真空中の光速	c	$2.99792458\times10^{8}\ \mathrm{m\cdot s^{-1}}$
万有引力定数	G	$6.67259\times10^{-11}\ \mathrm{N\cdot m^{2}\cdot kg^{-2}}$
プランク定数	h	$6.6260755\times10^{-34}\ \mathrm{J\cdot s}$
電子の質量	m_e	$9.1093897\times10^{-31}\ \mathrm{kg}$
陽子の質量	m_p	$1.6726231\times10^{-27}\ \mathrm{kg}$
中性子の質量	m_n	$1.6749286\times10^{-27}\ \mathrm{kg}$
電子の古典半径	r_e	$2.81794092\times10^{-15}\ \mathrm{m}$
太陽の質量	S	$1.9891\times10^{30}\ \mathrm{kg}$
地球と太陽の質量比	S/E	332946
アボガドロ数	N_A	$6.0221367\times10^{23}\ \mathrm{mol^{-1}}$

単位の 10 の整数乗倍の国際単位系の接頭語.

テラ	T	10^{12}	デシ	d	10^{-1}
ギガ	G	10^{9}	センチ	c	10^{-2}
メガ	M	10^{6}	ミリ	m	10^{-3}
キロ	k	10^{3}	マイクロ	μ	10^{-6}
ヘクト	h	10^{2}	ナノ	n	10^{-9}
デカ	da	10	ピコ	p	10^{-12}

1 センチメートル $= 1\ \mathrm{cm} = 10^{-2}\ \mathrm{m}$

1 ミリメートル $= 1\ \mathrm{mm} = 10^{-3}\ \mathrm{m} = 10^{-1}\ \mathrm{cm}$

1 ナノ秒 $= 1\ \mathrm{ns} = 10^{-9}\ \mathrm{s}$

1 メガヘルツ $= 1\ \mathrm{MHz} = 10^{6}\ \mathrm{Hz}$

1 ヘクトパスカル $= 1\ \mathrm{hPa} = 10^{2}\ \mathrm{Pa}$

ところで，文字式が誕生する以前は，幾何学的に数式の内容を表示することが行なわれていた．2辺の長さが x, y である長方形の面積が xy であることを使い，積 xy を長方形の面積と解釈して数式を考えるわけである(図1.1).

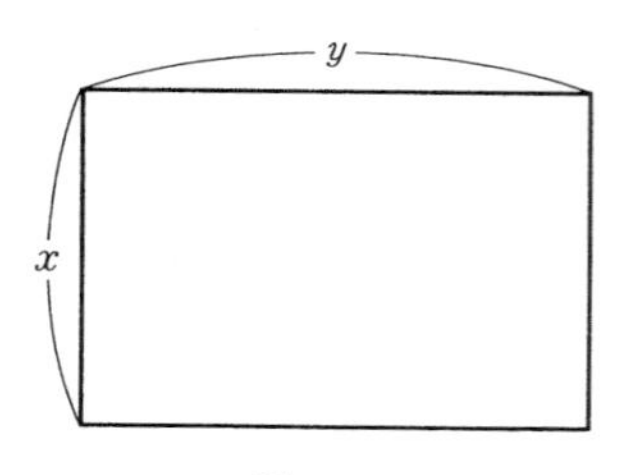

図1.1

たとえば，式(1.1)は2辺が $a, b+c$ の長さの長方形を考え，図1.2のように長方形を2つの部分に分けてみる．

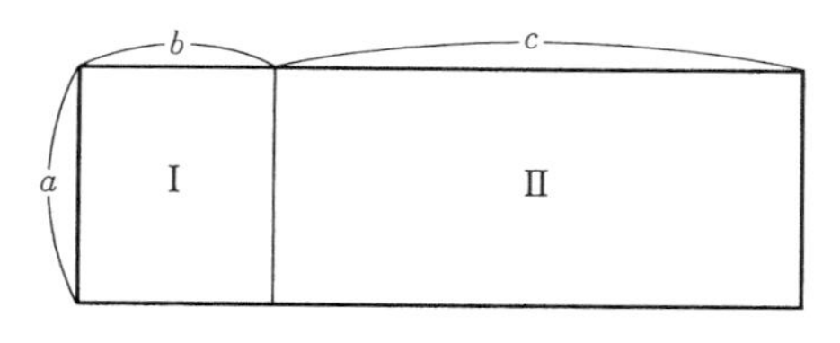

図1.2

長方形I, IIの面積はそれぞれ ab, ac であり，その和は本来の長方形の面積 $a(b+c)$ と等しい．これが，等式(1.1)を表わしていると考えることができる．

こうした，図形による解釈は便利なことも多い．1辺の長さが $(a+b)$ の正方形を図1.3のように4個の長方形に分けると，その面積の和は

$$a^2+2ab+b^2$$

となり，これが正方形の面積 $(a+b)^2$ に等しいから

$$(a+b)^2 = a^2+2ab+b^2 \tag{1.3}$$

が成り立つことが分かる．

このように，文字式を幾何学的に考えることは有効なこともある．しかしながら，たとえば $(a+b)^4$ に幾何学的な意味を与えることは難しい．また，古代ギリシャ人のように，a は線分の長さ，a^2 は面積，a^3 は体積とつねに考

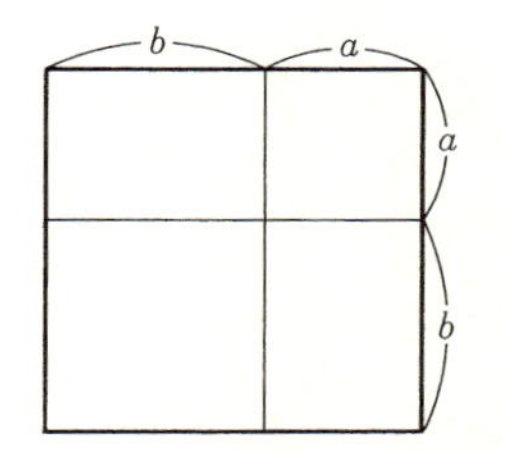

図 1.3　$(a+b)^2=a^2+2ab+b^2$

えると

$$a+a^2, \quad a+a^2+a^3 \tag{1.4}$$

といった式を考えることができなくなってしまう．

$$2+2^2, \quad 3+3^2+3^3$$

は意味があるので，式(1.4)を考えることに意味があることは当然である．

代数学は，幾何学的意味づけを離れて，文字式の操作を自由に行なうことができるようになって大きく進展した．

ところで，数 $a_1, a_2, a_3, \cdots, a_n$ の和

$$a_1+a_2+a_3+\cdots+a_n$$

を，和の記号 $\sum$（これは和 sum の頭文字 S に対応するギリシャ文字シグマに由来する）を使って

$$\sum_{j=1}^{n} a_j$$

と表わすことがある．この記号を使えば

$$1+x+x^2+x^3+\cdots+x^n$$

は

$$1+\sum_{j=1}^{n} x^j \tag{1.5}$$

と書ける．$x\neq 0$ であれば，後に説明するように

$$x^0=1$$

と約束するので，(1.5)は

$$\sum_{j=0}^{n} x^j$$

と書くこともできる．そこで

$$1+x+x^2+\cdots+x^n = A \tag{1.6}$$

とおくと，両辺に x を掛けると

$$x+x^2+x^3+\cdots+x^{n+1} = xA \tag{1.7}$$

となる．(1.6)の左辺と右辺から(1.7)の左辺と右辺をそれぞれ引くと

$$1-x^{n+1} = (1-x)A$$

を得る．$x \neq 1$ であれば，この両辺を $1-x$ で割ることができ，

$$A = \frac{1-x^{n+1}}{1-x}.$$

となる．すなわち，$x \neq 1$ のとき

$$1+x+x^2+\cdots+x^n = \frac{1-x^{n+1}}{1-x} \tag{1.8}$$

が成り立つことが分かる．$x=1$ のときは，(1.8)の右辺は意味をなさないが，左辺の和は $n+1$ である．

また，積に関しても記号 $\prod$ (これは積 product の頭文字 P に対応するギリシャ文字パイに由来する)を使うことがある．$a_1, a_2, a_3, \cdots, a_n$ の積を

$$\prod_{j=1}^{n} a_j$$

と記すことができる．

問 1　$1+2+3+\cdots+n$ は

$$\sum_{k=1}^{n} k$$

と書くことができる．また，$n+n-1+n-2+\cdots+3+2+1$ は

$$\sum_{k=1}^{n} (n+1-k)$$

と書くことができる．この 2 つの和の値は等しい．

$$1+2+3+\cdots+n-2+n-1+n=A$$
$$n+n-1+n-2+\cdots+3+2+1=A$$

とおいて，2つの式の上，下の各項を足すことによって

$$\sum_{k=1}^{n}k=\frac{1}{2}n(n+1)$$

が成り立つことを示せ．また図を使って，このことを幾何学的に示せ．

問2　例題1.1(1)と上の問1を使うことによって

$$\prod_{k=1}^{n}x^k=x^{\frac{1}{2}n(n+1)}$$

であることを示せ．

(b)　方程式

文字式を使うことがどんなに便利であるか，小学校時代におなじみの文章題のうち鶴亀算を考えてみよう．

例題1.3　鶴と亀があわせて12匹いました．足の数は，鶴亀合わせて34本でした．鶴と亀とはそれぞれ何匹いたでしょう．

［解］　小学校時代の解き方はたとえば次のようであった．図1.4のように亀が2本足で逆立ちしているとすると，地面についている足の総数は$2\times 12=24$本である．したがって，$34-24=10$本が宙に浮いていることになり，亀の数は$10\div 2=5$匹であることが分かる．

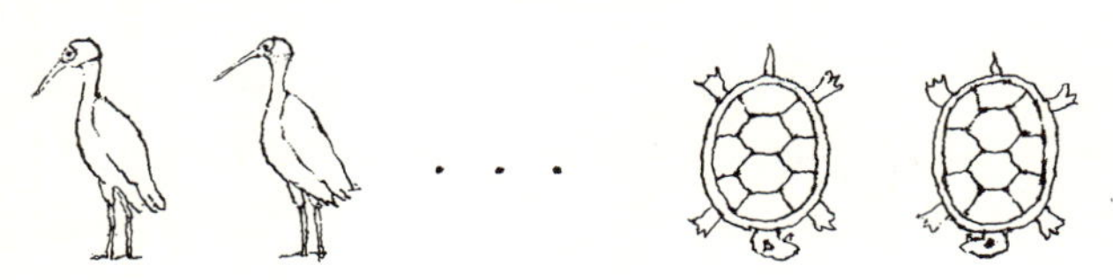

図1.4

ところで，この問題を文字式を使って解けば次のようになる．亀がx匹いたとすると，鶴は$12-x$羽であり，足の総数は$4x+2(12-x)$本であることが分かる．これが34本であるので

$$4x+2(12-x)=34 \tag{1.9}$$

という式(方程式)ができる．あとは，この方程式を解くことによって$x=5$を得る．この方法では，xは亀の数という意味を持つが，いったん，方程式(1.9)が出てしまうと，あとは“機械的”な操作でxを求めることができる．この“機械的”な操作は，代数的な操作と呼ばれ，xをあたかも数であるかのようにして取り扱い，加減乗除によって(1.9)を解くことができる．少していねいに見ておくと，(1.9)の左辺の括弧をはずすことで

$$4x+24-2x = 34$$

を得，この式の左辺を整理することによって

$$2x+24 = 34$$

を得る．次に，この両辺から24を引くことによって

$$2x = 10$$

を得，さらに，この両辺を2で割ることによって

$$x = 5$$

と，求めるxの値が求まる．ここでは，もはや，亀に逆立ちさせるような芸当は必要ない．そのかわりに，文字式の計算を形式的，機械的に行なうことによって答を出すことができるのである．▮

このように，文字式の利用は大変便利であるが，文字や記号を使って式を作り，計算を行なうことができるようになるためには，長い長い年月を必要とした．

未知数を文字を使って表わし，文字式を自由に使うための基礎を築いたのはヴィエト(F. Viète, 1540–1603)であると言われているが，こうした表記法が確立するまでには，古代バビロニア，インド，アラビアでの数学の進展が背景にあったことが知られている．

また「自然数mに対して…」，「整数a, bの和$a+b$は…」といった文字の使用も大切である．特定の数を問題にするのではなく，数一般の性質を問題にするときには，文字を使って数を代表させることが多い．本書では，しばしばこうした文字の使い方をする．

さて，(1.9)のように，未知数xに関する式を**方程式**といい，式を満足す

る x の値を見つけることを方程式を解くという．方程式に関しては，後に詳しく述べることにする．

§1.2　集　　合

数学ではある特定の性質を持ったものの集まりを考えることが多い．こうした集まりを，**集合**(set)と呼ぶ．数 $1,2,3,4$ からなる集合を $\{1,2,3,4\}$，文字 a,b,c からなる集合を $\{a,b,c\}$ と記すことが多い．また

$$\{a \mid a \text{は偶数}\}$$

と書けば，偶数全体がなす集合を意味する．集合も A,B,S などと文字を使って表わすことが多い．自然数 $1,2,3,\cdots$ の全体がなす集合

$$\{1,2,3,4,\cdots\cdots\}$$

を本書では $\mathbb{N}$ と記す．また整数の全体がなす集合は $\mathbb{Z}$ と記す．

集合を成り立たせているものを，その集合の**要素**(element)または**元**(element)といい，a が集合 A の元であることを

$$a \in A$$

と記す．また a が集合 A の元でないことを

$$a \notin A$$

と記す．たとえば

$$2 \in \mathbb{N}, \quad -1 \notin \mathbb{N}, \quad -1 \in \mathbb{Z}, \quad \frac{1}{2} \notin \mathbb{Z}$$

である．集合

$$S = \{a \in \mathbb{N} \mid a \text{は} 3 \text{で割ったとき余りが} 1\}$$

は，3 で割って余りが 1 である自然数全体からなる集合である．S の元はすべて $\mathbb{N}$ に含まれている．このようなとき，S は集合 $\mathbb{N}$ の**部分集合**(subset)であるといい，

$$S \subset \mathbb{N}$$

と記す．ちなみに，集合

$$T = \{b \mid b = 3(n-1)+1,\ n \in \mathbb{N}\}$$

は，自然数

$$3m+1, \quad m=0,1,2,3,\cdots$$

からなる集合であるが，この集合は上の集合 S と一致する．このことを

$$T=S$$

と記す．一方 $S \neq \mathbb{N}$ であるので，この事実を強調するときは

$$S \subsetneqq \mathbb{N}$$

と記し，S は $\mathbb{N}$ の**真部分集合**(proper subset)という．

たとえば

$$A=\{a \in \mathbb{Z} \mid -3<a \leqq 5\}$$

は整数の全体 $\mathbb{Z}$ の真部分集合であり，

$$A=\{-2,-1,0,1,2,3,4,5\}$$

である．また

$$B=\{a \in \mathbb{N} \mid 2a+5>7\}$$

は，$2a+5>7$ であることは $2a>2$，したがって $a>1$ であることと同値であるので

$$B=\{a \in \mathbb{N} \mid a \geqq 2\}$$

と書くこともできる．B は $\mathbb{N}$ の真部分集合である．

集合 X と集合 Y とが与えられたとき，**和集合** $X \cup Y$ を

$$X \cup Y=\{a \mid a \in X \text{ または } a \in Y\}$$

と定義する．また X と Y との**共通部分**(積集合ということもある)$X \cap Y$ を

$$X \cap Y=\{a \mid a \in X \text{ かつ } a \in Y\}$$

と定義する．たとえば

$$X=\{-1,0,1,2,\}, \quad Y=\mathbb{N}$$

のときは

$$\begin{aligned} X \cup Y &= \{-1,0,1,2,3,4,\cdots\cdots\} \\ &= \{a \in \mathbb{Z} \mid a \geqq -1\} \end{aligned}$$

であり，

$$X \cap Y=\{1,2\}$$

である．

集合についての以上の記号は本書でしばしば登場するので，次第に慣れていただけるであろう．

《まとめ》

この章では，記号を使うことによって，数学の表現が豊かになり，代数学の進展が始まったことの一端について述べた．記号がどのように使われるか，以下の章で多くの具体例が示され，代数学が展開される様子を見ることができる．

演習問題

1.1　図1.5(a)は中国の古代の数学書『周髀算経』に記されているピタゴラスの定理(三平方の定理)の証明を表わす図である．

弦圖

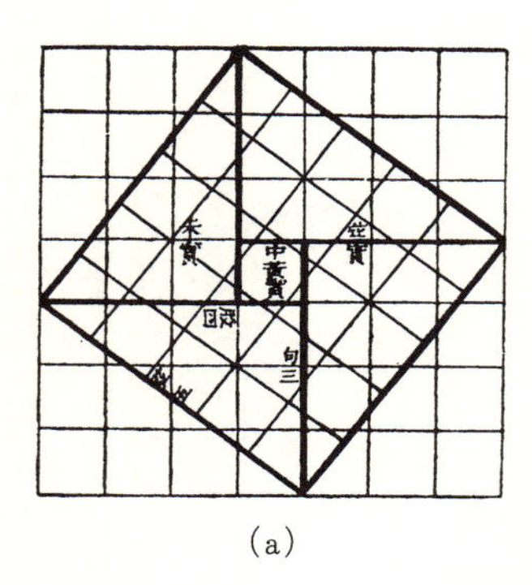

(a)

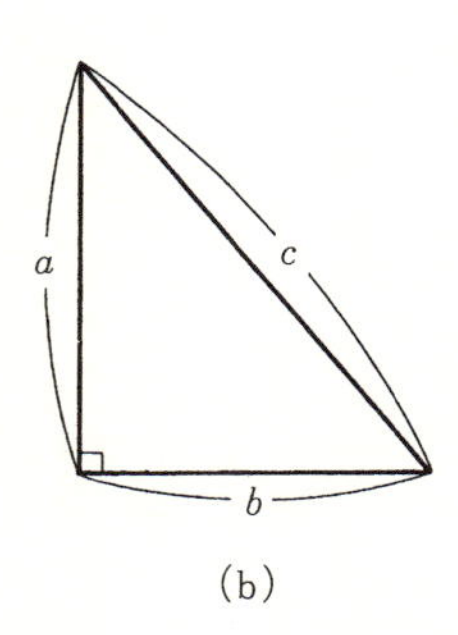

(b)

図1.5

この図にもとづいて

$$(a-b)^2 = a^2-2ab+b^2$$

を示せ．また，図1.5(b)の直角3角形に対して

$$a^2+b^2 = c^2$$

が成り立つことを図1.5(a)にもとづいて示せ.

1.2　図1.6をつかって，方程式

$$x^2+10x=39$$

の根として$x=3$が得られることを示せ.（注意. $x=-13$もこの方程式の根であるが，図1.6からは，この根を導くことはできない.）

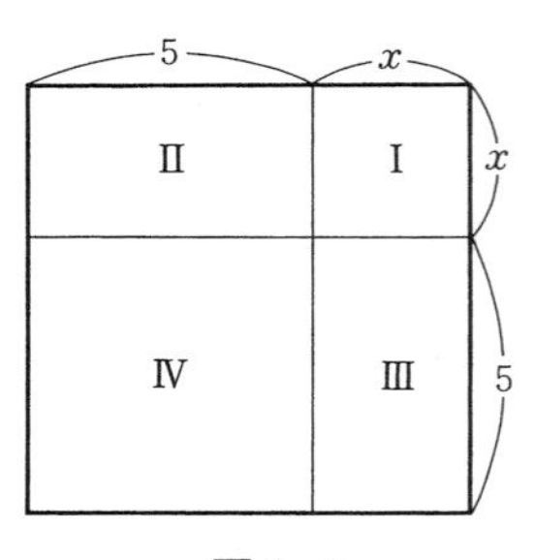

図1.6

2

数

この章では，我々におなじみの“数”，整数，有理数，無理数について少し詳しく述べることにする．これらの数は，数学を成り立たせている基礎の一部である．“数”の持つ性質を詳しく調べることによって，体や可換環という大切な代数系へ理論を展開することができる一方で，面白い性質を持った様々な数があることも知られている．この章では，数の持つこの両側面に触れ，代数学のみならず数学を展開していくための準備を行なう．

§2.1 整　　数

(a) 自然数と整数

自然数 $1, 2, 3, 4, \cdots$ はよく分かっており，今さら説明する必要もないと考えられる読者も多いことと思われる．本書でも自然数は既知のものであるとして，話を進めることにする．ただ，自然数には，2 通りの働きがあることを注意しておく．1 番目，2 番目，3 番目と順序を表わす働き，すなわち**順序数**(ordinal number)としての働きと，1 個，2 個，3 個と個数を表わす働き，すなわち**基数**(cardinal number)としての働きがある．

通常，私達はこの 2 つの働きを無意識のうちに区別して使いわけており，順序数，基数などと言われると，かえって混乱してしまうかもしれない．幸いに，これからは自然数そのものを考え，こうした区別は常識の範囲で処理できることしか問題にしない．

自然数を考えると，足し算(加法)，掛け算(乗法)は定義できるが，引き算(減法)は $3-3$ や $3-5$ のように自然数の中だけではできない．そこで $3-3=0$, $3-5=-2$ のように 0 と負の数 $-1,-2,-3,\cdots$ を考える必要性が出てくる．自然数，0，負の数を**整数**(integer)といい，自然数のことを正整数あるいは正の整数，負の数を負整数あるいは負の整数という．

以下，自然数の全体を $\mathbb{N}$，整数の全体を $\mathbb{Z}$ と記し**整数環**と呼ぶ．整数の範囲内では足し算，引き算，掛け算が自由にできる．厳密に考えれば，自然数とは何か，0 や負の整数とは何かと説明する必要があるが，本書では自然数，整数は既知のものとして話を始めることにする．

(b)　素数と素因数分解

整数 n が整数 p で割り切れるとき，すなわち

$$n = pq$$

を満たす整数 q が存在するとき，p は n の**約数**(divisor)であるという．このとき q も n の約数である．また，p を中心に考えるときは，n は p の**倍数**(multiple)という．

定義 2.1　自分自身と 1 以外の正整数を約数として持たない正整数 $n \geqq 2$ を**素数**(prime number)という．素数でない 2 以上の整数を**合成数**(composite number)という．　□

$2,3,5,7,11$ は素数であり，$4=2^2$, $6=2\cdot 3$, $8=2^3$, $9=3^2$, $12=3\cdot 2^2$ は合成数である．

ところで，素数はどのようにして見つけることができるのだろうか．定義 2.1 から，2 は素数であることが分かる．次に 3 も素数である．4 は 2 で割り切れるので合成数である．5 は素数である．6 は 2 と 3 で割り切れ合成数である．以下，このようにして調べていくと，

$$2,3,5,7,11,13,17,19,23,29,31,37,41,43,\cdots$$

と順に素数を見つけていくことができる．この方法を，効率よく適用したのが，**エラトステネスの篩**(ふるい)と呼ばれる方法である．まず，2 以上の自

然数を順番に並べて書いておく.

2, 3, 4, 5, 6, 7, 8, 9, 10, 11, 12, 13, 14,
15, 16, 17, 18, 19, 20, 21, 22, 23, 24, 25, …

最初に現われる2は素数である. そこで, 2より大きい2の倍数をすべて消してしまう.

2, 3, ~~4~~, 5, ~~6~~, 7, ~~8~~, 9, ~~10~~, 11, ~~12~~, 13, ~~14~~,
15, ~~16~~, 17, ~~18~~, 19, ~~20~~, 21, ~~22~~, 23, ~~24~~, 25, …

こうして残った数のうち, 2より大きい最小の数3は素数である. 次に3より大きい3の倍数をすべて消してしまう.

2, 3, ~~4~~, 5, ~~6~~, 7, ~~8~~, ~~9~~, ~~10~~, 11, ~~12~~, 13, ~~14~~,
~~15~~, ~~16~~, 17, ~~18~~, 19, ~~20~~, ~~21~~, ~~22~~, 23, ~~24~~, 25, …

こうして残った数のうち3より大きい最小の数5は素数である. 次に5より大きい5の倍数をすべて消してしまう.

2, 3, ~~4~~, 5, ~~6~~, 7, ~~8~~, ~~9~~, ~~10~~, 11, ~~12~~, 13, ~~14~~,
~~15~~, ~~16~~, 17, ~~18~~, 19, ~~20~~, ~~21~~, ~~22~~, 23, ~~24~~, ~~25~~, …

こうして残った数のうち5より大きい最小の数7は素数である. 次に7より大きい7の倍数をすべて消してしまう. すると11が素数であることが分かる. 以下, この操作を続けて, 次々に素数を見つけていくことができる.

ところで, エラトステネスの篩法はいつか終わってしまう操作であろうか. もし, 莫大な時間がかかるにせよ, 上の操作が有限回で終わってしまえば, ある大きな自然数M以上の自然数はすべて消されてしまっていることになり, M以上の自然数はすべて合成数であり, 素数は有限個しかないことになる. もしそうであれば, 数学の世界はずいぶんと貧しいものであったろうが, 幸いにして次の大切な事実が古代ギリシャ以来知られている.

定理 2.2　素数は無限に存在する. □

古代ギリシャ以来知られているユークリッドの証明をまず述べておこう.

[証明]　素数が有限個しか存在しないと仮定して矛盾を示す, いわゆる背理法を使って証明する.

有限個しかない素数のすべてを

$$p_1, p_2, p_3, \cdots, p_N$$

と記す．自然数

$$p = p_1 p_2 \cdots p_N + 1$$

を考えると，p は $p_1, p_2, \cdots, p_N$ で割り切れない．ところが，一方 $p_1, p_2, \cdots, p_N$ はすべての素数であり，任意の2以上の自然数はある素数で割り切れるので，p は $p_1, p_2, \cdots, p_N$ のいずれかで割り切れなければならない．これは矛盾である．以上によって素数は無限個あることが分かる． ∎

上の，ユークリッドの証明法に似たクンマー(Kummer)の証明も面白いので述べておこう．

[証明]　素数は有限個しかないと仮定して，上と同様にすべての素数を

$$p_1, p_2, p_3, \cdots, p_N$$

と記す．

$$N = p_1 p_2 \cdots p_N$$

とおき，$N-1$ を考えると，$N-1$ は $p_1, p_2, \cdots, p_N$ のいずれかで割り切れなければならない．p_j が $N-1$ を割り切るとしよう．p_j は N も割り切るので

$$1 = N-(N-1)$$

も割り切る．これは $p_j \geqq 2$ に矛盾する． ∎

もう1つ別証をあげておこう．これは比較的新しい証明でポリア(Polya)による(1924年)．そのための準備をしよう．整数 a と正整数 m に対して

$$(a^m-1)(a^m+1) = a^{2m}-1 \tag{2.1}$$

が成り立つことは，左辺を展開すると

$$a^{2m}-a^m+a^m-1$$

となることより明らかである．そこで，0以上の整数 n に対して，**フェルマ数** F_n を

$$F_n = 2^{2^n}+1 \tag{2.2}$$

と定義する．ただし $2^0=1$ と約束する(このことは後に詳しく論じる)．

$$F_0 = 2+1 = 3, \quad F_1 = 2^2+1 = 5, \quad F_2 = 2^4+1 = 17,$$
$$F_3 = 2^8+1 = 257, \quad F_4 = 65537, \quad F_5 = 641 \times 6700417$$

とフェルマ数は n が大きくなると急激に大きくなる．フェルマは $F_0, F_1, F_2, F_3,$

F_4 が素数であることより，F_n はすべて素数であろうと予想したが，1732 年オイラーが，上に示したように F_5 は合成数であることを示した．今日でも，$n \geqq 6$ のとき素数である F_n が無限個あるか，あるいは逆に合成数である F_n が無限個あるか否かは分かっていない．F_n は大きな数であるので，素数であるか否かを判定するのは，今日の高速のコンピュータを使ってもきわめて難しい．$n \geqq 6$ のとき F_n が素数になる場合は知られておらず，一方合成数であることが分かっている最大のフェルマ数は，現在のところ F_{23471} である．

例題 2.3　$n \geqq 1$ のとき，F_n を F_{n-1} で割った余りは 2 であること，さらに詳しく

$$F_n = (2^{2^{n-1}} - 1)F_{n-1} + 2 \tag{2.3}$$

が成り立つことを示せ．

[解]　(2.1)を使うと

$$\begin{aligned} F_n &= 2^{2^n} + 1 = 2^{2^n} - 1 + 2 \\ &= (2^{2^{n-1}} - 1)(2^{2^{n-1}} + 1) + 2 \\ &= (2^{2^{n-1}} - 1)F_{n-1} + 2 \end{aligned}$$

∎

例題 2.4　$n \geqq 1$ のとき

$$F_n = F_0 F_1 F_2 \cdots F_{n-1} + 2 \tag{2.4}$$

が成り立つことを示せ．

[解]　(2.3)と(2.2)より

$$\begin{aligned} F_n &= (2^{2^{n-1}} - 1)F_{n-1} + 2 \\ &= (2^{2^{n-2}} - 1)(2^{2^{n-2}} + 1)F_{n-1} + 2 \\ &= (2^{2^{n-2}} - 1)F_{n-2}F_{n-1} + 2 \\ &= (2^{2^{n-3}} - 1)F_{n-3}F_{n-2}F_{n-1} + 2 \\ &\quad \cdots\cdots\cdots \\ &= (2^{2^0} - 1)F_0 F_1 \cdots F_{n-1} + 2 = F_0 F_1 \cdots F_{n-1} + 2 \end{aligned}$$

を得る．

∎

以上の結果より，次の補題を証明することができる．

補題 2.5　素数 p がフェルマ数 F_n の約数であれば，p は $F_0, F_1, F_2, \cdots, F_{n-1}$ のいずれの約数でもない．

［証明］　もし p がある F_m $(0 \leqq m \leqq n-1)$ の約数であったとすると，(2.4) より p は

$$2 = F_n - F_0 F_1 \cdots F_{n-1}$$

の約数でなければならず，$p=2$ でなければならない．ところがフェルマ数は奇数であるので $p \neq 2$ である．したがって，p はどの F_m $(0 \leqq m \leqq n-1)$ も割り切らない． ∎

補題 2.5 を使って素数は無限にあることを示してみよう．各自然数 n に対して，F_n を割り切る素数 p_n を1つ選ぶ．p_n は $F_{n-1}, F_{n-2}, \cdots, F_1$ の約数ではないので，$p_{n-1}, p_{n-2}, p_{n-3}, \cdots, p_1$ とは異なっている．このようにして，$p_1, p_2, p_3, \cdots, p_n, p_{n+1}, \cdots$ は相異なる素数であることが分かり，定理 2.2 が示された．

素数に関しては，数多くの興味ある事実が知られている．本シリーズの『数論入門』を参照されたい．本書でも，関連する話題を後にいくつか取り上げる．

問 1　$2, 3, 5, 7, \cdots, p$ は素数を小さい方から並べたものとする．

（1）　$q = 2^2 \cdot 3 \cdot 5 \cdot 7 \cdots p - 1$ を4で割ったときの余りは3であることを示せ．またこのことを使って，q は p より大きい $4m+3$ の形の素数を約数として持つことを示せ．

（2）　(1)を使って，$4n+3$ の形の素数は無限にあることを示せ．

(c)　素因数分解

自然数 $n \geqq 2$ は，素数でなければ，

$$n = n_1 n_2$$

と2個の2以上の自然数の積に分解できる．もし，n_1 が素数でなければ，さらに

$$n_1 = n_{11}n_{12}$$

と2以上の自然数の積に分解できる．n_2 に関しても同様である．この操作を続けていくと，自然数 n は素数の積に分解できることが分かる．これを n の**素因数分解**という．または因数分解といい，$p_1, p_2, \cdots, p_l$ を n の**素因数**という．この分解には，同じ素数が何度も出てくることがあるので，同じ素数の積はベキ記号を使って

$$n = p_1^{a_1}p_2^{a_2}\cdots p_l^{a_l} \tag{2.5}$$

と表示することが多い．ここで，$p_1, p_2, \cdots, p_l$ は相異なる素数であり，$a_1, a_2, \cdots, a_l$ は正整数である．

小さな合成数の素因数分解は

$$4 = 2^2,\quad 6 = 2\cdot 3,\quad 8 = 2^3,\quad 9 = 3^2,\quad 12 = 2^2\cdot 3,$$
$$14 = 2\cdot 7,\quad 15 = 3\cdot 5,\quad 16 = 2^4,\quad 18 = 2\cdot 3^2,\quad 20 = 2^2\cdot 5,$$
$$21 = 3\cdot 7,\quad 24 = 2^3\cdot 3,\quad 25 = 5^2,\quad 26 = 2\cdot 13,\quad 27 = 3^3,$$
$$\cdots\cdots\cdots$$

と簡単に求めることができるが，大きな数の素因数分解を見出すのは容易ではない．たとえばフェルマ数 F_6 の素因数分解

$$F_6 = 274177 \times 67280421310721$$

は1970年にコンピュータを使ってやっと見出された．

ところで(2.5)の因数分解は素数ベキの掛ける順番を除いて一意的に決まってしまう．特に

$$p_1 < p_2 < p_3 < \cdots < p_l$$

と小さい方から順に素数をとっていけば，n を与えるごとに(2.5)の分解は1通りしかないことが分かる．この事実は，素因数分解の一意性と呼ばれる．この，一見当たり前の事実をきちんと証明しておこう．

定理 2.6（素因数分解の一意性）　自然数 $n \geqq 2$ の素因数分解

$$n = p_1^{a_1}p_2^{a_2}\cdots p_l^{a_l}$$

は掛ける順番を除けば一意的に定まる．

［証明］　自然数 n の2通りの素因数分解

$$p_1^{a_1}p_2^{a_2}\cdots p_l^{a_l} = q_1^{b_1}q_2^{b_2}\cdots q_m^{b_m} \tag{2.6}$$

を考える．p_1 は n の約数であるので(2.6)の右辺 $q_1^{b_1}q_2^{b_2}\cdots q_m^{b_m}$ の約数である．したがって p_1 は $q_1, q_2, \cdots, q_m$ のいずれかと一致する．必要ならば番号をつけ換えることによって

$$q_1 = p_1$$

と仮定することができる．さらに，n は $p_1^{a_1}$ で割り切れるので，

$$b_1 \geqq a_1$$

でなければならない．もし $b_1 > a_1$ であれば(2.6)の右辺は $p_1^{a_1+1}$ では割り切れることとなるが，(2.6) の左辺は $p_1^{a_1+1}$ では割り切れない．したがって

$$b_1 = a_1$$

であることが分かる．次に p_2 について同様の考察をすることによって(再び必要ならば $q_2, \cdots, q_m$ の番号をつけ換えることによって)

$$q_2 = p_2, \quad b_2 = a_2$$

とできることが分かる．以下，同様の考察によって

$$q_j = p_j, \quad b_j = a_j \quad (j = 1, 2, \cdots, l)$$

と考えてよいことが分かる．もし

$$l < m$$

であれば，素数 q_{l+1} は $p_1, p_2, \cdots, p_l$ と異なり，かつ n の約数である．一方これは(2.6)の左辺の約数ではないので，n の約数ではありえない．したがって

$$l = m$$

であり，(2.6)の左辺と右辺は素数のベキの順序の違いを除けば一致することが分かり，定理は証明された．∎

ところで，大きな整数 n が与えられたとき，n が素数であるか否かを判定することは原理的には可能である．素数を小さい方から順に選んで n を割り切るかどうか調べていけばよいからである．しかしながら，この方法では，超高速のコンピュータを使っても長時間かかってしまい，実用上は使いものにならない．n が合成数のとき，その素因数分解を求めるにも同様の問題がある(この場合は，素数であるか否かを判定する以上に時間がかかる)．そのために，種々の方法が考えられているが，今のところ，すべての大きな整数に対して適用できるよい方法は知られていない．いずれにせよ，整数の持つ

性質をさらに詳しく調べる必要がある.

さて，今までは正整数だけを考察したが，負整数 n に対しては，$n \leqq -2$ であれば，正整数 $-n$ の素因数分解

$$-n = r_1^{c_1} r_2^{c_2} \cdots r_k^{c_k}$$

を使って

$$n = -r_1^{c_1} r_2^{c_2} \cdots r_k^{c_k} \tag{2.7}$$

と -1 と素数の積に分解することができる. (2.7)を負整数 n の素因数分解という.

正整数 m, n が与えられたとき，m と n の共通の約数を**公約数**(common divisor)といい，公約数のうちで最大のものを**最大公約数**(greatest common divisor)という. たとえば 18, 45 では

$$18 = 2 \cdot 3^2, \quad 45 = 5 \cdot 3^2$$

と素因数分解できるので，1, 3, 9 が 18 と 45 の公約数であり，したがって最大公約数は 9 である. また正整数 m, n の共通の倍数(これを**公倍数**(common multiple)という)のうち最小の正整数を**最小公倍数**(least common multiple)という. 18, 45 の最小公倍数は $2 \cdot 5 \cdot 3^2 = 90$ である. 18 と 45 の例のように，m と n の最大公約数，最小公倍数を求めるためには，m, n の素因数分解が分かればよい.

$$m = p_1^{a_1} \cdots p_k^{a_k} q_1^{b_1} q_2^{b_2} \cdots q_l^{b_l}, \quad n = p_1^{c_1} \cdots p_k^{c_k} q_{l+1}^{d_1} q_{l+2}^{d_2} \cdots q_{l+j}^{d_j}$$

と，m, n を素因数分解する. ここで $p_1, p_2, \cdots, p_k$, $q_1, \cdots, q_{l+j}$ はすべて相異なる素数である. そこで

$$\alpha_i = \min(a_i, c_i) \qquad (a_i \text{ と } c_i \text{ のうち小さい方})$$
$$\beta_i = \max(a_i, c_i) \qquad (a_i \text{ と } c_i \text{ のうち大きい方})$$

とおくと，最大公約数は

$$p_1^{\alpha_1} p_2^{\alpha_2} \cdots p_k^{\alpha_k}$$

であり，最小公倍数は

$$p_1^{\beta_1} p_2^{\beta_2} \cdots p_k^{\beta_k} q_1^{b_1} \cdots q_l^{b_l} q_{l+1}^{d_1} \cdots q_{l+j}^{d_j}$$

であることが分かる. またこのことから，m と n の公約数はその最大公約数の約数であり，公倍数は最小公倍数の倍数であることが分かる. また m と n

との最大公約数を d とすると，最小公倍数は

$$d\cdot\frac{m}{d}\cdot\frac{n}{d}=\frac{mn}{d}$$

であることも分かる．

最大公約数が1のとき，m と n とは**互いに素**(relatively prime)という．

整数が与えられたとき，その素因数分解を求めるのは簡単ではないが，自然数 m,n が与えられたとき，m と n の最大公約数を割り算を使って求めることは原理的には簡単にできる．この方法は，すでに古代ギリシャで知られており，ユークリッドの『原論』に述べられているので，通常，**ユークリッドの互除法**(Euclid's algorithm)と呼ばれる．基本となるのは，次の数の割り算に関する(当たり前の)結果である．

命題 2.7　整数 a および自然数 b に対して

$$a=qb+r\quad(0\leqq r<b)$$

が成り立つ整数 q,r が一意的に定まる．　□

さて，自然数 m,n が与えられ，$m>n$ と仮定しよう．上の命題により

$$m=qn+r\quad(0\leqq r<n)\tag{2.8}$$

が成り立つように整数 q,r が定まる．もし $r=0$ であれば m は n の倍数であり，m と n の最大公約数は n であることが分かる．一方 $r\neq0$ であれば，さらに割り算を行ない

$$n=q_1r+r_1\quad(0\leqq r_1<r)\tag{2.9}$$

を得る．もし $r_1=0$ であれば n は r の倍数であり，(2.8)より m も r の倍数であることが分かる．このとき，r は m と n との最大公約数である．なぜならば，最大公約数を d とすると(2.8)より d は r の約数であり，一方 r は m と n の公約数であり，したがって r は d の約数であり，したがって $r=d$ となるからである．もし $r_1\neq0$ であれば

$$r=q_2r_1+r_2\quad(0\leqq r_2<r_1)$$

である．以下 $r_2\neq0$ であれば再び類似の操作を続ける．こうして割り算の列

$$
\left.\begin{aligned}
m &= qn+r & &(0<r<n)\\
n &= q_1r+r_1 & &(0<r_1<r)\\
r &= q_2r_1+r_2 & &(0<r_2<r_1)\\
r_1 &= q_3r_2+r_3 & &(0<r_3<r_2)\\
&\cdots\cdots & &\cdots\cdots\\
r_{m-3} &= q_{m-1}r_{m-2}+r_{m-1} & &(0<r_{m-1}<r_{m-2})\\
r_{m-2} &= q_mr_{m-1}+r_m & &(0<r_m<r_{m-1})\\
r_{m-1} &= q_{m+1}r_m & &
\end{aligned}\right\}\qquad(2.10)
$$

ができ，最後に r_{m-1} が r_m の倍数になってこの操作が終わる．最後から2番目の式から r_{m-2} は r_m の倍数である．すると下から3番目の式より r_{m-3} は r_m の倍数である．以下これを繰り返すと r_m は $r_{m-1}, r_{m-2}, \cdots, r_2, r_1, r$ の約数となり，このことから，n, m の約数であることが分かる．したがって r_m は m, n の最大公約数 d の約数であることが分かる．一方，(2.10)の最初の式より d は r の約数であり，したがって2番目の式より d は r_1 の約数であることが分かる．以下(2.10)の式を順に見ていくことによって，d は r_m の約数であることが分かる．これより $d=r_m$ であることが分かる．以上のように，自然数 m と n の最大公約数はユークリッドの互除法(2.10)を使って求めることができる．

問2　ユークリッドの互除法を用いて，次の2つの整数の最大公約数を求めよ．
(1) 132, 1782　　(2) 341, 1089　　(3) 1105, 1040

問3　正整数 $n_1, n_2, \cdots, n_l$ の共通の約数を**公約数**，公約数のうち最大のものを**最大公約数**という．また $n_1, n_2, \cdots, n_l$ の共通の倍数(**公倍数**)のうち最小のものを**最小公倍数**という．次の整数の組の最大公約数，最小公倍数を求めよ．
(1) 3, 6, 21　　(2) 33, 55, 77, 88　　(3) 131, 1782, 726

問4　正整数 n_1, n_2, n_3 に対して n_1 と n_2 の最大公約数を d_1 とし，d_1 と n_3 の最大公約数を d とすると，d は n_1, n_2, n_3 の最大公約数であることを示せ．

ユークリッドの互除法(2.10)を逆に書いてみよう．すなわち

$$r_m = r_{m-2} - q_m r_{m-1}$$

この式の r_{m-1} に下から3番目の式から得られる

$$r_{m-1} = r_{m-3} - q_{m-1} r_{m-2}$$

を代入すると

$$r_m = (1+q_m q_{m-1}) r_{m-2} - q_m r_{m-3}$$

と書ける．次に r_{m-2} に互除法より得られる関係式

$$r_{m-2} = r_{m-4} - q_{m-2} r_{m-3}$$

を代入して

$$r_m = a_{m-3} r_{m-3} + a_{m-4} r_{m-4}$$

を満足する整数 a_{m-3}, a_{m-4} が存在することが分かる．以下，同じ考え方を適用することによって

$$r_m = a_1 r_1 + a_0 r$$

を満足する整数 a_1, a_0 が存在することが分かる．さらに

$$r_1 = n - q_1 r$$

を代入すると

$$r_m = a_1 n + (a_0 - a_1 q_1) r$$

を得，最後に

$$r = m - qn$$

を代入すると

$$r_m = am + bn$$

を満足する整数 a, b が存在することが分かる．r_m は m と n との最大公約数であったので，次の大切な定理が証明されたことになる．

定理 2.8　自然数 m, n の最大公約数を d とすると

$$d = am + bn$$

を満足する整数 a, b が存在する．　□

下の定理 2.10 で別証を与える．

定義 2.9　整数環 $\mathbb{Z}$ の部分集合 I が以下の条件を満たすとき，I を $\mathbb{Z}$ のイデアルという．

(i)　$m, n \in I$ であれば $m+n \in I$.

(ii) $m \in I$ と任意の整数 a に対して $am \in I$. □

この定義から，I が $\mathbb{Z}$ のイデアルであるとき，$n \in I$ であれば，(ii)より $-n = (-1) \cdot n \in I$ であり，さらに $m \in I$ であれば，(i)より $m-n \in I$ であることが分かる.

さて，整数 $m_1, m_2, \cdots, m_l$ が与えられたとき，$\mathbb{Z}$ の部分集合 $(m_1, m_2, \cdots, m_l)$ を

$$(m_1, m_2, \cdots, m_l) = \left\{ \sum_{j=1}^{l} a_j m_j \;\middle|\; a_j \in \mathbb{Z},\ j = 1, 2, \cdots, l \right\}$$

と定めると，これは $\mathbb{Z}$ のイデアルであることが分かる．これを，整数 $m_1, m_2, \cdots, m_l$ から生成されるイデアルと呼ぶ．ただ1つの整数 m から生成されるイデアル (m) を特に**単項イデアル**という．次の定理は，定理2.8の一般化である.

定理 2.10　整数環 $\mathbb{Z}$ のイデアル I はすべて単項イデアルである．特に整数 $m_1, m_2, \cdots, m_l$ から生成されるイデアル $(m_1, m_2, \cdots, m_l)$ に対して，$m_1, m_2, \cdots, m_l$ の最大公約数を d とすると

$$(m_1, m_2, \cdots, m_l) = (d)$$

が成り立つ.

[証明]　$I = \{0\}$ のときは定理は正しいので，I は0以外の元を含んでいると仮定してよい．$m \in I$ であれば $-m \in I$ であるので，I に含まれる最小の正整数を d とする．I に属する任意の整数 m に対して，$m = ad+b,\ 0 \leqq b < d$ と書くと，$ad \in I$ より $b = m-ad \in I$ であることが分かる．d は I に属する最小の正整数であったので $b=0$ でなければならない．これより $I=(d)$ であることが示された.

さて，

$$(m_1, m_2, \cdots, m_l) = (d_1)$$

と書けることが分かった．$(-d_1) = (d_1)$ であるので $d_1 > 0$ と仮定してよい.

$$d_1 = a_1 m_1 + a_2 m_2 + \cdots + a_l m_l$$

と書けるので，$m_1, m_2, \cdots, m_l$ の最大公約数 d は d_1 を割り切る．一方，$m_j = b_j d_1 + c_j,\ 0 \leqq c_j < d_1$ と書くと，$c_j = m_j - b_j d_1 \in I$ である．正整数 d_1 は，上の

証明から，I に属する最小の正整数である．したがって $c_j=0$ でなければならない．すなわち d_1 は $m_1, m_2, \cdots, m_l$ の公約数である．したがって $d_1=d$ である． ∎

問5　次の $\mathbb{Z}$ のイデアルを単項イデアルとして表わせ．

（1）$(3,-5)$　（2）$(-6,-8)$　（3）$(180,27)$

（4）$(3,6,7)$　（5）$(3,-6,8)$　（6）$(-33,55,77)$

(d)　合同式と孫子の剰余定理

整数の問題では，ある整数の倍数であるか否か，あるいはある整数で割ったときの余りが等しいかどうかを考えることが多い．こうした問題を解くときに便利な記号を導入しよう．

定義 2.11　与えられた整数 m に対して，2つの整数 n_1, n_2 は n_1-n_2 が m の倍数であるとき

$$n_1 \equiv n_2 \pmod{m} \tag{2.11}$$

と書き，**n_1 は m を法として n_2 と合同**であるという． □

たとえば $5-2=3$, $5-(-1)=6$ であるので

$$5 \equiv 2 \pmod{3}, \quad 5 \equiv -1 \pmod{3}$$

が成り立つ．また

$$n \equiv 0 \pmod{m}$$

であることは n が m の倍数であることを意味することは定義より明らかである．

例題 2.12

（1）$n \geqq 1$ のとき

$$2^{2^n} \equiv 1 \pmod{3}$$

であることを示せ．

（2）$n \geqq 2$ のとき

$$2^{2^n} \equiv 1 \pmod{15}$$

であることを示せ.

[解]　(2.1)とフェルマ数の定義(2.2)より

$$\begin{aligned}2^{2^n}-1&=(2^{2^{n-1}}-1)(2^{2^{n-1}}+1)\\&=(2^{2^{n-2}}-1)(2^{2^{n-2}}+1)(2^{2^{n-1}}+1)\\&=(2^{2^{n-3}}-1)(2^{2^{n-3}}+1)(2^{2^{n-2}}+1)(2^{2^{n-1}}+1)\\&\quad\cdots\cdots\cdots\\&=F_0F_1F_2\cdots F_{n-1}\end{aligned}$$

が成り立つ. $F_0=3$, $F_1=5$ であるので, $n\geqq 1$ であれば $2^{2^n}-1$ は 3 の倍数であり, $n\geqq 2$ であれば $2^{2^n}-1$ は 15 の倍数である. ∎

合同式に関して, 次の基本的な性質は明らかであろう.

命題 2.13　合同式は以下の性質を持つ.

(i)　$n_1\equiv n_2 \pmod{m}$ であれば $n_2\equiv n_1 \pmod{m}$

(ii)　$n_1\equiv n_2 \pmod{m}$, $n_2\equiv n_3 \pmod{m}$ であれば $n_1\equiv n_3 \pmod{m}$

(iii)　$n_1\equiv n_2 \pmod{m}$ であれば $n_1\equiv n_2 \pmod{-m}$ □

上の命題の(iii)より, 合同式を考える場合, 整数 $m\neq 0$ は正整数と仮定してもよいことが分かる. 今後は, 特に注意しない限り, 整数 m は正整数と仮定して議論する.

ところで $m=0$ として, 0 を法とする合同式を考えることもできるが, 0 以外の整数は 0 の倍数ではないので

$$n_1\equiv n_2 \pmod{0}$$

であることは $n_1=n_2$ であることと同じである. このことから, 0 を法とする合同式を特に考える必要はないことが分かる.

さらに, すべての整数は 1 の倍数であるので, 任意の整数 n_1, n_2 に対して

$$n_1\equiv n_2 \pmod{1}$$

が成り立つ. この場合は, 合同式を考えることにさして意味がないので, 1 を法とする合同式も通常は考えない. したがって, 以下では, 合同式を考える際は, つねに 2 以上の整数 m を法として考えることとする.

例題 2.14　$m \geqq 2$ を法として考えると，任意の整数 n は $0,1,2,\cdots,m-1$ のいずれかと m を法として合同であることを示せ.

［解］

$$n = am+b, \quad 0 \leqq b \leqq m-1$$

と書くことができるので明らか. ∎

さて m が合成数であり

$$m = m_1 m_2$$

と 2 以上の整数の積に分解されたとすると，n_1-n_2 が m の倍数であれば，m_1 の倍数でもある．したがって，次の補題が示されたことになる.

補題 2.15　m_1 が m の約数のとき，

$$n_1 \equiv n_2 \pmod{m}$$

が成り立てば

$$n_1 \equiv n_2 \pmod{m_1}$$

も成り立つ. □

この逆にあたることは成り立つであろうか.

命題 2.16　2 以上の整数 m_1, m_2 が互いに素であるとき，2 つの整数 n_1, n_2 に対して

$$n_1 \equiv n_2 \pmod{m_1}, \quad n_1 \equiv n_2 \pmod{m_2}$$

が成り立てば

$$n_1 \equiv n_2 \pmod{m_1 m_2}$$

が成り立つ.

［証明］　$n_1 \equiv n_2 \pmod{m_1}$ より n_1-n_2 は m_1 の倍数である．また $n_1 \equiv n_2 \pmod{m_2}$ より n_1-n_2 は m_2 の倍数でもある．さらに，m_1, m_2 は共通の素因数を持たないので n_1-n_2 は $m_1 m_2$ の倍数である．したがって

$$n_1 \equiv n_2 \pmod{m_1 m_2}$$

が成り立つ. ∎

しかし，たとえば $m_1=2,\ m_2=6,\ m=12$ のとき

$$11 \equiv 5 \pmod{2}, \quad 11 \equiv 5 \pmod{6}$$

であるが $11 \not\equiv 5 \pmod{12}$ であるので，命題 2.16 で m_1 と m_2 とは互いに素であるという仮定は，はずすことができないことが分かる．

問 6　次の合同式を示せ．

（1）$2^2 \equiv 1 \pmod 3$　（2）$2^4 \equiv 1 \pmod 5$　（3）$3^4 \equiv 1 \pmod 5$

（4）$4^4 \equiv 1 \pmod 5$　（5）$1\cdot 2\cdot 3\cdot 4 \equiv -1 \pmod 5$

問 7

（1）$n_1 \equiv n_2 \pmod m$, $l_1 \equiv l_2 \pmod m$ であれば

$$n_1+l_1 \equiv n_2+l_2 \pmod m$$
$$n_1-l_1 \equiv n_2-l_2 \pmod m$$
$$n_1 l_1 \equiv n_2 l_2 \pmod m$$

が成り立つことを示せ．

（2）$a \equiv b \pmod m$ であれば，任意の正整数 n に対して

$$a^n \equiv b^n \pmod m$$

が成り立つことを示せ．

3 世紀後半に著された中国の数学書，いわゆる『孫子算経』に次のような問題と問題の解答が与えられている．

例題 2.17　品物があるがその確かな数は分からない．それを 3 個ずつ数えれば 2 個余り，5 個ずつ数えれば 3 個余る．また 7 個ずつ数えれば 2 個余る．品物の数はいくつか．

［解］　70, 21, 15 を考えると，これらの数はそれぞれ 5×7, 3×7, 3×5 の倍数であり，またそれぞれ 3, 5, 7 で割ると 1 余る数である．すると

$$2\times 70+3\times 21+2\times 15 = 233$$

はこの問題の解の 1 つであることが分かる．$3\times 5\times 7$ を可能な限り引く(余りが正整数であるように引く)と，最小の解 23 を得る．　∎

この問題を合同式を使って書き直してみよう．品物の数を x 個とすると，

$$x \equiv 2 \pmod 3,\quad x \equiv 3 \pmod 5,\quad x \equiv 2 \pmod 7 \qquad (2.12)$$

が成り立つ．したがって，上の問題は(2.12)を満足する数 x を求めよという

ことになる.

解の方は何を行なっているのであろうか. 数 70, 21, 15 に関して主張していることは

$$70 \equiv 0 \pmod{5 \times 7}, \quad 70 \equiv 1 \pmod{3}$$
$$21 \equiv 0 \pmod{3 \times 7}, \quad 21 \equiv 1 \pmod{5}$$
$$15 \equiv 0 \pmod{3 \times 5}, \quad 15 \equiv 1 \pmod{7}$$

である. この事実と(2.12)より数

$$233 = 2 \times 70 + 3 \times 21 + 2 \times 15$$

を考えると, 21, 15 は 3 の倍数であるので,

$$233 \equiv 2 \times 70 \equiv 2 \pmod{3}$$

を得る. 同様の考えで

$$233 \equiv 3 \times 21 \equiv 3 \pmod{5}$$
$$233 \equiv 2 \times 15 \equiv 2 \pmod{7}$$

であることが分かる. したがって $x=233$ は合同式(2.12)を満足することが分かる.

ところで $x=d_1$, $x=d_2$ がともに(2.12)を満足すれば, 合同式

$$d_1 \equiv 2 \pmod{3}, \quad d_1 \equiv 3 \pmod{5}, \quad d_1 \equiv 2 \pmod{7}$$
$$d_2 \equiv 2 \pmod{3}, \quad d_2 \equiv 3 \pmod{5}, \quad d_2 \equiv 2 \pmod{7}$$

より

$$d_2 - d_1 \equiv 0 \pmod{3}, \quad d_2 - d_1 \equiv 0 \pmod{5}, \quad d_2 - d_1 \equiv 0 \pmod{7}$$

が成り立つ. したがって, $d_2 > d_1$ とすれば $d_2 - d_1$ は 3, 5, 7 の最小公倍数 $3 \times 5 \times 7 = 105$ の倍数であることが分かる.

逆に $x=d_1$ が(2.12)を満足すれば $d_2 = d_1 + 105m$ も(2.12)を満足することが分かる.

以上の論法で大切だったのは, 実は 3, 5, 7 のどの 2 つも互いに素であるという事実であり, 3, 5, 7 が素数であることは重要ではない.

(2.12)のような連立の合同式を満足する整数を求める問題は『孫子算経』のあとを受けて, 8 世紀に秦九韶が著書『数書九章』の中で詳しく論じた. このことにちなんで, 次の定理はヨーロッパでは**中国の剰余定理**(Chinese remainder theorem）と言われることが多いが，本書では現代中国で使われている呼称，**孫子の剰余定理**と呼ぶことにする．

定理 2.18（孫子の剰余定理）　正整数 $m_1, m_2, m_3, \cdots, m_k$ はどの 2 つも互いに素であると仮定する．このとき，任意の整数 $a_1, a_2, a_3, \cdots, a_k$ に対して，

$$a \equiv a_1 \pmod{m_1}, \quad a \equiv a_2 \pmod{m_2}, \quad \cdots\cdots, \quad a \equiv a_k \pmod{m_k} \tag{2.13}$$

を満足する整数 a が存在する．整数 a は $m_1 \cdot m_2 \cdots m_k$ を法として一意的に定まる．したがって，特に上の合同式を満足し，

$$0 \leqq a < m_1 \cdot m_2 \cdots m_k$$

を満足する正整数 a はただ 1 つ存在する．　□

この定理の証明には，次の補題が必要になる．

補題 2.19　互いに素な正整数 m, n と任意の整数 β に対して，

$$\alpha \equiv \beta \pmod{m}$$
$$\alpha \equiv 0 \pmod{n}$$

を満足する整数 α が存在する．

［証明］　定理 2.8 より

$$1 = am + bn$$

を満足する整数 a, b が存在する．この式の両辺を β 倍すると

$$\beta = a\beta m + b\beta n$$

となる．そこで $\alpha = b\beta n$ とおくと，この等式より

$$\alpha \equiv \beta \pmod{m}$$

が成立する．α は n の倍数であるので

$$\alpha \equiv 0 \pmod{n}$$

も成り立つ．　■

［定理 2.18 の証明］

$$m = m_1 \cdot m_2 \cdots m_k$$

とおくと，定理の仮定より，m_j と m/m_j $(j = 1, 2, \cdots, k)$ は互いに素である．したがって，補題 2.19 より

$$r_j \equiv 1 \pmod{m_j}, \quad r_j \equiv 0 \pmod{m/m_j}$$

を満足する整数r_jが存在する．そこで

$$a = a_1r_1 + a_2r_2 + \cdots + a_kr_k$$

とおくと，$i \neq j$ のとき $r_i \equiv 0 \pmod{m_j}$ であるので

$$a \equiv a_jr_j \equiv a_j \pmod{m_j}$$

が成り立つ．したがって(2.13)を満足する整数aが存在することが分かる．

もしa'も(2.13)を満足すると仮定すると

$$a' \equiv a_j \pmod{m_j}$$

より，

$$a' \equiv a \pmod{m_j}$$

が成り立ち，

$$a' \equiv a \pmod{m}$$

であることが分かる．逆にaが(2.13)を満足し，a'はmを法としてaと合同であれば，a'も(2.13)を満足することは明らかである．∎

上で述べた定理の証明は，例題2.17の解法と同一の考えに基づいている．

問8　次の合同式を満足する整数を求めよ．

(1) $x \equiv 2 \pmod 5$,　$x \equiv 1 \pmod 7$,　$x \equiv 4 \pmod{12}$

(2) $x \equiv 1 \pmod 8$,　$x \equiv 2 \pmod 9$,　$x \equiv 3 \pmod{11}$,　$x \equiv 4 \pmod{13}$

問9　次の合同式

$$x \equiv a \pmod 4, \quad x \equiv b \pmod 6$$

を満足する整数xが存在するためには，整数a, bにどのような条件をつける必要があるか．（ヒント．4と6の最大公約数は2であり，$x \equiv 1 \pmod 4$, $x \equiv 0 \pmod 6$ を満足する整数xは存在しない．）

§2.2 有理数

(a) 分　数

整数$a, b \neq 0$に対して割り算$a \div b$では一般に余りが出てくる，しかし1つ

のお菓子を3人で3等分することが必要なように，数を拡げて $a \div b$ も数であると考える必要が生じることがある．$a \div b$ が定める数を $\dfrac{a}{b}$ と記して**分数**(fraction)と呼び，a を**分子**，b を**分母**と呼ぶ．ちなみに，$\dfrac{a}{b}$ を日本では b 分の a と読むが，英語では逆に a over b と分子の方から先に読む．

$$a \div b = a \times (1 \div b)$$

と考えられるので

$$\frac{a}{b} = a \times \frac{1}{b}$$

と考えられる．b が正整数のとき $\dfrac{1}{b}$ は1を b 個に等分してできる“数”，$\dfrac{a}{b}$ はその数 $\dfrac{1}{b}$ を a 倍したものと考えられる．

問10　古代エジプトでは分子が1の分数だけが使われ，たとえば $\dfrac{2}{3}$ は $\dfrac{1}{2}$ と $\dfrac{1}{6}$ の和

$$\frac{1}{2} + \frac{1}{6}$$

として取り扱われた．次の分数に関する等式を計算によって示せ．

$$\frac{2}{5} = \frac{1}{3} + \frac{1}{15}, \quad \frac{47}{60} = \frac{1}{3} + \frac{1}{4} + \frac{1}{5},$$
$$\frac{99}{100} = \frac{1}{2} + \frac{1}{4} + \frac{1}{5} + \frac{1}{25}, \quad \frac{13}{12} = \frac{1}{2} + \frac{1}{3} + \frac{1}{4},$$
$$\frac{77}{60} = \frac{1}{2} + \frac{1}{3} + \frac{1}{4} + \frac{1}{5}, \quad \frac{29}{20} = \frac{1}{2} + \frac{1}{3} + \frac{1}{4} + \frac{1}{5} + \frac{1}{6}$$

整数から数を拡げて分数を作る方法は，多項式から有理式(分数式)を作る方法に拡張することができる．そのことは§3.5有理関数のところで述べることとして，ここでは分数の持っている基本的な性質を列挙するにとどめる．

(i)　整数 a に対して $\dfrac{a}{1} = a$．

(ii)　整数 $b \neq 0$ に対して，$\dfrac{0}{b} = 0$．

(iii)　$\dfrac{a}{b} = \dfrac{a'}{b'}$ であるための必要十分条件は

$$ab' - ba' = 0$$

が成り立つことである．

a と b との公約数を d とするとき

$$a = a'd, \quad b = b'd$$

とおくと

$$\frac{a}{b} = \frac{a'}{b'}$$

である．したがって，すべての分数は分母と分子とが互いに素であるようにできる．このように表示した分数を**既約分数**という．

さて，分数の全体を $\mathbb{Q}$ と記すことにする．上の性質(i)から整数の全体 $\mathbb{Z}$ は $\mathbb{Q}$ に含まれていると考える．よく知られているように $\mathbb{Q}$ では四則演算(加減乗除)が次のように定義できる．

$$\frac{a}{b} \pm \frac{c}{d} = \frac{ad \pm bc}{bd}$$

$$\frac{a}{b} \times \frac{c}{d} = \frac{ac}{bd}$$

$$\frac{a}{b} \div \frac{c}{d} = \frac{a}{b} \times \frac{d}{c} = \frac{ad}{bc}$$

割り算 $\frac{a}{b} \div \frac{c}{d}$ は $\frac{a}{b} \Big/ \frac{c}{d}$ あるいは $\dfrac{\frac{a}{b}}{\frac{c}{d}}$ と書くことが多い．

分数の全体 $\mathbb{Q}$ のように四則演算ができる数の体系を数学では**体**(field)と呼ぶ．分数の全体 $\mathbb{Q}$ を**有理数体**(rational number field)と呼び，分数が表わす数を**有理数**(rational number)と呼ぶ．

分数を組み合わせて，様々の数を作ることができる．

例 2.20　以下の分数は円周率 $\pi = 3.14159\cdots$ の近似値である．

$$3 + \frac{1}{7} = \frac{22}{7}, \quad 3 + \cfrac{1}{7 + \cfrac{1}{15}} = \frac{333}{106}, \quad 3 + \cfrac{1}{7 + \cfrac{1}{15 + 1}} = \frac{355}{113}$$

$$3+\cfrac{1}{7+\cfrac{1}{15+\cfrac{1}{1+\cfrac{1}{292}}}}=\frac{103993}{33102}$$

□

一般に

$$b_0+\cfrac{c_1}{b_1+\cfrac{c_2}{b_2+\cfrac{c_3}{b_3+\cdots+\cfrac{c_{m-1}}{b_{m-1}+\cfrac{c_m}{b_m}}}}} \tag{2.14}$$

の形の分数を**有限連分数**(finite continued fraction)と呼ぶ．(2.14)の書き方はスペースをとるので，(2.14)を

$$b_0+\frac{c_1}{b_1}\,{}_+\,\frac{c_2}{b_2}\,{}_+\,\cdots\,{}_+\,\frac{c_{m-1}}{b_{m-1}}\,{}_+\,\frac{c_m}{b_m} \tag{2.15}$$

と2番目以降の"+"の位置を下げて表示する．特に $c_1=c_2=c_3=\cdots=c_m=1$ のときは，さらに簡単な表示

$$[b_0,b_1,b_2,\cdots,b_m] \tag{2.16}$$

を使うことが多い．すなわち

$$\begin{aligned}[b_0,b_1,b_2,\cdots,b_m] &= b_0+\frac{1}{b_1}\,{}_+\,\frac{1}{b_2}\,{}_+\,\cdots\,{}_+\,\frac{1}{b_{m-1}}\,{}_+\,\frac{1}{b_m}\\ &= b_0+\cfrac{1}{b_1+\cfrac{1}{b_2+\cfrac{1}{b_3+\cdots+\cfrac{1}{b_{m-1}+\cfrac{1}{b_m}}}}}\end{aligned}$$

である．

例 2.21

$$[1,2,2]=1+\cfrac{1}{2+\cfrac{1}{2}}=\frac{7}{5}$$

$$[1,2,2,2]=1+\cfrac{1}{2+\cfrac{1}{2+\cfrac{1}{2}}}=\frac{17}{12}$$

$$[1,2,2,2,2]=\frac{41}{29},\quad [1,2,2,2,2,2]=\frac{99}{70}$$

$$[1,1,2]=\frac{5}{3},\quad [1,1,2,1]=\frac{7}{4}$$

$$[1,1,2,1,2]=\frac{19}{11},\quad [1,1,2,1,2,1]=\frac{26}{15}$$

□

命題 2.22　正整数 p, q にユークリッドの互除法を適用して

$$\begin{aligned}
p &= b_0q+r_1 & (0<r_1<q)\\
q &= b_1r_1+r_2 & (0<r_2<r_1)\\
r_1 &= b_2r_2+r_3 & (0<r_3<r_2)\\
&\cdots\cdots & \cdots\cdots\\
r_{m-2} &= b_{m-1}r_{m-1}+r_m & (0<r_m<r_{m-1})\\
r_{m-1} &= b_mr_m &
\end{aligned}$$

を得たとすると，

$$\frac{p}{q}=[b_0,b_1,b_2,\cdots,b_m]$$

が成り立つ.

［証明］　ユークリッドの互除法より

$$\frac{p}{q}=\frac{b_0q+r_1}{q}=b_0+\frac{r_1}{q}=b_0+\cfrac{1}{\cfrac{q}{r_1}}$$

$$= b_0 + \cfrac{1}{\cfrac{b_1 r_1 + r_2}{r_1}} = b_0 + \cfrac{1}{b_1 + \cfrac{r_2}{r_1}} = b_0 + \cfrac{1}{b_1 + \cfrac{1}{\cfrac{r_1}{r_2}}}$$

$$= b_0 + \cfrac{1}{b_1 + \cfrac{1}{b_2 + \cfrac{1}{\cfrac{r_2}{r_3}}}} = \cdots\cdots$$

$$= b_0 + \cfrac{1}{b_1 + \cfrac{1}{b_2 + \cfrac{1}{b_3 + \cfrac{1}{\cdots + \cfrac{1}{b_m}}}}}$$

を得,

$$\frac{p}{q} = [b_0, b_1, b_2, \cdots, b_m]$$

であることが分かる. ∎

問 11 次の分数を(2.16)の形の連分数で表わせ.

(1) $\frac{5}{3}$ (2) $\frac{71}{41}$ (3) $\frac{97}{56}$ (4) $\frac{43}{33}$

問 12 $a_n = [\underbrace{3, 3, 3, \cdots, 3}_{n}]$ とおくとき, a_n と a_{n+1} との関係を求めよ.

さて, 有理数体 $\mathbb{Q}$ では四則演算が自由にできるので, 累乗の考え方を一般化しよう. 正整数 m と任意の有理数 a に対して, 第1章ですでに述べたように, a の m 乗を

$$a^m = \underbrace{a \cdot a \cdot \cdots \cdot a}_{m}$$

と定義する. このとき, $a \neq 0$ であれば

$$\frac{1}{a^m} = \underbrace{\frac{1}{a} \cdot \frac{1}{a} \cdot \cdots \cdot \frac{1}{a}}_{m} = \left(\frac{1}{a}\right)^m \tag{2.17}$$

であることがすぐに分かる．そこで正整数 m に対して，a の $-m$ 乗を

$$a^{-m} = \frac{1}{a^m} \tag{2.18}$$

と定義する．負ベキを考えるときは，つねに $a \neq 0$ と仮定することに注意する．すると(2.17)より

$$a^{-m} = (a^{-1})^m \tag{2.19}$$

であることが分かる．また正整数 n が $n \neq m$ のとき

$$a^n \cdot a^{-m} = (\underbrace{a \cdot \cdots \cdot a}_{n})\Bigl(\underbrace{\frac{1}{a} \cdot \frac{1}{a} \cdot \cdots \cdot \frac{1}{a}}_{m}\Bigr) = a^{n-m} \tag{2.20}$$

であり，一方

$$a^m \cdot a^{-m} = 1$$

である．そこで，有理数 $a \neq 0$ に対して，a の0乗を

$$a^0 = 1$$

と定義すると(2.20)で $n \neq m$ という条件は不要になる．このように累乗を新たに定義すると，第1章例題1.1の結果を一般化することができる．これを**指数法則**と呼ぶ．証明は，上の定義からほとんど明らかであるので読者にまかせることにする．

命題 2.23 (指数法則)　任意の有理数 $a \neq 0$, $b \neq 0$ と整数(0および負整数も含む) m, n に対して以下のことが成り立つ．

(i)　$a^m \cdot a^n = a^{m+n}$

(ii)　$(a^m)^n = a^{mn}$

(iii)　$(ab)^m = a^m b^m$

(iv)　$\left(\dfrac{a}{b}\right)^m = \dfrac{a^m}{b^m}$　□

問 13　次の計算を行なえ.

(1) $10^{-1}+2\cdot10^{-2}+3\cdot10$　　(2) $3\cdot10^{-1}+5\cdot10^{-2}+2\cdot10^{-3}$

(3) $5^{-1}+3\cdot5^{-2}+4\cdot5^{-3}$　　(4) $6^{-1}+3\cdot6^{-2}+4\cdot6^{-3}$

(5) $(2\cdot10^{-6})\times(3\cdot10^{4})$　　(6) $(8\cdot10^{7})\times(9\cdot10^{-9})$

さて，有理数体 $\mathbb{Q}$ にはよく知られているように大小関係を導入することができる．分母，分子がともに正整数であるとき，分数 $\dfrac{a}{b}$ は正であると言い，

$$\frac{a}{b} > 0$$

と記す．

$$\frac{a}{b} = \frac{-a}{-b}$$

であるので，分母，分子がともに負の整数のときも，分数は正であることが分かる．2 つの分数 $\dfrac{a}{b}, \dfrac{c}{d}$ は

$$\frac{a}{b} - \frac{c}{d} > 0$$

のとき $\dfrac{a}{b}$ は $\dfrac{c}{d}$ より大きい(あるいは $\dfrac{c}{d}$ は $\dfrac{a}{b}$ より小さい)と言い，

$$\frac{a}{b} > \frac{c}{d} \qquad \left(\frac{c}{d} < \frac{a}{b}\right)$$

と記す．0 より小さい分数は負であると言う．分母と分子の符号が違うときが負である．

以上の定義によって，有理数の間に大小関係が入ることは分かっているとして，これ以上詳しくは述べないこととする．また有理数 $\dfrac{a}{b}$ に対して，その**絶対値** $\left|\dfrac{a}{b}\right|$ を

$$\left|\frac{a}{b}\right| = \begin{cases} \dfrac{a}{b} & \left(\dfrac{a}{b} \geqq 0 \text{ のとき}\right) \\ -\dfrac{a}{b} & \left(\dfrac{a}{b} < 0 \text{ のとき}\right) \end{cases}$$

と定義する．大小関係と絶対値に関しては，次のことがよく知られている．証明は整数の性質に帰着させて行なうことができるが，読者の演習問題としよう．

定理 2.24　有理数 $\alpha, \beta, \gamma, \delta$ に関して次のことが成り立つ．

（i）　$\alpha > \beta$ であれば $\alpha+\gamma > \beta+\gamma$ であり，この逆も成り立つ．

（ii）　$\alpha > \beta,\ \gamma > \delta$ であれば $\alpha+\gamma > \beta+\delta$．

（iii）　$\alpha > \beta, \gamma > 0$ であれば $\alpha\gamma > \beta\gamma$．逆に $\alpha\gamma > \beta\gamma, \gamma > 0$ であれば $\alpha > \beta$．

（iv）　$\alpha > \beta > 0,\ \gamma > \delta,\ \gamma > 0$ であれば $\alpha\gamma > \beta\delta$．　□

命題 2.25　有理数 α, β に関して不等式

$$|\alpha| - |\beta| \leqq |\alpha+\beta| \leqq |\alpha| + |\beta|$$

が成り立つ．　□

問 14　次のように無限にのびた分数列を考え，矢印の方向に進んで分数に番号をつけていく．このとき，分数 $\dfrac{m}{n}$（m, n は正整数）は何番目になるか．ただし分数はすべて通分せずに考えることとする．

$$\begin{array}{cccccccccccccc}
1 & \longrightarrow & 2 & & 3 & \longrightarrow & 4 & & 5 & \longrightarrow & 6 & & 7 & \cdots\cdots \\
 & \swarrow & & \nearrow & & \swarrow & & \nearrow & & \swarrow & & & & \\
\frac{1}{2} & & \frac{2}{2} & & \frac{3}{2} & & \frac{4}{2} & & \frac{5}{2} & & \frac{6}{2} & & \frac{7}{2} & \cdots\cdots \\
\downarrow & \nearrow & & \swarrow & & \nearrow & & \swarrow & & & & & & \\
\frac{1}{3} & & \frac{2}{3} & & \frac{3}{3} & & \frac{4}{3} & & \frac{5}{3} & & \frac{6}{3} & & \frac{7}{3} & \cdots\cdots \\
 & \swarrow & & \nearrow & & \swarrow & & & & & & & & \\
\frac{1}{4} & & \frac{2}{4} & & \frac{3}{4} & & \frac{4}{4} & & \frac{5}{4} & & \frac{6}{4} & & \frac{4}{7} & \cdots\cdots \\
\downarrow & \nearrow & & \iddots & & & & & & & & & & \\
\frac{1}{5} & \cdots\cdots & & & & & & & & & & & & \\
\cdots\cdots & & & & & & & & & & & & &
\end{array}$$

（たとえば $\dfrac{1}{2}$ は 3 番目，$\dfrac{1}{3}$ は 4 番目，$\dfrac{1}{4}$ は 10 番目，$\dfrac{4}{2}$ は 14 番目である．）

また既約分数だけを考え，下図のように番号をつけていくと，すべての正の有理数に番号をふることができる．

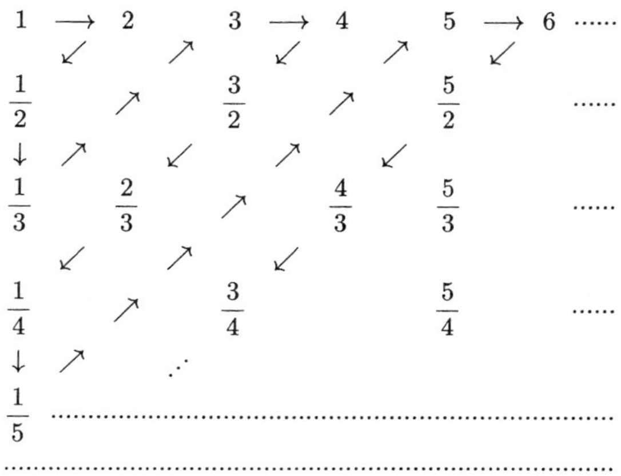

$$
\begin{array}{cccccccccccc}
1 & \longrightarrow & 2 & & 3 & \longrightarrow & 4 & & 5 & \longrightarrow & 6 & \cdots\cdots \\
 & \swarrow & & \nearrow & & \swarrow & & \nearrow & & \swarrow & & \\
\frac{1}{2} & & \nearrow & & \frac{3}{2} & & \nearrow & & \frac{5}{2} & & & \cdots\cdots \\
\downarrow & \nearrow & & \swarrow & & \nearrow & & \swarrow & & & & \\
\frac{1}{3} & & \frac{2}{3} & & \nearrow & & \frac{4}{3} & & \frac{5}{3} & & & \cdots\cdots \\
 & \swarrow & & \nearrow & & \swarrow & & & & & & \\
\frac{1}{4} & & \nearrow & & \frac{3}{4} & & & & \frac{5}{4} & & & \cdots\cdots \\
\downarrow & \nearrow & & \cdot^{\cdot^{\cdot}} & & & & & & & & \\
\frac{1}{5} & \cdots & \cdots & \cdots & \cdots & \cdots & \cdots & \cdots & \cdots & \cdots & \cdots & \cdots \\
\cdots & \cdots & \cdots & \cdots & \cdots & \cdots & \cdots & \cdots & \cdots & \cdots & \cdots & \cdots
\end{array}
$$

(b) 小　数

前項では整数の商を分数を使って表示したが,

$$\frac{4}{5} = 0.8$$

のように小数を使っても表示することができる.

$$a.a_1a_2a_3\cdots a_n \quad (0 \leqq a \leqq 9,\ 0 \leqq a_j \leqq 9) \tag{2.21}$$

と表示できる小数を**有限小数**と呼ぶ. 正確には(2.21)で表わされる数は

$$a + \frac{a_1}{10} + \frac{a_2}{10^2} + \frac{a_3}{10^3} + \cdots + \frac{a_n}{10^n} \tag{2.22}$$

を表わすと定義する. ところが分数を小数で表わすとき

$$\frac{1}{3} = 0.333\cdots \tag{2.23}$$

のように無限に項が続くことがある. (2.21)と(2.22)の類推から,

$$\frac{1}{3} = \frac{3}{10} + \frac{3}{10^2} + \frac{3}{10^3} + \cdots + \frac{3}{10^n} + \frac{3}{10^{n+1}} + \cdots \tag{2.24}$$

と無限に続く分数の和と考えられそうである. こうした無限和を考えるためには, 収束の概念が必要になる. これに関しては本シリーズ『微分と積分 1』

で詳しく論じられるのでそちらを見ていただくことにして，ここでは次のことを記すにとどめておく．

$\dfrac{1}{3}$ と(2.24)の右辺を第 n 項まででとめた和との差をとる．第1章の(1.8)を使うと

$$
\begin{aligned}
&\frac{1}{3}-\left(\frac{3}{10}+\frac{3}{10^2}+\cdots+\frac{3}{10^n}\right)\\
&\quad=\frac{1}{3}-\frac{3}{10}\times\left(1+\frac{1}{10}+\frac{1}{10^2}+\cdots+\frac{1}{10^{n-1}}\right)\\
&\quad=\frac{1}{3}-\frac{3}{10}\times\frac{1-\dfrac{1}{10^n}}{1-\dfrac{1}{10}}\\
&\quad=\frac{1}{3}-\frac{3}{10}\times\frac{1-\dfrac{1}{10^n}}{\dfrac{9}{10}}=\frac{1}{3}-\frac{1}{3}\left(1-\frac{1}{10^n}\right)=\frac{1}{3\cdot 10^n}
\end{aligned}
$$

となる．(これは，上の割り算からも直接見てとれる．) この結果は n をどんどん大きくしていくと，$\dfrac{1}{3}$ と(2.24)の右辺の n 項までの和との差がどんどん小さくなっていくことを意味し，(2.24)の右辺を無限に足したものが $\dfrac{1}{3}$ になることが納得されるであろう．

(2.23)のように無限に続く小数を**無限小数**という．また

$$0.579123123123\cdots$$

のようにある桁から下は同じ数の列が繰り返されるとき**循環小数**(recurring decimal)と呼び，繰り返される数の列を**循環節**(recurring period)と呼ぶ．循環小数では

$$
\begin{aligned}
0.33\cdots &= 0.\dot{3}\\
0.579123123\cdots &= 0.579\dot{1}2\dot{3}
\end{aligned}
$$

のように繰り返される数の列の始まりと終わりの部分に黒丸を打って循環小数であることを表示することが多い．

命題 2.26　循環小数は分数で表示でき，したがって有理数である．

［証明］ 循環小数

$$\alpha = a.a_1a_2\cdots a_m\dot{b}_1\cdots\dot{b}_n$$

が与えられたとすると，

$$\alpha = a.a_1a_2\cdots a_m + 0.\underbrace{0\cdots0}_{m}\dot{b}_1\cdots\dot{b}_n$$

と書くことができる．有限小数 $a.a_1a_2\cdots a_m$ は(2.22)から分数で表わすことができるので，循環小数

$$\beta = 0.\underbrace{0\cdots0}_{m}\dot{b}_1\cdots\dot{b}_n$$

が分数で表わされることを示せばよい．

$$\begin{aligned}\beta = &\left(\frac{b_1}{10^{m+1}} + \frac{b_2}{10^{m+2}} + \cdots + \frac{b_n}{10^{m+n}}\right)\\ &+\left(\frac{b_1}{10^{m+n+1}} + \frac{b_2}{10^{m+n+2}} + \cdots + \frac{b_n}{10^{m+2n}}\right)\\ &+\left(\frac{b_1}{10^{m+2n+1}} + \frac{b_2}{10^{m+2n+2}} + \cdots + \frac{b_n}{10^{m+3n}}\right)\\ &+\cdots\cdots \end{aligned} \tag{2.25}$$

である．

$$0.b_1b_2\cdots b_n = \frac{\gamma}{10^n}, \quad \gamma = b_1\cdot 10^{n-1} + b_2\cdot 10^{n-2} + \cdots + b_{n-1}\cdot 10 + b_n$$

と書くと，(2.25)は

$$\begin{aligned}\beta &= \frac{\gamma}{10^{m+n}} + \frac{\gamma}{10^{m+2n}} + \frac{\gamma}{10^{m+3n}} + \cdots\\ &= \frac{\gamma}{10^{m+n}}\left\{1 + \frac{1}{10^n} + \frac{1}{10^{2n}} + \frac{1}{10^{3n}} + \cdots\right\} \end{aligned} \tag{2.26}$$

と書くことができる．(2.26)の最後の式の中括弧{ }の中の和は次のようにして求められる．(1.8)より

$$1 + \frac{1}{10^n} + \frac{1}{10^{2n}} + \frac{1}{10^{3n}} + \cdots + \frac{1}{10^{Nn}}$$

$$= \frac{1-\dfrac{1}{10^{(N+1)n}}}{1-\dfrac{1}{10^n}}$$

であり，$N \to +\infty$ とすることによって $\{\ \}$ の中の和は

$$\frac{1}{1-\dfrac{1}{10^n}} = \frac{10^n}{10^n-1}$$

であることが分かる．したがって

$$\beta = \frac{\gamma}{10^m(10^n-1)}$$

となり，β は確かに分数で表示された． ∎

問15　$0.\dot{1} = \dfrac{1}{9}$，$0.0\dot{1} = \dfrac{1}{90}$，$0.\dot{1}\dot{2} = \dfrac{12}{99}$，$0.0\dot{2}7\dot{5} = \dfrac{275}{9990}$ を示せ．

命題 2.26 の逆も成り立つのであるが，その前に有限小数について注意しておく．再び，おなじみの式

$$\frac{1}{3} = 0.333\cdots$$

を考えよう．両辺を 3 倍すると

$$1 = 0.999\cdots \tag{2.27}$$

となる！　奇妙に思われる読者も多いことだろう．(2.27)の右辺は 1 より小さいとしか思えないからである．しかしながら

$$1-0.\underbrace{99\cdots9}_{n} = 0.\underbrace{00\cdots0}_{n}1 = \frac{1}{10^{n+1}}$$

であることに注意すると，n がどんどん大きくなると $0.\underbrace{99\cdots9}_{n}$ は 1 に近づくことが分かる．(2.27)の等式はこの事実を表わしているのである．さて(2.27)の両辺に 1 や 2 を足せば

$$2 = 1.999\cdots = 1.\dot{9}, \quad 3 = 2.\dot{9}$$

が成り立つことが分かる．さらに(2.27)の両辺を $\dfrac{1}{10}$ 倍すれば

$$0.1 = 0.0\dot{9}$$

であることがわかる．この式の両辺に 0.4 を加えれば

$$0.5 = 0.4\dot{9}$$

となる．もっと一般に，たとえば

$$3.1415 = 3.1414\dot{9}$$

であることが分かる．このように，有限小数

$$\alpha = a.a_1a_2\cdots a_n \quad (a_n \neq 0)$$

が与えられると，この小数は循環小数

$$a.a_1a_2\cdots a_{n-1}(a_{n-1}-1)\dot{9}$$

と等しいことが分かる．つまり有限小数は必ず循環小数として表示できることが分かる．1 つの数が 2 通りの表示を持つことを奇妙に感じられるかもしれないが，これは無限のなす悪戯である．ただ，この 2 通りの表示の一方は有限小数であり，他方は無限小数である．

以上の準備のもとに，命題 2.26 の逆を証明しよう．

命題 2.27 すべての有理数(分数)は循環小数としてただ 1 通りに表示できる．

［証明］ 既約分数 $\dfrac{a}{b}>0$ を考えれば十分である．a,b はともに自然数であるとしてよい．また $b \geqq 2$ のときを考えれば十分である．

まず，a を b で割って

$$a = a_0b+r_1 \quad (0 < r_1 < b)$$

を得る．そこで $\dfrac{r_1}{b}$ を小数に展開することを考える．

$$10r_1 = a_1b+r_2 \quad (0 \leqq r_2 < b)$$

とし，両辺を $10b$ で割ると

$$\frac{r_1}{b} = \frac{a_1}{10}+\frac{r_2}{10b} \tag{2.28}$$

を得る．このとき $10r_1 < 10b$ であるので $0 \leqq a_1 \leqq 9$ であり，かつ

$$0 \leqq \frac{r_2}{10b} < \frac{1}{10}$$

である．もし $r_2 \neq 0$ であれば

$$10r_2 = a_2b + r_3 \quad (0 \leqq r_3 < b)$$

を得る．このとき $10r_2 < 10b$ であるので $0 \leqq a_2 \leqq 9$ である．両辺を $100b$ で割ると

$$\frac{r_2}{10b} = \frac{a_2}{10^2} + \frac{r_3}{10^2 b}$$

を得，これを(2.28)に代入すると

$$\frac{r_1}{b} = \frac{a_1}{10} + \frac{a_2}{10^2} + \frac{r_3}{10^2 b} \tag{2.29}$$

を得，このとき

$$0 \leqq \frac{r_3}{10^2 b} < \frac{1}{10^2}$$

である．$r_3 = 0$ であれば

$$\frac{r_1}{b} = \frac{a_1}{10} + \frac{a_2}{10^2}$$

で

$$\frac{a}{b} = a_0.a_1a_2$$

と有限小数で表わされる．もし $r_3 \neq 0$ であれば

$$10r_3 = a_3b + r_4 \quad (0 \leqq r_4 < b)$$

を得るので，この両辺を 10^3b で割りそれを(2.29)に代入すると

$$\frac{r_1}{b} = \frac{a_1}{10} + \frac{a_2}{10^2} + \frac{a_3}{10^3} + \frac{r_4}{10^3 b} \tag{2.30}$$

を得る．$r_4 \neq 0$ のときは，以下同様の操作を行なって，

$$\frac{r_1}{b} = \frac{a_1}{10} + \frac{a_2}{10^2} + \cdots + \frac{a_n}{10^n} + \frac{r_{n+1}}{10^n b} \tag{2.31}$$

を得ることができる．ただし

$$\left.\begin{array}{r}10r_k = a_k b + r_{k+1} \\ 0 < r_{k+1} < b \quad (k = 1, 2, \cdots, n-1), \quad 0 \leqq r_{n+1} < b\end{array}\right\} \qquad (2.32)$$

なる関係があり，a_k は $0, 1, 2, \cdots, 9$ のいずれかの整数である．もし $r_{n+1} = 0$ であれば，

$$\frac{a}{b} = a_0.a_1 a_2 \cdots a_n$$

と有限小数で表示できる．そこで，以下 $\dfrac{a}{b}$ は有限小数では表示できないと仮定しよう．したがって，(2.31),(2.32)が任意の自然数 n で成立し，かつ(2.32)で

$$0 < r_{n+1} < b$$

である．そこで，集合 $\{r_1, r_2, r_3, \cdots, r_b\}$ を考える．これらは

$$0 < r_j < b \quad (j = 1, 2, 3, \cdots, b)$$

を満足するので，少なくともこのうちの2つは等しいものがある．そのうちで添数の最小のものと次に小さいものとが r_m, r_{m+h} であったとする．すなわち

$$r_m = r_{m+h}$$

となるもので $m, h \geqq 1$ とも最小のものをとる．すると

$$10r_m = a_m b + r_{m+1}$$
$$10r_{m+h} = a_{m+h} b + r_{m+h+1}$$

であるので，

$$a_m = a_{m+h}, \quad r_{m+1} = r_{m+h+1}$$

となり，以下

$$a_{m+1} = a_{m+h+1}, \quad r_{m+2} = r_{m+h+2},$$
$$a_{m+2} = a_{m+h+2}, \quad r_{m+3} = r_{m+h+3},$$
$$\cdots\cdots\cdots$$

となり，$a_m, a_{m+1}, a_{m+2}, \cdots$ と周期が h で同じ数を繰り返す．これは

$$\frac{a}{b} = a_0.a_1 a_2 \cdots a_{m-1} \dot{a}_m a_{m+1} \cdots \dot{a}_{m+h-1}$$

と長さ h の循環小数で $\dfrac{a}{b}$ が表示できることを意味する.

$\dfrac{a}{b}$ が有限小数 $a_0.a_1a_2\cdots a_n$ で表わされるときは命題 2.27 の直前の議論により,

$$a_0.a_1a_2\cdots(a_n-1)\dot{9}$$

と循環小数でも表示できる. 以上の議論により, $\dfrac{a}{b}$ はつねに循環小数で表示できることが分かった.

次に循環小数としての表示が一意的であることを示そう.

$$\frac{a}{b}=a_0.a_1a_2a_3a_4\cdots=b_0.b_1b_2b_3b_4\cdots \tag{2.33}$$

と2通りの無限小数表示があったとしよう. a_0, b_0 は共に a を b で割ったときの商であるから $a_0=b_0$ でなければならない. したがって

$$\frac{a_1}{10}+\frac{a_2}{10^2}+\frac{a_3}{10^3}+\cdots=\frac{b_1}{10}+\frac{b_2}{10^2}+\frac{b_3}{10^3}+\cdots$$

が成り立つ. この左辺から右辺を引き10倍することによって,

$$a_1-b_1=\frac{b_2-a_2}{10}+\frac{b_3-a_3}{10^2}+\cdots+\frac{b_n-a_n}{10^{n-1}}+\cdots$$

を得る. $0\leqq a_j\leqq 9$, $0\leqq b_j\leqq 9$ であるので,

$$|b_j-a_j|\leqq 9$$

である. したがって,

$$\begin{aligned}|a_1-b_1| &\leqq \frac{|a_2-b_2|}{10}+\frac{|a_3-b_3|}{10^2}+\cdots+\frac{|a_n-b_n|}{10^{n-1}}+\cdots\\ &\leqq 9\left(\frac{1}{10}+\frac{1}{10^2}+\cdots+\frac{1}{10^{n-1}}+\cdots\right)\\ &=\frac{9}{10}\times\frac{1}{1-\dfrac{1}{10}}=1 \end{aligned}\tag{2.34}$$

が成り立ち, これより

$$|a_1-b_1|\leqq 1 \tag{2.35}$$

が出る. もし $|a_1-b_1|=1$ であれば(2.34)から

$$|a_j - b_j| = 9 \quad (j = 2, 3, 4, \cdots)$$

が成り立たねばならないことが分かる．これは $a_j=9$，$b_j=0$ または $a_j=0$，$b_j=9$ でなければならないことを意味する．仮定から(2.33)の小数はともに無限小数であるのですべての a_j またはすべての b_j が0であることはない．そこで $a_2=9$，$b_2=0$ と仮定しよう．すると

$$0.a_1 9\cdots = 0.b_1 0\cdots$$

でなければならない．$|a_1-b_1|=1$ であるので，もし上の等号が成立すれば，

$$b_1 = a_1 + 1$$

であり，

$$0.b_1 = 0.a_1 9999\cdots$$

でなければならない．これは仮定に反するので，(2.35)より

$$a_1 = b_1$$

でなければならないことが分かる．以下，同様の議論により

$$a_j = b_j \quad (j = 2, 3, 4, \cdots)$$

を示すことができる． ∎

例 2.28

$$\frac{1}{7} = 0.\dot{1}4285\dot{7}, \quad \frac{3}{7} = 0.\dot{4}2857\dot{1}$$
$$\frac{2}{7} = 0.\dot{2}8571\dot{4}, \quad \frac{6}{7} = 0.\dot{8}5714\dot{2},$$
$$\frac{4}{7} = 0.\dot{5}7142\dot{8}, \quad \frac{5}{7} = 0.\dot{7}1428\dot{5}$$

□

問 16　既約分数 $\dfrac{a}{b}$ が有限小数で表わされるための必要十分条件は，b が2と5以外の素数では割りきれないことであることを示せ．(ヒント．命題2.27より

$$\frac{a}{b} = a_0.a_1a_2\cdots a_n$$

と有限小数で表示できるためには

$$a = a_0 b + r_1 \qquad (0 < r_1 < b)$$
$$10r_1 = a_1 b + r_2 \qquad (0 < r_2 < b)$$

$$
\begin{aligned}
10r_2 &= a_2 b + r_3 \qquad (0 < r_3 < b) \\
&\cdots\cdots \qquad\qquad \cdots\cdots \\
10r_{n-1} &= a_{n-1} b + r_n \quad (0 < r_n < b) \\
10r_n &= a_n b
\end{aligned}
$$

となることが必要十分である．もし，2,5以外の素数pがbの約数であれば，上式より，r_nはpの倍数，したがってr_{n-1}もpの倍数となり，以下これを続けるとaもpの倍数であることになる．これは$\dfrac{a}{b}$が既約分数であることに反する．)

§2.3　実　　数

前節で分数を小数で表示することを論じたが，その際，無限小数が登場した．無限小数の背後には極限の概念がひそんでいることは

$$1 = 0.999\cdots$$

という等式から見てとることができる．この節では，小数の考え方から，有理数よりさらに広い数の概念，実数を考察することにする．

(a)　無理数の発見

「万物は数である」というのはピタゴラス派の標語であった．ピタゴラス派とは紀元前6世紀〜5世紀，南イタリアで栄えたピタゴラス(Pythagoras)を祖とする一種の宗教団体であり，魂の浄化のための学科(mathema)として，音楽，天文，幾何，数論を課していた．ピタゴラスが実在の人物であったかどうかは今日では分からないが，ピタゴラス派は比例論や数論の発展に大きく寄与し，後にプラトンを経てユークリッドの『原論』が完成する礎となった．ピタゴラスの名を冠した定理としてピタゴラスの定理(三平方の定理)が有名である．

命題2.29　直角3角形の3辺の長さをそれぞれa,b,cとし，斜辺の長さがcであるとすると

$$a^2+b^2=c^2$$

が成り立つ(図 2.1). □

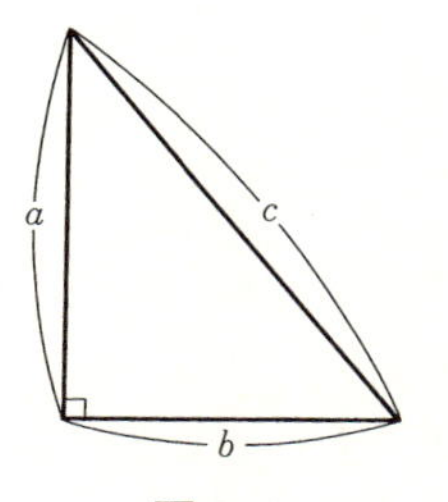

図 2.1

標語「万物は数である」は，数に様々な意味を持たせて現実の世界の事象を説明するという意図があったが，その際に彼らが「数」として認めたのは整数と分数，すなわち有理数までであった．ところが，あるとき，彼らに辺の長さが1である正方形の対角線の長さを求める必要が生じた．対角線の長さを c とすると，ピタゴラスの定理により

$$c^2 = 1+1 = 2$$

が成り立たねばならない．c は2乗して2になる正の数である．これを $\sqrt{2}$ と記す(図 2.2)．(一般に2乗して正整数 n になる正の数を $\sqrt{n}$ と記す.)

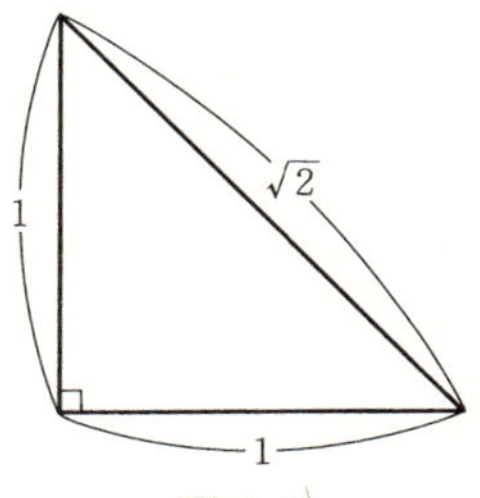

図 2.2

ピタゴラス派の人達は $\sqrt{2}$ を分数で表わそうと試みた．そこで，互いに素な正整数 p, q を使って

$$\sqrt{2} = \frac{q}{p}$$

と表わせたと仮定してみよう．両辺を2乗して分母を払うと

$$2p^2 = q^2$$

と書ける．q は2で割り切れる．そこで

$$q = 2m$$

とおいて上の式に代入すると

$$p^2 = 2m^2$$

を得る．したがって p は2で割れなければならない．これより，p, q ともに2を約数として持つことになり，p と q とは互いに素であるという最初の仮定に反する．これは $\sqrt{2}$ が有理数であると仮定したことから引き起こされた矛盾である．したがって $\sqrt{2}$ は有理数でない．

このように，ピタゴラス派の人達はピタゴラスの定理から自然に出てくる数 $\sqrt{2}$ が有理数でないことを見出し驚愕した．「万物は数である」という標語は正しくなかったわけである．やがて，$\sqrt{2}$ だけでなく，$\sqrt{3}, \sqrt{5}, \sqrt{6}, \cdots$ と一般に平方数でない正整数 n(整数 m を使って m^2 と表わせない数)に対して $\sqrt{n}$ も有理数でないことが見出され，有理数以外の数があることが，古代ギリシャで認識されるにいたった．

では $\sqrt{2}$ は小数で表わすことができるだろうか．まず正の数 a, b に対して $a > b$ であることと $a^2 > b^2$ であることとは同値であることに注意する．$a^2 - b^2 = (a-b)(a+b) > 0$ かつ $a+b > 0$ であるからである．

$$4 > 2 > 1$$

であるから，

$$2 > \sqrt{2} > 1$$

である．そこで

$$\sqrt{2} = 1 + \frac{x_1}{10}, \quad 0 < x_1 < 10$$

とおいてみよう．両辺を10倍すると

$$10\sqrt{2} = 10 + x_1$$

となり，この式の両辺を2乗すると

$$200 = 100 + 20x_1 + x_1^2$$

を得る．これより

$$100 = 20x_1 + x_1^2$$

となる．この式より

$$5 > x_1 > 4$$

であることが分かる．そこで

$$\sqrt{2} = 1 + \frac{4}{10} + \frac{x_2}{100}, \quad 0 < x_2 < 10$$

と書けることが分かる．両辺を 100 倍して整理すると，

$$100\sqrt{2} = 140 + x_2$$

を得，両辺を 2 乗すると

$$20000 = 19600 + 280x_2 + x_2^2$$

となり，

$$400 = 280x_2 + x_2^2$$

であることが分かり，

$$2 > x_2 > 1$$

でなければならない．そこで

$$\sqrt{2} = 1 + \frac{4}{10} + \frac{1}{100} + \frac{x_3}{1000}, \quad 0 < x_3 < 10$$

と書けることが分かる．上と同様の計算によって

$$5 > x_3 > 4$$

であることが分かる．以下，同様の考察によって

$$\sqrt{2} = 1.414213562373095\cdots$$

であることが分かる．このように $\sqrt{2}$ は無限小数で表わされることが分かる．$\sqrt{2}$ は有理数ではないので，循環小数ではない．小数で表わされる数を**実数**(real number)と呼び，有理数でない実数を**無理数**(irrational number)と呼ぶ．今までの考察によって，有限小数または循環小数で表わされる数が有理数である．

問 17　$\sqrt{3}$ は無理数であることを示し，さらに

$$\sqrt{3} = 1.732\cdots$$

を示せ．

問 18　$\sqrt{10}$ は無理数であることを示し，さらに

$$\sqrt{10} = 3.1622776601\cdots$$

を示せ.

問 19　2 以上の正整数 n と正の数 a に対して n 乗して a になる正の数 b，すなわち

$$b^n = a$$

となる正の数 b を $\sqrt[n]{a}$ と記す．$\sqrt[n]{2}$ は無理数であることを示せ．また

$$\sqrt[3]{2} = 1.259921\cdots$$

であることを示せ.

問 20　正整数 $a \geqq 2$, $n \geqq 2$ に対して，

$$b^n = a$$

となる正整数 b が存在しなければ $\sqrt[n]{a}$ は無理数であることを示せ.

さて，実数の全体を**実数体**(real number field)と呼び $\mathbb{R}$ と記す．実数体 $\mathbb{R}$ は有理数体 $\mathbb{Q}$ を含んでいる．実数の全体は有理数の全体より“はるかに多い”ことを後に示す.

円周率 π や自然対数の底 e も有理数でないことが知られている．e は

$$e = \lim_{n\to\infty}\left(1+\frac{1}{n}\right)^n$$

あるいは

$$e = 1+1+\frac{1}{2}+\frac{1}{3!}+\frac{1}{4!}+\cdots \tag{2.36}$$

と定義される実数であり，

$$e = 2.718281\cdots \tag{2.37}$$

であることが知られている．ここでは(2.36)を使って e が無理数であることを示しておこう.

命題 2.30　e は無理数である.

[証明]　$e=\dfrac{q}{p}$ と互いに素な正整数 p, q を使って表示できたと仮定する．すると

$$\frac{q}{p} = e = 1+1+\frac{1}{2}+\frac{1}{3!}+\cdots+\frac{1}{p!}+\frac{1}{(p+1)!}R \tag{2.38}$$

と書くことができる．ここで

$$\begin{aligned}
&\frac{1}{(p+1)!}R \\
&\quad = \frac{1}{(p+1)!}+\frac{1}{(p+2)!}+\frac{1}{(p+3)!}+\cdots \\
&\quad = \frac{1}{(p+1)!}\left\{1+\frac{1}{p+2}+\frac{1}{(p+2)(p+3)}+\frac{1}{(p+2)(p+3)(p+4)}+\cdots\right\}
\end{aligned}$$

であるので

$$\begin{aligned}
R &= 1+\frac{1}{p+2}+\frac{1}{(p+2)(p+3)}+\frac{1}{(p+2)(p+3)(p+4)}+\cdots \\
&< 1+1+\frac{1}{2}+\frac{1}{3!}+\frac{1}{4!}+\cdots = e
\end{aligned}$$

が成り立つ．(2.38)の等式に $p!$ を掛けると

$$(p-1)!\,q = p!\left(1+1+\frac{1}{2}+\frac{1}{3!}+\cdots+\frac{1}{p!}\right)+\frac{R}{p+1}$$

が成り立つので $\dfrac{R}{p+1}$ は正整数でなければならない．一方，$R<e<3$ であることにより

$$1 \leqq \frac{R}{p+1} < \frac{e}{p+1} < \frac{3}{p+1}$$

であるので，$p=1$ でなければならない．これは e が正整数 q であることを意味するが(2.37)より

$$2 < e < 3$$

であることが分かるので矛盾である．∎

数によっては有理数か無理数かさえいまだ分からないものがある．たとえばオイラーの定数

$$\gamma = \lim_{n\to\infty}\left(1+\frac{1}{2}+\frac{1}{3}+\cdots+\frac{1}{n}-\log n\right)$$

は無理数であるかどうか現在のところ分からない．数値的には

$$\gamma = 0.577215664901\cdots$$

となる．またリーマンのゼータ関数 $\zeta(s)$ の $s=3$ での値 $\zeta(3)$

$$\zeta(3) = \sum_{n=1}^{\infty} \frac{1}{n^3}$$

が無理数であることは最近になって示された．$\zeta(5), \zeta(7), \cdots$ と s が 5 以上の正の奇数のときの $\zeta(s)$ の値については，現在のところよく分かっていない．

(b) 実　数

前節で述べたように，小数で表わすことのできる数を実数と呼んだ．無限小数

$$\alpha = a.a_1a_2a_3\cdots \tag{2.39}$$

は無限和

$$a + \frac{a_1}{10} + \frac{a_2}{100} + \frac{a_3}{1000} + \cdots + \frac{a_n}{10^n} + \cdots$$

で定まる数を表わしている．この無限和の意味は

$$\alpha_1 = a + \frac{a_1}{10}, \quad \alpha_2 = a + \frac{a_1}{10} + \frac{a_2}{100}, \quad \cdots$$
$$\alpha_n = a + \frac{a_1}{10} + \frac{a_2}{100} + \cdots + \frac{a_n}{10^n}$$

とおくとき，$\alpha_1, \alpha_2, \alpha_3, \cdots$ と少しずつ増大する有理数の列 $\{\alpha_n\}$ が得られるが，この数列が近づいていく数が実数 α であるというのが(2.39)の無限小数の意味である．このように，実数には極限の概念がその背後にあり，実数を数学的にきちんと扱おうとすると意外に面倒である．本書では，無限小数(2.39)は既知のものとして議論していくこととする．実数の厳密な取扱いについては本シリーズ『現代解析学への誘い』を参照していただきたい．また本書の付録も参照されたい．

さて実数

$$\alpha = a.a_1a_2a_3a_4\cdots$$
$$\beta = b.b_1b_2b_3b_4\cdots$$

の加減乗除について簡単に考察しておこう．

$$\alpha_n = a.a_1a_2\cdots a_n = a+\frac{a_1}{10}+\frac{a_2}{100}+\cdots+\frac{a_n}{10^n}$$
$$\beta_n = b.b_1b_2\cdots b_n = b+\frac{b_1}{10}+\frac{b_2}{100}+\cdots+\frac{b_n}{10^n}$$

α_n, β_n は有理数であるので，$\alpha_n+\beta_n$，$\alpha_n-\beta_n$，$\alpha_n\cdot\beta_n$ が定義でき，$\beta_n\neq 0$ であれば $\alpha_n\div\beta_n=\alpha_n/\beta_n$ が定義できる．このことを使って，和 $\alpha+\beta$，差 $\alpha-\beta$，積 $\alpha\cdot\beta$ をそれぞれ，数列 $\{\alpha_n+\beta_n\}$，$\{\alpha_n-\beta_n\}$，$\{\alpha_n\cdot\beta_n\}$ の極限値(n をどんどん大きくしていったとき，これらの数の行きつく先)として定義する．厳密に言えば，これらの極限値の存在を示す必要があるが，それは本シリーズ『現代解析学への誘い』または実数論の専門書に譲ることにする．さらに $\beta\neq 0$ であれば，$n\geqq n_0$ であれば $\beta_n\neq 0$ を満足する n_0 が存在する．そこで，$\alpha\div\beta=\alpha/\beta$ は，$n\geqq n_0$ で数列 $\{\alpha_n/\beta_n\}$ を考え，この数列の極限値として定義する．

この定義を見ると実数の加減乗除は大変難しいように思われるが，大切なことは加減乗除が定義でき，その結果が実数になることである．また，減法は加法の逆の演算であること，除法は乗法の逆の演算であることも有理数の場合と同様である．実数 b に対して

$$c+b=0$$

を満たす実数 c がただ 1 つ存在する．これを $-b$ と記すと，$a-b$ は

$$a+(-b)$$

のことであると定義してよい．同様に $b\neq 0$ のとき

$$c\cdot b=1$$

を満足する実数 c がただ 1 つ定まる．これを b^{-1} あるいは $\dfrac{1}{b}$ と記すと除法 $a\div b$ は

$$a\div b = a\cdot b^{-1}$$

と定義することができる．$a\cdot b^{-1}$ は $\dfrac{a}{b}$，あるいは a/b と記すことが多い．

さらに注意すべきことは，加減乗除を使うことによって，1 つの実数はさまざまな表現を持つことである．たとえば

$$\frac{1}{\sqrt{2}} = \frac{\sqrt{2}}{2},$$

$$\frac{\sqrt{3}-1}{\sqrt{3}+1} = \frac{(\sqrt{3}-1)^2}{(\sqrt{3}+1)(\sqrt{3}-1)} = \frac{1}{2}(\sqrt{3}-1)^2 = 2-\sqrt{3}$$

が成り立つ．

ところで，有理数の大小関係から，実数にも大小関係が定義できる．実数 α, β に対して

$$\alpha - \beta > 0$$

のとき，$\alpha > \beta$ と定義することによって，実数体 $\mathbb{R}$ に大小関係を入れることができる．また

$$|\alpha| = \begin{cases} \alpha, & \alpha \geqq 0 \text{ のとき} \\ -\alpha, & \alpha < 0 \text{ のとき} \end{cases}$$

として**絶対値**を定義する．このとき実数に対しても定理 2.24，命題 2.25 が成り立つことが分かる．

(c)　連分数展開

§2.2(a)で分数の連分数展開について少し触れた．ここでは，実数に関して同様の考察をしてみよう．無理数の場合は有限の連分数ではなく，無限連分数が出てくる．

§2.2(a)ではユークリッドの互除法を使って正の有理数を連分数で表示したが，実数の場合にも類似の考察ができるであろうか．そのためには，命題 2.22 の証明をよく観察してみる必要がある．1つ記号を導入しよう．実数 α に対して，α を超えない最大の整数を $[\alpha]$ と記す．記号 [ ] は **Gauss 記号**(Gauss symbol)とわが国では呼ばれることが多いが，外国ではこの用語はあまり使用されないようである．たとえば

$$[3.1] = 3, \quad [2.999] = 2, \quad [3] = 3,$$

$$[-3.1] = -4, \quad [-2.99\cdots9] = -3, \quad [-4] = -4$$

である(特に負の数のときに注意)．さて，命題 2.22 の証明の最初の部分の

等号は

$$\frac{p}{q} = b_0 + \cfrac{1}{\cfrac{q}{r_1}}$$

と書けるが，ここで

$$b_0 = \left[\frac{p}{q}\right]$$

に注意する．次の部分の等号は

$$\frac{q}{r_1} = b_1 + \cfrac{1}{\cfrac{r_1}{r_2}}, \quad b_1 = \left[\frac{q}{r_1}\right]$$

その次は

$$\frac{r_1}{r_2} = b_2 + \cfrac{1}{\cfrac{r_2}{r_3}}, \quad b_2 = \left[\frac{r_1}{r_2}\right]$$

となる．以下，この操作を繰り返して，命題 2.22 の証明では最後に

$$\frac{r_{m-1}}{r_m} = b_m$$

と正整数になって終わる．

そこで，一般の実数 ω に対して同様の操作を考えてみよう．

$$\omega = a_0 + \frac{1}{\omega_1}, \quad a_0 = [\omega].$$

もし $\omega \neq a_0$ であれば，すなわち ω が整数でなければ

$$0 < \omega - a_0 < 1$$

であり，したがって $\omega_1 > 1$ である．そこで

$$\omega_1 = a_1 + \frac{1}{\omega_2}, \quad a_1 = [\omega_1]$$

とおく．a_1 は正整数であることに注意する．もし ω_1 が正整数でなければ

$$0 < \omega_1 - a_1 < 1$$

であり，したがって

$$\omega_2 = a_2 + \frac{1}{\omega_3}, \quad a_2 = [\omega_2]$$

とおくことができる．このようにして，整数 a_0，正整数の列 $a_1, a_2, \cdots$ を決めていくことができる．

$$\left.\begin{aligned} \omega\ &= a_0 + \frac{1}{\omega_1} & a_0 &= [\omega] \\ \omega_1 &= a_1 + \frac{1}{\omega_2} & a_1 &= [\omega_1] \\ \omega_2 &= a_2 + \frac{1}{\omega_3} & a_2 &= [\omega_2] \\ &\cdots\cdots & &\cdots\cdots \\ \omega_m &= a_m + \frac{1}{\omega_{m+1}} & a_m &= [\omega_m] \end{aligned}\right\} \qquad (2.40)$$

このとき，ω_{m+1} が整数であれば，$a_{m+1} = \omega_{m+1}$ とおくことによって，この操作は終わり，

$$\omega = [a_0, a_1, a_2, \cdots, a_{m+1}]$$

と書くことができる．このとき，ω は有理数である．逆に ω が有理数であれば(2.40)の操作は有限回で終わる．

一方 ω が無理数であれば(2.40)の操作は無限に続くことになる．このことの意味を考えてみよう．

(2.40)より

$$\omega = [a_0, a_1, a_2, \cdots, a_m, \omega_{m+1}]$$

と書くことができる．そこで

$$\frac{P_m}{Q_m} = [a_0, a_1, a_2, \cdots, a_m]$$

とおいて，P_m/Q_m を ω の**第 m 近似分数**と呼ぶ．以下，つねに，P_m と Q_m とは互いに素な整数であり，$Q_m > 0$ と仮定する．

このとき次の定理が成り立つ．証明は成書に譲る．

定理 2.31　無理数 ω はただ1通りに無限連分数

$$\omega = [a_0, a_1, a_2, a_3, \cdots, a_m, \cdots]$$

に展開することができる．ω の第 n 近似分数

$$\frac{P_n}{Q_n} = [a_0, a_1, a_2, \cdots, a_n]$$

に対して

$$\left|\omega - \frac{P_n}{Q_n}\right| < \frac{1}{Q_n^2}$$

が成り立つ．さらに，不等式

$$\frac{P_0}{Q_0} < \frac{P_2}{Q_2} < \frac{P_4}{Q_4} < \cdots < \omega < \cdots < \frac{P_5}{Q_5} < \frac{P_3}{Q_3} < \frac{P_1}{Q_1}$$

$$\left|\omega - \frac{P_n}{Q_n}\right| < \left|\omega - \frac{P_{n-1}}{Q_{n-1}}\right|$$

が成立する．また，関係式

$$P_n Q_{n-1} - P_{n-1} Q_n = (-1)^n$$

が成り立つ．　□

例 2.32　無理数 $\sqrt{2}$ の連分数展開を求めてみよう．

$$a_0 = [\sqrt{2}] = 1$$

であるので

$$\sqrt{2} = 1 + \frac{1}{\omega_1}$$

とおくと，

$$\omega_1 = \frac{1}{\sqrt{2}-1} = \frac{\sqrt{2}+1}{(\sqrt{2}-1)(\sqrt{2}+1)} = \sqrt{2}+1$$

となり

$$a_1 = [\sqrt{2}+1] = 2$$

である．

$$\sqrt{2}+1 = 2 + \frac{1}{\omega_2}$$

とおくと，

$$\omega_2 = \frac{1}{\sqrt{2}-1} = \sqrt{2}+1$$

となり，以下，つねに

$$a_n = 2, \quad n \geqq 2$$

であることが分かり，

$$\sqrt{2} = [1, 2, 2, \cdots, 2, \cdots]$$

であることが分かる．循環小数にならって，これを

$$\sqrt{2} = [1, \dot{2}]$$

と記すことが多い． □

一般に，連分数

$$\omega = [a_0, a_1, a_2, a_3, \cdots]$$

に対して，ある番号から先の a_n が循環して現われるとき，すなわち

$$\omega = [a_0, a_1, a_2, \cdots, a_{m-1}, a_m, a_{m+1}, \cdots, a_{m+n-1}, a_m, a_{m+1}, \cdots, a_{m+n-1}, a_m, \cdots]$$

が成り立つとき，この連分数を**循環連分数**と呼び，

$$\omega = [a_0, a_1, a_2, \cdots, a_{m-1}, \dot{a}_m, \cdots, \dot{a}_{m+n-1}]$$

と記す．また $(a_m, a_{m+1}, \cdots, a_{m+n-1})$ を循環節または周期と呼ぶ．循環小数は有理数であったが，循環連分数は無理数であることに注意する．循環連分数を2次体の数として特徴づけることに関しては章末の演習問題2.7を参照されたい．

例 2.33

$$\sqrt{3} = [1, \dot{1}, \dot{2}], \quad \sqrt{5} = [2, \dot{4}]$$

$$\sqrt{6} = [2, \dot{2}, \dot{4}], \quad \sqrt{7} = [2, \dot{1}, 1, 1, \dot{4}]$$

$$\sqrt{8} = [2, \dot{1}, \dot{4}], \quad \sqrt{10} = [3, \dot{6}]$$

$$\sqrt{11} = [3, \dot{3}, \dot{6}], \quad \sqrt{12} = [3, \dot{2}, \dot{6}]$$

$$\sqrt{50} = [7, \dot{1}\dot{4}], \quad \sqrt{51} = [7, \dot{7}, \dot{1}\dot{4}]$$

$$\sqrt{53}=[7,\dot{3},1,1,3,\dot{1}\dot{4}]$$

$$\sqrt{54}=[7,\dot{2},1,6,1,2,\dot{1}\dot{4}]$$

□

問 21　$\sqrt[3]{3}, \sqrt[4]{2}$ の連分数展開を第3項まで求めよ.

問 22　正整数 a に対して

$$\sqrt{a^2+1}=[a,\dot{2}\dot{a}]$$

を示せ.

問 23　実数 ω に対して(2.40)のかわりに

$$\omega=b_0-\frac{1}{\omega_1} \qquad b_0=[\omega]+1$$

$$\omega_1=b_1-\frac{1}{\omega_2} \qquad b_1=[\omega_1]+1$$

$$\cdots\cdots \qquad \cdots\cdots$$

$$\omega_m=b_m-\frac{1}{\omega_{m+1}} \qquad b_m=[\omega_m]+1$$

$$\cdots\cdots \qquad \cdots\cdots$$

を考えることによって，連分数展開

$$\omega=b_0-\cfrac{1}{b_1-\cfrac{1}{b_2-\cfrac{1}{b_3-\cdots}}}$$

ができることを示せ.

$$\frac{3}{2}=2-\frac{1}{2},\quad \frac{4}{3}=2-\cfrac{1}{2-\cfrac{1}{2}},\quad \frac{5}{4}=2-\cfrac{1}{2-\cfrac{1}{2-\cfrac{1}{2}}}$$

であることを示し，正整数 n に対して

$$\frac{n+1}{n}=2-\cfrac{1}{2-\cfrac{1}{2-\cfrac{1}{2-\cdots-\cfrac{1}{2}}}} \qquad (2\text{ が }n\text{ 回現われる})$$

と連分数展開できることを示せ.

(d)　指数と対数

§2.2(a)命題2.23で述べた指数法則は無理数に対しても成り立つ．これは，無理数が有理数の列の極限として考えられることからも直観的に明らかであろう．厳密な証明も極限の考え方を用いれば容易であるので，ここでは特に記さない．

命題2.34（指数法則）　任意の実数$a\neq 0$, $b\neq 0$と整数(0および負の整数を含む)m,nに対して，以下の等式が成り立つ．

(i)　$a^m\cdot a^n=a^{m+n}$

(ii)　$(a^m)^n=a^{mn}$

(iii)　$(ab)^m=a^mb^m$

(iv)　$\left(\dfrac{a}{b}\right)^m=\dfrac{a^m}{b^m}$　□

この指数法則をさらに一般化することを考えてみよう．そのために，実数aの**n乗根**を考察しよう．正整数nに対して

$$\omega^n=a \tag{2.41}$$

を満足する実数ωが存在するとき，ωをaのn乗根と呼び，$\sqrt[n]{a}$と記す．(正確な定義は，下の定理2.35の中で与えるが，通常正の実数$a>0$に対して(2.41)を満足する正の実数ωを$\sqrt[n]{a}$と記す．)

ただし，$\sqrt[2]{a}$は通常$\sqrt{a}$と記し，aの2乗根と言うかわりに，aの**平方根**(square root)と言うことが多く，また$\sqrt[3]{a}$はaの**立方根**(cubic root)と言うことが多い．また，n乗根一般を指して，**ベキ根**，**累乗根**という言い方をする．さらに，

$$\sqrt[n]{0}=0$$

であることに注意する．

ところで任意の実数に対してそのn乗根は存在するとは限らない．たとえば，実数ωに対しては，つねに

$$\omega^2\geqq 0$$

が成り立つので，

$$\omega^2 = -1$$

を満足する実数 ω は存在しない．しかしながら，a を正の実数に限れば a の n 乗根はつねに存在することが次の定理から分かる．

定理 2.35　正整数 n と正の実数 a に対して

$$\omega^n = a$$

を満足する正の実数 ω がただ1つ存在する．　□

以下では，この定理によって存在の保証される a の n 乗根を $\sqrt[n]{a}$ と記す．

［証明］　まず $\omega^n = a$ を満足する正の実数 ω が存在することを示そう．a が有理数 r の n 乗 r^n のときは，$\omega = r$ ととることができる．したがって，以下 a は有理数の n 乗ではないと仮定する．

$$0 < 1^n < 2^n < 3^n < \cdots < m^n < (m+1)^n < \cdots$$

であるので，

$$a_0^n < a < (a_0+1)^n$$

を満足する正整数 a_0 が定まる．次に，a は

$$a_0^n < \left(a_0 + \frac{1}{10}\right)^n < \left(a_0 + \frac{2}{10}\right)^n < \cdots < \left(a_0 + \frac{9}{10}\right)^n < (a_0+1)^n$$

のいずれかの間になければならないので

$$\left(a_0 + \frac{a_1}{10}\right)^n < a < \left(a_0 + \frac{a_1+1}{10}\right)^n$$

を満たす整数 $0 \leqq a_1 \leqq 9$ が定まる．以下これを続けることによって，

$$\left(a_0 + \frac{a_1}{10} + \frac{a_2}{10^2} + \cdots + \frac{a_m}{10^m}\right)^n < a < \left(a_0 + \frac{a_1}{10} + \frac{a_2}{10^2} + \cdots + \frac{a_m+1}{10^m}\right)^n$$

を満たすように $a_2, a_3, \cdots, a_m$ を決めることができる．m をどんどん大きくとることによって，この不等式の両辺に出てくる有理数

$$a_0 + \frac{a_1}{10} + \frac{a_2}{10^2} + \frac{a_3}{10^3} + \cdots + \frac{a_m}{10^m}$$

$$a_0 + \frac{a_1}{10} + \frac{a_2}{10^2} + \frac{a_3}{10^3} + \cdots + \frac{a_m+1}{10^m}$$

は同一の無理数 ω に収束する．このとき，上の不等式より

$$\omega^n = a$$

が成り立たなければならない．

次に正の実数 ω はただ1つ定まることを示そう．

$$\omega'^n = a$$

とすると，$\omega < \omega'$ または $\omega > \omega'$ が成り立たねばならないが，このとき $a = \omega^n < \omega'^n = a$, $a = \omega^n > \omega'^n = a$ がそれぞれ成立しなければならず，これは矛盾である． ∎

以上によって，正整数 n と正の実数 a に対して a の n 乗根 $\sqrt[n]{a}$ が正の実数としてただ1つ存在することが分かった．そこで，正整数 n と正の実数 a に対して a の $\dfrac{1}{n}$ 乗 $a^{\frac{1}{n}}$ を

$$a^{\frac{1}{n}} = \sqrt[n]{a}$$

と定義する．また

$$a^{-\frac{1}{n}} = \frac{1}{\sqrt[n]{a}}$$

と定義する．さらに，整数 $p, q \neq 0$ に対して

$$a^{\frac{p}{q}} = \left(a^{\frac{1}{q}}\right)^p \tag{2.42}$$

と定義する．$a^{\frac{p}{q}}$ を $a^{p/q}$ と記すことも多い．このようにして，正の実数 a と有理数 p/q に対して，その p/q 乗 $a^{p/q}$ が定義できた．このとき，上の命題2.34は有理数乗に対しても一般化できることが分かる．

問24　r を有理数とする．a の r 乗 a^r は r を分数として表示して(2.42)で定義するとき，その表示の仕方によらないこと，すなわち，$p/q = p'/q'$ であれば

$$a^{p/q} = a^{p'/q'}$$

であることを示せ．

次の命題の証明は読者の演習問題とする．

命題2.36　a, b を任意の正の実数，r, s を任意の有理数とすると，次の等式が成立する．

(i)　$a^r \cdot a^s = a^{r+s}$

(ii) $(a^r)^s = a^{rs}$

(iii) $a^r \cdot b^r = (ab)^r$

(iv) $\dfrac{a^r}{b^r} = \left(\dfrac{a}{b}\right)^r$ □

このように，正の実数 a の有理数 r 乗 a^r は指数法則(i)–(iv)を満たし，よい性質を持っている．では，a の無理数乗，たとえば $10^{\sqrt{2}}$ を定義することはできるであろうか．無理数 ω を与えることは，無理数 ω に近づく有理数の列 $\{r_n\}$ を与えることと同じであった．たとえば，無理数 ω を

$$\omega = a_0.a_1a_2a_3\cdots$$

と無限小数で表わせば，有理数の列 $\{r_n\}$ は

$$r_n = a_0.a_1a_2a_3\cdots a_n \tag{2.43}$$

ととることができる．このとき

$$r_1 \leqq r_2 \leqq r_3 \leqq \cdots < \omega$$

と増加しながら ω に近づいていく．さて，正の実数 a に対して a^{r_n} が定義されている．そこで，問題になるのは，r_n が ω に近づくとき，数列 $\{a^{r_n}\}$ はあるきまった実数に近づくかということである．このことを調べるために次の補題を必要とする．

補題 2.37　正の実数 a と正の有理数 r に対して，$a>1$ であれば $a^r>1$，$a<1$ であれば $a^r<1$，$a=1$ であれば $a^r=1$ が成り立つ．

[証明]　$a>1$ のときを考える．もし

$$a^r \leqq 1$$

であるとすると，$r=p/q$, p, q は正整数とおくと

$$(a^r)^q \leqq 1$$

であるが，一方

$$(a^r)^q = a^p$$

であるので，$a>1$ よりこれは 1 より大でなければならず矛盾が生じる．よって $a^r>1$ でなければならない．

$a<1$ であれば $1/a>1$ であり，今示したことより

$$(1/a)^r > 1$$

である．一方

$$(1/a)^r = 1/a^r$$

であるので，これは $a^r < 1$ を意味する． ∎

この補題から，正の有理数 $r < s$ に対して，$a > 1$ であれば

$$a^r < a^s$$

$a < 1$ であれば

$$a^r > a^s$$

であることが分かる．なぜならば $s - r > 0$ であるので

$$a^{s-r} > 1 \qquad (a > 1 \text{のとき})$$
$$a^{s-r} < 1 \qquad (a < 1 \text{のとき})$$

が成立するからである．また $1^r = 1^s = 1$ である．このことより，無理数 ω に近づく有理数の列 $\{r_n\}$ を(2.43)のように選ぶと，$a > 1$ のとき

$$a^{r_1} < a^{r_2} < a^{r_3} < \cdots \tag{2.44}$$

と増大する実数の列ができ，$a < 1$ のときは

$$a^{r_1} > a^{r_2} > a^{r_3} > \cdots \tag{2.45}$$

と減少する実数の列ができる．さらに

$$\omega < s$$

を満たす有理数を選ぶと

$$r_n < s$$

であり，したがって，$a > 1$ であれば

$$a^{r_n} < a^s$$

$a < 1$ であれば

$$a^{r_n} > a^s$$

である．よって，$a > 1$ のとき数列 $\{a^{r_n}\}$ は上に有界(a^s より a^{r_n} はつねに小さい)な単調に増加する数列であり，$a < 1$ のときは数列 $\{a^{r_n}\}$ は下に有界(a^s より a^{r_n} はつねに大きい)な単調に減少する数列である．このような数列はつねにある実数に近づく，すなわち

$$\lim_{n \to \infty} a^{r_n}$$

が存在するというのが実数の基本的性質である(『現代解析学への誘い』を参

照のこと)．この極限値を a^ω と定義する．

$$a^\omega = \lim_{n\to\infty} a^{r_n}$$

特に $a=1$ のときは $a^{r_n}=1$ であるので，任意の実数に対して

$$1^\omega = 1$$

である．

例 2.38 $10^{\sqrt{2}}$ を考えてみよう．

$$\sqrt{2} = 1.41421356\cdots$$

であるので

$$r_1 = 1.4, \quad r_2 = 1.41, \quad r_3 = 1.414, \quad r_4 = 1.4142, \quad \cdots$$

である．

$$\begin{aligned}
10^{r_1} &= 10^{1.4} = 10^{7/5} = 25.1188\cdots \\
10^{r_2} &= 10^{1.41} = 10^{141/100} = 25.7039\cdots \\
10^{r_3} &= 10^{1.414} = 10^{1414/1000} = 25.9417\cdots \\
10^{r_4} &= 10^{1.4142} = 10^{14142/10000} = 25.9537\cdots
\end{aligned}$$

を得る．

$$10^{\sqrt{2}} = 25.9545\cdots$$

であることが知られている． □

注意 2.39 上で a^ω を定義するのに，単調に増大して ω に近づく有理数の列 $\{r_n\}$ を使ったが，ω に収束する有理数の列 $\{s_n\}$,

$$\lim_{n\to\infty} s_n = \omega$$

を与えれば，

$$\lim_{n\to\infty} a^{s_n} = a^\omega$$

であることを示すことができる．

正の実数 a の無理数 ω 乗 a^ω を定義するのに，a の有理数乗を使って定義したので，命題 2.34，2.36 と同様に，次の定理(**指数法則**)が成り立つことは納得できるであろう．極限の考え方を使えば命題 2.36 の直接の帰結であるので，証明は略する．

定理 2.40　正の実数 a, b と実数 λ, μ に対して次の等式が成り立つ.

(i)　$a^{\lambda} \cdot a^{\mu} = a^{\lambda+\mu}$

(ii)　$(a^{\lambda})^{\mu} = a^{\lambda\mu}$

(iii)　$a^{\lambda} \cdot b^{\lambda} = (ab)^{\lambda}$

(iv)　$\dfrac{a^{\lambda}}{b^{\lambda}} = \left(\dfrac{a}{b}\right)^{\lambda}$　□

(i)–(iv)の等式を指数法則と呼ぶ. また, a^{ω} の ω を**指数**(index)と呼ぶ. また, 各実数 ω に a^{ω} を対応させる

$$\omega \longmapsto a^{\omega}$$

ことによって, $\mathbb{R}$ 上定義された**関数**(function)が定義される. これを $\boldsymbol{a}$ **を底とする指数関数**(exponential function to the base a)と呼ぶ.

問 25　任意の正の実数 ω に対して,

$$\begin{cases} a^{\omega} > 1 & (a > 1 \text{ のとき}) \\ a^{\omega} < 1 & (0 < a < 1 \text{ のとき}) \end{cases}$$

を示せ. また負の実数 λ に対しては

$$\begin{cases} a^{\lambda} < 1 & (a > 1 \text{ のとき}) \\ a^{\lambda} > 1 & (0 < a < 1 \text{ のとき}) \end{cases}$$

を示せ.

問 26　正の実数 a, b と実数 ω に対して $a<b$ であれば

$$a^{\omega} < b^{\omega} \quad (\omega > 0 \text{ のとき})$$
$$a^{\omega} > b^{\omega} \quad (\omega < 0 \text{ のとき})$$

を示せ.

さて, 以上の考察によって, 正の実数 b と実数 λ が任意に与えられると

$$a^{\lambda} = b$$

を満足する正の実数 a がただ1つ定まることも分かる.

$$a = b^{1/\lambda}$$

ととればよい. それでは問題を変えて, 正の実数 a, b が与えられたとき

$$a^{\lambda} = b \tag{2.46}$$

を満足するように，実数λを決めることはできるであろうか．簡単のため$a>1$の場合を考えてみよう．このとき

$$\cdots < a^{-4} < a^{-3} < a^{-2} < a^{-1} < 1 < a < a^2 < a^3 < a^4 < \cdots \tag{2.47}$$

であるので

$$a^{s_0} \leqq b < a^{s_0+1} \tag{2.48}$$

を満たす整数s_0が定まる．もし左辺の等号が成立すれば$\lambda = s_0$とすればよい．等号が成立しないときは

$$a^{s_0} < a^{s_0+\frac{1}{10}} < a^{s_0+\frac{2}{10}} < \cdots < a^{s_0+\frac{9}{10}} < a^{s_0+1} \tag{2.49}$$

の間にbが入るので

$$a^{s_0+\frac{s_1}{10}} \leqq b < a^{s_0+\frac{s_1+1}{10}} \tag{2.50}$$

を満足する整数$0 \leqq s_1 \leqq 9$が定まる．ここで，左辺の等号が成り立てば$\lambda = s_0 + \dfrac{s_1}{10}$ととればよく，成り立たなければ$b$は

$$a^{s_0+\frac{s_1}{10}} < a^{s_0+\frac{s_1}{10}+\frac{1}{10^2}} < s^{s_0+\frac{s_1}{10}+\frac{2}{10^2}} < \cdots < a^{s_0+\frac{s_1}{10}+\frac{9}{10^2}} < a^{s_0+\frac{s_1+1}{10}}$$

のいずれかの間に入るので

$$a^{s_0+\frac{s_1}{10}+\frac{s_2}{10^2}} \leqq b < a^{s_0+\frac{s_1}{10}+\frac{s_2+1}{10^2}}$$

を満足する整数$0 \leqq s_2 \leqq 9$が定まる．以下，この操作を続けることによって，

$$\lambda = s_0 + \frac{s_1}{10} + \frac{s_2}{10^2} + \frac{s_3}{10^3} + \cdots + \frac{s_n}{10^n}, \quad 0 \leqq s_1, s_2, \cdots, s_n \leqq 9$$

となるか，あるいは，この操作がいつまでも続き，λは無理数として

$$\lambda = s_0 + \frac{s_1}{10} + \frac{s_2}{10^2} + \cdots + \frac{s_n}{10^n} + \cdots$$

と定まる．以上の操作で(2.46)を満足するλが存在することが分かった．λが一意的に定まることは，上の操作から見てとることができるが，次のようにしても示すことができる．

$$a^{\lambda} = b, \quad a^{\mu} = b$$

とする．$\lambda \neq \mu$であれば$\lambda > \mu$か$\lambda < \mu$でなければならないが，$a>1$である

ので $a^\lambda > a^\mu$ か $a^\lambda < a^\mu$ でなければならず，これは $a^\lambda = a^\mu = b$ に矛盾する．

例 2.41

$$10^\lambda = 2$$

が成り立つように λ の最初の3項を求めてみよう．

$$1 = 10^0 < 2 < 10$$

であるので $s_0 = 0$ である．

$$10^{0.3} = 1.99526\cdots < 2 < 10^{0.4} = 2.51188\cdots$$

であるので $s_1 = 3$ である．さらに

$$10^{0.3} = 1.99526\cdots < 2 < 10^{0.31} = 2.04173\cdots$$

であるので $s_2 = 0$ である．

$$10^{0.301} = 1.99986\cdots < 2 < 10^{0.302} = 2.00447\cdots$$

が成り立つので $s_3 = 1$ であることが分かる．かくして

$$\lambda = 0.301\cdots$$

であることが分かる．

$$\lambda = 0.301029995663981\cdots$$

であることが計算されている．　□

さて，上では $a > 1$ として

$$a^\lambda = b$$

を満足する λ の存在を示したが，$a < 1$ のときは(2.47)，(2.48)，(2.49)，(2.50)などの不等号の向きが逆になるだけで，同様の論法を使うことができる．このようにして，次の定理が証明されたことになる．

定理 2.42　正の実数 $a \neq 1$, b に対して

$$a^\lambda = b$$

を満足する実数 λ がただ1つ存在する．　□

この定理に現われる λ を ***a* を底とする *b* の対数**(logarithm)といい，

$$\lambda = \log_a b \tag{2.51}$$

と記す．2つの正の実数 b, b' に対して，a を底とする対数をそれぞれ λ, λ' とする．

$$\lambda = \log_a b, \quad \lambda' = \log_a b'$$

言い換えると

$$b = a^{\lambda}, \quad b' = a^{\lambda'}$$

が成り立っている．このとき，指数法則により

$$bb' = a^{\lambda} \cdot a^{\lambda'} = a^{\lambda+\lambda'}$$

である．したがって，bb' の a を底とする対数は $\lambda+\lambda'$ に等しい．式で書くと

$$\log_a bb' = \log_a b + \log_a b'$$

が成り立つ．同様に

$$\frac{b}{b'} = a^{\lambda-\lambda'}$$

であるので

$$\log_a \frac{b}{b'} = \log_a b - \log_a b'$$

が成り立つ．また $a^0 = 1$ であるので，

$$\log_a 1 = 0$$

である．

命題 2.43　正の実数 $a \neq 1$, b, b' に対して

$$\log_a bb' = \log_a b + \log_a b', \quad \log_a(b/b') = \log_a b - \log_a b'$$

が成り立つ．また $a > 1$ であれば

$$\begin{cases} \log_a b > 0 & (b > 1 \text{ のとき}) \\ \log_a b < 0 & (0 < b < 1 \text{ のとき}) \end{cases}$$

$a < 1$ であれば

$$\begin{cases} \log_a b < 0 & (b > 1 \text{ のとき}) \\ \log_a b > 0 & (0 < b < 1 \text{ のとき}) \end{cases}$$

が成り立つ．

［証明］　前半部はすでに示した．$\lambda = \log_a b$ とおくと

$$a^{\lambda} = b$$

である．$a>1$ のときは $\lambda>0$ であれば $a^\lambda>1$，$\lambda<0$ であれば $a^\lambda<1$ が成り立ち，$a<1$ のときは $\lambda>0$ であれば $a^\lambda<1$，$\lambda<0$ であれば $a^\lambda>1$ が成り立つ．このことから，命題が正しいことが分かる．∎

例 2.44　$\log_a a=1$ である．一般的に実数 λ に対して

$$\log_a a^\lambda = \lambda$$

が成り立つ．なぜならば $\mu=\log_a a^\lambda$ とおくと $a^\mu=a^\lambda$ が成り立つので $\mu=\lambda$ でなければならないからである．もっと一般には

$$\log_a b^\lambda = \lambda \log_a b$$

が成り立つ．これは $\mu=\log_a b$ とおくと $a^\mu=b$ より，

$$b^\lambda = (a^\mu)^\lambda = a^{\lambda\mu}$$

が成り立つからである．□

さて，底を10としたときの対数 $\log_{10} b$ は，通常，底10を省略して $\log b$ と書くことが多く，**常用対数**と呼ぶ．常用対数は計算の手段として長い間使われてきたが，コンピュータの発達によって，最近ではほとんど使われなくなった．常用対数 $\log b$ を

$$\log b = s_0.s_1s_2s_3\cdots$$

と小数で表示したとき，整数部分 s_0 をこの対数の**指標**(characteristic)，小数部分 $0.s_1s_2s_3\cdots$ の部分を**仮数**(mantissa)と呼ぶ．このとき

$$b = 10^{s_0.s_1s_2s_3\cdots} = 10^{s_0}\cdot 10^{0.s_1s_2s_3\cdots}$$

と書けるが，$0\leqq\lambda<1$ のとき

$$1 \leqq 10^\lambda < 10$$

に注意すると

$$1 \leqq 10^{0.s_1s_2s_3\cdots} = a_0.a_1a_2a_3\cdots < 10$$

と書け，

$$b = (a_0.a_1a_2a_3\cdots)\cdot 10^{s_0}$$

であることが分かる．このとき b の整数部分の桁数は s_0+1 である．たとえば

$$\log b = 2.5$$

であれば

$$10^{0.5} = 10^{\frac{1}{2}} = \sqrt{10} = 3.162\cdots$$

であり，

$$b = 10^{2.5} = (3.162\cdots)\times 10^2 = 316.2\cdots$$

である．したがって，b の整数部分 $[b]$ の桁数は $3=2+1$ である．このように，常用対数の指標が分かれば，整数部分の桁数を知ることができる．

例題 2.45　$\log 2 = 0.301029995663981\cdots$ であることを使って，$2^{257}-1$ の桁数を求めよ．

［解］

$$\log 2^{257} = 257\log 2 = 77.364\cdots$$

であるので，2^{257} は 78 桁の整数である．2^{257} の 1 位の桁の数は 0 になることはあり得ないので，$2^{257}-1$ も 78 桁の整数である．　■

常用対数の他に数学や自然科学で大切な役割をするのは**自然対数**である．自然対数は底を

$$e = \lim_{n\to\infty}\left(1+\frac{1}{n}\right)^n = 2.7182818\cdots$$
$$= 1+1+\frac{1}{2!}+\frac{1}{3!}+\frac{1}{4!}+\cdots+\frac{1}{n!}+\cdots$$

とする対数 $\log_e b$ である．自然対数であることが明らかなときは底の e を省略する．また常用対数との混同を嫌って，$\ln b$ と記すことが数学以外では多い．自然対数の底 e は無理数であることはすでに命題 2.30 で示した．

問 27　フェルマ数 $F_7 = 2^{2^7}+1$，$F_8 = 2^{2^8}+1$ の桁数を求めよ．

問 28　a, a' をそれぞれ底とする対数の間には

$$\log_a b = (\log_a a')\log_{a'} b$$

という関係があることを示せ．（ヒント．$\lambda = \log_a b$，$\mu = \log_{a'} b$ とおくと，$b = a^\lambda = (a')^\mu$ が成り立つ．）

《まとめ》

2.1　整数は素因数分解でき，素数が基本的である．

2.2　2つの整数 m, n の最大公約数はユークリッドの互除法を用いることによって求めることができる．

2.3　整数ではある数で割った余りを問題にすることが多く，こうした問題は合同式の考えを使うことによって簡明になる．

2.4　整数の全体 $\mathbb{Z}$(整数環という)では足し算，引き算，掛け算はできるが，割り算はできない．そのため分数を考えることが必要である．分数の全体 $\mathbb{Q}$(有理数体という)では加減乗除(四則演算)が自由にできる．$\mathbb{Q}$ の元を有理数という．

2.5　有理数は有限小数または循環小数として表示できる．

2.6　$\sqrt{2}$ のように有理数でない数(無理数)が存在する．そのために数を実数まで拡げて考える必要がある．実数は有理数の列の極限として考えることができ，小数の全体が実数の全体 $\mathbb{R}$(実数体という)に他ならない．

2.7　分数の考え方の拡張として連分数が考えられる．無限連分数を使って無理数を表わすことができる．

2.8　正の実数 a と実数 b に対して a の b 乗 a^b が定義できる．また，正の実数 $a \neq 1, b$ に対して $b = a^c$ を満足する実数 c がただ1つ定まる．c を $\log_a b$ と記し，a を底とする b の対数という．

演習問題

2.1

(1)

$$F(0)=0, \quad F(1)=1, \quad F(n+1)=F(n)+F(n-1), \quad n \geqq 1$$

で定まる数列 $\{F(n)\}$ をフィボナッチ数列，$F(n)$ を n 番目のフィボナッチ数と呼ぶ．

$F(2)=1,\ F(3)=2,\ F(4)=3,\ F(5)=5,\ F(6)=8,\ F(7)=13,\ \cdots$

である．

$$F(n)=\frac{1}{\sqrt{5}}\left\{\left(\frac{1+\sqrt{5}}{2}\right)^n-\left(\frac{1-\sqrt{5}}{2}\right)^n\right\}$$

と表示できることを示せ．（$F(n)$ は正整数にもかかわらず，表示式には無理数 $\sqrt{5}$ が現われることに注意.）

（2） $m \geqq 1$ のとき

$$F(5m+2) > 10^m$$

を示せ．ただし

$$\left(\frac{1-\sqrt{5}}{2}\right)^{14} < 0.1$$

$$\log_{10}\frac{1+\sqrt{5}}{2} = 0.20898\cdots$$

$$\log_{10}\frac{9}{10\sqrt{5}} = -0.3952\cdots$$

が成り立つ．

2.2 正整数 $a, b,\ a > b$ に対してユークリッドの互除法を適用して

$$\begin{aligned}
a &= q_0 b + r_0 && (0 < r_0 < b)\\
b &= q_1 r_0 + r_1 && (0 < r_1 < r_0)\\
r_0 &= q_2 r_1 + r_2 && (0 < r_2 < r_1)\\
&\cdots\cdots && \cdots\cdots\\
r_{m-2} &= q_m r_{m-1} + r_m && (0 < r_m < r_{m-1})\\
r_{m-1} &= q_{m+1} r_m
\end{aligned}$$

が成り立ったとする．このとき

$$b \geqq F(m+3)$$

であることを示せ．これより，a, b の最大公約数を求めるために $m+2$ 回割り算を行なわなければならないとすると $b \geqq F(m+3)$ であることが分かる．$F(20) = 6765$，$F(21) = 10946$ であるので，b が 4 桁の整数であれば，たかだか 19 回割り算を行なえば最大公約数を求めることができる．また正整数 $m \geqq 1$ に対して

$$b < 10^m$$

であれば，上の 2.1(2) より

$$b < F(5m+1)$$

が成り立ち，a, b の最大公約数を求めるためにはたかだか $5m$ 回の割り算を行なえばよいことが分かる．

2.3 正整数 n に対して n の階乗 $n!$ を

$$n! = 1\cdot 2\cdot 3\cdots(n-1)\cdot n$$

と定義する(§3.2(a)を参照のこと). また有理数 p に対して $[p]$ は p 以下の最大の整数を意味する. 次の問に答えよ. 以下 p は素数とする.

(1) 素数 p に対して, 任意の正整数 a は

$$a = a_0 + a_1 p + a_2 p^2 + \cdots + a_k p^k,$$
$$0 \leqq a_i \leqq p-1, \quad i = 0, 1, \cdots, k, \quad a_k \neq 0$$

と一意的に表示できることを示せ. (これを a の p **進展開**という.)

(2) 正整数 a に対して $a!$ は素数 p のベキ p^m で割り切れるが p^{m+1} で割り切れないとき

$$m = \sum_{i=1}^{\infty} \left[\frac{a}{p^i} \right] = \frac{a - (a_0 + a_1 + \cdots + a_k)}{p-1}$$

であることを示せ. ただし $a_0, a_1, \cdots, a_k$ は a の p 進展開で現われた $p-1$ 以下の非負整数である(ルジャンドル, 1801).

(3) 2つの正整数 a, b に対して

$$a = a_0 + a_1 p + a_2 p^2 + \cdots + a_l p^l \qquad 0 \leqq a_i \leqq p-1, \quad i = 0, 1, \cdots, l$$
$$b = b_0 + b_1 p + b_2 p^2 + \cdots + b_l p^l \qquad 0 \leqq b_i \leqq p-1$$

と表示する. ただし $a_l \neq 0$ または $b_l \neq 0$ と仮定する. 0 または 1 である数 ε_i を

$$a_0 + b_0 = \varepsilon_0 p + c_0$$
$$\varepsilon_0 + a_1 + b_1 = \varepsilon_1 p + c_1$$
$$\varepsilon_1 + a_2 + b_2 = \varepsilon_2 p + c_2$$
$$\cdots\cdots\cdots$$
$$\varepsilon_{l-1} + a_l + b_l = \varepsilon_l p + c_l$$

と定義する. このとき2項係数 $\begin{pmatrix} a+b \\ a \end{pmatrix} = \dfrac{(a+b)!}{a!\,b!}$ (§3.2(a)を参照のこと) が p^n で割り切れ, p^{n+1} では割り切れないならば

$$n = \varepsilon_0 + \varepsilon_1 + \varepsilon_2 + \cdots + \varepsilon_l$$

であることを示せ(クンマー, 1852).

2.4

(1) 正整数 m, n が互いに素であれば, 任意の整数 α に対して

$$m\beta \equiv \alpha \pmod{n}$$

を満たすβが存在すること，またβはnを法として一意的に定まることを示せ.

(2) 素数pに対して整数aが

$$a^2 \equiv 1 \pmod{p}$$

を満足すると

$$a \equiv 1 \pmod{p} \quad \text{または} \quad a \equiv -1 \pmod{p}$$

であることを示せ.

(3) 素数pに対して

$$(p-1)! \equiv -1 \pmod{p}$$

であることを示せ(ウィルソンの定理).

(4) 奇素数pに対して

$$\left\{\left(\frac{p-1}{2}\right)!\right\}^2 \equiv (-1)^{\frac{p+1}{2}} \pmod{p}$$

であることを示せ(ワーリング).

(5) 素数pに対して

$$a \not\equiv 0 \pmod{p}$$

であれば

$$a^{p-1} \equiv 1 \pmod{p}$$

が成り立つことを示せ(フェルマの小定理). (ヒント.

$$ka \equiv a_k \pmod{p}, \quad 1 \leqq a_k \leqq p-1$$

とおくと集合として

$$\{a_1, a_2, \cdots, a_{p-1}\} = \{1, 2, 3, \cdots, p-1\}$$

である.)

(6)

$$2^{q-1} \equiv 1 \pmod{q}$$

を満足する正整数$q \geqq 2$を**擬素数**という. 擬素数は素数とは限らない. $341 = 11 \times 31$であるが

$$2^{340} \equiv 1 \pmod{341}$$

が成り立つことを示せ. 561, 645, 1105, 1387, 1729, 1905 も素数ではない擬素数であることを示せ. (341 は最小の擬素数である.) さらに

$$3^{1104} \equiv 1 \pmod{1105}, \quad 7^{1104} \equiv 1 \pmod{1105}$$

が成り立つことを示せ.

2.5　正整数 $n \geqq 2$ に対して $1, 2, 3, \cdots, n$ のうち n と互いに素な数の個数を $\varphi(n)$ とおく．$\varphi(n)$ を**オイラーの関数**と呼ぶ．

$$\varphi(2) = 1, \quad \varphi(3) = 2, \quad \varphi(4) = 2, \quad \varphi(5) = 4$$

であり，一般に素数 p に対して

$$\varphi(p) = p-1$$

である．次の問に答えよ．

(1) m, n が互いに素な2以上の整数であれば

$$\varphi(mn) = \varphi(m)\varphi(n)$$

が成り立つことを示せ．

(2) $n = p_1^{a_1} p_2^{a_2} \cdots p_l^{a_l}$ と素因数分解すると

$$\varphi(n) = n\left(1-\frac{1}{p_1}\right)\left(1-\frac{1}{p_2}\right)\cdots\left(1-\frac{1}{p_l}\right)$$

であることを示せ．

(3) 正整数 $n \geqq 2$ に対して，整数 a と n とが互いに素であれば

$$a^{\varphi(n)} \equiv 1 \pmod{n}$$

が成り立つことを示せ．($n = p$ が素数であれば $\varphi(p) = p-1$ であるので，これはフェルマの小定理の一般化である．この結果はオイラーによる．)

2.6　素数 p と整数 $a \not\equiv 0 \pmod{p}$ に対して

$$b^2 \equiv a \pmod{p}$$

を満足する整数 b があるとき，a は p を法として平方剰余であるといい，このような整数 b が存在しないとき，a は p を法として平方非剰余であるという．(平方剰余および以下の問に関しては本シリーズ『数論入門』を参照のこと．) ルジャンドルの記号 $\left(\dfrac{a}{p}\right)$ を次のように定める．

$$\left(\frac{a}{p}\right) = \begin{cases} +1 & a \text{ は } p \text{ を法として平方剰余} \\ -1 & a \text{ は } p \text{ を法として平方非剰余} \end{cases}$$

さらに $a \equiv 0 \pmod{p}$ のときは $\left(\dfrac{a}{p}\right) = 0$ と定義する．このとき，以下の問に答えよ．

(1) $a \equiv b \pmod{p}$ であれば

$$\left(\frac{a}{p}\right) = \left(\frac{b}{p}\right)$$

が成り立つ．また任意の整数 a_1, a_2 に対して

$$\left(\frac{a_1 a_2}{p}\right)=\left(\frac{a_1}{p}\right)\left(\frac{a_2}{p}\right)$$

が成り立つ．

(2) 奇素数 p に対して，p と素な整数 a が

$$a^{\frac{p-1}{2}} \equiv 1 \pmod p$$

を満足するための必要十分条件は

$$b^2 \equiv a \pmod p$$

を満足する整数 b が存在すること，すなわち a は p を法として平方剰余であることである．フェルマの小定理

$$a^{p-1} \equiv 1 \pmod p$$

に注意すれば，2.4(2)より

$$a^{\frac{p-1}{2}} \equiv \pm 1 \pmod p$$

である．したがって $a \not\equiv 0 \pmod p$ であれば

$$\left(\frac{a}{p}\right) \equiv a^{\frac{p-1}{2}} \pmod p$$

が成り立つ．

(3) 奇素数 p に対して

$$\left(\frac{-1}{p}\right)=(-1)^{\frac{p-1}{2}}=\begin{cases} 1 & p \equiv 1 \pmod 4 \\ -1 & p \equiv -1 \pmod 4 \end{cases}$$

$$\left(\frac{2}{p}\right)=(-1)^{\frac{p^2-1}{8}}=\begin{cases} 1 & p \equiv \pm 1 \pmod 8 \\ -1 & p \equiv \pm 3 \pmod 8 \end{cases}$$

を示せ．

(4) 奇素数 p, q に対して

$$\left(\frac{q}{p}\right)\left(\frac{p}{q}\right)=(-1)^{\frac{p-1}{2}\cdot\frac{q-1}{2}}$$

が成り立つことを示せ(平方剰余の相互法則)．

2.7 循環連分数

$$\omega=[a_0, a_1, \cdots, a_{m-1}, \dot{a}_m, \cdots, \dot{a}_{m+n}]$$

は整数係数の2次方程式の根であることを示せ．(ヒント．$\omega_m=[\dot{a}_m, \cdots, \dot{a}_{m+n}]=[a_m, \cdots, a_{m+n}, \omega_m]$ であることに注意して，ω_m が整数係数の2次方程式の根である

ことをまず示せ.）

実はこの逆も成立し，無理数 ω が整数係数の2次方程式の根であれば，循環連分数に展開できることが知られている.

3 多項式と方程式

この章では，主として多項式と方程式について述べる．文字式を使うことによって，数学は飛躍的に進歩した．文字式を使って問題を表わし，それを解くことは実用上も大切であり，方程式を解くことは長い間，数学の中心問題であった．方程式の考察を通して，方程式のもとになる多項式の性質についても次第に研究されるようになった．方程式，多項式の重要な性質は第5章以降で論じることとし，この章では多項式，方程式の持つ基本的な性質について述べる．

§3.1 多 項 式

今まで使ってきた文字 a, b, x, y などはある特定の数を表わしていた．しかしながら，こうした文字が様々な値，たとえば区間 $[-1, 1]$ の任意の値をとったり，すべての実数を表わすことが必要になることがある．こうした形で文字を使う場合，この文字を**変数**(variable)と呼ぶ．変数の正確な定義は後に述べることとして，以下の節では，特にことわらない限り，変数 x, y 等は任意の実数(後には複素数)をとるものとする．また，変数とは違って，ある定まった数を表わす文字は**定数**(constant)と呼ぶ．

(a)　1変数多項式

変数 x と定数 $a_0, a_1, \cdots, a_n$ とから作られる式

$$a_0 + a_1 x + a_2 x^2 + \cdots + a_n x^n$$

を x の**多項式**(polynomial)と呼ぶ．$a_0, a_1, a_2, \cdots, a_n$ をこの多項式の**係数**(coefficient)，より正確には x^m の係数は a_m であるといい，$a_0, a_1 x, a_2 x^2, \cdots, a_n x^n$ をこの多項式の**項**(term)と呼ぶ．項 $a_m x^m$ は m 次の項という．特に $a_n \neq 0$ のとき，この多項式の**次数**(degree)は n であるといい，この多項式を $\boldsymbol{n}$ **次多項式**(polynomial of degree n)あるいは単に n 次式という．たとえば多項式

$$1 + 2x + 3x^2$$

は2次式であり，その係数は $1, 2, 3$，x の係数は 2，x^2 の係数は 3 である．また，この多項式の項は $1, 2x, 3x^2$ である．

多項式では，その係数が 0 である項 $0x^m$ はその項がないものと考える．たとえば $3+2x+x^3$ と $3+2x+0x^2+x^3$ とは同じ多項式であると考える．係数が 0 である項は通常は書かない．また，多項式の表示に出てこない項の係数は 0 であると考える必要があることも多い．

$3x^2$ のようにただ1つの項からなる多項式を**単項式**(monomial)という．多項式は単項式の有限個の和であると考えることもできる．

多項式の表示の仕方は種々あり，$3+2x+x^3$，$3+x^3+2x$，$2x+x^3+3$ などはすべて同じ多項式とみなす．通常は

$$a_0 + a_1 x + a_2 x^2 + \cdots + a_n x^n$$

と項の次数が低い方から高くなっていく昇ベキの順に記すか，逆に

$$a_n x^n + a_{n-1} x^{n-1} + \cdots + a_2 x^2 + a_1 x + a_0$$

と降ベキの順に記すことが多い．本書では，主として昇ベキの順に並べて多項式を記すことにする．

さて2つの多項式

$$P(x) = a_0 + a_1 x + \cdots + a_n x^n$$
$$Q(x) = b_0 + b_1 x + \cdots + b_m x^m$$

は各項の係数が等しいとき，すなわち

$$a_j = b_j \qquad (j = 1, 2, 3, \cdots)$$

のとき，かつそのときに限り等しいと言い，$P(x) = Q(x)$ と記す．このとき，当然両者の次数は等しい．n 次多項式

$$P(x) = a_0 + a_1 x + a_2 x^2 + \cdots + a_n x^n$$

に対して x を α とおいたときの値

$$a_0 + a_1 \alpha + a_2 \alpha^2 + \cdots + a_n \alpha^n$$

を $P(\alpha)$ と書き，多項式 $P(x)$ の $x = \alpha$ での値という．

例 3.1 整数係数の 2 次式

$$f(x) = x^2 + x + 41$$

を考える．

$$f(0) = 41, \quad f(1) = 43, \quad f(2) = 47, \quad f(3) = 53, \quad \cdots\cdots$$

$$f(37) = 1447, \quad f(38) = 1523, \quad f(39) = 1601$$

と，$0 \leqq m \leqq 39$ を満たす整数 n に対して $f(m)$ は素数であることが分かる．しかし

$$f(40) = 1681 = 41^2, \quad f(41) = 1763 = 41 \cdot 43$$

である．また

$$f(42) = 1847, \quad f(43) = 1933, \quad f(45) = 2111, \quad f(46) = 2203$$

は素数であるが

$$f(44) = 2021 = 43 \cdot 47$$

である． □

さて，変数が x であり係数が整数である多項式の全体を $\mathbb{Z}[x]$，係数が有理数，実数である多項式の全体をそれぞれ $\mathbb{Q}[x], \mathbb{R}[x]$ と記す．2 つの多項式

$$f(x) = a_0 + a_1 x + a_2 x^2 + \cdots + a_m x^m$$

$$g(x) = b_0 + b_1 x + b_2 x^2 + \cdots + b_n x^n$$

に対して，和，差を，たとえば $m < n$ のとき

$$f(x) + g(x) = (a_0 + b_0) + (a_1 + b_1)x + (a_2 + b_2)x^2 + \cdots + (a_m + b_m)x^m + b_{m+1}x^{m+1} + \cdots + b_n x^n$$

$$f(x)-g(x) = (a_0-b_0)+(a_1-b_1)x+(a_2-b_2)x^2+\cdots+(a_m-b_m)x^m \\ -b_{m+1}x^{m+1}-\cdots-b_nx^n$$

と定義すると，これらも多項式である．また積を

$$\begin{aligned} f(x)g(x) = a_0b_0 &+ (a_0b_1+a_1b_0)x+(a_0b_2+a_1b_1+a_2b_0)x^2 \\ &+(a_0b_3+a_1b_2+a_2b_1+a_3b_0)x^3+\cdots \\ &+(a_0b_m+a_1b_{m-1}+a_2b_{m-2}+\cdots+a_mb_0)x^m \\ &+(a_0b_{m+1}+a_1b_m+\cdots+a_mb_1)x^{m+1} \\ &+(a_0b_n+a_1b_{n-1}+\cdots+a_mb_{n-m})x^n \\ &+(a_1b_n+a_2b_{n-1}+\cdots+a_mb_{n-m+1})x^{n+1} \\ &+\cdots+(a_{m-1}b_n+a_mb_{n-1})x^{m+n-1}+a_mb_nx^{m+n} \end{aligned}$$

と定義する．以上の定義から，$f(x), g(x)$ が整数係数の多項式であれば $f(x)\pm g(x)$，$f(x)g(x)$ も整数係数の多項式であることが分かる．さらに，$f(x), g(x)$ の係数が有理数，実数，複素数のいずれかであれば，$f(x)\pm g(x)$，$f(x)g(x)$ の係数も $f(x), g(x)$ と同じ数体に属している．

さらに，多項式の和，積に関しては

交換法則	$f(x)+g(x) = g(x)+f(x), \quad f(x)g(x) = g(x)f(x)$
結合法則	$f(x)+(g(x)+h(x)) = (f(x)+g(x))+h(x)$
	$f(x)(g(x)h(x)) = (f(x)g(x))h(x)$
分配法則	$f(x)(g(x)+h(x)) = f(x)g(x)+f(x)h(x)$

が成り立つことが容易に分かる．ここで括弧は，たとえば $f(x)+(g(x)+h(x))$ は $f(x)$ と $g(x)+h(x)$ との和をとることを意味する．

この一見何でもない性質が，多項式を計算するとき本質的な役割を果たすことが分かる．

例 3.2　多項式 $f(x)$ に対して，数の累乗と同様に

$$\underbrace{f(x)\cdot f(x)\cdot\ \cdots\ \cdot f(x)}_{n}$$

を $f(x)^n$ と記す．たとえば

$$\begin{aligned}(x+a)^2 &= (x+a)(x+a)\\ &= (x+a)x+(x+a)a \qquad (\text{分配法則})\\ &= x(x+a)+a(x+a) \qquad (\text{交換法則})\\ &= x^2+ax+ax+a^2 \qquad (\text{分配法則})\\ &= x^2+2ax+a^2\end{aligned}$$

である．同様に

$$\begin{aligned}(x+a)^3 &= (x+a)(x+a)^2\\ &= x(x+a)^2+a(x+a)^2\\ &= x(x^2+2ax+a^2)+a(x^2+2ax+a^2)\\ &= x^3+2ax^2+a^2x+ax^2+2a^2x+a^3\\ &= x^3+3ax^2+3a^2x+a^3\end{aligned}$$

が成り立つ．　□

問1　次の多項式の計算を行なえ．

（1）$(x-1)(x^5+x^4+x^3+x^2+x+1)$

（2）$(x^2-\sqrt{2})(x^2+\sqrt{2})(x^4+2)$

（3）$(x^2+x+1)(x^2-x+1)$

（4）$(x^2+x+1)(x^6+x^5+x^4+x+1)$

（5）$(x^6-x^2+1)(x^6+x^4-x^2+1)$

（6）$(x+a)^4$

多項式 $f(x)$ と多項式 $g(x)$ が与えられたとき，$f(x)$ の変数 x に $g(x)$ を代入して新しい多項式を得ることができる．すなわち

$$f(x)=a_0+a_1x+a_2x^2+a_3x^3+\cdots+a_nx^n$$

に対して，多項式

$$a_0+a_1g(x)+a_2g(x)^2+a_3g(x)^3+\cdots+a_ng(x)^n$$

を $f(g(x))$ と記し，多項式 $f(x)$ の変数 x に $g(x)$ を代入して得られる多項式という．変数に同じ x を使ってまぎらわしいので，多項式 $f(y)$ に $y=g(x)$ を代入して得られる多項式 $f(g(x))$ と言うことも多い．単項式 y^n に $y=f(x)$

を代入すると，多項式 $f(x)^n$ が得られる．

問2　以下の y の多項式に $y=x^2+x+1$ を代入してできる多項式を求めよ．
（1）y^2+y+1　（2）y^3+3y^2+3y+1　（3）y^2-2y+3　（4）y^2+5y+6

(b)　多変数多項式

以上の考察は，多変数の多項式に拡張することができる．たとえば，x, y を変数とし，a_{ij} を定数とする式

$$f(x,y) = a_{00}+a_{10}x+a_{01}y+a_{20}x^2+a_{11}xy+a_{02}y^2+\cdots+a_{mn}x^m y^n$$

を，x, y を変数とする2変数多項式といい，$a_{ij}x^iy^j$ をこの多項式の項，a_{ij} を x^iy^j の係数という．y を定数と思って $f(x,y)$ を x のみの多項式と考えたときの次数を，$f(x,y)$ の x に関する次数といい，x を定数と思って y のみの多項式と考えたときの次数を，y に関する次数という．また x^iy^j を $i+j$ 次と考え，$a_{ij}\neq 0$ となるもののうちで $i+j$ が最大のものを $f(x,y)$ の**総次数**(total degree)あるいは単に**次数**という．たとえば多項式

$$x^3y^2+2xy^5+7x^2y^2+4xy+6$$

は x に関して3次，y に関しては5次であり，総次数は6である．多項式 $f(x,y)$ の x に関する次数を $\deg_x f(x,y)$，y に関する次数を $\deg_y f(x,y)$ と記すことがある．

さて，2変数の多項式 $f(x,y), g(x,y)$ に関しても，その和，差，積が1変数の場合と同様に定義できることは明らかであろう．ただし x と y とは可換，$xy=yx$ であると約束する．

例3.3　$ax+by$ の累乗を考えてみよう．

$$\begin{aligned}(ax+by)^2 &= (ax+by)(ax+by)\\ &= ax(ax+by)+by(ax+by)\\ &= a^2x^2+abxy+abxy+b^2y^2\\ &= a^2x^2+2abxy+b^2y^2\end{aligned}$$

□

問3　次の計算を行なえ．

(1) $(x-y)(x^2+xy+y^2)$　　(2) $(x+y)(x^2-xy+y^2)$

(3) $(x^2+y^2)(x^2-y^2)$　　(4) $(ax+by)^4$

2変数と同様にして，$x_1, x_2, \cdots, x_n$ を変数とする n 変数多項式が定義でき，2変数多項式と同様の性質を持つことも明らかであろう．$x_1, x_2, \cdots, x_n$ に関する多項式

$$P(x_1, \cdots, x_n) = \sum a_{i_1 i_2 \cdots i_n} x_1^{i_1} x_2^{i_2} \cdots x_n^{i_n}$$

の係数が0でない項 $a_{j_1 j_2 \cdots j_n} x_1^{j_1} x_2^{j_2} \cdots x_n^{j_n}$ の次数 $j_1+j_2+\cdots+j_n$ がすべて同一の m のとき，すなわち

$$P(x_1, \cdots, x_n) = \sum_{i_1+i_2+\cdots+i_n=m} a_{i_1 i_2 \cdots i_n} x_1^{i_1} x_2^{i_2} \cdots x_n^{i_n}$$

と書けるとき，多項式 $P(x_1, \cdots, x_n)$ を m 次**斉次式**(せいじしき，homogeneous polynomial of degree m)あるいは m 次**同次式**という．たとえば

$$x_0^3 + x_1^3 + x_2^3 + a x_0 x_1 x_2$$

は x_0, x_1, x_2 を変数とする3次斉次式である．

問4　$P(x_1, x_2, \cdots, x_n)$, $Q(x_1, x_2, \cdots, x_n)$ がそれぞれ m_1 次，m_2 次の斉次式であるとき，積 PQ は m_1+m_2 次斉次式であることを示せ．

問5　$P(x_1, \cdots, x_n)$ が m 次斉次式であるとき，$x_1, x_2, \cdots, x_n$ にそれぞれ $\alpha x_1, \alpha x_2, \cdots, \alpha x_n$ を代入すると

$$P(\alpha x_1, \alpha x_2, \cdots, \alpha x_n) = \alpha^m P(x_1, x_2, \cdots, x_n)$$

であることを示せ．

§3.2　2項定理，多項定理

(a)　2項定理

多項式では，多項式 f の累乗 f^n を計算することがしばしば必要となる．この節ではこの計算法を述べることにする．そのためにまず2項係数を定義

しよう.

定義 3.4　正整数 n および $n-1$ 以下の正整数 k に対して,

$$\binom{n}{k} = \frac{n(n-1)(n-2)\cdots(n-k+1)}{1\cdot 2\cdot 3\cdot \cdots \cdot k} \tag{3.1}$$

を**2 項係数**(binomial coefficient)という. □

$$\binom{n}{1} = n, \quad \binom{n}{2} = \frac{n(n-1)}{2}$$

であり, 正整数であることはすぐ分かる. $k=3$ のときは

$$\binom{n}{3} = \frac{n(n-1)(n-2)}{2\cdot 3}$$

であり, この右辺の分子は, n または $n-1$ は偶数であるので 2 で割り切れ, 連続する 3 個の正整数 $n-2, n-1, n$ のうちいずれか 1 つは 3 の倍数であるので 3 で割り切れ, $\binom{n}{3}$ は正整数である. 実は $\binom{n}{k}$ はつねに正整数であることが分かる. この事実は, 後に 2 項係数の性質を調べることによって簡単に示すことができる.

さて正整数 m に対して, m の階乗 $m!$ を

$$m! = 1\cdot 2\cdot 3\cdot \cdots \cdot m \tag{3.2}$$

と定義すると, 2 項係数は

$$\binom{n}{k} = \frac{n!}{k!(n-k)!} \tag{3.3}$$

と書くことができる.

$$\begin{aligned}\binom{n}{k} &= \frac{n(n-1)\cdots(n-k+1)}{k!} \\ &= \frac{n(n-1)\cdots(n-k+1)(n-k)(n-k-1)\cdots 2\cdot 1}{k!(n-k)(n-k-1)\cdots 2\cdot 1} = \frac{n!}{k!(n-k)!}\end{aligned}$$

となるからである. ところで, (3.1)の表示では $k=n$ のときも意味を持ち

$$\binom{n}{n} = 1$$

である．ところが(3.3)を形式的に $k=n$ のときにあてはめると

$$\binom{n}{n} = \frac{n!}{n!\,0!}$$

となる．このことから，

$$0! = 1 \tag{3.4}$$

と定義することが不自然でないことが了解されよう．以下，階乗に関しては定義(3.2)に(3.4)をつけ加える．すると，2項係数に関しても，

$$\frac{n!}{0!\,n!} = 1$$

であるので

$$\binom{n}{0} = 1 \tag{3.5}$$

と定義してよいことが分かる．

補題 3.5　正整数 n および n 以下の非負整数 k に対して，次の等式が成り立つ．

(i)　$\binom{n}{n-k} = \binom{n}{k}$

(ii)　$\binom{n}{k} + \binom{n}{k-1} = \binom{n+1}{k}$

[証明]　(i)は(3.3)より明らかである．

(ii)

$$\begin{aligned}\binom{n}{k} + \binom{n}{k-1} &= \frac{n!}{k!(n-k)!} + \frac{n!}{(k-1)!\,(n-k+1)!} \\ &= \frac{(n-k+1)\cdot n! + k\cdot n!}{k!(n-k+1)!} = \frac{(n-k+1+k)\cdot n!}{k!(n+1-k)!} \\ &= \frac{(n+1)\cdot n!}{k!(n+1-k)!} = \frac{(n+1)!}{k!(n+1-k)!} = \binom{n+1}{k}\end{aligned}$$

∎

この補題を使うと，2項係数を簡単に計算することができる．(2項係数 $\binom{n}{k}$ を下のように $k=0,1,2,\cdots,n$ と並べ，隣り合う $\binom{n}{k-1}$ と $\binom{n}{k}$ とを

足した数 $\binom{n+1}{k}$ を下に書く．

$$
\begin{array}{ccccccccccccc}
1=\binom{n}{0} & & \binom{n}{1} & & \binom{n}{2} & & \binom{n}{3} & \cdots & \binom{n}{n-2} & & \binom{n}{n-1} & & \binom{n}{n}=1 \\
& \diagdown\diagup & & \diagdown\diagup & & \diagdown\diagup & & & & \diagdown\diagup & & \diagdown\diagup & \\
& \binom{n+1}{1} & & \binom{n+1}{2} & & \binom{n+1}{3} & & \cdots & & \binom{n+1}{n-1} & & \binom{n+1}{n} &
\end{array}
\tag{3.6}
$$

さらに

$$\binom{n+1}{0}=1, \quad \binom{n+1}{n+1}=1$$

に注意して，(3.6)の下の列の左端と右端とに1をつけ加えると $\binom{n+1}{k}$ $(k=0,1,2,\cdots,n+1)$ の列が得られる．この操作を $\binom{1}{0}=1$, $\binom{1}{1}=1$ から始めると

$$
\begin{array}{ccccccccccccccccl}
 & & & & & & & 1 & & 1 & & & & & & & n=1\\
 & & & & & & 1 & & 2 & & 1 & & & & & & n=2\\
 & & & & & 1 & & 3 & & 3 & & 1 & & & & & n=3\\
 & & & & 1 & & 4 & & 6 & & 4 & & 1 & & & & n=4\\
 & & & 1 & & 5 & & 10 & & 10 & & 5 & & 1 & & & n=5\\
 & & 1 & & 6 & & 15 & & 20 & & 15 & & 6 & & 1 & & n=6\\
 & 1 & & 7 & & 21 & & 35 & & 35 & & 21 & & 7 & & 1 & n=7\\
 & \cdots & \cdots & \cdots & \cdots & \cdots & \cdots & \cdots & \cdots & \cdots & \cdots & \cdots & \cdots & \cdots & \cdots & \cdots &
\end{array}
$$

という数字の3角形ができる．（正確には，頂点にあたる部分に1をおく．）これをパスカルの3角形と呼ぶ．パスカルの3角形は左右対称であることは，上の補題の(i)の主張でもある．2項係数をその定義式(3.1)や(3.3)を使って計算するのは必ずしも簡単でないが，パスカルの3角形を使えば足し算だけで2項係数を計算することができる．また2項係数が正整数であることもただちに分かる．

さて，以上の準備のもとに，次の大切な定理を証明しよう．

定理 3.6（2項定理）　正整数 n に対して

$$(x+y)^n = \sum_{k=0}^{n} \binom{n}{k} x^{n-k} y^k \qquad (3.7)$$

が成立する.

この式の右辺は上の補題3.5(i)より

$$\sum_{k=0}^{n} \binom{n}{k} x^k y^{n-k}$$

と書いてもよいことに注意する.

［証明］ $n=1$ のときは明らかである. $n=2$ のときは，例3.3より

$$(x+y)^2 = x^2+2xy+y^2$$

であるので定理は正しい. そこで $n=m$ のとき定理が成立したと仮定しよう. すなわち

$$(x+y)^m = \sum_{k=0}^{m} \binom{m}{k} x^{m-k} y^k$$

が成立したとする. すると

$$\begin{aligned}
(x+y)^{m+1} &= (x+y)(x+y)^m = x(x+y)^m + y(x+y)^m \\
&= \sum_{k=0}^{m} \binom{m}{k} x^{m-k+1} y^k + \sum_{k=0}^{m} \binom{m}{k} x^{m-k} y^{k+1} \\
&= x^{m+1} + \sum_{k=0}^{m-1} \left\{ \binom{m}{k+1} + \binom{m}{k} \right\} x^{m-k} y^{k+1} + y^{m+1} \\
&= x^{m+1} + \sum_{k=0}^{m-1} \binom{m+1}{k+1} x^{m+1-(k+1)} y^{k+1} + y^{m+1} \quad (\text{補題 } 3.5(\text{ii})) \\
&= \sum_{l=0}^{m+1} \binom{m+1}{l} x^{m+1-l} y^l
\end{aligned}$$

となり，$m+1$ でも定理が成り立つことが分かる. したがって，数学的帰納法によって定理がすべての正整数 n に対して成り立つことが分かる. ∎

例題3.7　2項係数に関する以下の等式を示せ.

(1)　$1+\binom{n}{1}+\binom{n}{2}+\cdots+\binom{n}{l}+\cdots+\binom{n}{n-1}+1 = 2^n$

（2）　$1-\binom{n}{1}+\cdots+(-1)^l\binom{n}{l}+\cdots+(-1)^{n-1}\binom{n}{n-1}+(-1)^n=0$

（3）　$1+\binom{n}{1}^2+\binom{n}{2}^2+\cdots+\binom{n}{l}^2+\cdots+\binom{n}{n-1}^2+1=\binom{2n}{n}$

［解］　2項定理(3.7)に $x=y=1$ を代入すると(1)を，$x=1$, $y=-1$ を代入すると(2)を得る．また，2項定理により $(x+y)^{2n}$ の x^ny^n の係数は $\binom{2n}{n}$ である．一方

$$(x+y)^{2n}=(x+y)^n(x+y)^n=\left(\sum_{k=0}^{n}\binom{n}{k}x^{n-k}y^k\right)\left(\sum_{l=0}^{n}\binom{n}{l}x^ly^{n-l}\right)$$

であるが，この最後の式の x^ny^n の係数は

$$\sum_{k=0}^{n}\binom{n}{k}\binom{n}{k}$$

である．したがって(3)が成り立つ．　∎

例題3.8　正整数 n に対して

$$\left(1+\frac{1}{n}\right)^n=1+1+\frac{1}{2!}\left(1-\frac{1}{n}\right)+\frac{1}{3!}\left(1-\frac{1}{n}\right)\left(1-\frac{2}{n}\right)+\cdots$$
$$+\frac{1}{k!}\prod_{l=1}^{k-1}\left(1-\frac{l}{n}\right)+\cdots+\frac{1}{n!}\left(1-\frac{1}{n}\right)\left(1-\frac{2}{n}\right)\cdots\left(1-\frac{n-1}{n}\right)$$

が成り立つことを示せ．また，このことを使って

$$\left(1+\frac{1}{n}\right)^n<\left(1+\frac{1}{n+1}\right)^{n+1}$$

を示せ．

［解］

$$\left(1+\frac{1}{n}\right)^n=\sum_{k=0}^{n}\binom{n}{k}\frac{1}{n^k}=1+\sum_{k=1}^{n}\frac{n(n-1)(n-2)\cdots(n-k+1)}{k!}\cdot\frac{1}{n^k}$$
$$=1+1+\sum_{k=2}^{n}\frac{1}{k!}\left(1-\frac{1}{n}\right)\left(1-\frac{2}{n}\right)\cdots\left(1-\frac{k-1}{n}\right)$$

となり，これが求めるものである．ところで，この式の各項は正であり，かつ $2\leqq k\leqq n$ に対して

$$\frac{1}{k!}\left(1-\frac{1}{n}\right)\left(1-\frac{2}{n}\right)\cdots\left(1-\frac{k-1}{n}\right)$$
$$<\frac{1}{k!}\left(1-\frac{1}{n+1}\right)\left(1-\frac{2}{n+1}\right)\cdots\left(1-\frac{k-1}{n+1}\right)$$

が成り立つので

$$\left(1+\frac{1}{n}\right)^n<\left(1+\frac{1}{n+1}\right)^{n+1}$$

が成り立つ. ∎

注意 3.9　上の例題より

$$\begin{aligned}a_n=\left(1+\frac{1}{n}\right)^n &< 1+1+\frac{1}{2!}+\frac{1}{3!}+\cdots+\frac{1}{n!}\\ &< 1+1+\frac{1}{2}+\frac{1}{2^2}+\cdots+\frac{1}{2^{n-1}}\\ &= 1+\frac{1-\left(\frac{1}{2}\right)^n}{1-\frac{1}{2}}=1+2\left\{1-\left(\frac{1}{2}\right)^n\right\}<3\end{aligned}$$

であることが分かり，$\{a_n\}$ は単調増加かつ有界な数列であるので，n が大きくなるにつれて a_n は一定の値に収束する．この収束値が

$$1+1+\frac{1}{2!}+\frac{1}{3!}+\cdots+\frac{1}{k!}+\cdots=e$$

であることは，例題の等式より容易に想像できる((2.36)を参照のこと).

(b)　多項定理

例 3.10　正整数 n に対して

$$(x+y+z)^n$$

の展開式を計算してみよう．$\alpha=y+z$ とおくと，2 項定理より

$$(x+y+z)^n=(x+\alpha)^n=\sum_{k=0}^{n}\binom{n}{k}x^{n-k}\alpha^k \qquad (3.8)$$

パスカルの 3 角形

パスカルの 3 角形という呼称はパスカル(B. Pascal, 1623–62)の『算術 3 角形論』(Traité du Triangle Arithmétique, 1665 年パスカルの死後出版された)による．しかし，この 3 角形はアピアヌス(Apianus)『算術』(Arithmetic, 1527 年)のタイトル・ページに印刷され，16 世紀にはヨーロッパでかなり広く知られていた．ところが中国では 1303 年に出版された朱世傑の『四元玉鑑』にすでにこの 3 角形が現われている．それ以前にも，パスカルの 3 角形は中国の数学書に登場しており，12 世紀初頭には中国ではよく知られた事実であった．

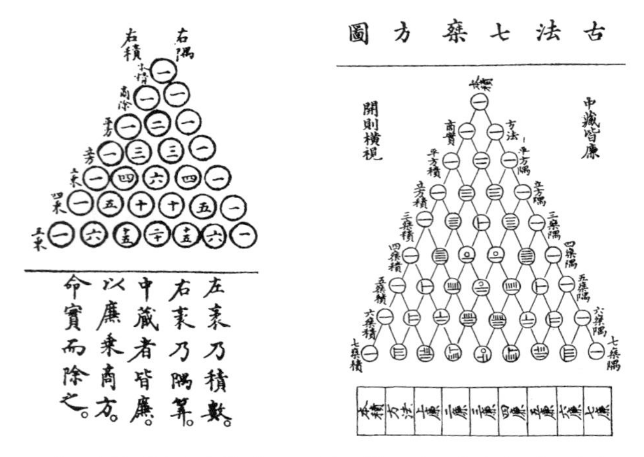

左：写本『永楽大典』(1407 年)の巻一万六千三百四十四より．
右：『四元玉鑑』(1303 年)より．

であり，また

$$\alpha^k = (y+z)^k = \sum_{l=0}^{k} \binom{k}{l} y^l z^{k-l}$$

である．この式を(3.8)へ代入すると

$$(x+y+z)^n = \sum_{k=0}^{n} \binom{n}{k} x^{n-k} \left\{ \sum_{l=0}^{k} \binom{k}{l} y^l z^{k-l} \right\}$$

$$= \sum_{k=0}^{n} \frac{n!}{k!(n-k)!} x^{n-k} \left(\sum_{l=0}^{k} \frac{k!}{l!(k-l)!} y^l z^{k-l} \right)$$

$$= \sum_{k=0}^{n} \left(\sum_{l=0}^{k} \frac{n!}{(n-k)!\, l!\, (k-l)!} x^{n-k} y^l z^{k-l} \right)$$

を得る．この最後の式は

$$(n-k)+l+k-l=n$$

に注意すると

$$\sum_{\substack{k_1+k_2+k_3=n \\ k_1 \geqq 0,\ k_2 \geqq 0,\ k_3 \geqq 0}} \frac{n!}{k_1!\, k_2!\, k_3!} x^{k_1} y^{k_2} z^{k_3}$$

と書くことができる．ここで，和は $k_1+k_2+k_3=n$ を満たすすべての非負整数にわたる和をとることを意味する．たとえば $n=4$ とすれば，$k_1+k_2+k_3=4$ となる非負整数は

k_1	4	3	3	2	2	2	1	1	1	1	0	0	0	0	0
k_2	0	1	0	2	1	0	3	2	1	0	4	3	2	1	0
k_3	0	0	1	0	1	2	0	1	2	3	0	1	2	3	4

である．したがって

$$\begin{aligned}(x+y+z)^4 &= x^4+4x^3y+4x^3z+6x^2y^2+12x^2yz+6x^2z^2 \\ &\quad +4xy^3+12xy^2z+12xyz^2+4xz^3 \\ &\quad +y^4+4y^3z+6y^2z^2+4yz^3+z^4\end{aligned}$$

であることが分かる．　□

この例の考え方は，一般の m 変数の場合に拡張できる．数学的帰納法によって簡単に証明できるので，読者の演習問題とする．

定理 3.11（多項定理）　正整数 m, n に対して，次の等式が成り立つ．

$$(x_1+x_2+\cdots+x_m)^n = \sum_{\substack{k_1+k_2+\cdots+k_m=n \\ k_j \geqq 0,\ j=1,2,\cdots,m}} \frac{n!}{k_1!\, k_2! \cdots k_m!} x_1^{k_1} x_2^{k_2} \cdots x_m^{k_m}$$

ただし，右辺の和は

$$k_1+k_2+\cdots+k_m=n$$

を満足するすべての非負整数の組 $(k_1, k_2, \cdots, k_m)$ にわたってとるものとする．2項係数にならって，**多項係数**として記号

$$\binom{n}{k_1, k_2, \cdots, k_m}=\frac{n!}{k_1!k_2!\cdots k_m!} \tag{3.9}$$

を使うこともある． □

(c) 多項式の微分

2項定理の応用として，多項式の**微分**を考えよう．微分の詳しい定義やその性質については，本シリーズ『微分と積分1』を参照していただきたい．多項式 $f(x)$ に対して

$$\frac{f(x+h)-f(x)}{h}$$

が h を0に近づけたときに近づく多項式を $f'(x)$ または $\dfrac{df}{dx}(x)$ と記し，$f(x)$ を微分して得られた多項式，あるいは $f(x)$ の**導関数**という．

まず，$f(x)=x^n$ のときを考えよう．2項定理により

$$\begin{aligned}\frac{(x+h)^n-x^n}{h}&=nx^{n-1}+\binom{n}{2}hx^{n-2}+\binom{n}{3}h^2x^{n-3}\\&\quad+\cdots+\binom{n}{k}h^{k-1}x^{n-k}+\cdots+h^{n-1}\end{aligned} \tag{3.10}$$

となる．この式の右辺の第2項目以降は h が0に近づくとき0に近づく．したがって x^n を微分して得られる多項式は

$$nx^{n-1}$$

であることが分かる．一般の多項式

$$f(x)=a_0+a_1x+a_2x^2+\cdots+a_nx^n$$

に対しては

$$\frac{f(x+h)-f(x)}{h}=a_1+a_2\left\{\frac{(x+h)^2-x^2}{h}\right\}+\cdots+a_k\left\{\frac{(x+h)^k-x^k}{h}\right\}$$

$$+\cdots+a_n\left\{\frac{(x+h)^n-x^n}{h}\right\} \qquad (3.11)$$

となるので，右辺の中括弧の中に上の議論を適用することによって

$$f'(x)=a_1+2a_2x+\cdots+ka_kx^{k-1}+\cdots+na_nx^{n-1}$$

を得る．以上をまとめて次の定理を得る．

定理 3.12　多項式

$$f(x)=a_0+a_1x+a_2x^2+\cdots+a_nx^n$$

を微分して得られる $f(x)$ の導関数 $f'(x)$ は

$$f'(x)=a_1+2a_2x+\cdots+ka_kx^{k-1}+\cdots+na_nx^{n-1}$$

である．　□

多項式 $f(x)$ が2つの多項式の積になっているとき，すなわち

$$f(x)=g(x)h(x)$$

のとき，$f(x)$ の導関数 $f'(x)$ と $g(x),h(x)$ の導関数 $g'(x),h'(x)$ との関係は

$$f'(x)=g'(x)h(x)+g(x)h'(x) \qquad (3.12)$$

で与えられる．これは

$$\begin{aligned}\frac{f(x+h)-f(x)}{h}&=\frac{g(x+h)h(x+h)-g(x)h(x)}{h}\\&=\frac{g(x+h)h(x+h)-g(x)h(x+h)+g(x)h(x+h)-g(x)h(x)}{h}\\&=\frac{g(x+h)-g(x)}{h}\cdot h(x+h)+g(x)\cdot\frac{h(x+h)-h(x)}{h}\end{aligned}$$

と変形して h を0に近づけることによって示すことができる．微分を実際に計算するときに公式(3.12)は威力を発揮する．

ところで，多項式 $f(x)$ の導関数 $f'(x)$ の $x=\alpha$ での値 $f'(\alpha)$ は，上の議論から明らかなように

$$\frac{f(\alpha+h)-f(\alpha)}{h}$$

の h が0に近づいたときの値になっている．これは，$f(x)$ の点 $x=\alpha$ での**微係数**と呼ばれるものである．通常は，まず $x=\alpha$ での微係数を定義し，α を動かして導関数を定義するのであるが，$f(x)$ が多項式の場合は2項定理が使

えるので，最初から導関数を定義してみた．定理3.12のように，導関数の形も簡単であり，また(3.10),(3.11)から明らかなように，hを0に近づけなくても，(3.10),(3.11)の右辺でいきなり$h=0$とおくことも可能である．このように，多項式では微分は極限操作を避けて形式的な計算からも出すことができる．この観点は多項式を一般の体の上で考えるときは大切である．

例題3.13　多項式$f(x)$が

$$f(x) = (x-\alpha)^2 g(x)$$

の形をしているとき

$$f'(\alpha) = 0$$

であることを示せ．

［解］　公式(3.12)より

$$f'(x) = 2(x-\alpha)g(x)+(x-\alpha)^2 g'(x)$$

となる．したがって

$$f'(\alpha) = 0$$

を得る．　■

多項式$f(x)$の導関数$f'(x)$をさらに微分して得られる導関数を$f''(x)$あるいは$\dfrac{d^2 f}{dx^2}(x)$と記し，$f(x)$の2階導関数という．さらに，この操作を続けて$f(x)$のm階の導関数$f^{(m)}(x)$を得る．$f^{(m)}(x)$は$\dfrac{d^m f}{dx^m}(x)$と記すことも多い．

$$\frac{dx^n}{dx} = nx^{n-1}$$

であるので，

$$\frac{d^2 x^n}{dx^2} = n(n-1)x^{n-2}, \quad \frac{d^3 x^n}{dx^3} = n(n-1)(n-2)x^{n-3}$$

であることが分かり，$n \geqq m$であれば

$$\frac{d^m x^n}{dx^m} = n(n-1)\cdots(n-m+1)x^{n-m} \tag{3.13}$$

であることが分かる．特に

$$\frac{d^n x^n}{dx^n} = n!$$

であり，これより

$$\frac{d^{n+1} x^n}{dx^{n+1}} = 0 \tag{3.14}$$

であることが分かる．以上の計算により，多項式 $f(x)$ の m 階の導関数 $f^{(m)}(x)$ は容易に計算できる．

問6　多項式 $f(x)$ の次数が n 次以下であるための必要十分条件は

$$f^{(n+1)}(x) = 0$$

であること，ちょうど n 次の多項式であるための必要十分条件は，$f^{(n)}(x)$ が 0 でない定数であることを示せ．

問7　正整数 n に対して

$$P_n(x) = \frac{1}{2^n n!}\frac{d^n}{dx^n}(x^2-1)^n$$

を**ルジャンドルの多項式**(Legendre's polynomial)と呼ぶ．

$$P_1(x) = x, \quad P_2(x) = \frac{1}{2}(3x^2-1), \quad P_3(x) = \frac{1}{2}(5x^3-3x)$$

$$P_4(x) = \frac{1}{8}(35x^4-30x^2+3), \quad P_5(x) = \frac{1}{8}(63x^5-70x^3+15x)$$

であることを示せ．さらに，偶数 $2m$ に対して

$$(2m)!! = 2m(2m-2)(2m-4)\cdots 4\cdot 2,$$

奇数 $2m+1$ に対して

$$(2m+1)!! = (2m+1)(2m-1)(2m-3)\cdots 3\cdot 1$$

と定義すると

$$P_{2n}(x) = \sum_{k=0}^{n}(-1)^{n-k}\frac{(2n+2k-1)!!}{(2k)!(2n-2k)!!}x^{2k}$$

$$P_{2n+1}(x) = \sum_{k=0}^{n}(-1)^{n-k}\frac{(2n+2k+1)!!}{(2k+1)!(2n-2k)!!}x^{2k+1}$$

であることを示せ．また

$$(1-x^2)P_n''(x)-2xP_n'(x)+n(n+1)P_n(x)=0$$

が成り立つことを示せ.

さて，多変数の多項式 $f(x_1,x_2,\cdots,x_n)$ に対しても，1つの変数 x_j に注目し，他は定数と思って，x_j に関して微分して導関数を求めることができる．これを x_j に関する**偏微分**と言い，得られた導関数を**偏導関数**と言い，$f_{x_j}(x_1,x_2,\cdots,x_n)$ あるいは $\dfrac{\partial f}{\partial x_j}(x_1,x_2,\cdots,x_n)$ と記す．たとえば

$$f(x,y)=x^m+ax^{m-1}y+by^m+cxy$$

のとき

$$f_x(x,y)=mx^{m-1}+a(m-1)x^{m-2}y+cy$$
$$f_y(x,y)=ax^{m-1}+bmy^{m-1}+cx$$

となる.

問8　3変数の多項式

$$f(x_1,x_2,x_3)=x_1x_3^2-4x_2^3-g_2x_1^2x_2^2-g_3x_1^3$$

に対して f_{x_1},f_{x_2},f_{x_3} を求めよ.

さて，n 変数の多項式 $f(x_1,x_2,\cdots,x_n)$ の x_j に関する偏導関数 $f_{x_j}(x_1,x_2,\cdots,x_n)$ も n 変数の多項式であるので，さらに x_i で偏微分することができる．こうして得られた2階の偏導関数を $f_{x_jx_i}(x_1,x_2,\cdots,x_n)$ または $\dfrac{\partial^2 f}{\partial x_i\partial x_j}(x_1,x_2,\cdots,x_n)$ と記す.（ただし $i=j$ のときは $\dfrac{\partial^2 f}{\partial x_j^2}(x_1,x_2,\cdots,x_n)$ と記す.）このとき記号の順序に注意する．$f_{x_jx_i}$ は最初に x_j で偏微分し，次に x_i で偏微分して得られる偏導関数，$f_{x_ix_j}$ は逆に最初に x_i で偏微分し，次に x_j で偏微分して得られる導関数である．このように $f_{x_ix_j},f_{x_jx_i}$ は意味が異なるが，f が多項式のときは，つねに

$$f_{x_ix_j}(x_1,x_2,\cdots,x_n)=f_{x_jx_i}(x_1,x_2,\cdots,x_n)$$

が成り立つことが容易に分かる.

問9　$f(x_1, x_2, \cdots, x_n) = a_1x_1^2 + a_2x_2^2 + \cdots + a_nx_n^2 + bx_1x_2x_3\cdots x_n$ とする．$f_{x_ix_j}$ を (x_i, x_j) のあらゆる組合せに対して求めよ．

最後に，斉次式に対して大切な**オイラーの恒等式**を示しておこう．

命題 3.14　n 変数の m 次斉次式 $f(x_1, x_2, \cdots, x_n)$ に対して

$$\sum_{j=1}^{n} x_j \frac{\partial f}{\partial x_j}(x_1, x_2, \cdots, x_n) = mf(x_1, x_2, \cdots, x_m)$$

が成り立つ．

［証明］　簡単のため，2変数の斉次式

$$f(x, y) = \sum_{k=0}^{m} a_{k, m-k} x^k y^{m-k}$$

に対して証明しよう．

$$\frac{\partial f}{\partial x}(x, y) = \sum_{k=0}^{m} a_{k, m-k} k x^{k-1} y^{m-k}$$

$$\frac{\partial f}{\partial y}(x, y) = \sum_{k=0}^{m} a_{k, m-k}(m-k) x^k y^{m-k-1}$$

であるので

$$\begin{aligned} x\frac{\partial f}{\partial x}(x, y) + y\frac{\partial f}{\partial y}(x, y) &= \sum_{k=0}^{m} a_{k, m-k} k x^k y^{m-k} \\ &\quad + \sum_{k=0}^{m} a_{k, m-k}(m-k) x^k y^{m-k} \\ &= \sum_{k=0}^{m} (k+m-k) a_{k, m-k} x^k y^{m-k} \\ &= mf(x, y) \end{aligned}$$

が成り立つ．一般の場合も同様にして証明できる．　■

§3.3　1変数多項式の割り算とユークリッドの互除法

(a)　1変数多項式の割り算

K を $\mathbb{Q}$ または $\mathbb{R}$ とおくとき，K 係数の x を変数とする多項式の全体 $K[x]$

は整数環$\mathbb{Z}$に大変よく似た性質を持っている．そのことの，くわしい議論は第7章で行なうが，ここでは多項式の割り算について簡単に述べておこう．

定理 3.15　2つの$K(=\mathbb{Q}$または$\mathbb{R})$係数の多項式

$$f(x) = a_nx^n + a_{n-1}x^{n-1} + \cdots + a_1x + a_0 \quad (a_n \neq 0)$$
$$g(x) = b_mx^m + b_{m-1}x^{m-1} + \cdots + b_1x + b_0 \quad (b_m \neq 0)$$

に対して

$$f(x) = h(x)g(x) + r(x), \quad \deg r < \deg g \tag{3.15}$$

を満足するK係数の多項式$h(x), r(x)$がただ1つ存在する．$r(x)$を$f(x)$を$g(x)$で割った**余り**(**剰余**)という．

［証明］　もし$n<m$であれば，条件

$$\deg r < \deg g$$

より$h(x)=0$, $r(x)=f(x)$でなければならない．そこで，$n \geqq m$と仮定する．$d=n-m$とおいて

$$h(x) = c_dx^d + c_{d-1}x^{d-1} + \cdots + c_0$$

とおこう．$d=n-m$に注意すると

$$\begin{aligned} h(x)g(x) &= (c_dx^d + c_{d-1}x^{d-1} + \cdots + c_0)(b_mx^m + b_{m-1}x^{m-1} + \cdots + b_0) \\ &= c_db_mx^n + (c_{d-1}b_m + c_db_{m-1})x^{n-1} \\ &\quad + (c_{d-2}b_m + c_{d-1}b_{m-1} + c_db_{m-2})x^{n-2} + \cdots \\ &\quad + (c_0b_m + c_1b_{m-1} + \cdots + c_mb_0)x^m + (m-1\text{ 次以下の項}) \end{aligned}$$

となる．この多項式のn次からm次の項までが$f(x)$のn次からm次の項まで一致する条件は

$$\begin{aligned} c_db_m &= a_n \\ c_{d-1}b_m + c_db_{m-1} &= a_{n-1} \\ c_{d-2}b_m + c_{d-1}b_{m-1} + c_db_{m-2} &= a_{n-2} \\ \cdots\cdots\cdots& \\ c_0b_m + c_1b_{m-1} + \cdots + c_mb_0 &= a_m \end{aligned}$$

である．$b_m \neq 0$であったので，最初の式から

$$c_d = \frac{a_n}{b_m}$$

が出る．これを2番目の式に代入すると

$$c_{d-1} = \frac{1}{b_m}\left\{a_{n-1} - \frac{a_n b_{m-1}}{b_m}\right\}$$

を得る．次に3番目の式に c_d, c_{d-1} を代入すると c_{d-2} を得ることができる．以下，この操作を続けることによって，$c_{d-3}, c_{d-4}, \cdots, c_1, c_0$ が順次定まる．以上によって $h(x)$ が一意的に定まった．そこで

$$r(x) = f(x) - h(x)g(x)$$

とおくと，これは $m-1$ 次以下の式であり，$h(x), r(x)$ は作り方から(3.15)を満足する．$h(x)$ が一意的に定まったので $r(x)$ も一意的に定まる． ∎

一般的な形で証明を書くと，かえってごたごたして分かりにくかったかもしれない．実例で確かめておけば，証明は明白になる．また実際の割り算の計算は，筆算を行なうことで簡単に実行することができる．

さて，$f(x)$ を $g(x)$ で割ったとき，その余りが0である，すなわち

$$f(x) = h(x)g(x)$$

となるとき，$f(x)$ は $g(x)$ で**割り切れる**と言い，また $f(x)$ は $g(x)$ の**倍数**(multiple)と言う．さらに，このとき，$g(x)$ は $f(x)$ の**因子**(factor)であるという．多項式であるのに，整数のときと同じ用語を用いることに奇妙な感じをいだかれるかもしれないが，逆にこのことは $K[x]$ が整数環 $\mathbb{Z}$ と類似の性質を持っていることを示唆している．K 係数の多項式 $f(x)$ が定数と $f(x)$ の定数倍のみしか因子を持たないとき，言い換えれば定数以外の $\deg f$ より次数の低い K 係数の多項式で割り切れないとき $K[x]$ で**既約**(irreducible)という．既約でないとき**可約**(reducible)という．たとえば x^2-2 は $\mathbb{Q}[x]$ では既約であるが，$\mathbb{R}[x]$ では

$$x^2 - 2 = \left(x + \sqrt{2}\right)\left(x - \sqrt{2}\right)$$

となり可約になってしまう．このように既約であるか否かは，多項式の係数をどこで考えているかによって違ってくることに注意する．以上のことは第7章で詳しく論じることとする．多項式を既約な多項式の積の形に書くこと

を**因数分解**という．

例 3.16　2次式 x^2+1 は $\mathbb{R}[x]$ で既約である．もし可約であるとすると

$$x^2+1 = (x-a)(x-b), \quad a, b \in \mathbb{R}$$

と因数分解できる．右辺を展開すると

$$x^2-(a+b)x+ab$$

となるので，

$$a+b = 0, \quad ab = 1$$

が成り立つ．したがって，最初の式より

$$b = -a$$

となり，これを2番目の式に代入すると

$$a^2 = -1$$

が成り立つことが分かる．しかし，実数 $a \neq 0$ はつねに

$$a^2 > 0$$

であるので，このような実数 a は存在しない．　□

問 10　正の数 α に対して $x^2+\alpha$ は $\mathbb{R}[x]$ で既約であることを示せ．

さて，上の定理で，$f(x)$ は一般の n 次式，$g(x)$ は1次式

$$g(x) = x-\alpha$$

の場合を考えると，$\deg r < \deg(x-\alpha) = 1$ より，$r(x)$ は定数となり，

$$f(x) = h(x)(x-\alpha)+\beta$$

と書けることが分かる．$x=\alpha$ をこの等式の両辺へ代入することによって

$$f(\alpha) = \beta$$

であることが分かる．このことから，次の大切な結果が導かれる．

定理 3.17（因数定理）　多項式 $f(x)$ が $x-\alpha$ で割り切れるための必要十分条件は $f(\alpha)=0$ である．　□

$f(\alpha)=0$ となる数 α を多項式 $f(x)$ の**根**(root)または**零点**(zero)という．多項式が与えられたとき，その根を求める方法を見出すことは大切である．このことに関しては第6章で詳しく論じることとする．

例 3.18　多項式

$$f(x) = 3x^4 - x^3 - 2x^2 - x + 1$$

を $x-3$ で割ったときの余りを求めてみよう．

$$\begin{aligned} f(3) &= 3\cdot 3^4 - 3^3 - 2\cdot 3^2 - 3 + 1 \\ &= 243 - 27 - 18 - 3 + 1 = 196 \end{aligned}$$

が余りである．直接割り算を実行すると

$$\begin{array}{r|rrrrr}
 & 3x^3 & +8x^2 & +22x & +65 & \\ \hline
x-3 & 3x^4 & -x^3 & -2x^2 & -x & +1 \\
 & 3x^4 & -9x^3 & & & \\ \hline
 & & 8x^3 & -2x^2 & -x & +1 \\
 & & 8x^3 & -24x^2 & & \\ \hline
 & & & 22x^2 & -x & +1 \\
 & & & 22x^2 & -66x & \\ \hline
 & & & & 65x & +1 \\
 & & & & 65x & -195 \\ \hline
 & & & & & 196
\end{array}$$

となり，

$$f(x) = (3x^3 + 8x^2 + 22x + 65)(x-3) + 196$$

であることが分かる．　□

一般に，多項式 $f(x)$ に $x=\alpha$ を代入して $f(\alpha)$ を計算するのは，α が大きな数であると面倒である．次節で $f(\alpha)$ および $f(x)$ を $x-\alpha$ で割ったときの商を計算する効率のよい方法，組立除法(ホーナー法)を紹介する．

(b)　ユークリッドの互除法

2 つの多項式 $f(x), g(x)$ が多項式 $h(x)$ で共に割り切れるとき $f(x)$ と $g(x)$ は**共通因子** $h(x)$ を持つという．共通因子というときは，通常 $h(x)$ の次数は 1 以上と仮定する．共通因子がない，正確には定数以外では共に割り切れることがないとき，$f(x)$ と $g(x)$ とは**互いに素**であるという．また共通因子 $h(x)$ のうち次数が最大のものを**最大公約因子**という．これは整数の場合の最大公約数の類似物である．整数の場合と違い，$h(x)$ が $f(x)$ と $g(x)$ の最大公約因子であれば，任意の定数 $c \neq 0$ に対して $ch(x)$ も最大公約因子である．

$f(x)$ と $g(x)$ の最大公約因子を求めるためには，$f(x)$ と $g(x)$ の因数分解を求めればよいが，整数の場合以上に因数分解は困難なことが多い．幸いに，整数の場合と同様にユークリッドの互除法によって最大公約因子を求めることができる．基本になるのは割り算に関する定理 3.15 である．$K(=\mathbb{Q}$ または $\mathbb{R})$ 係数の多項式 $f(x), g(x)$ に対して

$$f(x) = h(x)g(x) + r(x), \quad \deg r < \deg g$$

を満足する多項式 $h(x), r(x)$ が一意的に定まるというのが定理の内容であり，これは整数の場合の命題 2.7 に対応するものである．整数の場合のユークリッドの互除法が命題 2.7 に基づいていることに気づけば，多項式の場合のユークリッドの互除法がどのような形をとるか，推測できるであろう．

定理 3.19（ユークリッドの互除法）　$K(=\mathbb{Q}$ または $\mathbb{R})$ 係数の多項式 $f(x)$, $g(x)$ に対して，以下のように割り算を繰り返して，K 係数の多項式 $q(x), q_1(x)$, $\cdots, q_{m+1}(x)$, $r(x), r_1(x), \cdots, r_m(x)$ を求めると，$r_m(x)$ が $f(x), g(x)$ の最大公約因子である．

$$\left.\begin{array}{llll}
f(x) = q(x)g(x) + r(x) & & \deg r & < \deg g \\
g(x) = q_1(x)r(x) + r_1(x) & & \deg r_1 & < \deg r \\
r(x) = q_2(x)r_1(x) + r_2(x) & & \deg r_2 & < \deg r_1 \\
\qquad\cdots\cdots & & \quad\cdots\cdots & \\
r_{m-3}(x) = q_{m-1}(x)r_{m-2}(x) + r_{m-1}(x) & & & \\
r_{m-2}(x) = q_m(x)r_{m-1}(x) + r_m(x) & & \deg r_m & < \deg r_{m-1} \\
r_{m-1}(x) = q_{m+1}(x)r_m(x) & & &
\end{array}\right\} \quad (3.16)$$

［証明］　$h(x)$ を $f(x), g(x)$ の共通因子とすると(3.16)の最初の式から $h(x)$ は $r(x)$ を割り切る．すると 2 番目の式から $h(x)$ は $r_1(x)$ も割り切る．以下これを続けて $h(x)$ は $r_m(x)$ を割り切ることが分かる．したがって，$f(x)$ と $g(x)$ の最大公約因子は $r_m(x)$ を割り切る．

逆に(3.16)の最後の式から，$r_m(x)$ は $r_{m-1}(x)$ を割り切り，したがって下から 2 番目の式から，$r_m(x)$ は $r_{m-2}(x)$ を割り切る．以下これを続けて，$r_m(x)$ は $r_1(x), r(x)$ を割り切り，結局 $g(x), f(x)$ を割り切ることが分かる．

以上の考察により，$r_m(x)$ は $f(x)$ と $g(x)$ の最大公約因子であることが分かる． ∎

さて，上の(3.16)からさらに面白いことが分かる．(3.16)の下から2番目の式を

$$r_m(x) = r_{m-2}(x) - q_m(x)r_{m-1}(x)$$

と書き直して，下から3番目の式を使って $r_{m-1}(x)$ を $r_{m-2}(x)$ と $r_{m-3}(x)$ を使って書き上式に代入する．こうして

$$\begin{aligned} r_m(x) &= r_{m-2}(x) - q_m(x)(r_{m-3}(x) - q_{m-1}(x)r_{m-2}(x)) \\ &= (1 + q_m(x)q_{m-1}(x))r_{m-2}(x) - q_m(x)r_{m-3}(x) \end{aligned}$$

を得る．次に，$r_{m-2}(x)$ を $r_{m-3}(x)$ と $r_{m-4}(x)$ を使って書き直す．この操作を続けると

$$r_m(x) = p(x)f(x) + q(x)g(x)$$

と書くことができることが分かる．このことから，次の結果が示されたことになる．

定理 3.20　$K(=\mathbb{Q}$ または $\mathbb{R})$ 係数の多項式 $f(x), g(x)$ の最大公約因子を $h(x)$ とすると，

$$h(x) = p(x)f(x) + q(x)g(x)$$

を満足するように，K 係数の多項式 $p(x), q(x)$ を見出すことができる．特に $f(x)$ と $g(x)$ とが互いに素であれば

$$1 = p(x)f(x) + q(x)g(x)$$

を満足する K 係数の多項式 $p(x), q(x)$ が存在する． □

例 3.21

（1）　$f(x) = x^6 + 1$, $g(x) = x^3 - 2x^2 + x - 2$ の最大公約因子は $x^2 + 1$ であり，

$$x^2 + 1 = \frac{1}{13}\{(x^6 + 1) - (x^3 + 2x^2 + 3x + 6)(x^3 - 2x^2 + x - 2)\}$$

であることが分かる．

（2）　$f(x) = 5x^6 + 7x^5 + 8x^4 + 2x^3 - 14x - 8$, $g(x) = x^5 + x^4 + x^3 - 3$ の最大公約因子は $x - 1$ である．

$$x-1=(x^2+2x+2)f(x)-(5x^3+12x^2+15x+5)g(x)$$

であることが分かる.

（3）　$f(x)=x^3+1$ と $g(x)=x^4+1$ とは互いに素である．ユークリッドの互除法は

$$x^4+1=x(x^3+1)-x+1$$
$$x^3+1=(x^2+x+1)(x-1)+2$$
$$x-1=\frac{1}{2}(x-1)\cdot 2$$

となる．これを逆にたどって

$$\begin{aligned}1&=-\frac{1}{2}(x^2+x+1)(x-1)+\frac{1}{2}(x^3+1)\\&=\frac{1}{2}(x^2+x+1)\{x^4+1-x(x^3+1)\}+\frac{1}{2}(x^3+1)\\&=\frac{1}{2}(x^2+x+1)(x^4+1)-\frac{1}{2}(x^3+x^2+x-1)(x^3+1)\end{aligned}$$

を得る.　□

問 11　ユークリッドの互除法によって，以下の $f(x), g(x)$ の最大公約因子 $h(x)$ を求めよ．またこの $h(x)$ を $h(x)=p(x)f(x)+q(x)g(x)$ の形に表わせ.

（1）$f(x)=x^4+x^2-2,\quad g(x)=x^3+1$

（2）$f(x)=x^4+2x^3+1,\quad g(x)=x^2+2x+1$

（3）$f(x)=x^4-1,\quad g(x)=2x^3+3x^2+2x+3$

（4）$f(x)=x^7+1,\quad g(x)=x^5+x^4+x+1$

定義 2.9，定理 2.10 の類似については章末演習問題 3.1 を参照せよ.

§3.4　方程式と根

(a)　方程式と根

n 次の 1 変数多項式 $f(x)$ に対して

$$f(x)=0 \tag{3.17}$$

を **n 次方程式**と呼ぶ．

$$f(\alpha)=0$$

となる数 α を方程式(3.17)の**根**(root)または**解**(solution)という．高校までの教科書では“解”が使われているが，本書では昔からの用法に従って“根(こん)”を用いる．$f(\alpha)=0$ を満足する数 α は多項式 $f(x)$ の根ということもあることを§3.1(a)で述べた．方程式 $f(x)=0$ の根，多項式 $f(x)$ の根という用法を適宜使う．もちろん，これを方程式 $f(x)=0$ の解，$f(x)$ の零点ということもできる．

方程式の根をどのようにして求めるかという問題は古代から取り扱われた問題であった．すでに第1章演習問題1.2で図形を使って2次方程式が解ける例を見たが，図形に頼らずに，代数的な操作で根を求める方法を今後考察する．代数方程式の根を求める公式を見出すことが1つのきっかけとなって，代数学が大きく進展していった．このことに関しては第6章で詳しく述べることとする．

ところで α が方程式(3.17)の根であることは，因数定理(定理3.17)より

$$f(x)=(x-\alpha)h(x)$$

と因数分解されることと同値である．

問12　実数の範囲で次の方程式の根を求めよ．

(1)　$(x-1)(x^2+x+1)=0$　　($x^2+x+1=\left(x+\frac{1}{2}\right)^2+\frac{3}{4}$ に注意する．)

(2)　$(x^2-2)(x^4+x^2+2)=0$

(b)　組立除法

n 次方程式

$$f(x)=0$$

の根を求めるには，多項式 $f(x)$ に $x=\alpha$ を代入して $f(\alpha)=0$ となるか否かを判定できればよい．すべての α を代入して $f(\alpha)$ を求めることは実際はできないが，方程式が特別な形をしているときは，根となるべき α の候補を見つけることができる場合がある．

ところで $f(\alpha)$ を計算するためには，α の累乗を計算する必要があり，α が大きな数であるとこの計算は必ずしも簡単ではない．ところが，$f(x)$ を $x-\alpha$ で割ってその余りを β とすると，

$$f(x) = h(x)(x-\alpha)+\beta$$

より，

$$\beta = f(\alpha)$$

であることが分かる．したがって割り算の剰余として $f(\alpha)$ が計算できる．この割り算を効率よく行なう方法として組立除法がある．以下，組立除法を説明する．

n 次多項式

$$f(x) = a_n x^n + a_{n-1}x^{n-1} + \cdots + a_0$$

を $x-\alpha$ で割った商を $h(x)$，余りを β とおく．

$$f(x) = h(x)(x-\alpha)+\beta \tag{3.18}$$

$h(x)$ は $n-1$ 次多項式である．

$$h(x) = b_{n-1}x^{n-1} + b_{n-2}x^{n-2} + \cdots + b_1 x + b_0$$

とおいて(3.18)の右辺に代入する．

$$\begin{aligned} h(x)(x-\alpha)+\beta &= (b_{n-1}x^{n-1} + b_{n-2}x^{n-2} + \cdots + b_0)(x-\alpha)+\beta \\ &= b_{n-1}x^n + (b_{n-2}-\alpha b_{n-1})x^{n-1} + (b_{n-3}-\alpha b_{n-2})x^{n-2} \\ &\quad + \cdots + (b_{k-1}-\alpha b_k)x^k + \cdots + (b_0-\alpha b_1)x - \alpha b_0 + \beta \end{aligned}$$

となる．これが $f(x)$ と等しいので

$$\begin{aligned} b_{n-1} &= a_n \\ b_{n-2}-\alpha b_{n-1} &= a_{n-1} \\ b_{n-3}-\alpha b_{n-2} &= a_{n-2} \\ &\cdots\cdots\cdots \\ b_{k-1}-\alpha b_k &= a_k \\ &\cdots\cdots\cdots \\ b_0-\alpha b_1 &= a_1 \\ \beta-\alpha b_0 &= a_0 \end{aligned}$$

を得る．この式を使って $b_{n-1}, b_{n-2}, \cdots, b_0, \beta$ を $a_n, a_{n-1}, \cdots, a_0$ を使って表わす

ことができる．

$$b_{n-1} = a_n$$
$$b_{n-2} = \alpha a_n + a_{n-1}$$
$$b_{n-3} = \alpha(\alpha a_n + a_{n-1}) + a_{n-2}$$
$$\cdots\cdots\cdots$$

となり，b_m が $a_n, a_{n-1}, \cdots, a_{m+1}$ を使って表現できていれば

$$b_{m-1} = \alpha b_m + a_m$$

となり，以下これを繰り返して

$$b_0 = \alpha b_1 + a_1$$
$$\beta = \alpha b_0 + a_0$$

となる．

この操作は，次のように図式化できる．

	a_n	a_{n-1}	a_{n-2}	$\cdots$	a_1	a_0
α	a_n	$\alpha b_{n-1}+a_{n-1}$	$\alpha b_{n-2}+a_{n-2}$	$\cdots$	αb_1+a_1	αb_0+a_0

ここで，下の列の α の左から順に $b_{n-1}, b_{n-2}, \cdots, b_1, b_0, \beta$ を表わす．すなわち $b_{n-1}=a_n$ であり，次に a_{n-1} の下に $\alpha b_{n-1}+a_{n-1}$ を記すとこれが b_{n-2} である．次に a_{n-2} の下に $\alpha b_{n-2}+a_{n-2}$ を記すとこれが b_{n-3} である．以下，左の数 b_{m-1} に α をかけて上の数 a_{m-1} を足したものが b_{m-2} となる．

具体例をあげておこう．

例 3.22　$f(x)=2x^5-4x^3-8x+1$ を $x-3$ で割った商と余りを求める．

	2	0	-4	0	-8	1
3	2	$3\cdot2+0$ $=6$	$3\cdot6-4$ $=14$	$3\cdot14+0$ $=42$	$3\cdot42-8$ $=118$	$3\cdot118+1$ $=355$

これより，

$$2x^5-4x^3-8x+1 = (2x^4+6x^3+14x^2+42x+118)(x-3)+355$$

であることが分かる．一方

$$f(3) = 2\cdot 3^5 - 4\cdot 3^3 - 8\cdot 3 + 1 = 486 - 108 - 24 + 1 = 355$$

であり，確かにホーナー法による余りの計算と一致している． □

問 13　$f(x) = x^9 + 6x^5 + 2x^3 + 1$ に対して $f(1), f(-5), f(10), f(-30)$ を求めよ．

(c)　根の個数

多項式 $f(x)$ が

$$f(x) = (x-\alpha)^k h(x), \quad h(\alpha) \neq 0$$

と因数分解できるとき，すなわち $f(x)$ は $(x-\alpha)^k$ で割り切れるが $(x-\alpha)^{k+1}$ で割り切れないとき，方程式

$$f(x) = 0$$

は **k 重根**を持つ，あるいは**重複度 k の根**を持つという．2 以上の重複度を持つ根を一般に**重根**という．k 重根というのは，k 個の根がたまたま一致したものと考えることができる．

n 次方程式

$$f(x) = 0$$

はどれだけの個数の根を持つのであろうか．たとえば 2 次方程式

$$x^2 - 1 = 0$$

は

$$x^2 - 1 = (x-1)(x+1)$$

と書けるので $x = \pm 1$ が根であり，根の数は 2 個である．

一方 $x^3 - 1$ は

$$x^3 - 1 = (x-1)(x^2 + x + 1)$$

と因数分解できる．任意の実数 α に対して

$$\alpha^2 + \alpha + 1 = \left(\alpha + \frac{1}{2}\right)^2 + \frac{3}{4} \geqq \frac{3}{4}$$

であるので，$x^2 + x + 1 = 0$ は実数の範囲内で根を持たない．したがって，方程式

$$x^3 - 1 = 0$$

は実数の範囲内でただ1つの根1を持つ.

例題 3.23　実数を係数とする2次方程式

$$x^2+bx+c=0$$

は

$$D=b^2-4c<0$$

のとき，実数の範囲内に根を持たないことを示せ．したがってこのとき，2次式 x^2+bx+c は $\mathbb{R}[x]$ で既約である.

［解］

$$f(x)=x^2+bx+c=\left(x+\frac{b}{2}\right)^2-\frac{b^2}{4}+c=\left(x+\frac{b}{2}\right)^2-\frac{D}{4}$$

であるので，任意の実数 α に対して

$$f(\alpha)=\left(\alpha+\frac{b}{2}\right)^2-\frac{D}{4}\geqq-\frac{D}{4}>0$$

となり，$f(x)=0$ は実数の根を持たない. ∎

ところで，上の例題で，逆に

$$D=b^2-4c\geqq 0$$

であれば，方程式

$$x^2+bx+c=0 \tag{3.19}$$

は

$$\left(x+\frac{b}{2}\right)^2=\frac{D}{4} \tag{3.20}$$

と書きかえることができる．$D\geqq 0$ であるので

$$x+\frac{b}{2}=\pm\frac{\sqrt{D}}{2}$$

のとき(3.20)は成立する．これを書きかえると

$$x=\frac{-b\pm\sqrt{b^2-4c}}{2}$$

が2次方程式(3.19)の根であることが分かる．すなわち

$$x^2+bx+c=\left(x-\frac{-b+\sqrt{b^2-4c}}{2}\right)\left(x-\frac{-b-\sqrt{b^2-4c}}{2}\right)$$

と $\mathbb{R}[x]$ で因数分解できる．$D=b^2-4c=0$ のときは，$x=-\dfrac{b}{2}$ は2重根である．以上をまとめて次の命題を得る．

命題 3.24　2次方程式

$$x^2+bx+c=0$$

は

$$D=b^2-4c \geqq 0$$

であれば，実数の根

$$\frac{-b\pm\sqrt{b^2-4c}}{2}$$

を持ち，$D<0$ であれば実数の範囲内に根を持たない．　□

問 14　以下の2次方程式は実数の範囲内で根を持つか否かを調べ，根を持つ場合は，根を求めよ．

(1) $x^2+5x-6=0$　　(2) $3x^2+4x-1=0$

(3) $x^2+\sqrt{2}x-3=0$　　(4) $4x^2+\sqrt{3}x+\dfrac{1}{4}=0$

(5) $-5x^2+6x+2=0$　　(6) $-2x^2+\sqrt{5}x+\sqrt{6}=0$

以上の考察によって2次方程式は実数の範囲内でたかだか2個の根を持つことが分かった．この結果は次のように一般化される．

命題 3.25　実数係数の n 次方程式

$$f(x)=0$$

は k 重根を k 個と数えると，実数の範囲内でたかだか n 個の根を持つ．

［証明］　$\alpha_1,\alpha_2,\cdots,\alpha_m$ を相異なる根のすべてとし，重複度をそれぞれ $k_1,k_2,\cdots,k_m$ とする．因数定理と重根の定義により

$$f(x)=(x-\alpha_1)^{k_1}(x-\alpha_2)^{k_2}\cdots(x-\alpha_m)^{k_m}h(x)$$

と書くことができる．

$$n=\deg f=k_1+k_2+\cdots+k_m+\deg h$$

であるので

$$k_1+k_2+\cdots+k_m \leqq n$$

が成り立つ. ∎

例 3.26 $2n$ 次方程式

$$x^{2n}+x^{2(n-1)}+x^{2(n-2)}+\cdots+x^4+x^2+1=0 \qquad (3.21)$$

を考える. すべての実数 α に対して

$$\alpha^{2k} \geqq 0$$

であるので

$$\alpha^{2n}+\alpha^{2(n-1)}+\alpha^{2(n-2)}+\cdots+\alpha^4+\alpha^2+1 \geqq 1$$

となり, 実数の範囲内では方程式(3.21)は根を持たない. このように偶数次数の方程式は実数の範囲内では根を1つも持たないことがある. 一方, 次節で示すように, 実数を係数とする奇数次の方程式は少なくとも1つ実数の根をもつことが分かる. □

今まで「実数の範囲内で」としつこく書いてきたのを不思議に思われる読者も多いことと思われる. 第4章で数の概念を拡張して**複素数**を導入する. 複素数まで数の概念を拡張すると, n 次方程式は重複度をこめて必ず n 個の根を持つこと(代数学の基本定理)を次章で示す. 次の定理は代数学の基本定理から容易に導くことができることを次章で示す.

定理 3.27 (ガウスの定理) 実数係数の n 次多項式 $f(x)$ は実数係数の1次式と既約な2次式との積

$$f(x)=a(x-\alpha_1)(x-\alpha_2)\cdots(x-\alpha_m)q_1(x)q_2(x)\cdots q_l(x), \quad a\neq 0$$

に因数分解できる. □

例 3.28 次の因数分解が成り立つ.

$$x^3+1=(x+1)(x^2-x+1)$$

$$x^3+x^2+x+1=(x^2+1)(x+1)$$

$$x^4-1=(x-1)(x^3+x^2+x+1)=(x-1)(x+1)(x^2+1)$$

$$x^4+1=(x^2-\sqrt{2}x+1)(x^2+\sqrt{2}x+1)$$

$$x^4+x^3+x^2+x+1=\left(x^2+\frac{1-\sqrt{5}}{2}x+1\right)\left(x^2+\frac{1+\sqrt{5}}{2}x+1\right)$$

これらの因数分解が成り立つことは右辺の式を直接計算することによって示すことができる. □

次の命題は方程式 $f(x)=0$ の根がどの範囲内にあるかを知るのに便利な場合がある.

命題 3.29　実数係数の多項式 $f(x)$ が $a<b$ のとき $f(a)$ と $f(b)$ の符号が異なれば, $a<c<b$ かつ $f(c)=0$ となる実数 c が存在する. □

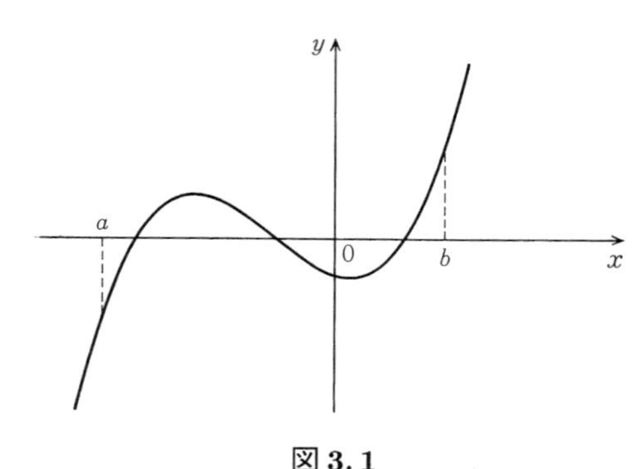

図 3.1

この命題の証明は本シリーズ『微分と積分 2』にゆずる. 図 3.1 より, 命題の主張が意味するところは明らかであろう. この命題から次の大切な事実を証明することができる.

命題 3.30　実数係数の奇数次の方程式は少なくとも 1 つ実数の根を持つ.

[証明]　奇数次の方程式

$$a_{2n+1}x^{2n+1}+a_{2n}x^{2n}+\cdots+a_1x+a_0=0, \quad a_{2n+1}\neq 0$$

を考える. この方程式の両辺に $1/a_{2n+1}$ を掛けることによって, $a_{2n+1}=1$ と仮定しても一般性を失わない. 関数

$$f(x)=x^{2n+1}+a_{2n}x^{2n}+\cdots+a_1x+a_0$$

を考える. $x\neq 0$ のとき

$$f(x) = x^{2n+1}\left(1+\frac{a_{2n}}{x}+\frac{a_{2n-1}}{x^2}+\cdots+\frac{a_1}{x^{2n}}+\frac{a_0}{x^{2n+1}}\right) \quad (3.22)$$

と変形できる．$|a_{2n}|, |a_{2n-1}|, \cdots, |a_1|, |a_0|$ のうち最大のものを M とする．$|x| \geqq R > 0$ では

$$\begin{aligned}
&\left|\frac{a_{2n}}{x}+\frac{a_{2n-1}}{x^2}+\cdots+\frac{a_1}{x^{2n}}+\frac{a_0}{x^{2n+1}}\right| \\
&\leqq \left|\frac{a_{2n}}{x}\right|+\left|\frac{a_{2n-1}}{x^2}\right|+\cdots+\left|\frac{a_1}{x^{2n}}\right|+\left|\frac{a_0}{x^{2n+1}}\right| \\
&\leqq M\left(\frac{1}{|x|}+\frac{1}{|x|^2}+\cdots+\frac{1}{|x|^{2n}}+\frac{1}{|x|^{2n+1}}\right) \\
&\leqq M\left(\frac{1}{R}+\frac{1}{R^2}+\cdots+\frac{1}{R^{2n}}+\frac{1}{R^{2n+1}}\right) = \frac{M}{R}\cdot\frac{1-\dfrac{1}{R^{2n+1}}}{1-\dfrac{1}{R}} \\
&< \frac{M}{R-1}
\end{aligned}$$

という評価が成り立つ．したがって $M/(R-1) < 1$ であるように R を十分大きくとっておくと $|x| \geqq R$ では

$$\begin{aligned}
1&+\frac{a_{2n}}{x}+\frac{a_{2n-1}}{x^2}+\cdots+\frac{a_1}{x^{2n}}+\frac{a_0}{x^{2n+1}} \\
&\geqq 1-\left|\frac{a_{2n}}{x}+\frac{a_{2n-1}}{x^2}+\cdots+\frac{a_1}{x^{2n}}+\frac{a_0}{x^{2n+1}}\right| \\
&> 1-\frac{M}{R-1} > 0
\end{aligned}$$

が成り立つ．したがって $|x| \geqq R$ のとき，(3.22)の右辺の括弧の中は正である．よって $f(R) > 0$ であり，$f(-R) < 0$ である(ここで $f(x)$ の次数が奇数次であることを使った)．したがって上の命題より $f(a) = 0$ となる a が $-R < a < R$ の範囲で存在することが分かる． ∎

(d)　整数係数の方程式

整数係数の方程式が有理数の根を持つ場合を考えよう．

定理 3.31　最高次の係数が1であり，他の係数も整数である多項式

$$f(x) = x^n + a_{n-1}x^{n-1} + \cdots + a_1x + a_0$$

が有理数の根を持てば，この根は実は整数である．

［証明］ l, m を互いに素な整数とし，$\alpha = \dfrac{l}{m}$ が $f(x)$ の根であったとする．

$$\left(\frac{l}{m}\right)^n + a_{n-1}\left(\frac{l}{m}\right)^{n-1} + \cdots + a_1\left(\frac{l}{m}\right) + a_0 = 0$$

この式の両辺に m^n をかけると

$$l^n + a_{n-1}ml^{n-1} + a_{n-2}m^2l^{n-2} + \cdots + a_1m^{n-1}l + a_0m^n = 0$$

を得る．この式は

$$l^n = -m(a_{n-1}l^{n-1} + a_{n-2}ml^{n-2} + \cdots + a_1m^{n-2}l + a_0m^{n-1})$$

と書けるので，m は l^n を割り切る．しかし，m と l とは互いに素と仮定したので，このようなことが可能であるのは $m = \pm 1$ のときに限る．したがって根 α は整数でなければならない． ∎

系 3.32　最高次の係数が 1 であり，他の係数も整数である多項式

$$f(x) = x^n + a_{n-1}x^{n-1} + \cdots + a_1x + a_0$$

が整数の根 l を持てば，l は a_0 の約数である．

［証明］

$$l^n + a_{n-1}l^{n-1} + \cdots + a_1l = -a_0$$

が成り立つので l は a_0 の約数である． ∎

この系は次の形に一般化することができる．

定理 3.33　$f(x)$ は上と同じ整数係数の多項式とする．$f(x)$ が整数の根 l を持てば，任意の整数 $k \neq l$ に対して $f(k)$ は $l-k$ で割り切れる． □

$k=0$ の場合が上の系 3.32 の場合である．

［定理 3.33 の証明］ l は $f(x)$ の根であるので，因数定理により

$$f(x) = (x-l)h(x)$$

と因数分解できる．$x=k$ を代入すると

$$f(k) = (k-l)h(k)$$

を得る．したがって，もし $h(k) \neq 0$ であれば $k-l$ は $f(k)$ を割り切る．一方 $h(k) = 0$ であれば $f(k) = 0$ であり，$f(k)$ は $l-k$ で割り切れる． ∎

例 3.34　方程式

$$f(x) = x^4 - 2x^3 - 8x^2 + 13x - 24 = 0$$

の有理数の根を求めてみよう．定理 3.31 より，根は整数 l でなければならず系 3.32 より，それは 24 の約数である．したがって根の候補として

$$\pm 1,\ \pm 2,\ \pm 3,\ \pm 4,\ \pm 6,\ \pm 8,\ \pm 12,\ \pm 24$$

があげられる．$f(1) = -20$, $f(-1) = -42$ であるので，定理 3.33 により，$l-1$ は 20 の，$l+1$ は 42 の約数でなければならないので，根の候補は

$$2,\ -3,\ -4,\ 6$$

しかないことになる．$f(2) = -30$ であるので 2 は $f(x)$ の根ではなく，さらに $l-2$ は 30 の約数でなければならない．したがって l の候補としては

$$-3,\ -4$$

しかないことになる．$f(-3) = 0$, $f(-4) = 180$ であるので根は -3 である．□

§3.5　有理関数

(a)　部分分数展開

$\mathbb{Q}$ 係数の多項式の全体 $\mathbb{Q}[x]$ や $\mathbb{R}$ 係数の多項式の全体 $\mathbb{R}[x]$ は整数環と類似の性質を持っている．加法，減法，乗法に関しては閉じているが，割り算では一般に余りが出てくる．整数から分数(=有理数)を構成したように，$\mathbb{Q}[x]$ や $\mathbb{R}[x]$ から有理関数を作ることができる．以下 $K = \mathbb{Q}$ または $\mathbb{R}$ として $K[x]$ を考える．K 係数の多項式 $f(x), g(x) \neq 0$ に対して

$$\frac{f(x)}{g(x)}$$

を**有理式**または**有理関数**(rational function)という．2 つの有理関数

$$\frac{f_1(x)}{g_1(x)}, \quad \frac{f_2(x)}{g_2(x)}$$

は

$$f_1(x)g_2(x) = g_1(x)f_2(x)$$

が成り立つとき，かつこのときに限り等しい，すなわち

$$\frac{f_1(x)}{g_1(x)} = \frac{f_2(x)}{g_2(x)}$$

と定義する．したがって $f(x), g(x)$ が共通の因子 $h(x)$ を持ち，

$$f(x) = h(x)f_1(x), \quad g(x) = h(x)g_1(x)$$

と書けるときは

$$\frac{f(x)}{g(x)} = \frac{f_1(x)}{g_1(x)}$$

が成り立つ．よって，有理関数

$$\frac{f(x)}{g(x)}$$

を考えるときは，$f(x)$ と $g(x)$ とは定数以外の共通因子を持たないと仮定してよいことが分かる．分数のときと同様に $\dfrac{f(x)}{1}$ と多項式 $f(x)$ とを同一視し，多項式も有理関数であると考える．有理関数の全体を $K(x)$ と記し，K 上の**1変数有理関数体**(rational function field of one variable)という．分数の場合と同様に $K(x)$ では加減乗除ができる．すなわち加法，乗法を

$$\frac{f(x)}{g(x)} + \frac{p(x)}{q(x)} = \frac{f(x)q(x)+p(x)g(x)}{g(x)q(x)}$$

$$\frac{f(x)}{g(x)} \cdot \frac{p(x)}{q(x)} = \frac{f(x)p(x)}{g(x)q(x)}$$

と定義する．減法，除法は

$$\frac{f(x)}{g(x)} - \frac{p(x)}{q(x)} = \frac{f(x)q(x)-p(x)g(x)}{g(x)q(x)}$$

$$\frac{f(x)}{g(x)} \div \frac{p(x)}{q(x)} = \frac{f(x)}{g(x)} \cdot \frac{q(x)}{p(x)} = \frac{f(x)q(x)}{g(x)p(x)}$$

となる．分数を考える場合は既約分数にして考えるのが通常であるが，有理関数もできるだけ簡単な形に変形して考えるのが便利である．有理関数

$$\frac{f(x)}{g(x)}$$

が与えられたとき，$\deg f \geqq \deg g$ であれば

$$f(x) = h(x)g(x) + r(x), \quad \deg r < \deg g$$

と割り算を行なって

$$\frac{f(x)}{g(x)} = h(x) + \frac{r(x)}{g(x)}$$

と書くことができる．したがって，有理関数を考えるとき，実質的には $\deg f < \deg g$ のときを考えれば十分であることが分かる．さらに，必要であれば $f(x)$ と $g(x)$ の共通因子を約分することによって，$f(x)$ と $g(x)$ とは互いに素な多項式と仮定してよいことも分かる．

有理関数 $\dfrac{f(x)}{g(x)}$ は $g(x)$ の実数の根である $\alpha_1, \alpha_2, \cdots, \alpha_l$ を除いた任意の実数 a に対して $f(a)/g(a)$ を対応させることによって，字義通り関数と考えることができる．

さて，有理式をできるだけ簡単な形に書き表わすことを考えてみよう．

命題 3.35 多項式 $g(x)$ が互いに共通の因子を持たない 2 つの多項式 $g_1(x), g_2(x)$ の積に書ければ

$$\frac{f(x)}{g(x)} = \frac{h_1(x)}{g_1(x)} + \frac{h_2(x)}{g_2(x)}$$

と書き表わすことができる．

［証明］ 定理 3.20 により

$$1 = p(x)g_1(x) + q(x)g_2(x)$$

を満足する多項式 $p(x), q(x)$ が存在する．この式の両辺を $g(x) = g_1(x)g_2(x)$ で割ることによって

$$\frac{1}{g(x)} = \frac{q(x)}{g_1(x)} + \frac{p(x)}{g_2(x)}$$

を得る．この式の両辺に $f(x)$ を掛けることによって，求める式を得る． ∎

以上の議論を繰り返すことによって，有理関数 $\dfrac{f(x)}{g(x)}$ は，$g(x)$ を

$$g(x) = g_1(x)g_2(x)\cdots g_l(x)$$

と互いに共通因子を持たないように因数分解すると，

$$\frac{f(x)}{g(x)} = h(x) + \frac{h_1(x)}{g_1(x)} + \frac{h_2(x)}{g_2(x)} + \cdots + \frac{h_l(x)}{g_l(x)}$$

$$\deg h_j < \deg g_j$$

と，多項式と有理式の和に分解できる．さらに $g_j(x)$ は既約な多項式のベキ乗になっているので，$\dfrac{p_j(x)}{g_j(x)}$ は $K[x]$ の既約な多項式 $p(x)$ を使って

$$\frac{q(x)}{p(x)^m}, \quad \deg q < m \deg p$$

の形をしていることが分かる．

$$\begin{aligned}
q(x) &= q_1(x)p(x)^{m-1} + r_1(x) & \deg r_1 &< (m-1)\deg p \\
r_1(x) &= q_2(x)p(x)^{m-2} + r_2(x) & \deg r_2 &< (m-2)\deg p \\
r_2(x) &= q_3(x)p(x)^{m-3} + r_3(x) & \deg r_3 &< (m-3)\deg p \\
&\cdots\cdots & &\cdots\cdots \\
r_{m-2}(x) &= q_{m-1}(x)p(x) + r_{m-1}(x) & \deg r_{m-1} &< \deg p
\end{aligned}$$

と割り算を行なうことによって

$$q(x) = q_1(x)p(x)^{m-1} + q_2(x)p(x)^{m-2} + \cdots + q_{m-1}(x)p(x) + r_{m-1}(x)$$

と書け，$q_m(x) = r_{m-1}(x)$ とおくことによって，

$$\frac{q(x)}{p(x)^m} = \frac{q_1(x)}{p(x)} + \frac{q_2(x)}{p(x)^2} + \cdots + \frac{q_{m-1}(x)}{p(x)^{m-1}} + \frac{q_m(x)}{p(x)^m}$$

と書き直すことができる．以上の計算では，多項式 $f(x), g(x)$ の係数が $\mathbb{Q}$ のときはすべての多項式は $\mathbb{Q}$ 係数であり，$\mathbb{R}$ 係数のときはすべて $\mathbb{R}$ 係数の多項式が出てくる．以上の考察により，次の結果が示された．

命題 3.36　$K(=\mathbb{Q}$ または $\mathbb{R})$ 係数の多項式 $g(x)$ が既約な多項式 $p_1(x)$, $p_2(x), \cdots, p_l(x)$ によって

$$g(x) = p_1(x)^{m_1} p_2(x)^{m_2} \cdots p_l(x)^{m_l}$$

と因数分解できたとする．$f(x)$ は $g(x)$ と共通因子を持たない K 係数の多項式とすると

$$\frac{f(x)}{g(x)} = h(x) + \sum_{j=1}^{l} \sum_{k=1}^{m_j} \frac{q_{j,k}(x)}{p_j(x)^k}, \quad \deg q_{j,k} < \deg p_j \tag{3.23}$$

と表示することができる．　□

表示(3.23)を有理関数 $\dfrac{f(x)}{g(x)}$ の**部分分数展開**という．$\mathbb{R}$ 係数のときは $g(x)$

の因数分解に現われる既約因子は1次式または2次式であった．次章で複素数を導入するが，複素数まで数を拡げると既約因子は1次式となる．したがって次の結果は大切である．この節ではすべて有理数または実数係数の多項式を考えているが，複素数で考えても同様の結果が成り立つことを注意しておく．

命題 3.37　相異なる実数 $a_1, a_2, \cdots, a_l$ によって

$$g(x) = (x-a_1)(x-a_2)\cdots(x-a_l)$$

と書けているとき，$\deg f < \deg g$ をみたす多項式 $f(x)$ に対して

$$\frac{f(x)}{g(x)} = \sum_{j=1}^{l} \frac{A_j}{x-a_j}, \quad A_j = \frac{f(a_j)}{g'(a_j)} \tag{3.24}$$

と書くことができる．ここで

$$g'(a_j) = \prod_{k \neq j} (a_j - a_k)$$

となる．

［証明］　命題3.36により

$$\frac{f(x)}{g(x)} = \sum_{j=1}^{l} \frac{A_j}{x-a_j}$$

と書くことができる．この両辺に $g(x) = \prod_{k=1}^{l} (x-a_k)$ を掛けると，

$$f(x) = \sum_{j=1}^{l} A_j (x-a_1)\cdots(x-a_{j-1})(x-a_{j+1})\cdots(x-a_l)$$

を得る．この式に $x = a_j$ を代入すると

$$f(a_j) = A_j \prod_{k \neq j} (a_j - a_k)$$

を得る．一方，微分の計算より

$$g'(x) = \sum_{j=1}^{l} \prod_{k \neq j} (x - a_k)$$

を得るので

$$g'(a_j) = \prod_{k \neq j} (a_j - a_k)$$

が成り立つことが分かる．∎

(b) ラグランジュの補間公式とオイラーの恒等式

命題3.37から面白い結果を導くことができる．命題3.37と同様に，多項式$g(x)$は相異なる実数$a_1, a_2, \cdots, a_l$によって

$$g(x) = \prod_{j=1}^{l}(x-a_j)$$

と書けたとする．$\deg f < \deg g$と仮定して(3.24)の両辺に$g(x)$を掛けると

$$f(x) = \sum_{j=1}^{l}\frac{f(a_j)}{g'(a_j)}\cdot\frac{g(x)}{x-a_j}$$

となる．$\dfrac{g(x)}{x-a_j}$は$l-1$次の多項式である．

$$\beta_j = f(a_j)$$

とおくと

$$f(x) = \sum_{j=1}^{l}\frac{\beta_j}{\prod_{k\neq j}(a_j-a_k)}\cdot\prod_{k\neq j}(x-a_k) \tag{3.25}$$

と書ける．この式は，l個の相異なる点$x = a_1, a_2, \cdots, a_l$でそれぞれ値$\beta_1, \beta_2, \cdots, \beta_l$をとる$l-1$次以下の多項式は(3.25)で与えられることを示している．この式を**ラグランジュの補間公式**(Lagrange's interpolation formula)と呼ぶ．これは，未知の関数$F(x)$を観測や実験から決める際，$x = a_1, a_2, \cdots, a_l$での値$\beta_1, \beta_2, \cdots, \beta_l$が分かっているとき，(3.25)の多項式$f(x)$を$F(x)$の近似として使うときに便利である．結果をまとめておこう．

命題3.38（ラグランジュの補間公式）　点a_jで値β_j $(j = 1, 2, \cdots, l)$をとる$l-1$次以下の多項式はただ1つ定まり，

$$f(x) = \sum_{j=1}^{l}\frac{\beta_j}{g'(a_j)}\prod_{k\neq j}(x-a_k)$$

で与えられる．ここで

$$g(x) = \prod_{k=1}^{l} (x - a_k)$$

とおいた. □

命題 3.37 の応用として**オイラーの恒等式**(Euler's identity)を示すことができる.

命題 3.39 相異なる実数 $a_1, a_2, \cdots, a_l$ に対して

$$g(x) = \prod_{j=1}^{l} (x - a_j)$$

とおくと,

$$\sum_{j=1}^{l} \frac{a_j^{l-1}}{g'(a_j)} = 1$$

$$\sum_{j=1}^{l} \frac{a_j^{k}}{g'(a_j)} = 0 \qquad (k = 0, 1, 2, \cdots, l-2)$$

が成り立つ.

[証明] $f(x) = x^{l-1} + c_{l-2}x^{l-2} + \cdots + c_1 x + c_0$ として, $\dfrac{f(x)}{g(x)}$ に命題 3.37 を適用すると

$$\frac{f(x)}{g(x)} = \sum_{j=1}^{l} \frac{A_j}{x - a_j}, \quad A_j = \frac{f(a_j)}{g'(a_j)}$$

であり, 両辺に $g(x)$ を掛けると

$$f(x) = \sum_{j=1}^{l} \frac{f(a_j)}{g'(a_j)} \frac{g(x)}{x - a_j}$$

を得る. この両辺の x^{l-1} の係数を較べて等式

$$1 = \sum_{j=1}^{l} \frac{f(a_j)}{g'(a_j)}$$

を得る. この式を $f(x)$ の定義に従って書き換えると

$$1 = \sum_{j=1}^{l} \frac{a_j^{n-1}}{g'(a_j)} + c_{n-2} \sum_{j=1}^{l} \frac{a_j^{n-2}}{g'(a_j)} + c_{n-3} \sum_{j=1}^{l} \frac{a_j^{n-3}}{g'(a_j)}$$

$$+\cdots+c_1\sum_{j=1}^{l}\frac{a_j}{g'(a_j)}+c_0\sum_{j=1}^{l}\frac{1}{g'(a_j)}$$

を得る．$c_0, c_1, \cdots, c_{n-3}, c_{n-2}$ がどのような値をとってもこの等式は成立するので，$c_0=c_1=\cdots=c_{n-3}=c_{n-2}=0$ とおくことによって

$$\sum_{j=1}^{l}\frac{a_j^{n-1}}{g'(a_j)}=1$$

を得る．したがって

$$c_{n-2}\sum_{j=1}^{l}\frac{a_j^{n-2}}{g'(a_j)}+c_{n-3}\sum_{j=1}^{l}\frac{a_j^{n-3}}{g'(a_j)}+\cdots+c_0\sum_{j=1}^{l}\frac{1}{g'(a_j)}=0$$

でなければならないので，$c_0, c_1, \cdots, c_{n-2}$ の後の和はそれぞれ 0 でなければならない． ∎

例 3.40

$$g(x)=(x-a)(x-b)(x-c)$$

のときは，オイラーの恒等式は

$$\frac{a^2}{(a-b)(a-c)}+\frac{b^2}{(b-c)(b-a)}+\frac{c^2}{(c-a)(c-b)}=1$$

$$\frac{a}{(a-b)(a-c)}+\frac{b}{(b-c)(b-a)}+\frac{c}{(c-a)(c-b)}=0$$

$$\frac{1}{(a-b)(a-c)}+\frac{1}{(b-c)(b-a)}+\frac{1}{(c-a)(c-b)}=0$$

となる．この恒等式は，簡単な計算によって直接示すこともできる． □

《まとめ》

3.1　有理数体 $\mathbb{Q}$ や実数体 $\mathbb{R}$ を係数とする1変数多項式の全体 $\mathbb{Q}[x], \mathbb{R}[x]$ は整数環 $\mathbb{Z}$ と類似の性質を持ち，ユークリッドの互除法や因数分解ができる．素数に対応するものは既約多項式である．

3.2　2項定理，多項定理を使うことによって多項式の導関数，偏導関数が計

算できる．

3.3 実数係数の1変数多項式 $f(x)$ の次数が n であれば，方程式 $f(x)=0$ はたかだか n 個の実数の根を持つ．

3.4 整数から分数を作ったように，多項式から有理式を作ることができる．有理式は部分分数展開によって簡単な形の有理式の和として表わすことができる．

演習問題

以下の問題では，特にことわらない限り，K は有理数体 $\mathbb{Q}$ または実数体 $\mathbb{R}$ を表わすものとする．

3.1 1変数多項式の全体 $K[x]$ の部分集合 I が次の条件を満たすとき，I を $K[x]$ のイデアルという．

(i) $f(x), g(x) \in I$ であれば $f(x)+g(x) \in I$．

(ii) $f(x) \in I$ と任意の多項式 $a(x) \in K[x]$ に対して $a(x)f(x) \in I$．

このとき，以下の問に答えよ．

(1) I がイデアルであれば，$\alpha, \beta \in K$，$f(x), g(x) \in I$ のとき $\alpha f(x)+\beta g(x) \in I$ であることを示せ．

(2) $f_1(x), f_2(x), \cdots, f_l(x) \in K[x]$ に対して

$$(f_1, f_2, \cdots, f_l) = \left\{ \sum_{j=1}^{l} a_j(x) f_j(x) \;\middle|\; a_j(x) \in K[x],\ j = 1, 2, \cdots, l \right\}$$

とおくと，$(f_1, f_2, \cdots, f_l)$ は $K[x]$ のイデアルであることを示せ．（これを $f_1, f_2, \cdots, f_l$ から生成されるイデアルという．）

(3) 1つの多項式 $f(x) \in K[x]$ から生成されるイデアルを単項イデアルという．$K[x]$ のイデアル I は単項イデアルであることを示せ．（ヒント．$I \neq \{0\}$ のとき，I に属する最低次数の多項式を考えよ．）

(4) (3)よりイデアル $(f_1, f_2, \cdots, f_l)$ は1個の多項式 $g(x)$ から生成される．$g(x)$ は $f_1(x), f_2(x), \cdots, f_l(x)$ の最大公約因子であることを示せ．

3.2 n 次多項式 $f(x) \in K[x]$ と $\alpha \in K$ に対して

$$f(x) = f(\alpha) + f'(\alpha)(x-\alpha) + \frac{f''(\alpha)}{2!}(x-\alpha)^2 + \frac{f^{(3)}(\alpha)}{3!}(x-\alpha)^3$$

$$+\cdots+\frac{f^{(n)}(\alpha)}{n!}(x-\alpha)^n$$

が成り立つことを示せ．これを $f(x)$ の α を中心とするテイラー展開という．

3.3　$f(x), g(x) \in K[x]$ に対して $F(x)=f(x)g(x)$ とおくと，$F(x)$ の n 階の導関数 $F^{(n)}(x)$ は

$$F^{(n)}(x)=\sum_{k=0}^{n}\binom{n}{k}f^{(k)}(x)g^{(n-k)}(x) \tag{3.26}$$

と表わされることを，n に関する帰納法で示せ．ただし $f^{(0)}(x)=f(x)$，$g^{(0)}(x)=g(x)$ と定義する．

3.4　整数係数の多項式

$$f(x)=a_0+a_1x+a_2x^2+\cdots+a_nx^n \in \mathbb{Z}[x]$$

の係数 $a_0, a_1, a_2, \cdots, a_n$ の最大公約数が1のとき，$f(x)$ を**原始的**であるという．次の問に答えよ．

(1)（ガウスの補題）$f(x), g(x) \in \mathbb{Z}[x]$ が原始的であれば積 $f(x)g(x)$ も原始的である．

(2) 整数係数の原始多項式 $f(x) \in \mathbb{Z}[x]$ が $\mathbb{Q}[x]$ で既約でないならば，$\mathbb{Z}[x]$ の2つの原始多項式の積に分解できる．

(3)（アイゼンシュタインの既約判定法）整数係数の多項式

$$f(x)=a_0+a_1x+a_2x^2+\cdots+a_nx^n$$

に対して，ある素数 p が $a_0, a_1, \cdots, a_{n-1}$ を割るが a_n を割り切らず，かつ a_0 は p^2 で割り切れないとすると，$f(x)$ は $\mathbb{Q}[x]$ で既約である．

(4) 素数 p に対して

$$f_p(x)=x^{p-1}+x^{p-2}+\cdots+x+1$$

とおくと $f_p(x)$ は $\mathbb{Q}[x]$ で既約であることを示せ．（ヒント．

$$f_p(x+1)=x^{p-1}+\binom{p}{1}x^{p-2}+\binom{p}{2}x^{p-3}+\cdots+\binom{p}{p-1}$$

が成り立つ．）

3.5　3次方程式

$$4x^3-px-q=0$$

が重根を持つための必要十分条件は

$$p^3-27q^2=0$$

であることを示せ．

3.6 $K[x]$ の元を係数とする 2 次以上の方程式

$$X^n+a_1(x)X^{n-1}+a_2(x)X^{n-2}+\cdots+a_n(x)=0,$$
$$a_j(x)\in K[x],\quad j=1,2,\cdots,n,\quad n\geqq 2$$

を考える．この方程式は

$$\frac{g(x)}{f(x)}\quad\begin{cases} f(x),g(x)\in K[x],\quad f(x)\notin K \\ f(x)\ \text{と}\ g(x)\ \text{は共通因子を持たない}\end{cases}$$

の形の根を持たないことを示せ．

3.7 微分可能な実数値関数 $f(x)$ の導関数 $f'(x)$ が区間 (α,β) で正であれば $f(x)$ は単調増加($x_1<x_2$，$x_1,x_2\in(\alpha,\beta)$ であれば $f(x_1)<f(x_2)$)，$f'(x)$ が区間 (α,β) で負であれば $f(x)$ は単調減少($x_1<x_2$，$x_1,x_2\in(\alpha,\beta)$ であれば $f(x_1)>f(x_2)$)であることが知られている(本シリーズ『微分と積分 1』)．また零でない実数 α に対して α の符号 $\mathrm{sgn}(\alpha)$ を

$$\mathrm{sgn}(\alpha)=\begin{cases}+1 & \alpha>0\\ -1 & \alpha<0\end{cases}$$

と定義する．零でない実数の列

$$\alpha_1,\alpha_2,\alpha_3,\cdots,\alpha_m \tag{3.27}$$

が与えられたとき，その符号の列

$$\mathrm{sgn}(\alpha_1),\ \mathrm{sgn}(\alpha_2),\ \mathrm{sgn}(\alpha_3),\ \cdots,\ \mathrm{sgn}(\alpha_m) \tag{3.28}$$

を対応させ，隣り合う符号が異なるとき符号の変化が起こったという．符号の列(3.28)を左から見ていき，符号の変化の起こる総数を，数列(3.27)の符号の変化数という．たとえば，数列

$$-5,\ -2,\ 3,\ -1,\ 6,\ 7$$

の符号の列は

$$-1,\ -1,\ +1,\ -1,\ +1,\ +1$$

であるので符号の変化数は 3 である．

以上の準備のもとに，以下の問に答えよ．以下 $f(x)$ は実数係数の n 次多項式とする．

(1) 実数 α が重複度 m の $f(x)=0$ の重根であるとき，

$$f(x),\ f'(x),\ f''(x),\ \cdots,\ f^{(m-1)}(x),\ f^{(m)}(x)$$

の符号の変化数に関しては，α の十分近くで $x>\alpha$ のときの符号の変化数は α の十分近くで $x<\alpha$ のときの符号の変化数より m だけ少ないことを示せ．

(2) β は $f^{(i)}(x)$ の重複度 k の重根であり，$f^{(i-1)}(\beta)\neq 0$ であるとき，

$$f^{(i-1)}(x),\ f^{(i)}(x),\ f^{(i+1)}(x),\ \cdots,\ f^{(i+k-1)}(x),\ f^{(i+k)}(x)$$

の符号の変化数に関しては，β の十分近くでは $x>\beta$ のときの変化数は $x<\beta$ のときの変化数より

k が偶数のときは k 個
k が奇数かつ $\mathrm{sgn}\, f^{(i-1)}(\beta)=\mathrm{sgn}\, f^{(i+k)}(\beta)$ のときは $k+1$ 個
k が奇数かつ $\mathrm{sgn}\, f^{(i-1)}(\beta)=-\mathrm{sgn}\, f^{(i+k)}(\beta)$ のときは $k-1$ 個

少なくなることを示せ．

(3) $f(a)\neq 0$, $f(b)\neq 0$, $a<b$ のとき $f(x)=0$ の区間 (a,b) での実数の根の個数を $N(a,b)$ と記す．ただし m 重根は m 個と数える．

$$f(x),\ f'(x),\ f''(x),\ \cdots,\ f^{(n)}(x)$$

の点 a での符号の変化数を $V(a)$，点 b での符号の変化数を $V(b)$ とすると

$$N(a,b)=V(a)-V(b)-2\lambda$$

が成り立つことを示せ．ここで λ はある非負整数である(フーリエの定理)．($f(x)=0$ が虚根を持たなければ $\lambda=0$ であることを示すことができる．)

(4)

$$f(x)=a_0+a_1x+a_2x^2+\cdots+a_nx^n\in\mathbb{R}[x],\quad a_n\neq 0$$

の係数の列

$$a_n,\ a_{n-1},\ a_{n-2},\ \cdots,\ a_0$$

の符号の変化数を V とすると(ただし $a_i=0$ のときは数列から a_i を除く．係数の列の順序に注意)，$f(x)=0$ の正の根の数は V に等しいか V からある偶数を引いたものに等しいことを示せ(デカルトの定理)．

3.8　実数係数の n 次多項式 $f(x)$ とその導関数 $f'(x)$ に対してユークリッドの互除法を適用して関数列

$$f(x),\ f_1(x)=f'(x),\ f_2(x),\ \cdots,\ f_n(x)$$

を次のように定める($f_j(x)$ の前の符号を互除法のときと違って“$-$”にとることに注意)．

$$f(x)=q_1(x)f'(x)-f_2(x)\qquad\qquad \deg f_2<\deg f'$$

$$
\begin{aligned}
f_1(x) &= f'(x) = q_2(x)f_2(x) - f_3(x) & \deg f_3 < \deg f_2 \\
f_2(x) &= q_3(x)f_3(x) - f_4(x) & \deg f_4 < \deg f_3 \\
&\cdots\cdots & \cdots\cdots \\
f_{m-2}(x) &= q_{m-1}(x)f_{m-1} - f_m(x) & \deg f_m < \deg f_{m-1} \\
f_{m-1}(x) &= q_m(x)f_m(x)
\end{aligned}
$$

この多項式の列を**スツルム(Sturm)の鎖**と呼ぶ. このとき以下の問に答えよ.

(1) $f(x)$ は重根を持たないとする. スツルムの鎖の $x=a$ での符号の変化を $S(a)$, $x=b$ での符号の変化を $S(b)$ とすると, $f(x)=0$ の区間 (a,b) での根の数 $N(a,b)$ は

$$
N(a,b) = S(a) - S(b)
$$

で与えられる.

3.9 K 係数の有理式 $\dfrac{f(x)}{g(x)}$ は K 係数の多項式を使って

$$
\frac{f(x)}{g(x)} = q(x) + \cfrac{1}{q_1(x) + \cfrac{1}{q_2(x) + \cfrac{1}{\ddots + \cfrac{1}{q_{m+1}(x)}}}}
$$

と連分数展開できることを示せ.

4 複 素 数

前章で n 次方程式を考察したが，その根の個数は n 個以下であることしか示せなかった．2 次方程式で，すでに実数の中では根を持たない場合があった．この章では，数を複素数まで拡張することによって，n 次方程式は重複度をこめて，ちょうど n 個複素数内に根を持つこと(代数学の基本定理)を示そう．このことは，有理数，実数，複素数と数の概念を拡張してきたが，複素数まで考えれば数として十分であることを意味する．

§4.1 複 素 数

(a) 虚　　数

実数の 2 乗は 0 以上の実数であるので

$$\alpha^2 = -1 \tag{4.1}$$

となる実数は存在しない．後に述べるように，3 次方程式を一般的に解こうとすると，どうしても(4.1)を満足する“数”が必要であることをカルダノ(Cardano)は見出した．しかしながら，長い間，このような“数”は数と認められず，**虚数**(imaginary number)と呼ばれてきた．虚数は計算には便利であるが，何かしらあやしげな数と考えられ，長い間正式の数とはみなされなかった．複素数の持つ真の意味が理解されたのは 19 世紀になってからである．本シリーズでは『複素関数入門』で複素数の解析学が展開されるが，本書では代数的側面から複素数の持つ意味が次第に明らかになる．

さて，(4.1)を満足する“数”を i と記し**虚数単位**(imaginary unit)と呼ぶ．

$$i^2 = -1 \tag{4.2}$$

任意の実数 a に対して，ai を**純虚数**(purely imaginary number)と呼ぶ．純虚数

$$\alpha = ai, \quad \beta = bi$$

に対して，その和，差，積は

$$\alpha + \beta = (a+b)i$$
$$\alpha - \beta = (a-b)i$$
$$\alpha\beta = (ab)\cdot i^2 = -ab$$

であると約束しよう．すると，

$$(-\alpha)^2 = \alpha^2 = -a^2$$

であるので，2乗して $-d$ $(d>0)$ である数は

$$\pm\sqrt{d}\,i$$

で与えられることが分かる．

実数に純虚数を足したものも数と考えられる．そこで，実数 a, b に対して

$$a + bi \tag{4.3}$$

と書ける数を**複素数**(complex number)と呼ぶ．特に $b=0$ であるとき，$a+0i$ は実数 a と同じ数を表わすと考える．このようにして，実数は複素数の特別な場合であると考えることができる．また $b \neq 0$ である複素数 $a+bi$ を，しばしば**虚数**と呼ぶ．複素数

$$\alpha = a + bi$$

に対して，a を α の**実部**(real part)といい，$\mathrm{Re}\,\alpha$(または $\mathrm{Re}\,(\alpha)$)と記す．また b を α の**虚部**(imaginary part)と呼び，$\mathrm{Im}\,\alpha$(または $\mathrm{Im}\,(\alpha)$)と記す．

複素数では加減乗除ができることを示そう．2つの複素数

$$\alpha = a + bi, \quad \beta = c + di$$

に対して

$$\alpha \pm \beta = (a \pm c) + (b \pm d)i$$

と定義する．また積 $\alpha\beta$ は形式的な計算に(4.2)を適用すると

$$\alpha\beta = (a+bi)(c+di) = ac+bci+adi+(bi)(di)$$
$$= (ac-bd)+(ad+bc)i \qquad (4.4)$$

とできそうである．もちろん

$$ia = ai$$

や，結合法則

$$(bi)c = b(ic)$$

が成り立つと仮定した．そこで(4.4)の最後の式を$\alpha\beta$の定義にする．このように積を定めると，割り算がうまくできることを示すことができる．$\beta \neq 0$のときまず$1 \div \beta = \dfrac{1}{\beta}$を求めてみよう．

$$\frac{1}{\beta} = x+yi$$

とおくと

$$\beta(x+yi) = 1$$

が成り立たねばならない．すなわち

$$(c+di)(x+yi) = 1$$

左辺を展開すると

$$(cx-dy)+(cy+dx)i = 1$$

を得，

$$\left.\begin{aligned} cx-dy &= 1 \\ cy+dx &= 0 \end{aligned}\right\} \qquad (4.5)$$

が成り立たねばならないことが分かる．もし$c \neq 0$であれば，2番目の式より

$$y = -\frac{d}{c}x \qquad (4.6)$$

を得，これを最初の式に代入すると

$$cx + \frac{d^2}{c}x = 1$$

を得る．これは

$$\left(\frac{c^2+d^2}{c}\right)x = 1$$

と書けるので，

$$x = \frac{c}{c^2+d^2}$$

であることが分かる．この x の値を(4.6)に代入することによって

$$y = -\frac{d}{c^2+d^2}$$

を得る．これより

$$\frac{1}{\beta} = \frac{c}{c^2+d^2} - \frac{d}{c^2+d^2}i \tag{4.7}$$

であることが分かる．$c=0$ のときは $\beta=di$ でかつ $d\neq 0$ であるので

$$\frac{1}{\beta} = \frac{-1}{d}i$$

であることが直接の計算でも分かるが，これは(4.7)で $c=0$ とおいた場合と一致することが分かる．

さて複素数の割り算 $\alpha\div\beta=\dfrac{\alpha}{\beta}$ は有理数や実数のときと同様に $\alpha\cdot\dfrac{1}{\beta}$ と定義し，(4.7)より

$$\frac{\alpha}{\beta} = (a+bi)\cdot\frac{c-di}{c^2+d^2} = \frac{(ac+bd)+(bc-ad)i}{c^2+d^2}$$

であることが分かる．このようにして，複素数の全体 $\mathbb{C}$ 上に加減乗除が定義でき，有理数や実数のときと同様に結合法則や分配法則が成り立つことが分かる．

例題 4.1　i の平方根，すなわち 2 乗して i になる複素数を求めよ．

[解]

$$(a+bi)^2 = i$$

が成り立ったとすると，

$$a^2-b^2+2abi = i$$

より，

$$a^2-b^2=0, \quad 2ab=1$$

が成り立たねばならない．2番目の式より

$$b=\frac{1}{2a}$$

であり，これを最初の式に代入することによって

$$a^2-\frac{1}{4a^2}=0$$

を得る．$a^2>0$ であるので，これより

$$a^2=\frac{1}{2}$$

を得，

$$a=\pm\frac{1}{\sqrt{2}}$$

であることが分かる．したがって

$$b=\frac{1}{2a}=\pm\frac{1}{\dfrac{2}{\sqrt{2}}}=\pm\frac{1}{\sqrt{2}}$$

となり，i の平方根は

$$\pm\left(\frac{1}{\sqrt{2}}+\frac{1}{\sqrt{2}}i\right)$$

であることが分かる． ∎

問1　$1+i$ の平方根は

$$\pm\left\{\sqrt{\frac{1+\sqrt{2}}{2}}+\sqrt{\frac{-1+\sqrt{2}}{2}}\,i\right\}$$

であることを示せ．

さて，複素数 $\alpha=a+bi$ に対して $a-bi$ を α の**複素共役**(キョウヤクと読む，complex conjugate)といい，$\overline{\alpha}$ と記す．$\overline{\overline{\alpha}}=\alpha$ である．すなわち α の複素共役 $\overline{\alpha}$ の複素共役 $\overline{\overline{\alpha}}$ は α と一致する．また

$$\alpha\overline{\alpha}=(a+bi)(a-bi)=a^2+b^2$$

が成り立つ．$\sqrt{a^2+b^2}$ を複素数の**絶対値**(absolute value)と呼び $|\alpha|$ と記す．この記号を使えば

$$|\alpha|^2=\alpha\overline{\alpha}$$

と書ける．特に α が実数であるときは $b=0$ であるので $\sqrt{a^2}=|a|$ となり，複素数の絶対値は実数の絶対値の一般化であることが分かる．これが自然な一般化であることは次の定理が保証する．

定理 4.2　複素数の絶対値 $|\ |$ は次の性質を持つ．

(i)　$|\overline{\alpha}|=|\alpha|$

(ii)　$|\alpha\beta|=|\alpha|\cdot|\beta|$

(iii)　$\left|\dfrac{\alpha}{\beta}\right|=\dfrac{|\alpha|}{|\beta|}$

(iv)　$|\alpha|-|\beta|\leqq|\alpha+\beta|\leqq|\alpha|+|\beta|$

[証明]　以下 $\alpha=a+bi$, $\beta=c+di$ とする．

(i)　$\overline{\alpha}=a-bi$ であるので

$$|\overline{\alpha}|=\sqrt{a^2+(-b)^2}=\sqrt{a^2+b^2}=|\alpha|$$

(ii)

$$\alpha\beta=(ac-bd)+(bc+ad)i$$

であり，

$$\begin{aligned}|\alpha\beta|^2&=(ac-bd)^2+(bc+ad)^2\\&=a^2c^2+b^2d^2+b^2c^2+a^2d^2\\&=a^2(c^2+d^2)+b^2(c^2+d^2)\\&=(a^2+b^2)(c^2+d^2)\\&=|\alpha|^2\cdot|\beta|^2\end{aligned}$$

が成り立つ．したがって $|\alpha\beta|=|\alpha|\cdot|\beta|$ が成り立つ．

(iii)　(ii)より

$$|\beta|\cdot\left|\frac{\alpha}{\beta}\right| = \left|\beta\cdot\frac{\alpha}{\beta}\right| = |\alpha|$$

が成り立つので，(iii)が正しいことが分かる．

(iv)

$$\begin{aligned}|\alpha+\beta|^2 &= (a+c)^2+(b+d)^2 \\ &= (a^2+b^2)+(c^2+d^2)+2(ac+bd) \qquad (4.8)\end{aligned}$$

ところで

$$\begin{aligned}&(a^2+b^2)(c^2+d^2)-(ac+bd)^2 \\ &\quad = a^2d^2+b^2c^2-2abcd \\ &\quad = (ad-bc)^2 \geqq 0\end{aligned}$$

であるので

$$-\sqrt{(a^2+b^2)(c^2+d^2)} \leqq ac+bd \leqq \sqrt{(a^2+b^2)(c^2+d^2)} \qquad (4.9)$$

が成り立つ．したがって(4.8)より

$$\begin{aligned}|\alpha+\beta|^2 &\leqq (a^2+b^2)+(c^2+d^2)+2\sqrt{(a^2+b^2)(c^2+d^2)} \\ &= (\sqrt{a^2+b^2}+\sqrt{c^2+d^2})^2 = (|\alpha|+|\beta|)^2\end{aligned}$$

が成り立つ．よって

$$|\alpha+\beta| \leqq |\alpha|+|\beta|$$

が成り立つ．同様に，(4.9)の左側の不等式を使うことによって

$$\begin{aligned}|\alpha+\beta|^2 &\geqq (a^2+b^2)+(c^2+d^2)-2\sqrt{(a^2+b^2)(c^2+d^2)} \\ &= (|\alpha|-|\beta|)^2\end{aligned}$$

が成り立ち，

$$|\alpha+\beta| \geqq |\alpha|-|\beta|$$

が成立する．■

問2　上の定理の不等式(iv)でいずれかの等号が成り立つのは $\alpha = r\beta$ $(r\in\mathbb{R})$ ま

たは $\beta=s\alpha$ ($s\in\mathbb{R}$) である場合に限ることを示せ.

(b)　複素平面

複素数 $\alpha=a+bi$ は 2 つの実数 (a,b) から定まる. したがって, 座標平面上の点として表示できる. 具体的には, 直交する, 同じ目盛りを持った数直線の一方を**実軸**(real axis)と呼び Re と記し, 他方を**虚軸**(imaginary axis)と呼び Im と記す. 通常は図 4.1 のように水平軸を実軸に垂直軸を虚軸にとる. この座標平面を**複素平面**(complex plane)または**ガウス平面**(Gauss plane)と呼ぶ. このとき, 点 (a,b) の定める点が複素数 α を表わすものとする.

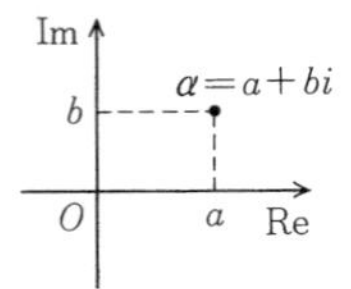

図 4.1　複素平面

このように, 複素数を図示することによって, 複素数の性質がわかりやすくなる. 複素平面上で, 複素数 α を表わす点を P と記そう. 線分 OP と実軸とのなす角を, 実軸の正の部分から**反時計まわり**に計ったものを θ とする. また OP の長さを r とする. すると点 P の座標は

$$(r\cos\theta, r\sin\theta)$$

であるので, 複素数 $\alpha=a+bi$ は

$$a=r\cos\theta,\quad b=r\sin\theta$$

である. すなわち

$$\alpha=r(\cos\theta+i\sin\theta) \tag{4.10}$$

と表示できることが分かる. (4.10)では

$$r(\cos\theta+\sin\theta\, i)$$

と書く方が, $a+bi$ という記法から自然であるが, $\sin(\theta i)$ とまぎらわしいこともあり, $r(\cos\theta+i\sin\theta)$ と記すのが習慣になっている. もちろん

$$bi=ib$$

であるので $a+ib$ と記してもよいことは言うまでもない．

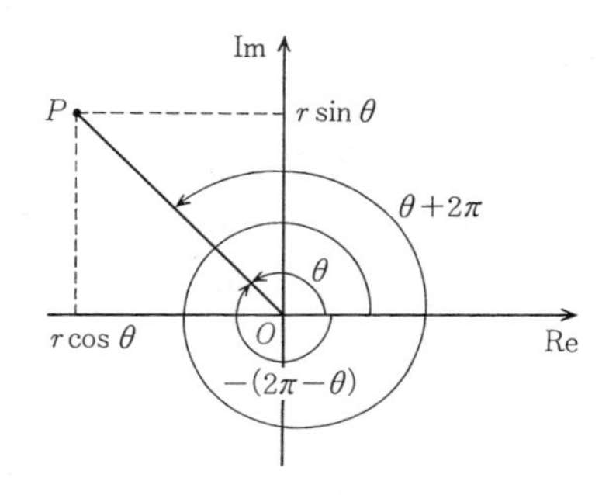

図 **4.2**　複素数の極座標表示

表示(4.10)を複素数の**極座標表示**と呼ぶ．このとき，角 θ を複素数 α の**偏角**(argument)と呼び，$\arg(\alpha)$ と記す．任意の整数 n に対して

$$\cos(\theta+2n\pi) = \cos\theta, \quad \sin(\theta+2n\pi) = \sin\theta$$

であるので，(4.10)は

$$\alpha = r(\cos(\theta+2n\pi)+i\sin(\theta+2n\pi))$$

とも書くことができる．反時計まわりに角度を計るとき正，時計まわりに角度を計るとき負と約束すると，偏角は1つに定まるのではなく，実軸の正の部分から，正負いずれかの向きに原点を何回まわって計るかによって，図4.2より分かるように

$$\theta,\ \theta+2\pi,\ \theta+4\pi,\ \cdots$$
$$\theta-2\pi,\ \theta-4\pi,\ \theta-6\pi,\ \cdots$$

と 2π の整数倍だけの違いがでてくると考えることができる．このように，複素数の偏角というときは，2π の整数倍の不定性を許して考えることにする(その理由は後に明らかになる)．また $\alpha=0$ のときは偏角は定義されない．

さて

$$|\cos\theta+i\sin\theta|^2 = \cos^2\theta+\sin^2\theta = 1$$

であるので，(4.10)の表示を使うと

$$|\alpha|^2 = r^2,$$

すなわち

$$|\alpha| = r$$

であることが分かる．すなわち r は複素数 α の絶対値に他ならない．したがって $\alpha \neq 0$ のとき

$$\alpha = |\alpha|(\cos\arg(\alpha) + i\sin\arg(\alpha)) \tag{4.11}$$

と書けることが分かった．また図 4.3 より明らかなように，$a \neq 0$ であれば

$$\tan\theta = \frac{b}{a} = \frac{\operatorname{Im}\alpha}{\operatorname{Re}\alpha}$$

が成り立つ．

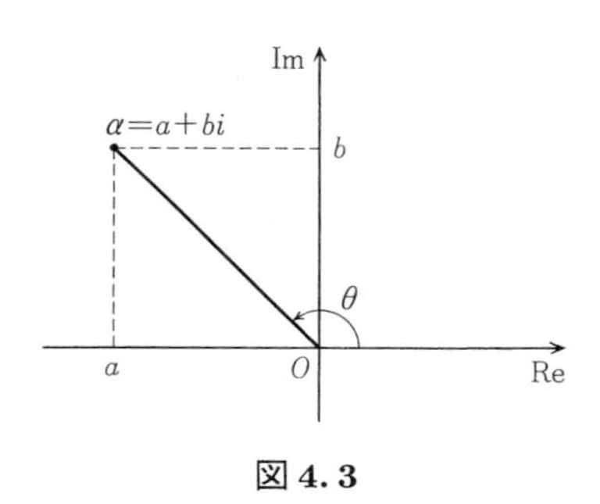

図 4.3

2 つの複素数

$$z_1 = a_1 + b_1 i, \quad z_2 = a_2 + b_2 i$$

の和は

$$z_1 + z_2 = (a_1 + a_2) + (b_1 + b_2)i$$

である．これを複素平面上に図示すると図 4.4 のようになる．

すなわち，z_1, z_2 を表わす複素平面上の点を P, Q，$z_1 + z_2$ を表わす点を R と記すと，4 辺形 $OQRP$ は平行 4 辺形である．ベクトルの記号を使えば

$$\overrightarrow{OR} = \overrightarrow{OP} + \overrightarrow{OQ}$$

と書くこともできる(ベクトルについては本シリーズ『電磁場とベクトル解析』を参照のこと)．

2 つの複素数 z_1, z_2 とそれらの差 $w = z_1 - z_2$ の間には

$$z_1 = w + z_2$$

という関係があるので，図 4.4 を使えば複素平面上に図示することができる．

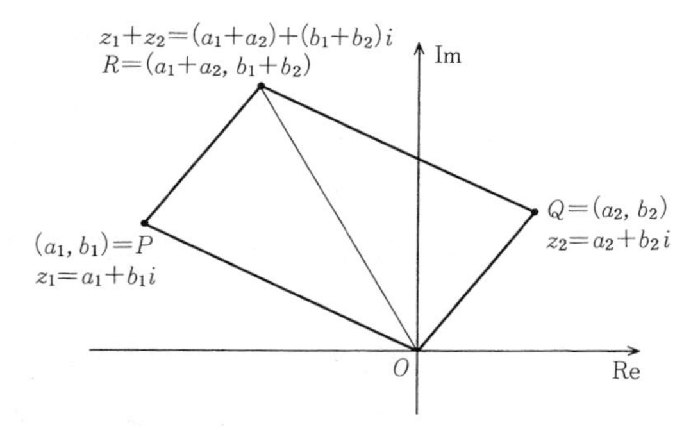

図 4.4　複素数の和

w に対応する複素平面の点を S と記すと，4 辺形 $OSPQ$ は平行 4 辺形である(図 4.5)．ベクトルの記号を使えば

$$\overrightarrow{OS} = \overrightarrow{OP} - \overrightarrow{OQ}$$

と書くことができる．

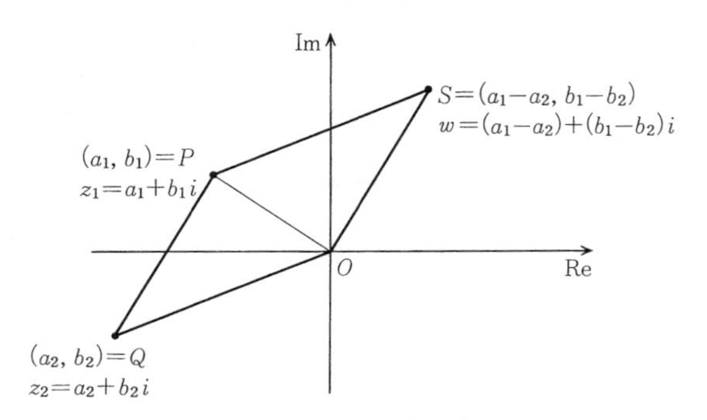

図 4.5　複素数の差

問 3　図 4.4，図 4.5 を使って，不等式

$$|z_1|-|z_2| \leqq |z_1+z_2| \leqq |z_1|+|z_2|$$

を幾何学的に証明せよ．

次に複素数の積を考えてみよう．

$$z_1 = r_1(\cos\theta_1 + i\sin\theta_1), \quad z_2 = r_2(\cos\theta_2 + i\sin\theta_2)$$

と極座標表示すると

$$\begin{aligned} z_1 z_2 &= r_1 r_2(\cos\theta_1 + i\sin\theta_1)(\cos\theta_2 + i\sin\theta_2) \\ &= r_1 r_2\{(\cos\theta_1\cos\theta_2 - \sin\theta_1\sin\theta_2) \\ &\qquad + i(\sin\theta_1\cos\theta_2 + \cos\theta_1\sin\theta_2)\} \end{aligned}$$

となり，三角関数の加法定理を使うとこれは

$$z_1 z_2 = r_1 r_2\{\cos(\theta_1+\theta_2) + i\sin(\theta_1+\theta_2)\} \tag{4.12}$$

と書くことができることが分かる．z_1, z_2 を表わす複素平面上の点を P, Q とし，OP を r_2 倍して，θ_2 だけ回転したものが OT であるとすると，点 T が $z_1 z_2$ に対応する複素平面上の点である(図4.6)．

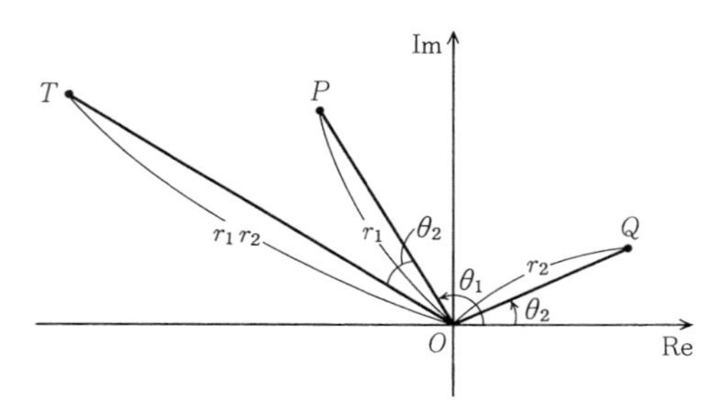

図4.6　複素数の積

問4　$z_1 = r_1(\cos\theta_1 + i\sin\theta_1)$，$z_2 = r_2(\cos\theta_2 + i\sin\theta_2) \neq 0$ のとき

$$\frac{z_1}{z_2} = \frac{r_1}{r_2}\{\cos(\theta_1-\theta_2) + i\sin(\theta_1-\theta_2)\}$$

と書けることを示し，複素平面上に $\dfrac{z_1}{z_2}$ を図示せよ．

複素数を幾何学的に複素平面上に図示することによって，複素数の四則演算が図示できることが分かったが，逆に平面図形の性質を複素数を使って表示することもできる．ここでは，次の例題を示すにとどめる．

例題4.3　平面上の3点 A, B, C が1直線上にあるための必要十分条件は，

点 A, B, C を複素平面上にあると考え，対応する複素数を z_1, z_2, z_3 とするとき

$$\frac{z_1 - z_3}{z_2 - z_3} \in \mathbb{R}$$

が成り立つことであることを示せ．

［解］ A, B, C が同一直線上にあることは，図4.7より分かるように，$z_1 - z_3$，$z_2 - z_3$ を表わす点を R, S とすると，O, R, S が1直線上にあることであり，これは

$$z_1 - z_3 = t(z_2 - z_3), \quad t \in \mathbb{R}$$

であることと同値である． ∎

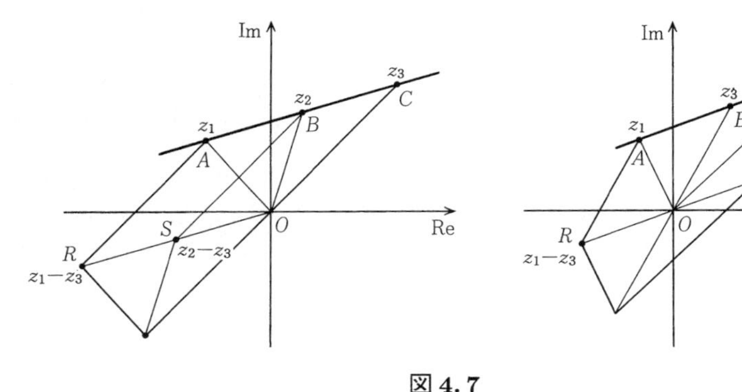

図 4.7

問5　複素数 z_1, z_2, z_3, z_4 を表わす複素平面上の点を A, B, C, D とするとき，次のことを示せ．

(1) $AB \,/\!/\, CD$ であるための必要十分条件は

$$\frac{z_1 - z_2}{z_3 - z_4} \in \mathbb{R}$$

(2) $AB \perp CD$ であるための必要十分条件は

$$\frac{z_1 - z_2}{z_3 - z_4}$$

が純虚数であること，すなわち

$$\frac{i(z_1-z_2)}{z_3-z_4}\in\mathbb{R}$$

§4.2　複素数と方程式

(a)　複素数の n 乗根

複素数は，2乗して負の数になる数，純虚数を考えることから導入された．逆に考えれば，負の数の平方根は純虚数で与えられる．たとえば

$$(\pm\sqrt{2}\,i)^2=-2,\quad (\pm\sqrt{3}\,i)^2=-3$$

であり，

$$\sqrt{-2}=\pm\sqrt{2}\,i,\quad \sqrt{-3}=\pm\sqrt{3}\,i$$

である．($\sqrt{2}$ のときは正の数と約束したが，$\sqrt{-2}$ のときは $\sqrt{2}i$ を表わすのか，$-\sqrt{2}i$ を表わすのかは一般的な約束はないので上のように表記した．正確には，$\sqrt{2}i, -\sqrt{2}i$ などを使うべきであろう．ただ，$\sqrt{-1}$ は通常 i を表わすことが多い．)

実は数を複素数まで拡張すると，n 乗根は複素数の範囲で存在することが分かる．この節ではそのことを示すことにする．そのために，まず次の定理を示そう．

定理 4.4 (ド・モアブルの定理)　任意の正整数 n に対して

$$(\cos\theta+i\sin\theta)^n=\cos n\theta+i\sin n\theta$$

が成り立つ．

[証明]

$$z=\cos\theta+i\sin\theta$$

とおくと，(4.12)より

$$z^2=\cos 2\theta+i\sin 2\theta$$

であることが分かる．したがって，上の定理は $n=1,2$ のとき正しい．もし $n=m$ のとき

$$z^m=\cos m\theta+i\sin m\theta$$

が成立したとすると，三角関数の加法定理により

$$\begin{aligned} z^{m+1} &= z^m \cdot z = (\cos m\theta + i\sin m\theta)(\cos\theta + i\sin\theta) \\ &= (\cos m\theta\cos\theta - \sin m\theta\sin\theta) + i(\sin m\theta\cos\theta + \cos m\theta\sin\theta) \\ &= \cos(m+1)\theta + i\sin(m+1)\theta \end{aligned}$$

となり，$m+1$ のときも定理が正しいことが分かる．したがって，数学的帰納法により定理が証明された． ∎

系 4.5　任意の整数 n に対して

$$(\cos\theta + i\sin\theta)^n = \cos n\theta + i\sin n\theta$$

が成り立つ．

［証明］　$n \geqq 1$ のときはド・モアブルの定理である．$n=0$ のときは $z^0=1$ と約束するので，やはり系は正しい．$n=-m$, $m \geqq 1$ のときは

$$\begin{aligned} (\cos\theta + i\sin\theta)^n &= (\cos\theta + i\sin\theta)^{-m} \\ &= \frac{1}{(\cos\theta + i\sin\theta)^m} \\ &= \frac{1}{\cos m\theta + i\sin m\theta} \\ &= \frac{\cos m\theta - i\sin m\theta}{(\cos m\theta + i\sin m\theta)(\cos m\theta - i\sin m\theta)} \\ &= \cos m\theta - i\sin m\theta \\ &= \cos(-m\theta) + i\sin(-m\theta) \\ &= \cos n\theta + i\sin n\theta \end{aligned}$$

となり系が正しいことが分かる． ∎

系 4.6　複素数 $z \neq 0$ を

$$z = r(\cos\theta + i\sin\theta)$$

と極座標表示すると，任意の自然数 n に対して

$$z^n = r^n(\cos n\theta + i\sin n\theta)$$

が成り立つ． □

これは以前に述べておくべきことであったが，複素数の累乗に関し次の指数法則が成り立つことは明らかであろう．

定理 4.7　α, β を複素数，n, m を整数とすると次の指数法則が成立する．

（i）　$\alpha^m \cdot \alpha^n = \alpha^{m+n}$

(ii)　$(\alpha^m)^n = \alpha^{mn}$

(iii)　$\alpha^n \cdot \beta^n = (\alpha\beta)^n$　□

さて，複素数 z の n 乗根 w は

$$w^n = z \tag{4.13}$$

となる複素数のことである．

$$z = r(\cos\theta + i\sin\theta)$$
$$w = s(\cos\lambda + i\sin\lambda)$$

とおくと，(4.13)は

$$s^n(\cos n\lambda + i\sin n\lambda) = r(\cos\theta + i\sin\theta)$$

が成り立つことを意味する．したがって

$$s^n = r$$
$$n\lambda = \theta + 2m\pi, \quad m \in \mathbb{Z}$$

なる関係が成り立つことが，(4.13)が成り立つための必要十分条件であることが分かる．このことから

$$w = r^{\frac{1}{n}}\left\{\cos\frac{1}{n}(\theta+2m\pi) + i\sin\frac{1}{n}(\theta+2m\pi)\right\}, \quad m \in \mathbb{Z} \tag{4.14}$$

であることが分かる．(4.14)の複素数は $m = 0, 1, 2, \cdots, n-1$ の n 個の異なる値を持ち，他の m のときの値はこのいずれかのときの値に等しい．すなわち，n 乗して z になる複素数は n 個相異なるものがあり，それらは

$$w = r^{\frac{1}{n}}\left\{\cos\frac{1}{n}(\theta+2m\pi) + i\sin\frac{1}{n}(\theta+2m\pi)\right\}, \quad m = 0, 1, 2, \cdots, n-1 \tag{4.15}$$

で与えられる．このようにして，複素数の n 乗根は，複素数の範囲内で n 個求まる．

(4.13)で特に $z=1$ とおくと，1の n 乗根 w，すなわち

$$w^n = 1$$

を満足する複素数は(4.15)より

$$\cos\frac{2m}{n}\pi + i\sin\frac{2m}{n}\pi, \quad m = 0, 1, 2, \cdots, n-1 \tag{4.16}$$

で与えられることが分かる．これを，複素平面上に図示すると，1 の n 乗根は原点を中心とする半径 1 の円周上にあり，(4.16)に対応する n 個の点は正 n 角形の頂点になっている(図 4.8)．たとえば $n=3$ のときは

$$1, \quad \cos\frac{2\pi}{3}+i\sin\frac{2\pi}{3}=\frac{-1+\sqrt{3}i}{2}, \quad \cos\frac{4\pi}{3}+i\sin\frac{4\pi}{3}=\frac{-1-\sqrt{3}i}{2}$$

は正 3 角形の頂点であり，$n=4$ のときは

$$1, \quad \cos\frac{2}{4}\pi+i\sin\frac{2}{4}\pi=i,$$

$$\cos\frac{4}{4}\pi+i\sin\frac{4}{4}\pi=-1, \quad \cos\frac{6}{4}\pi+i\sin\frac{6}{4}\pi=-i$$

は正方形の頂点である．

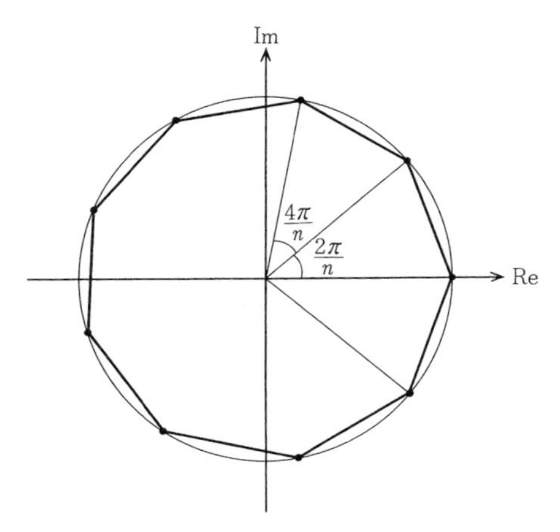

図 4.8 $n=9$ のとき

以上の考察によって，有理数 n/m (n, m は整数，$m \geqq 2$) と複素数 $\alpha \neq 0$ に対して α の有理数ベキを

$$\alpha^{n/m}=(\alpha^{1/m})^n$$

と定義することができる．ただ $\alpha^{1/m}$ は一意的に定まらず m 個の値をとり得るので，m と n とが互いに素であれば $\alpha^{n/m}$ も m 個の異なる値をとる．

ところで α の極座標表示

$$\alpha = r(\cos\theta + i\sin\theta)$$

に対して

$$\alpha^{n/m} = r^{n/m}\left(\cos\frac{n}{m}\theta + i\sin\frac{n}{m}\theta\right) \tag{4.17}$$

と定義することも可能である．特に $r^{n/m}$ は正の数であるとし，$0 \leqq \theta < 2\pi$ にとっておけば(4.17)は一意的に定まる．$\alpha^{n/m}$ をなぜ(4.17)で定義しないのか，疑問に思われる読者も多いであろう．もちろん，これでもさしつかえないのだが，少々都合の悪い状況も生じる．(4.17)で r を固定し，θ を 0 から反時計まわりに大きくしていこう(図4.9)．

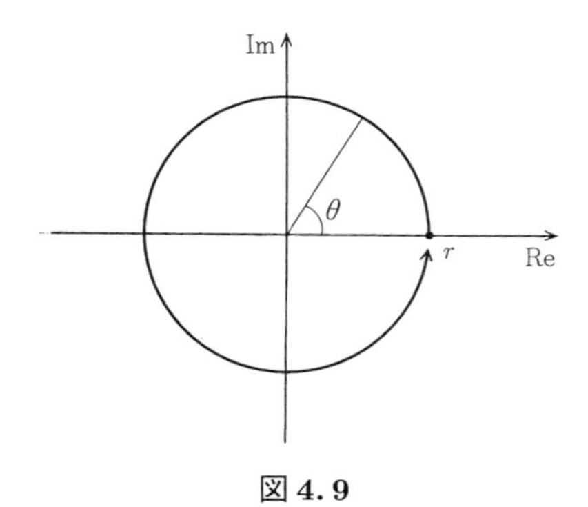

図4.9

$\theta = 0$ のときは $\alpha = r$ は正の数であり $\alpha^{n/m}$ は正の数 $r^{n/m}$ である．θ が大きくなり，2π に近づいてきたとき α は r に近づき，一方 $\alpha^{n/m}$ は次第に

$$r^{n/m}\left(\cos\frac{2n\pi}{m} + i\sin\frac{2n\pi}{m}\right) \tag{4.18}$$

に近づいてくる．したがって $\theta = 2\pi$ となった極限では α は r と等しくなるが，$\alpha^{n/m}$ は(4.18)になる．m と n とが互いに素であれば，

$$\cos\frac{2n\pi}{m} + i\sin\frac{2n\pi}{m}$$

は 1 とは異なる．すなわち，$\theta \to 2\pi$ のとき α は r に近づくにもかかわらず $\alpha^{n/m}$ は $r^{n/m}$ には近づかない．このようにして(4.17)の定義では複素関数 $z^{n/m}$，すなわち複素数 $\alpha \neq 0$ に対して(4.17)によって定まる $\alpha^{n/m}$ を対応させ

る関数，は実軸の正の部分で連続でなくなってしまう．このことは，偏角 $\theta = \arg\alpha$ が 2π の整数倍を法としてしか一意的に定まらないことに対応している．

ところで，今の考察はさらに続けることができる．図4.9で偏角 θ を0から 2π まで動かしたが，さらに反時計まわりに動かして θ を 2π から 4π まで動かすと，α は再び r に戻り，一方 $\alpha^{n/m}$ の定義式(4.17)の右辺は

$$r^{n/m}\left(\cos\frac{4n\pi}{m}+i\sin\frac{4n\pi}{m}\right)$$

になる．これは(4.18)とは一般に異なっている．さらに θ を 4π から 6π まで動かすと α は r にもどり，(4.17)の右辺は

$$r^{n/m}\left(\cos\frac{6n\pi}{m}+i\sin\frac{6n\pi}{m}\right)$$

になる．以下この操作を続けて θ を $2(m-1)\pi$ から $2m\pi$ まで動かすと(4.17)の右辺は

$$r^{n/m}\left(\cos\frac{2mn\pi}{m}\theta+i\sin\frac{2mn\pi}{m}\theta\right) = r^{n/m}$$

となり，最初の $\alpha^{n/m}$ の値 $r^{n/m}$ に戻ってくる．このように，関数 $z^{n/m}$ の連続性を重視する立場に立つと，$\alpha^{n/m}$ の定義で(4.17)の右辺に現われる α の偏角 θ を $0 \leqq \theta < 2\pi$ に制限することは不自然であることが分かる．一方，$\alpha^{n/m}$ は一般には m 個の異なる値を持ち，$z^{n/m}$ は通常の意味での関数ではなくなる．このディレンマはリーマン面を導入することによって解決することができる．この点に関しては本シリーズ『複素関数入門』を参照されたい．

問6　実数 a と複素数 $\alpha \neq 0$ に対して

$$\alpha = r(\cos\theta + i\sin\theta)$$

のとき

$$\alpha^a = r^a(\cos a\theta + i\sin a\theta)$$

とおく．このとき，指数法則

$$\alpha^a \cdot \alpha^b = \alpha^{a+b}$$
$$(\alpha^a)^b = \alpha^{ab}$$
$$\alpha^a \cdot \beta^a = (\alpha\beta)^a$$

が成り立つことを示せ.

問7 自然対数の底 e を使って，$e^{i\theta}$ を形式的に

$$e^{i\theta} = \cos\theta + i\sin\theta$$

とおく. 三角関数の加法公式によって

$$e^{i(\theta_0+\theta_1)} = e^{i\theta_0} \cdot e^{i\theta_1}$$

が成り立つことをしめせ.（定義より $e^{2\pi i}=1$ である. 1 の n 乗根(4.16)はこの記号を使うと

$$e^{\frac{2\pi k}{n}i}, \quad k = 0, 1, 2, \cdots, n-1$$

と簡明に記すことができる. また複素数 $\alpha = r(\cos\theta + i\sin\theta)$ は

$$\alpha = re^{i\theta}$$

と記すことができる.）

問8 複素数 $\alpha = a+ib$ に対して

$$e^{\alpha} = e^a \cdot e^{ib}$$

と定義すると，指数法則

$$e^{\alpha} \cdot e^{\beta} = e^{\alpha+\beta}$$

が成り立つことを示せ.

問9 複素数 $\alpha = re^{i\theta}$, $r \neq 0$ に対して，α^i を

$$\alpha^i = e^{i\log r}e^{-\theta},$$

実数 b に対して

$$\alpha^{bi} = e^{bi\log r}e^{-b\theta}$$

と定義する. さらに，複素数 $\beta = a+bi$ に対して α^{β} を

$$\alpha^{\beta} = \alpha^a \cdot \alpha^{bi}$$

と定義する. このとき，複素数 $\alpha \neq 0, \beta, \gamma$ に対して，指数法則

$$\alpha^{\beta} \cdot \alpha^{\gamma} = \alpha^{\beta+\gamma}$$
$$(\alpha^{\beta})^{\gamma} = \alpha^{\beta\gamma}$$
$$\alpha^{\gamma} \cdot \beta^{\gamma} = (\alpha\beta)^{\gamma}, \quad \text{ただし}\ \alpha\beta \neq 0$$

が成り立つことを示せ.（注意. 複素数 $\alpha = re^{i\theta}$, $r \neq 0$ に対して，“対数” $\log\alpha$ を

$$\log \alpha = \log r + i\theta$$

と定義する．偏角 θ のとり方は 2π の整数倍の不定性があるので，$\log \alpha$ も $2\pi i$ の整数倍だけの不定性がある．上の α^β の定義は

$$\alpha^\beta = e^{\beta \log \alpha}$$

を書き直したものである．複素関数としての指数関数 e^z，対数関数 $\log z$ については本シリーズ『複素関数入門』を参照されたい．）

(b)　代数学の基本定理

今まで，有理数係数あるいは実数係数の多項式を考えてきた．しかしながら第3章で扱った多項式の性質は，その係数に関しては有理数体 $\mathbb{Q}$ や実数体 $\mathbb{R}$ で四則演算ができることしか使っていなかった．したがって，第3章で扱った多項式の性質は，そのまま複素数を係数とする多項式の場合に拡張することができる．複素数を係数とする n 次多項式

$$f(x) = a_0 + a_1 x + a_2 x^2 + \cdots + a_n x^n$$

に対して，

$$f(x) = 0$$

を n 次方程式といい，$f(a)=0$ を満足する複素数 a を方程式 $f(x)=0$ の**根**という．複素数を係数とする n 次方程式は複素数の範囲内で必ず根を持つというのが**代数学の基本定理**である．自然数，整数，有理数，実数とこれまで数を拡げて考えてきたが，複素数まで数を拡げると，方程式に関する限り十分であるということを代数学の基本定理は主張する．それのみならず，複素数の世界では，様々の美しい事実が成り立つ．そのことに関しては，本シリーズ『複素関数入門』で述べられる．

代数学の基本定理の証明を述べる前に，2次方程式

$$ax^2 + bx + c = 0, \quad a \neq 0 \tag{4.19}$$

を考えてみよう．すでに§3.4(c)で論じたように，

$$ax^2 + bx + c = a\left(x + \frac{b}{2a}\right)^2 - \frac{b^2 - 4ac}{4a}$$

と変形できるので，方程式(4.19)の根を求めることは，

$$a\left(x+\frac{b}{2a}\right)^2=\frac{b^2-4ac}{4a}$$

を満足する複素数 x を求めることになる．この等式の両辺を a で割ると

$$\left(x+\frac{b}{2a}\right)^2=\frac{b^2-4ac}{4a^2} \tag{4.20}$$

を得る．第3章では実数しか考えなかったので，a,b,c が実数かつ $b^2-4ac\geqq 0$ のときしか2次方程式(4.19)の根は存在しなかった．しかし，複素数にまで数を拡げて考えることができるようになったので，a,b,c を複素数とするとき，(4.20)の右辺も複素数となり，前節の結果により，この複素数の平方根が存在する．それは記号としては実数のときと同様に

$$\pm\frac{\sqrt{b^2-4ac}}{2a} \tag{4.21}$$

と書くことができる．大切なのは(4.21)の数は複素数として求めることができることである．したがって，等式(4.20)を満足する複素数 x は

$$x=-\frac{b}{2a}\pm\frac{\sqrt{b^2-4ac}}{2a}=\frac{-b\pm\sqrt{b^2-4ac}}{2a}$$

であることが分かる．このようにして，複素数を係数とする2次方程式(4.19)は複素数の範囲内で根を2つ持つことが分かる．因数定理3.17は複素数係数の多項式にも適用することができる．したがって

$$ax^2+bx+c=a\left(x-\frac{-b+\sqrt{b^2-4ac}}{2a}\right)\left(x-\frac{-b-\sqrt{b^2-4ac}}{2a}\right) \tag{4.22}$$

と因数分解できることも分かる．もちろん，(4.22)では右辺を直接計算して左辺に等しいことを示すこともできる．(4.22)より，2次方程式(4.19)の2根が一致して重根になるのは

$$D=b^2-4ac=0$$

が成り立つときであり，そのとき(4.22)の右辺は $a\left(x+\dfrac{b}{2a}\right)^2$ となる．$D=b^2-4ac$ を2次方程式(4.19)の**判別式**という．

さて，代数学の基本定理の証明を行なおう．まず定理を正確に述べて，そ

の応用を最初に述べておこう.

定理 4.8（代数学の基本定理）　複素数を係数に持つ方程式

$$a_0+a_1x+a_2x^2+\cdots+a_nx^n=0$$

は複素数の根を少なくとも 1 つ持つ. □

この結果からただちに，さらに強い次の結果を示すことができる.

系 4.9　複素数を係数に持つ方程式

$$a_0+a_1x+a_2x^2+\cdots+a_nx^n=0$$

は重複度をこめて n 個の根を複素数内に持つ. また複素数を係数とする n 次多項式

$$f(x)=a_0+a_1x+\cdots+a_nx^n$$

は 1 次式の積に因数分解できる.

$$f(x)=a_n\prod_{j=1}^{n}(x-\alpha_j).$$

特に，複素数を係数とする既約多項式は 1 次式に限る.

［証明］　代数学の基本定理により，$f(x)$ は複素数内に根 α_1 を持つ. すると因数定理（定理 3.17）により

$$f(x)=(x-\alpha_1)f_1(x)$$

と因数分解できる. $f_1(x)$ は $n-1$ 次式である. 再び代数学の基本定理により $f_1(x)$ は根 α_2 を持ち，

$$f_1(x)=(x-\alpha_2)f_2(x)$$

と因数分解できる. この操作を続けることによって，$f(x)=0$ の根 $\alpha_1,\alpha_2,\cdots,\alpha_n$ を見出すことができ，また $f(x)$ は $(x-\alpha_1)(x-\alpha_2)\cdots(x-\alpha_n)$ で割り切れることが分かる. $f(x)$, $\prod_{j=1}^{n}(x-\alpha_j)$ とも n 次式であるので，x^n の係数を較べて

$$f(x)=a_n\prod_{j=1}^{n}(x-\alpha_j)$$

であることが分かる. ■

代数学の基本定理は様々の証明法があるが，いずれも基本になるのは実数の連続性である. ここでは，次の事実を仮定して（既知のものとして）証明を行なう.

1. $|f(z)|$ は複素数 z の(あるいは $z=u+iv$ とおくと，2変数 u,v の)関数として連続である.

2. $|z| \leqq R$ (あるいは $u^2+v^2 \leqq R^2$)で連続な関数は最小値を持つ.

この2つの性質は本シリーズ『微分と積分2』『現代解析学への誘い』で詳しく述べられる.

[代数学の基本定理の証明]

$$f(x) = a_0 + a_1 x + a_2 x^2 + \cdots + a_n x^n, \quad a_n \neq 0$$

の係数を考え，$|a_0|/|a_n|$, $|a_1|/|a_n|$, $\cdots$, $|a_{n-1}|/|a_n|$, 1 のうち最大のものを M とおく．また正の数 $R>2$ を

$$\frac{nM}{R} < \frac{1}{2}$$

が成り立つようにとる．すると $|x|>R$ の部分では

$$\begin{aligned}
|f(x)| &= \left| a_n x^n \left(\frac{a_0}{a_n x^n} + \frac{a_1}{a_n x^{n-1}} + \cdots + \frac{a_{n-1}}{a_n x} + 1 \right) \right| \\
&\geqq |a_n||x|^n \left(1 - \frac{|a_0|}{|a_n x^n|} - \frac{|a_1|}{|a_n x^{n-1}|} - \cdots - \frac{|a_{n-1}|}{|a_n x|} \right) \\
&> |a_n| R^n \left(1 - \frac{M}{R^n} - \frac{M}{R^{n-1}} - \cdots - \frac{M}{R} \right) \\
&> |a_n| R^n \left(1 - \frac{nM}{R} \right) > \frac{1}{2} |a_n| R^n > |a_n|
\end{aligned}$$

が成り立ち，$f(x)$ は0になることはない.

一方，$|x| \leqq R$ では，上の性質1,2より $|f(x)|$ はある複素数 $x=a$ で最小値 $|f(a)|$ を持つ．必要ならば，x を $x+a$ におきかえることによって($g(x)=f(x+a)$ を考えることになる)，$a=0$ であると仮定しても一般性を失わない．したがって $|f(0)|=|a_0|$ が最小値であるとしてよい．もし $a_0=0$ であれば $x=0$ が根であるので，この場合は定理は正しいから $a_0 \neq 0$ と仮定してよい．そこで $f(x)$ のかわりに $a_0^{-1}f(x)$ を改めて $f(x)$ と書くことによって $f(0)=a_0=1$ と仮定してよいことが分かる．すなわち，$f(x)$ は

$$f(x) = 1 + a_k x^k + x^k (a_{k+1} x + \cdots + a_n x^{n-k}), \quad a_k \neq 0, \ k \geqq 1 \qquad (4.23)$$

の形をしており，1が $|x| \leqq R$ での(したがって $\mathbb{C}$ での) $|f(x)|$ の最小値であ

ると仮定してよいことが分かる．

次の補題を用意する．

補題 4.10　複素数 $\alpha \neq 0$ と複素数係数の $n-k$ 次多項式 $h(x)$ より定まる n 次多項式

$$g(x) = 1+\alpha x^k + x^k h(x)$$

を考える．$k \geqq 1$ かつ $h(0)=0$ であれば，

$$|g(x_0)| < 1$$

を満足する x_0 が 0 の近くに存在する．　□

この補題を(4.23)の $f(x)$ に適用すると

$$|f(x_0)| < 1$$

を満足する x_0 が存在する．これは $|f(0)|=1$ が $|f(x)|$ の最小値であることに反する．したがって，$|f(x)|$ は $|x| \leqq R$ で最小値 0 をとる．すなわち $f(x)=0$ は根を持つ．これで定理 4.8 の証明が終わった．　■

［補題 4.10 の証明］　$-1/\alpha$ の k 乗根の 1 つを b とする．すなわち

$$b^k = -1/\alpha$$

が成り立つとする．このとき，$0 \leqq t < 1$ を満足する実数 t に対して

$$\begin{aligned} |g(bt)| &\leqq |1-t^k+b^k t^k h(bt)| \\ &\leqq |1-t^k| + t^k |b^k h(bt)| \\ &= (1-t^k) + t^k |b^k h(bt)| \end{aligned} \tag{4.24}$$

が成り立つ．$h(0)=0$ であり，$|h(t)|$ は $t=0$ の近くで連続なので，$\delta > 0$ を十分小さく選ぶと，$0 \leqq t < \delta$ では

$$|b^k h(bt)| < 1/2$$

が成り立つようにできる．したがって，(4.24)より $0 \leqq t < \delta$ では

$$|g(bt)| \leqq 1 - t^k + \frac{1}{2}t^k = 1 - \frac{1}{2}t^k$$

が成り立つ．

$$x_0 = bt, \quad 0 < t < \delta$$

ととれば

$$|g(x_0)| < 1$$

が成り立つ. ∎

上で述べた証明は本シリーズ『微分と積分 2』で述べられた証明と表現が少し違うだけで同じ証明である.

注意 4.11 位相空間の言葉を使えば，正則な関数は"開写像"であることが知られている(岩波講座『現代数学の基礎』「複素解析」を参照). この事実を使えば $f(x)$ が定数でない限り，$|f(x)|$ の $|x| \leqq R$ での最小値は 0 しかあり得ないことが分かる. 上の証明はこの事実を少し具体的に述べたものである.

代数学の基本定理を実数係数の方程式に適用すると定理 3.27 を証明することができる. 19 世紀初頭，複素数の使用がまだ一般的でなかったとき，ガウスは世人の誤解を恐れて，代数学の基本定理を定理 3.27 の形で発表したのであった.

命題 4.12 実数係数の方程式 $f(x)$ が α を根に持てば，α の複素共役 $\overline{\alpha}$ も $f(x)$ の根である.

[証明]

$$f(\alpha) = a_0 + a_1\alpha + a_2\alpha^2 + \cdots + a_n\alpha^n = 0$$

が成り立つ. $a_0, a_1, a_2, \cdots, a_n$ は実数であるので

$$\begin{aligned} 0 = \overline{f(\alpha)} &= \overline{a_0} + \overline{a_1\alpha} + \overline{a_2\alpha^2} + \cdots + \overline{a_n\alpha^n} \\ &= a_0 + a_1\overline{\alpha} + a_2(\overline{\alpha})^2 + \cdots + a_n(\overline{\alpha})^n \end{aligned}$$

が成り立つ. したがって $\overline{\alpha}$ も $f(x)$ の根である. ∎

[定理 3.27 の証明] 実数係数の方程式 $f(x)$ の根のうち実根を $a_1, a_2, \cdots, a_k$，それ以外の複素数の根を $\alpha_1, \overline{\alpha_1}, \alpha_2, \overline{\alpha_2}, \cdots, \alpha_l, \overline{\alpha_l}$ とする(したがって，$k+2l = n$ である). 因数定理により，

$$f(x) = a(x-a_1)\cdots(x-a_k)(x-\alpha_1)(x-\overline{\alpha_1})\cdots(x-\alpha_l)(x-\overline{\alpha_l})$$

となる. x^n の係数を比較することにより，$a = a_n$ であることが分かる. さて，複素数 α に対して

$$(x-\alpha)(x-\overline{\alpha}) = x^2 - (\alpha+\overline{\alpha})x + \alpha\overline{\alpha} = x^2 - 2\,\mathrm{Re}\,(\alpha)x + |\alpha|^2$$

は実数係数の 2 次式である. しかもこの 2 次式は $\mathbb{R}[x]$ で既約である. 可約

であるとすると実数係数の1次式の積に書け，2次式は実根を持つことになり，α が虚数という仮定に反するからである．以上によって定理3.27が証明された． ∎

最後に代数的数と超越数について簡単に述べておく．

定義 4.13 複素数 α はある有理数係数の方程式 $g(x)\in\mathbb{Q}[x]$ の根であるとき**代数的数**であるという．代数的数でない複素数を**超越数**という． □

$\sqrt{2}$ は x^2-2 の，$\dfrac{-1+\sqrt{2}i}{2}$ は $x^2+x+\dfrac{3}{4}$ の根であるので代数的数である．一方，自然対数の底 e や円周率 π は超越数である．与えられた数が代数的数であるか否かを判定することは一般には大変難しい．

《まとめ》

4.1 $i^2=-1$ となる"数" i を導入して虚数単位と名づけ，$a+bi,\ a,b\in\mathbb{R}$ を複素数と名づけた．$b=0$ の複素数は実数 a と同一視することによって，複素数の全体 $\mathbb{C}$ は実数体 $\mathbb{R}$ を含んでいると考えることができる．このとき，複素数体 $\mathbb{C}$ では実数のときと同様に加減乗除ができることが分かる．

4.2 複素数 $a+bi$ は座標 (a,b) に対応する点を考えることによって，座標平面(複素平面と呼ぶ)に図示することができる．このとき，複素数の加減乗除を幾何学的にとらえることができる．

4.3 複素数を係数とする n 次方程式 $f(x)=0$ は複素数の範囲で，重複度をこめて，ちょうど n 個の根をもつ(代数学の基本定理)．このことから，方程式を考える限り，複素数まで数を拡張しておけば十分であることが分かる．

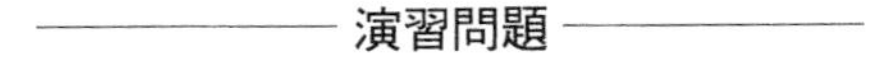

演習問題

4.1 複素数 z,w に対して

$$|z+w|^2=|z|^2+|w|^2+2\,\mathrm{Re}\,z\overline{w}$$

を示せ．

4.2 ラグランジュの補間公式(命題3.38)，オイラーの恒等式(命題3.39)は

a_j や β_j が複素数の場合にも成り立つことを示せ.

4.3　複素数係数の有理関数 $f(x)/g(x)$ に対して，部分分数展開(命題3.36)は

$$\frac{f(x)}{g(x)} = h(x) + \sum_{j=1}^{l}\sum_{k=1}^{m_j} \frac{\beta_{j,k}}{(x-a_j)^k}$$

と書けることを示せ.

4.4　問7の記号を使うと

$$\sin\theta = \frac{e^{i\theta}-e^{-i\theta}}{2i}, \quad \cos\theta = \frac{e^{i\theta}+e^{-i\theta}}{2}, \quad \tan\theta = \frac{e^{2i\theta}-1}{i(e^{2i\theta}+1)}$$

と書けることを示せ. 問9より，任意の複素数 z に対して e^z が定義できる. そこで，上の各等式の右辺は θ を複素数と考えても意味を持つので，複素数 θ に対して等式の右辺で $\sin\theta, \cos\theta, \tan\theta$ を定義する. このとき

$$\sin(\theta+2\pi) = \sin\theta, \quad \cos(\theta+2\pi) = \cos\theta, \quad \tan(\theta+\pi) = \tan\theta$$

であることを示せ.

4.5　不定積分の公式

$$\int \frac{dx}{x^2+1} = \arctan x \tag{4.25}$$

はよく知られている. 一方，複素数上では

$$\frac{1}{x^2+1} = \frac{1}{2i}\left(\frac{1}{x-i} - \frac{1}{x+i}\right)$$

と部分分数展開できる. 不定積分の公式

$$\int \frac{dx}{x+a} = \log(x+a)$$

が a が複素数のときも成り立つと考えて，公式(4.25)を導け.

4.6　複素平面上で複素数 z_1, z_2, z_3 が正3角形の頂点をなすための必要十分条件は，z_1, z_2, z_3 の間に

$$z_1^2 + z_2^2 + z_3^2 - z_2 z_3 - z_3 z_1 - z_1 z_2 = 0 \tag{4.26}$$

が成り立つことであることを示せ.

5 集合と写像

前章まで数や多項式の性質について述べたが，そこでは，個々の数や多項式の持つ性質と，整数の全体や多項式の全体の持つ性質との2つの側面を見てきた．この章以降では，整数環 $\mathbb{Z}$，多項式環 $K[x]$，有理数体 $\mathbb{Q}$，複素数体 $\mathbb{C}$ などの持つ代数的性質を明確にしていくことが重要になってくる．そのための準備として，本章では集合と写像についての初歩を述べる．次章以降で写像を考えることの重要性は次第に明らかになる．

本章ではさらに，写像の初歩の応用として対称群について述べ，群論の入口についても少し触れることとした．

§5.1 集合と写像

(a) 写　　像

集合については§1.2で簡単に述べたが，ここでいくつか新しい術語を導入しよう．整数環 $\mathbb{Z}$ のように無限個の元を含む集合を**無限集合**(infinite set)といい，$S=\{0,1,2,3\}$ のように有限個の元からなる集合を**有限集合**(finite set)という．

集合 S,T が与えられ，S の任意の元 s に対して T の元 t が‘ただ1つ’対応するとき，この対応を集合 S から集合 T への**写像**(mapping または map)といい，記号で $f\colon S\to T$ のように表わす．このとき，S の元 s に対応する

T の元 t を $f(s)$ と記し，s の f による**像**(image)，または f の s における値という．たとえば，整数 n に対して $2n$ を対応させることによって整数環 $\mathbb{Z}$ から $\mathbb{Z}$ への写像 $f\colon \mathbb{Z}\to\mathbb{Z}$ が定まる．これを

$$\begin{array}{rccc} f\colon & \mathbb{Z} & \longrightarrow & \mathbb{Z} \\ & n & \longmapsto & 2n \end{array}$$

と記すことが多い．

例 5.1　自然数 n に対して

$$\mu(n)=\begin{cases} 1, & n=1 \text{ のとき} \\ 0, & n \text{ が素数の 2 乗で割り切れるとき} \\ (-1)^l, & n=p_1p_2\cdots p_l \ (l \text{ 個の相異なる素数の積}) \end{cases}$$

と定めると，自然数の全体 $\mathbb{N}$ から集合 $M=\{-1,0,1\}$ への写像 $\mu\colon \mathbb{N}\to M$ が定まる．μ を**メビウスの関数**(Möbius's function)と呼ぶ．m と n とが互いに素な自然数であれば

$$\mu(mn)=\mu(m)\mu(n)$$

が成り立つ．　□

さて，2 つの写像 $f\colon S\to T$, $g\colon T\to U$ が与えられると，$s\in S$ に対して U の元 $g(f(s))$ が定まる．$s\in S$ に $g(f(s))$ を対応させることによって，S から U への写像が定まるが，これを写像 f と g との**合成**(composition)といい，$g\circ f$ と記す．(順序に注意すること．)

例 5.2　写像

$$\begin{array}{rccc} f\colon & \mathbb{Z} & \longrightarrow & \mathbb{Z} \\ & n & \longmapsto & 2n \end{array}$$

$$\begin{array}{rccc} g\colon & \mathbb{Z} & \longrightarrow & \mathbb{Z} \\ & m & \longmapsto & m-1 \end{array}$$

の合成 $g\circ f$ は写像

$$\begin{aligned} g\circ f\colon\ \mathbb{Z} &\longrightarrow \mathbb{Z} \\ n &\longmapsto 2n-1 \end{aligned}$$

である．今の場合，合成 $f\circ g$ も定義できるが，

$$\begin{aligned} f\circ g\colon\ \mathbb{Z} &\longrightarrow \mathbb{Z} \\ m &\longmapsto 2(m-1) \end{aligned}$$

である． □

ところで，3つの写像 $f\colon S\to T$, $g\colon T\to U$, $h\colon U\to V$ に対して2通りの写像の合成 $h\circ(g\circ f)$, $(h\circ g)\circ f$ が定義できるが，この両者は一致することが分かる．S の元 s に対して

$$\begin{aligned} (h\circ(g\circ f))(s) &= h((g\circ f)(s)) = h(g(f(s))) \\ &= (h\circ g)(f(s)) = ((h\circ g)\circ f)(s) \end{aligned}$$

となるからである．

さて，写像 $f\colon S\to T$ に対して $f(s)$, $s\in S$ の全体を $f(S)$ と記し，f の**像**という．集合の記法を使えば

$$f(S) = \{f(s) \mid s\in S\}$$

となる．$f(S)$ は T の部分集合であるが，$f(S)=T$ のとき，f を T の**上への写像**(onto-mapping)，あるいは**全射**(surjection)という．

一方，T の元 t に対して，t の f による**逆像**(inverse image) $f^{-1}(t)$ を

$$f^{-1}(t) = \{s\in S \mid f(s) = t\}$$

と定義する．$f^{-1}(t)$ は S の部分集合である．

ところで，$f(s)=t$ となる s が存在しないこともある．そのときは $f^{-1}(t)$ は定義できないことになるが，このような例外をいちいち断るのは面倒なので，$f^{-1}(s)$ を元を1つも含まない"集合"と考える．元を1つも含まない集合を**空集合**(empty set)と呼ぶことにする．空集合は，通常，記号 $\emptyset$ を使って表わす．空集合 $\emptyset$ はあらゆる集合の部分集合であると約束する．このよ

うに約束しておけば，$f^{-1}(t)$ は S の部分集合としてつねに定義できる．

写像 $f\colon S\to T$ に対して，$f^{-1}(t)$, $t\in T$ がただ1つの元からなる集合であるか，または空集合であるとき，f を**中への1対1写像**(one-to-one into-mapping)，あるいは**単射**(injection)であるという．言い換えると，S の元 s_1, s_2 に対して $s_1\neq s_2$ であれば $f(s_1)\neq f(s_2)$ であるとき，f は単射であるという．写像 $f\colon S\to T$ が全射かつ単射のとき，f は**全単射**(bijection)，あるいは**上への1対1写像**(one-to-one onto-mapping)であるという．

問1　例5.2の写像 f, g に対して $m\in\mathbb{Z}$ の逆像 $f^{-1}(m)$, $g^{-1}(m)$ を求めよ．また f は単射ではあるが全射ではないこと，g は全単射であることを示せ．

写像 $f\colon S\to T$ が全単射であれば，T の任意の元 t に対して $f^{-1}(t)$ は S のただ1つの元からなる．したがって，写像

$$\begin{array}{ccc} T & \longrightarrow & S \\ t & \longmapsto & f^{-1}(t) \end{array}$$

が定義できる．この写像を f の**逆写像**(inverse mapping)と呼び，$f^{-1}\colon T\to S$ と記す．

例題5.3　集合 X の元 x に対して x を対応させる写像を**恒等写像**(identity mapping)と呼び，$\mathrm{id}_X\colon X\to X$ と記す．$f\colon S\to T$ が全単射のとき

$$f^{-1}\circ f=\mathrm{id}_S,\quad f\circ f^{-1}=\mathrm{id}_T$$

であることを示せ．

［解］　$s\in S$ に対して $t=f(s)$ であれば，$f^{-1}(t)=s$ である．このとき

$$(f^{-1}\circ f)(s)=f^{-1}(f(s))=f^{-1}(t)=s,$$
$$(f\circ f^{-1})(t)=f(f^{-1}(t))=f(s)=t$$

となる．∎

ところで，写像 $f\colon S\to T$ は，T が実数体 $\mathbb{R}$ や複素数体 $\mathbb{C}$ またはそれらの部分集合のとき，しばしば**関数**(function)と呼ばれる(例5.1の写像 μ をメ

ビウスの関数と呼んだように）．関数という用語を用いるときは，逆写像のかわりに**逆関数**を用いる．

例 5.4　正弦関数 $\sin x$ は写像

$$\begin{array}{ccc} \mathbb{R} & \longrightarrow & [-1,1]=\{a\in\mathbb{R}\mid |a|\leqq 1\} \\ x & \longmapsto & \sin x \end{array}$$

に他ならない．この写像は全射ではあるが単射ではない．$\sin(x+2\pi)=\sin x$ が成り立つからである．しかし，この写像を $\left[-\dfrac{\pi}{2},\dfrac{\pi}{2}\right]$ に制限して考えれば，すなわち

$$\begin{array}{ccc} \left[-\dfrac{\pi}{2},\dfrac{\pi}{2}\right] & \longrightarrow & [-1,1] \\ x & \longmapsto & \sin x \end{array}$$

と考えれば全単射であり，逆関数 $\sin^{-1}$ を考えることができる．□

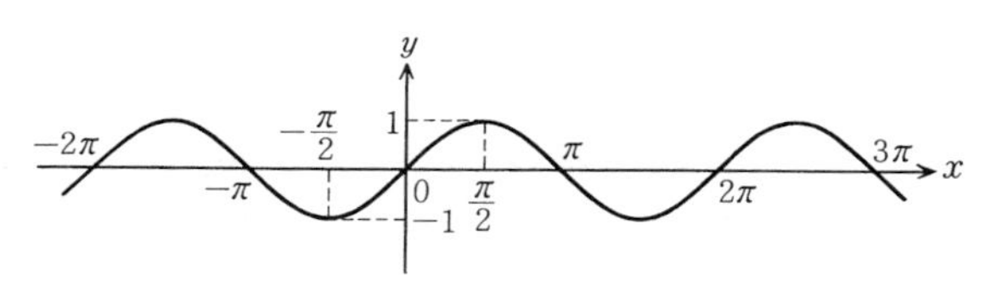

図 5.1　$y=\sin x$ のグラフ

問 2　例 5.4 で区間 $\left[-\dfrac{\pi}{2},\dfrac{\pi}{2}\right]$ のかわりに，区間 $\left[-\dfrac{\pi}{2}+2m\pi,\ \dfrac{\pi}{2}+2m\pi\right]$（$m$ は任意の整数），あるいは，区間 $\left[\dfrac{\pi}{2}+2m\pi,\ \dfrac{3}{2}\pi+2m\pi\right]$（$m$ は任意の整数）を考えても，sin は全単射であり，逆関数が定義できることを示せ．

集合 S を互いに共通部分を持たない部分集合 M_j の和集合として表わすこと，すなわち

$$S=\coprod_{j\in J} M_j$$

と表わすことを，集合の**直和分割**(direct decomposition)または単に**分割**(decomposition)，あるいは**類別**(classification)，M_j を**類**(class)という．記号 $\coprod$ は $j \neq k$ のとき $M_j \cap M_k = \emptyset$ かつ $S = \bigcup M_j$ であることを意味する．類別は，たとえば岩波講座入門校の1年生の生徒を ○○ 組に分けることの一般化と考えられる．1人の生徒は必ずいずれかの組に属し，かつ2つの組に同時に属することはないと約束することによって組分けができる．これが類別である．

類別は言い換えると，集合 S の2つの元 a, b が同じ類に属するかどうかを決めることである．いま a, b が同じ類に属することを $a \sim b$ と記すと，$\sim$ は次の性質を持たなければならない．

(E1)　$a \sim a$

(E2)　$a \sim b$ であれば $b \sim a$

(E3)　$a \sim b$, $b \sim c$ であれば $a \sim c$

この性質はあまりに自明のことであるが，(E1)〜(E3)の性質を**同値関係**(equivalence relation)と呼ぶ．逆に集合 S に同値関係 $\sim$ が与えられている，すなわち，S の2元 a, b に対して $a \sim b$ であるか $a \nsim b$ である($a \sim b$ が成立しないことをこのように記す)かのいずれかであれば S を類別することができる．S の元 a に同値である元の全体を E_a と記す．すなわち

$$E_a = \{b \in S \mid a \sim b\}.$$

すると $a \in E_a$ であり，$b \in E_a$ であれば $E_b = E_a$ となる．このことは次のようにして示すことができる．$c \in E_b$ であれば $b \sim c$ である．一方 $a \sim b$ であるので，$a \sim c$ となり，$c \in E_a$ であることが分かり，$E_b \subset E_a$ である．一方 $d \in E_a$ であれば $a \sim d$，また $a \sim b$ より(E2)から $b \sim a$ である．よって(E3)より $b \sim d$ となり，$d \in E_b$ である．これは $E_a \subset E_b$ を意味し，$E_a = E_b$ であることが分かる．このことから，$E_a \cap E_c \neq \emptyset$ であれば $E_a = E_c$ であることが分かる．$b \in E_a \cap E_b$ をとれば $E_a = E_b$, $E_c = E_b$ となるからである．

E_a を同値関係 $\sim$ による a の**同値類**(equivalence class)という．S の元は必ずいずれかの同値類に属する．$a \in S$ に対して，(E1)より $a \in E_a$ が成り立つからである．

以上の考察から，S の同値関係 $\sim$ による同値類のうち相異なるものを E_{a_j}, $j \in J$ と記すと

$$S = \coprod_{j \in J} E_{a_j}$$

と類別することができることが分かる．これを同値関係 $\sim$ による類別といい，同値類の集合 $\{E_{a_j}\}_{j \in J}$ を $S/\sim$ と記し，S の同値関係 $\sim$ による**商集合**(quotient set)という．類別，商集合は，本書のいたるところで登場する．

問3　集合 S の直和分割 $S = \coprod_{j \in J} M_j$ が与えられたとき，$a, b \in S$ に対して a, b が共にある M_j に属するとき $a \sim b$，そうでないときは $a \nsim b$ と定義すると同値関係にあることを示せ．また，この同値関係による類別は $S = \coprod_{j \in J} M_j$ と一致することを示せ．

さて，集合 S の同値関係 $\sim$ に対して，写像

$$\begin{array}{ccc} S & \longrightarrow & S/\sim \\ a & \longmapsto & E_a \end{array}$$

が定義できる．これを**標準写像**(canonical mapping)という．

(b)　順列と組合せ

相異なる n 個のものからなる集合 $S = \{a_1, a_2, \cdots, a_n\}$ から m 個のものを取り出し，順番をつけて並べたものを長さ m の**順列**(permutation)という．もちろん，これは $m \leqq n$ のとき意味を持つ．長さ m の順列

$$a_{i_1},\ a_{i_2},\ \cdots,\ a_{i_m}$$

が与えられれば，写像

$$\begin{array}{cccc} f\colon & \{1, 2, \cdots, m\} & \longrightarrow & S \\ & l & \longmapsto & a_{i_l} \end{array}$$

が定まる．このとき，f は単射である．逆に単射

$$g:\ \{1,2,\cdots,m\} \longrightarrow S$$

が与えられれば，長さ m の順列

$$g(1),\ g(2),\ \cdots,\ g(m)$$

が定まる．このように，長さ m の順列と集合 $\{1,2,\cdots,m\}$ から集合 S への単射の全体とが1対1に対応していることが分かる．

命題 5.5　$n \geqq m$ のとき，相異なる n 個のものから m 個とってできる長さ m の順列の総数 $P(n,m)$ は

$$P(n,m) = n(n-1)\cdots(n-m+1) = \frac{n!}{(n-m)!}$$

で与えられる．

［証明］ $\{1,2,\cdots,m\}$ から $S=\{a_1,a_2,\cdots,a_n\}$ への単射の総数を求める．まず1に対応する S の元は $a_1,a_2,\cdots,a_n$ のうち1つをとればよいので，n 通りのとり方がある．1に a_{i_1} が対応したとすると，2には $S-\{a_{i_1}\}$ の $n-1$ 個の元のうち1つを対応させればよいので，$n-1$ 通りのとり方がある．以下，この考えを続けていくと

$$P(n,m) = n\cdot(n-1)\cdot(n-2)\cdot\ \cdots\ \cdot(n-m+1)$$

を得る． ∎

次に順列の考え方をもう少し一般化した**重複順列**(repeated permutation)を考えてみよう．a_1 を d_1 個，a_2 を d_2 個，…，a_n を d_n 個集めて得られる長さ $m=d_1+d_2+\cdots+d_n$ の順列を重複順列という．d_j が1または0の場合が，上で考察した順列である．長さ $m=d_1+d_2+\cdots+d_n$ の重複順列

$$a_{i_1},\ a_{i_2},\ \cdots,\ a_{i_m}$$

が与えられると，写像

$$\begin{array}{cccc} f:\{1,2,\cdots,m\} & \longrightarrow & S=\{a_1,a_2,\cdots,a_n\} \\ j & \longmapsto & a_{i_j} \end{array} \tag{5.1}$$

が定まる．この写像は

$$|f^{-1}(a_j)| = d_j, \quad j=1,2,\cdots,n \tag{5.2}$$

という性質を持っている．ここで，有限集合 X に対して，X の元の個数を $|X|$ と記した．ただし空集合 $\emptyset$ に対しては $|\emptyset|=0$ である(元が1つもないので)ことに注意する．

逆に(5.2)の性質を持つ(5.1)の写像 f が与えられれば

$$f(1),\ f(2),\ f(3),\ \cdots,\ f(m)$$

の中に a_1 は d_1 個，a_2 は d_2 個，…，a_n は d_n 個あり，長さ $m=d_1+d_2+\cdots+d_n$ の重複順列が得られる．

(5.2)を満足する写像(5.1)は図示すると分かりやすい．$f(j)=a_k$ のとき数字 j と a_k とを線で結ぶと，たとえば図5.2のようになる．

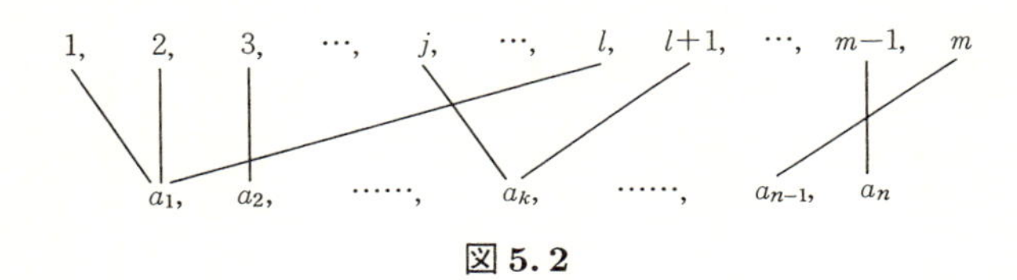

図 5.2

図5.2で，a_1 を頂点とする線は d_1 本，a_2 を頂点とする線は d_2 本，…，a_n を頂点とする線は d_n 本である．逆にこの性質を持つ図5.2が与えられれば，j が a_k と線で結ばれているとき，図5.2の上段の j を a_k で置き換えることによって，長さ $m=d_1+d_2+\cdots+d_n$ の重複順列が得られる．

長さ $m=d_1+d_2+\cdots+d_n$ の重複順列の個数を求めてみよう．m 個の相異なるものを順番をつけて並べる並べ方は命題5.5より $m!$ 通りである．ところが，実際はこの順列のうち d_1 個は同じ a_1，d_2 個は同じ a_2，… となっている．a_1 だけに注目すると，これは $d_1!$ 通りの並べ方が区別できないことを意味する．(たとえば2つの順列

$$b_1\,b_2\,b_3\,b_4\,b_5,\quad b_3\,b_2\,b_1\,b_4\,b_5$$

は異なるが，$b_1=b_3=a$ であれば，この2つの順列は

$$a\,b_2\,a\,b_4\,b_5$$

と同一の重複順列を与える．) $a_2, a_3, \cdots, a_n$ が並んでいるところでも同様であるので，結局，相異なる重複順列の個数は $m!/d_1!\,d_2!\cdots d_n!$ であることが分かる．この結果を命題として記しておく．

命題 5.6　相異なる $\{a_1, a_2, \cdots, a_n\}$ から，a_1 を d_1 個，a_2 を d_2 個，…，a_n を d_n 個取り出して得られる長さ $m=d_1+d_2+\cdots+d_n$ の重複順列の個数は，**多項係数**

$$\frac{m!}{d_1!\,d_2!\cdots d_n!}$$

で与えられる．　□

ところで，図 5.2 は別の解釈をすることができる．$a_1, a_2, \cdots, a_n$ が異なる箱を表わしていると考えると，図 5.2 は m 個の相異なるものを a_1 の箱に d_1 個，a_2 の箱に d_2 個，…，a_n の箱に d_n 個入れる仕方を 1 つ定めていることが分かる．このことより，次の系が示されたことになる．

系 5.7　m 個の相異なるものを第 1 の箱に d_1 個，第 2 の箱に d_2 個，…，第 n の箱に d_n 個分配する仕方の総数は，多項係数

$$\frac{m!}{d_1!\,d_2!\cdots d_n!}$$

で与えられる．ただし $m=d_1+d_2+\cdots+d_n$ とし，$d_j \geqq 0$，$j=1,2,\cdots,n$，かつ $0!=1$ と約束する．　□

さて，この系を使うと多項定理（定理 3.11）の別証を与えることができる．

系 5.8

$$(x_1+x_2+\cdots+x_n)^m = \sum_{\substack{d_1+d_2+\cdots+d_n=m \\ d_j \geqq 0}} \frac{m!}{d_1!\,d_2!\cdots d_n!} x_1^{d_1} x_2^{d_2} \cdots x_n^{d_n}.$$

［証明］

$$\begin{aligned}&(x_1+x_2+\cdots+x_n)^m \\ &\quad = \underbrace{(x_1+x_2+\cdots+x_n)(x_1+x_2+\cdots+x_n)\cdots(x_1+x_2+\cdots+x_n)}_{m\text{ 個}}\end{aligned}$$

であるが，右辺を展開したときの項 $x_1^{d_1} x_2^{d_2} \cdots x_n^{d_n}$，$m=d_1+d_2+\cdots+d_n$ は右辺の m 個の $x_1+x_2+\cdots+x_n$ のうち，d_1 個から x_1 を選び，d_2 個から x_2 を選び，…，d_n 個から x_n を選んで掛け合わせて出てくる．このような選び方は系 5.7 から $m!/d_1!\,d_2!\cdots d_n!$ あるので，これが $x_1^{d_1} x_2^{d_2} \cdots x_n^{d_n}$ の係数として出てくる．　■

さて，上の系 5.7 で $n=2$, $d_1=k$, $d_2=m-k$ の場合を考えると，これは $\{1,2,\cdots,m\}$ から k 個の元を取り出す**組合せ**(combination)に他ならず，この組合せの総数が **2 項係数**

$$\binom{m}{k} = \frac{m!}{k!(m-k)!}$$

で与えられることが分かる．このように，2 項係数を組合せの数として解釈することは大切なこともある．

例題 5.9　$|S|=m$ である有限集合の部分集合の総数は 2^m 個であることを示せ．ただし，空集合 $\emptyset$ も S の部分集合と見なす．

［解］　$S=\{a_1,a_2,\cdots,a_m\}$ とすると，k 個の元からなる S の部分集合 $\{a_{i_1}, a_{i_2},\cdots,a_{i_k}\}$ は $\{1,2,\cdots,m\}$ から k 個の元 $i_1,i_2,\cdots,i_k$ を取り出す組合せに対応している．したがって k 個の元からなる S の部分集合の個数は $\binom{m}{k}$ 個である．よって，部分集合の総数は

$$\sum_{k=0}^{m}\binom{m}{k} = (1+1)^m = 2^m$$

で与えられる．■

問 4　組合せの考え方を用いて

$$\binom{n}{k} = \binom{n-1}{k}+\binom{n-1}{k-1}$$

を示せ．（補題3.5では直接計算によってこの等式を示した．）

(c)　濃　　度

有限集合 S の元の総数 $|S|$ は，S の元を $1,2,3,\cdots$ と数えていくことによって求めることができる．このとき，どのような順番で数を数えても元の個数が変わらないことは経験上よく分かっている．$|S|=n$ とすると，S の元を $1,2,\cdots,n$ と数えていくことは集合 $\{1,2,\cdots,n\}$ から S への全単射 f を 1 つ定めることを意味する．このことから，有限集合 S,T に対して，全単射 $f\colon S\to T$ が存在すれば $|S|=|T|$ であることが分かる．したがって，f が単

射であれば S の元の総数と f による S の像 $f(S)$ の元の総数は等しい，すなわち $|S|=|f(S)|$ である．一方，$f(S)$ は T の部分集合であるので $|f(S)| \leqq |T|$ である．もしここで等号が成り立てば $f(S)=T$ であることが分かり f は全射であることが分かる．

また，$g: S \to T$ が全射のときは

$$|S| = \sum_{t \in T} |f^{-1}(t)|$$

が成り立つので $|S| \geqq |T|$ であり，等号が成り立てば $|f^{-1}(t)|=1$ が任意の $t \in T$ に対して成り立たねばならないので g は単射でもある．以上の考察によって，次の命題が示された．

命題 5.10　有限集合 S, T と S から T への写像 $f: S \to T$ を考える．

（i）　f が単射であれば $|S| \leqq |T|$ である．このとき，もし $|S| \geqq |T|$ であれば f は全単射である．

（ii）　f が全射であれば $|S| \geqq |T|$ である．このとき，もし $|S| \leqq |T|$ であれば f は全単射である．　□

さて，有限集合 S, T はその個数が等しい，すなわち $|S|=|T|$ であれば，必ず全単射 $f: S \to T$ が存在することが分かる．（$|S|=|T|=n$ であれば全単射 $g: \{1, 2, \cdots, n\} \to S$, $h: \{1, 2, \cdots, n\} \to T$ が存在するので $f=h \circ g^{-1}$ ととればよい．）

以上のことは有限集合に関する話であったが，集合 S が無限集合のとき S の元の個数をどう考えたらよいであろうか．元の個数は無限個であるので，そのまま元を数えることは意味がない．また個数とか総数とかいうのも意味がないので，**濃度**（potency）という言葉を用い，$|S|$ という記号を用いる．有限集合の場合，S と T の元の個数が等しいのは S から T への全単射がある場合に限ること，また部分集合の元の個数はもとの集合の元の個数を越えないことに注目して，濃度について次のように定義する．

定義 5.11　集合 S に対して，S の濃度 $|S|$ を次のように定める．

（i）　S が有限集合であれば $|S|$ は S の元の個数である．

（ii）　W が S の部分集合のとき $|W| \leqq |S|$ が成り立つ．

(iii)　全単射 $f: S \to T$ が存在するとき $|S| = |T|$ である．　□

この定義では濃度の大小関係しか示していないので，何か奇妙に感じられるかもしれないが，この定義から無限集合にもさまざまな濃度があることが示される．自然数の全体 $\mathbb{N}$ から全単射 $f: \mathbb{N} \to S$ が存在する無限集合を**可算集合**[*1](enumerable set)または**可付番集合**(countable set)という．このとき，$S = \{f(1), f(2), f(3), \cdots\}$ であり，S の元を $1, 2, 3, 4, 5, \cdots$ と f を使って数えることができる，あるいは番号を付すことができる集合という意味である．無限集合 X が与えられると，X から1つ元を取り出しそれを a_1 とし，次に $X - \{a_1\}$ から1つ元を取り出し a_2 とし，以下，この操作を続けて $a_3, a_4, a_5, \cdots$ と取り出していくことができる．(正確には，ここで選択公理(「現代数学の流れ1」§2.1(b))を使っているがそれについては割愛する．)この事実から，任意の無限集合 X は必ず可算集合 $\{a_1, a_2, \cdots\}$ を部分集合として含むことが分かる．したがって，可算集合の濃度は無限集合の濃度の中では一番小さいことが分かる．

例 5.12

(1)　写像 $f: \mathbb{Z} \to \mathbb{N}$ を

$$f(n) = \begin{cases} 2n, & n \geqq 1 \\ -2n+1, & n \leqq 0 \end{cases}$$

と定めると，これは全単射である．したがって $|\mathbb{Z}| = |\mathbb{N}|$ であり，$\mathbb{Z}$ は可算集合である．$\mathbb{N}$ は $\mathbb{Z}$ の真部分集合であるがその濃度は等しい．f^{-1} によって次のように $\mathbb{Z}$ に番号を振ることができる．

$\mathbb{Z}$	-5	-4	-3	-2	-1	0	1	2	3	4	5	6
番号 $\mathbb{N}$	11	9	7	5	3	1	2	4	6	8	10	12

(2)　§2.2(a)問14より，$\mathbb{N}$ から正の有理数全体 $\mathbb{Q}^+$ への全単射 $g: \mathbb{N} \to$

*1　可算集合という場合は有限集合も含める場合もあるので，他の本を読むとき注意されたい．有限集合を含める場合はたかだか可算集合ということが多い．

$\mathbb{Q}^+$ が存在することが分かる．したがって $\mathbb{Q}^+$ も可算集合である．

（3）(2)の写像 g を使って，$h\colon \mathbb{Z}\to\mathbb{Q}$ を

$$h(r)=\begin{cases} g(r), & r>0 \\ 0, & r=0 \\ -g(-r), & r<0 \end{cases}$$

と定義すると h は全単射である．したがって $\mathbb{Q}$ も可算集合である．$h\circ f^{-1}$ は $\mathbb{N}$ から $\mathbb{Q}$ への全単射を与えている． □

無限集合では部分集合の濃度がもとの集合の濃度と等しいことがあることは，有限集合の場合と著しく違う点である．

ところで，可算集合の濃度より真に大きい濃度を持つ無限集合が存在する．たとえば，$|\mathbb{R}|>|\mathbb{N}|$ である(次ページのコラムを参照のこと)．一般に，集合 S に対してその部分集合の全体を**ベキ集合**(power set)と呼び，$\mathfrak{P}(S)$ と記す[*2]．このとき，$|\mathfrak{P}(S)|>|S|$ であることが知られている(演習問題 5.2)．これは例題 5.9 の一般化と考えることができる．

§5.2　対称群

(a)　置換と群

集合 $S=\{1,2,3,\cdots,n\}$ から自分自身への全単射 $\sigma\colon S\to S$ を n 次の**置換**(permutation)という．n 次の置換 σ は j の行き先 $\sigma(j)=i_j$, $j=1,2,\cdots,n$ が決まれば一意的に定まるので，σ を

$$\sigma=\begin{pmatrix} 1 & 2 & 3 & \cdots & j & \cdots & n \\ i_1 & i_2 & i_3 & \cdots & i_j & \cdots & i_n \end{pmatrix} \tag{5.3}$$

と記すと分かりやすい．(5.3)の表示で，上の列の数字 j に下の数字 i_j を対応させることによって，写像 $\sigma\colon S\to S$ が定まる．このとき，σ が全単射で

＊2　$\mathfrak{P}$ はドイツ文字の P.

カントルの対角線論法

実数体 $\mathbb{R}$ が可算集合ではないことを示すのには，集合論の創始者カントル(G. Cantor)の対角線論法を使う．$\mathbb{R}$ の部分集合 $(0,1)=\{a\in\mathbb{R}\,|\,0<a<1\}$ が可算集合でないことを示せば十分である．背理法を使って示す．$(0,1)$ が可算集合であれば，$(0,1)$ に含まれる実数を 1 番，2 番，3 番，… と並べることができる．それを，小数を使って

$$
\begin{aligned}
\alpha_1 &= 0.a_1^{(1)}a_2^{(1)}a_3^{(1)}a_4^{(1)}\cdots \\
\alpha_2 &= 0.a_1^{(2)}a_2^{(2)}a_3^{(2)}a_4^{(2)}\cdots \\
\alpha_3 &= 0.a_1^{(3)}a_2^{(3)}a_3^{(3)}a_4^{(3)}\cdots \qquad (*) \\
\alpha_4 &= 0.a_1^{(4)}a_2^{(4)}a_3^{(4)}a_4^{(4)}\cdots \\
&\cdots\cdots
\end{aligned}
$$

と記す．有理数は 2 通りの小数表示がある場合があるが，そのときは循環小数による表示(命題 2.27)を使う．

さて，$(*)$の表をもとに，小数

$$\beta = 0.b_1b_2b_3b_4\cdots$$

を $b_n\neq a_n^{(n)}$ が成り立つように選ぶ．これは，$b_1\neq a_1^{(1)}$，$1\leqq b_1\leqq 9$，$b_2\neq a_2^{(2)}$，$1\leqq b_2\leqq 9$，と順次 $b_1,b_2,b_3,\cdots$ を選んでいくことによって可能である．小数 β は $(0,1)$ に属するので，表$(*)$のどこかに出ているはずである．しかし $b_1\neq a_1^{(1)}$ であるので $\beta\neq\alpha_1$ である．$b_2\neq a_2^{(2)}$ であるので $\beta\neq\alpha_2$ である．一般の $n\geqq 1$ に対しても $b_n\neq a_n^{(n)}$ であるので $\beta\neq\alpha_n$ である．これは β が$(*)$には現れないことを意味するが，一方，仮定からすべての $(0,1)$ の元は$(*)$に現れるはずであり矛盾が生じた．これは $(0,1)$ が可算集合と仮定したことに起因するので，$(0,1)$ は可算集合ではない．

あるとは，下の列の数字 $i_1,i_2,\cdots,i_n$ が $1,2,\cdots,n$ を並びかえたもの(置換したもの)であることから分かる．たとえば，4 次の置換

$$\tau=\begin{pmatrix}1&2&3&4\\3&1&4&2\end{pmatrix} \tag{5.4}$$

は，$\tau(1)=3$，$\tau(2)=1$，$\tau(3)=4$，$\tau(4)=2$ である写像 $\tau\colon\{1,2,3,4\}\to\{1,2,3,4\}$ である．(5.3)，(5.4)の表示で上の列を $1,2,3,\cdots$ と並べたのは便宜上の

問題であり，(5.4)の置換をたとえば

$$\begin{pmatrix} 1 & 3 & 4 & 2 \\ 3 & 4 & 2 & 1 \end{pmatrix}$$

と書くこともできる．要は j の下に置換 σ によって対応する $\sigma(j)=i_j$ が書いてあればよい．

さて，n 次の置換

$$\sigma=\begin{pmatrix} 1 & 2 & \cdots & n \\ i_1 & i_2 & \cdots & i_n \end{pmatrix},\quad \tau=\begin{pmatrix} 1 & 2 & \cdots & n \\ j_1 & j_2 & \cdots & j_n \end{pmatrix}$$

の**積** $\sigma\tau$ を写像の合成 $\sigma\circ\tau$ によって定義する．すなわち $(\sigma\tau)(j)=\sigma(\tau(j))$ と定義する．

$$\sigma=\begin{pmatrix} j_1 & j_2 & \cdots & j_n \\ k_1 & k_2 & \cdots & k_n \end{pmatrix}$$

と記すと

$$\sigma\tau=\begin{pmatrix} 1 & 2 & \cdots & n \\ k_1 & k_2 & \cdots & k_n \end{pmatrix}$$

と書ける．例で具体的に説明した方が分かりやすいであろう．

例 5.13　3次の置換

$$\sigma=\begin{pmatrix} 1 & 2 & 3 \\ 2 & 3 & 1 \end{pmatrix},\quad \tau=\begin{pmatrix} 1 & 2 & 3 \\ 3 & 2 & 1 \end{pmatrix}$$

に対して積 $\sigma\tau$ は

$$\begin{array}{cccc} & 1 & 2 & 3 \\ \tau & \downarrow & \downarrow & \downarrow \\ & 3 & 2 & 1 \\ \sigma & \downarrow & \downarrow & \downarrow \\ & 1 & 3 & 2 \end{array}$$

より

$$\begin{pmatrix} 1 & 2 & 3 \\ 1 & 3 & 2 \end{pmatrix}$$

であることが分かる．一方 $\tau\sigma$ は

$$\begin{pmatrix} 1 & 2 & 3 \\ 2 & 1 & 3 \end{pmatrix}$$

であり，$\sigma\tau \neq \tau\sigma$ である．このように，置換の積は積をとる順序によって違ってくるので注意を要する． □

問5 4次の置換

$$\sigma = \begin{pmatrix} 1 & 2 & 3 & 4 \\ 3 & 1 & 4 & 2 \end{pmatrix}, \quad \tau = \begin{pmatrix} 1 & 2 & 3 & 4 \\ 2 & 3 & 4 & 1 \end{pmatrix}$$

に対して

$$\sigma\tau = \begin{pmatrix} 1 & 2 & 3 & 4 \\ 1 & 4 & 2 & 3 \end{pmatrix}, \quad \tau\sigma = \begin{pmatrix} 1 & 2 & 3 & 4 \\ 4 & 2 & 1 & 3 \end{pmatrix}$$

であることを示せ．また $\sigma\sigma$ を σ^2，$\sigma(\sigma\sigma)$ を σ^3 などと記すと

$$\sigma^2 = \begin{pmatrix} 1 & 2 & 3 & 4 \\ 4 & 3 & 2 & 1 \end{pmatrix}, \quad \sigma^3 = \begin{pmatrix} 1 & 2 & 3 & 4 \\ 2 & 4 & 1 & 3 \end{pmatrix}, \quad \sigma^4 = \begin{pmatrix} 1 & 2 & 3 & 4 \\ 1 & 2 & 3 & 4 \end{pmatrix}$$

$$\tau^2 = \begin{pmatrix} 1 & 2 & 3 & 4 \\ 3 & 4 & 1 & 2 \end{pmatrix}, \quad \tau^3 = \begin{pmatrix} 1 & 2 & 3 & 4 \\ 4 & 1 & 2 & 3 \end{pmatrix}, \quad \tau^4 = \begin{pmatrix} 1 & 2 & 3 & 4 \\ 1 & 2 & 3 & 4 \end{pmatrix}$$

が成り立つことを示せ．

さて，すべてを動かさない置換

$$\begin{pmatrix} 1 & 2 & \cdots & n \\ 1 & 2 & \cdots & n \end{pmatrix}$$

を**恒等置換**といい，id_n または e と記す．写像の言葉を使えば恒等置換は恒等写像のことである．n 次の置換の全体を S_n と記し n 次**対称群**(symmetric group)または n 次**置換群**(permutation group)と呼ぶ．

定理 5.14 $G = S_n$ は以下の性質を持つ．

(G0) G の任意の2元 σ, τ に対して積 $\sigma\tau$ が定義され G に属する．

(G1) (結合法則) G の任意の3元 $\sigma_1, \sigma_2, \sigma_3$ に対して

$$\sigma_1(\sigma_2\sigma_3) = (\sigma_1\sigma_2)\sigma_3\,.$$

(G2) (単位元の存在) G の任意の元 σ に対して

$$\sigma e = e\sigma = \sigma$$

を満足する G の元 e が存在する.

(G3)　(逆元の存在) G の任意の元 σ に対して

$$\sigma\tau = \tau\sigma = e$$

を満足する G の元 τ が存在する. (τ を σ の**逆元**(inverse element)といい σ^{-1} と記す.)

[証明]　(G0)は定義から明らかである. (G1)を示そう. 任意の整数 $1 \leqq j \leqq n$ に対して

$$(\sigma_1(\sigma_2\sigma_3))(j) = \sigma_1((\sigma_2\sigma_3)(j)) = \sigma_1(\sigma_2(\sigma_3(j)))$$

が成り立つ. (積は写像の合成であった.) 一方

$$((\sigma_1\sigma_2)\sigma_3)(j) = (\sigma_1\sigma_2)(\sigma_3(j)) = \sigma_1(\sigma_2(\sigma_3(j)))$$

であるので両者は一致する.

(G2)は $e(j)=j$ より $(\sigma e)(j)=\sigma(e(j))=\sigma(j)$, $(e\sigma)(j)=e(\sigma(j))=\sigma(j)$ であるので明らかである. (G3)は逆元 τ として σ の逆写像 σ^{-1} をとればよい. (5.3)の表示を使えば

$$\sigma^{-1} = \begin{pmatrix} i_1 & i_2 & i_3 & \cdots & i_n \\ 1 & 2 & 3 & \cdots & n \end{pmatrix}$$

と書ける. ∎

集合 G が定理 5.14 の性質(G0)〜(G4)を持つとき, G を(正確には G と積とを)**群**(group)と呼ぶ. (G2)の元 e を群 G の**単位元**(identity element)という. G のすべての 2 元 σ, τ に対して

$$\sigma\tau = \tau\sigma \qquad (5.5)$$

が成り立つとき, G を**アーベル群**(Abelian group)または**可換群**(commutative group)と呼ぶ. これに対して, (5.5)が必ずしも成り立たない群を**非可換群**(non-commutative group)ということもある. したがって $n \geqq 3$ のとき n 次対称群 S_n は非可換群である. 群は数学のいたるところに登場する. 本書でも, 次章で方程式と関連してガロア群が登場する.

例 5.15

(1)　$\mathbb{Q}^\times = \mathbb{Q} - \{0\}$, $\mathbb{R}^\times = \mathbb{R} - \{0\}$, $\mathbb{C}^\times = \mathbb{C} - \{0\}$ は通常の積に関して 1 を

単位元とするアーベル群である.

（2） $\mathbb{Z}, \mathbb{Q}, \mathbb{R}, \mathbb{C}$ で通常の和を積と考えると，0 を単位元とするアーベル群である．この場合，積の記号のかわりに通常の和の記号 $+$ を使って $m+n$ などと表示することが多い．アーベル群をこのように和の記号を使って表示するときは，**加群**(module)と呼ぶことが多い．加群では単位元を 0 と記し，**零元**(zero element)と呼ぶ．また，$a\neq 0$ の逆元は $-a$ と記す.

（3） T を任意の集合(無限集合も許す)とし，T から T への全単射の全体を $\mathrm{Aut}(T)$ と記す．すなわち

$$\mathrm{Aut}(T) = \{f\colon T \to T \mid f \text{ は全単射}\}$$

である．$f, g \in \mathrm{Aut}(T)$ に対して積 fg を写像の合成 $f\circ g$ で定義すると，$\mathrm{Aut}(T)$ は恒等写像 id_T を単位元とする群である．証明は定理 5.14 の証明を真似ればよい．$\mathrm{Aut}(T)$ を一般化された対称群と呼ぶことがある．$T=\{1, 2, 3, \cdots, n\}$ のとき $\mathrm{Aut}(T)=S_n$ である.

（4） 正整数 n と整数 k に対して，$\mathbb{Z}$ の部分集合 $\overline{k}$ を

$$\overline{k} = \{m \in \mathbb{Z} \mid m \equiv k \pmod{n}\}$$

と定義する．これは，同値関係 $\sim$ を $a\sim b \iff a\equiv b \pmod{n}$ と定めたときの k を含む同値類であることが分かる．このとき $k_1\equiv k_2 \pmod{n}$ であれば $\overline{k_1}=\overline{k_2}$ である．$\mathbb{Z}/(n)=\{\overline{0}, \overline{1}, \overline{2}, \cdots, \overline{n-1}\}$ とおく．$\mathbb{Z}/(n)$ の 2 元 $\overline{k}, \overline{l}$ に対して，和 $\overline{k}+\overline{l}$ を

$$\overline{k}+\overline{l} = \overline{k+l}$$

とおくと，$\mathbb{Z}/(n)$ は $\overline{0}$ を零元とする加群になる．$\overline{k}$ の逆元 $-\overline{k}$ は $\overline{-k}=\overline{n-k}$ である．記号 $\mathbb{Z}/(n)$ の意味は§7.2(a)で明らかになる.

（5） $1\leqq k\leqq n-1$ のうち n と素なものを $k_1, k_2, \cdots, k_l$ とするとき $\mathbb{Z}/(n)$ の部分集合 $(\mathbb{Z}/(n))^{\times}=\{\overline{k_1}, \overline{k_2}, \cdots, \overline{k_l}\}$ を考える．こんどは $(\mathbb{Z}/(n))^{\times}$ の 2 元 $\overline{j}, \overline{k}$ に対して積 $\overline{j}\,\overline{k}$ を $\overline{j}\,\overline{k}=\overline{jk}$ で定義する．このとき，$(\mathbb{Z}/(n))^{\times}$ は $\overline{1}$ を単位元とするアーベル群である．$\overline{k}\in(\mathbb{Z}/(n))^{\times}$ のとき k と n とは互いに素であるので，定理2.8 より，$1=ak+bn$ を満足する整数 a, b が存在する．$1\equiv ak \pmod{n}$ であるので $\overline{1}=\overline{a}\cdot\overline{k}$ となり $\overline{k}$ の逆元 $\overline{k}^{-1}$ は $\overline{a}$ であることが分かる．$(\mathbb{Z}/(n))^{\times}$ の元の個数は，オイラーの関数 φ(演習問題2.5)を使うと，$\varphi(n)$ で与えら

れる．　□

さて，群 G の部分集合 G_1 が G から定まる積に関して閉じている，すなわち

(SG0)　G_1 の任意の2元 σ, τ に対して $\sigma\tau \in G_1$

が成り立ち，かつ逆元をとる操作に関して閉じている，すなわち

(SG1)　G_1 の任意の元 σ に対して G での σ の逆元 σ^{-1} は $\sigma^{-1} \in G_1$

が成り立つとき，G_1 を群 G の**部分群**(subgroup)という．

部分群 G_1 は実際，群である．(G0)は(SG0)が保証する．(G1)は G で成立しているので，G_1 の任意の3元に対して成立する．G の単位元 e は G_1 の単位元でもある．$e \in G_1$ であることは，$\sigma \in G_1$ であれば(SG1)より $\sigma^{-1} \in G_1$ であり，(SG0)より $e = \sigma\sigma^{-1} \in G_1$ であることから分かる．(G2)は G で成り立つことから，(G3)は G で成り立つことと(SG1)より成り立つことが分かる．

例題 5.16　n 次対称群 S_n に対して文字 j を動かさない n 次置換の全体

$$I_j = \{\sigma \in S_n \mid \sigma(j) = j\}$$

は S_n の部分群であることを示せ．

[解]　$\sigma, \tau \in I_j$ であれば $(\sigma\tau)(j) = \sigma(\tau(j)) = \sigma(j) = j$ であるので $\sigma\tau \in I_j$ であり(SG0)が成り立つ．また $\sigma \in I_j$ であれば $\sigma(j) = j$．したがって逆写像 σ^{-1} も $\sigma^{-1}(j) = j$ を満たし $\sigma^{-1} \in I_j$ であり，(SG1)が成り立つ．　■

注意 5.17

(1)　群 G が集合として有限集合のとき**有限群**(finite group)といい，G の元の個数 $|G|$ を群 G の**位数**(order)という．有限群 G の部分群 G_1 の位数 $|G_1|$ は $|G|$ 以下であるが，実は $|G|$ の約数であることが証明できる(演習問題5.4を参照のこと)．

(2)　群 G の元 σ に対して $\sigma^m = e$ を満たす最小の正整数 m が存在するとき m を元 σ の**位数**という．G が有限群であれば G の任意の元 σ は有限の位数 m を持つ．このとき，$\{e, \sigma, \sigma^2, \cdots, \sigma^{m-1}\}$ は G の部分群であることが分かる．したがっ

て，(1)より m は G の位数 $|G|$ の約数であることが分かる(演習問題 5.4).

例題 5.18 n 次対称群 S_n の位数 $|S_n|$ は $n!$ であることを示せ.

[解] S_n の任意の元は

$$\begin{pmatrix} 1 & 2 & 3 & \cdots & n \\ i_1 & i_2 & i_3 & \cdots & i_n \end{pmatrix}$$

で与えられ，$i_1, i_2, i_3, \cdots, i_n$ は集合 $\{1, 2, 3, \cdots, n\}$ の長さ n の順列を与える. 順列が異なれば異なる置換を与えるので，$|S_n|$ は長さ n の順列の総数 $n!$ に等しい. ∎

(b) 巡回置換，互換

n 次の置換で i_1 を i_2 に，i_2 を i_3 に，…，i_{l-1} を i_l に i_l を i_1 にうつし他をかえないものを $(i_1, i_2, \cdots, i_l)$ と記し，l 次の**巡回置換**(cycle)という. たとえば，$(1, 3, 2)$ は

$$(1, 3, 2) = \begin{pmatrix} 1 & 2 & 3 & 4 & 5 & \cdots & n \\ 3 & 1 & 2 & 4 & 5 & \cdots & n \end{pmatrix}$$

である. $(1, 3, 2)$ と記すと，S_3 の元であるのか，S_4 の元であるのかあるいは S_n の元であるのか分からないが，通常は何次の置換を問題にしているのか明らかであるので，問題はおこらない. また，2 次の巡回置換 (i, j) は特に**互換**(transposition)と呼ぶ. 巡回置換が大切なのは次の命題が成り立つからである.

命題 5.19 すべての置換は巡回置換の積として表わすことができる.

[証明] n 次の置換

$$\sigma = \begin{pmatrix} 1 & 2 & 3 & \cdots & n \\ i_1 & i_2 & i_3 & \cdots & i_n \end{pmatrix}$$

を考える. 1 は i_1 にうつされるが，$i_1 \neq 1$ のときは σ によって i_1 は j_1 にうつされる. もし $j_1 \neq 1$ であれば σ によって j_1 は k_1 にうつされる. 以下，この操作を 1 が現れるまで繰り返す.

$$1 \to i_1 \to j_1 \to k_1 \to l_1 \to \cdots \to t_1 \to 1$$

このとき，この変換は巡回置換

$$\sigma_1 = (1, i_1, j_1, k_1, \cdots, t_1)$$

を定める．次に σ_1 の表示に現れない最小の整数を i_2 とする．($i_1=1$ のときは $i_2=2$ とおく．) $\sigma(i_2)\neq i_2$ であれば，上と同様の操作を i_2 が現れるまで行なう．

$$i_2 \to j_2 \to k_2 \to \cdots \to s_2 \to i_2$$

これは巡回置換

$$\sigma_2 = (i_2, j_2, k_2, \cdots, s_2)$$

を定める．次に σ_1, σ_2 の表示に現れない最小の整数を i_3 とおき同様の操作を行なう．以下，これを繰り返すと

$$\sigma = \sigma_m \sigma_{m-1} \cdots \sigma_2 \sigma_1$$

と巡回置換の積に書けることが分かる． ∎

上の証明は一般的に述べたので，かえって分かりにくかったかもしれない．具体例で見てみると証明がよく分かる．

例 5.20　5次の置換

$$\sigma = \begin{pmatrix} 1 & 2 & 3 & 4 & 5 \\ 3 & 5 & 4 & 1 & 2 \end{pmatrix}$$

を考える．σ によって

$$1 \to 3 \to 4 \to 1$$

とうつるので $\sigma_1 = (1,3,4)$ とおく．次に σ によって

$$2 \to 5 \to 2$$

とうつるので $\sigma_2 = (2,5)$ とおくと

$$\sigma = \sigma_2\sigma_1 = \sigma_1\sigma_2$$

である．この等式は右辺を直接計算して示すこともできる．σ_1 と σ_2 との表示に共通の数字はないので $\sigma_2\sigma_1 = \sigma_1\sigma_2$ と積が可換であることに注意する．他にも例をあげると，

$$\begin{pmatrix} 1 & 2 & 3 & 4 & 5 \\ 5 & 3 & 4 & 2 & 1 \end{pmatrix} = (1,5)(2,3,4) = (2,3,4)(1,5),$$

$$\begin{pmatrix} 1 & 2 & 3 & 4 & 5 & 6 & 7 \\ 4 & 2 & 5 & 1 & 3 & 7 & 6 \end{pmatrix} = (1,4)(3,5)(6,7)\,.$$

最後の等式で，互換の積はどのような順序にとってもよい． □

補題 5.21

$$(i_1, i_2, i_3, \cdots, i_l) = (i_1, i_l)(i_1, i_{l-1})\cdots(i_1, i_3)(i_1, i_2) \tag{5.6}$$

が成り立つ．このことから，すべての巡回置換は互換の積で表わすことができることが分かる．

［証明］ (5.6)の右辺を直接計算する．右から順に写像を合成していくことに気をつける．互換 (i_1, i_2) によって $i_1 \to i_2$，$i_2 \to i_1$ とうつり，他は変わらない．次に互換 (i_1, i_3) によって i_2 は変わらず i_1 は i_3 に i_3 は i_1 にうつる．したがって，$(i_1, i_3)(i_1, i_2)$ によって

$$i_1 \to i_2, \quad i_2 \to i_3, \quad i_3 \to i_1 \tag{5.7}$$

となり巡回置換 (i_1, i_2, i_3) を得る．次に (i_1, i_4) を(5.7)に合成すると，(i_1, i_4) は $i_1 \to i_4$，$i_4 \to i_1$ で他は動かさないことから，$(i_1, i_4)(i_1, i_3)(i_1, i_2)$ は

$$i_1 \to i_2, \quad i_2 \to i_3, \quad i_3 \to i_4, \quad i_4 \to i_1$$

となり (i_1, i_2, i_3, i_4) となることが分かる．以下，この操作を続けて(5.6)が正しいことが分かる． ■

さらに次の事実も成り立つ．

補題 5.22 $i<j$ のとき

$$(i,j) = (i,i+1)(i+1,i+2)\cdots(j-1,j)(j-2,j-1)\cdots(i+1,i+2)(i,i+1)$$

が成り立つ．すなわち (i,j) は $(k,k+1)$，$i \leqq k < k+1 \leqq j$ の形の互換の積で表わすことができる．

［証明］ $(j-1,j)(j-2,j-1)\cdots(i+1,i+2)(i,i+1)$ は巡回置換 $(i,j,j-1,j-2,\cdots,i+2,i+1)$ と一致する．この巡回置換に左から $(j-2,j-1)$ を掛けると巡回置換 $(i,j,j-2,j-3,\cdots,i+2,i+1)$ を得る．この巡回置換に左から互換 $(j-2,j-3)$ を掛けると巡回置換 $(i,j,j-3,j-4,\cdots,i+2,i+1)$ を得る．以下，この考察を続けることによって補題の等式が成り立つことが分かる． ■

命題 5.19，補題 5.21，補題 5.22 をあわせて，次の大切な結果を得る．

定理 5.23　n 次の置換 σ はすべて互換の積として表示できる．しかも σ は互換 $(i,i+1)$, $1 \leqq i \leqq n-1$ の積として表示することができる．

問 6　次の置換を互換の積として表示せよ．

$$\begin{pmatrix} 1 & 2 & 3 & 4 \\ 3 & 4 & 2 & 1 \end{pmatrix}, \quad \begin{pmatrix} 1 & 2 & 3 & 4 & 5 \\ 2 & 5 & 4 & 1 & 3 \end{pmatrix}, \quad \begin{pmatrix} 1 & 2 & 3 & 4 & 5 \\ 4 & 3 & 1 & 2 & 5 \end{pmatrix}$$

問 7　$(i,j)=(1,i)(1,j)(1,i)$ であることを用いて，すべての n 次の置換は $(1,k)$, $2 \leqq k \leqq n$ の形の互換の積で表わせることを示せ．

(c)　対称式と交代式

$x_1, x_2, \cdots, x_n$ を変数とする $K\ (=\mathbb{Q}, \mathbb{R}, \mathbb{C})$ 係数の多項式 $P(x_1, x_2, \cdots, x_n)$ に対して，n 次の置換 $\sigma \in S_n$ を使って新しい多項式 $\sigma(P)(x_1, x_2, \cdots, x_n)$ を

$$\sigma(P)(x_1, x_2, \cdots, x_n) = P(x_{\sigma(1)}, x_{\sigma(2)}, \cdots, x_{\sigma(n)})$$

と定義する．たとえば

$$P(x_1, x_2, x_3) = x_1^2 + 2x_2^2 + 3x_3^2$$

と $\tau = (1,2,3) \in S_3$ に対して

$$\tau(P)(x_1, x_2, x_3) = P(x_2, x_3, x_1) = x_2^2 + 2x_3^2 + 3x_1^2$$

となる．すべての n 次の置換 $\sigma \in S_n$ に対して

$$\sigma(P)(x_1, \cdots, x_n) = P(x_1, \cdots, x_n)$$

となる K 係数の n 変数多項式 $P(x_1, \cdots, x_n)$ を**対称式**(symmetric polynomial)という．

問 8　$\sigma, \tau \in S_n$ に対して

$$(\sigma\tau)(P)(x_1, x_2, \cdots, x_n) = \sigma(\tau(P))(x_1, x_2, \cdots, x_n)$$

が成り立つことを示せ．これより $P(x_1, x_2, \cdots, x_n)$ が対称式であるための必要十分条件は，任意の互換 (i,j) に対して $(i,j)(P) = P$ が成立することであることが分かる．さらに定理 5.23 より (i,j) として $(k,k+1)$ の形のものを考えれば十分であること，あるいは問 7 より $(1,k)$ の形の互換を考えれば十分であることも分かる．

例題 5.24 変数 $X, x_1, x_2, \cdots, x_n$ の多項式 $\prod_{j=1}^{n}(X-x_j)$ を X に関して展開したものを

$$\prod_{j=1}^{n}(X-x_j) = X^n + \sum_{k=1}^{n}(-1)^k \gamma_k(x_1, \cdots, x_n) X^{n-k} \tag{5.8}$$

と記し，n 変数多項式 $\gamma_k(x_1, \cdots, x_n)$ を定義する．このとき，$\gamma_k(x_1, \cdots, x_n)$ は対称式であることを示せ．$\gamma_k(x_1, \cdots, x_n)$, $k=1, 2, \cdots, n$ を**基本対称式**(elementary symmetric polynomials)という．

[解] $\sigma \in S_n$ に対して

$$\prod_{j=1}^{n}(X-x_{\sigma(j)}) = \prod_{j=1}^{n}(X-x_j)$$

が成り立つので

$$\gamma_k(x_{\sigma(1)}, x_{\sigma(2)}, \cdots, x_{\sigma(n)}) = \gamma_k(x_1, x_2, \cdots, x_n)$$

が成り立つ． ∎

$$\begin{aligned}
\gamma_1(x_1, x_2, \cdots, x_n) &= x_1 + x_2 + \cdots + x_n \\
\gamma_2(x_1, x_2, \cdots, x_n) &= x_1x_2 + x_1x_3 + \cdots + x_1x_n + x_2x_3 + \cdots + x_2x_n \\
&\quad + \cdots + x_{n-1}x_n \\
&\cdots\cdots\cdots \\
\gamma_n(x_1, x_2, \cdots, x_n) &= x_1x_2\cdots x_n
\end{aligned}$$

であり，$\gamma_k(x_1, x_2, \cdots, x_n)$ は k 次斉次式であり $x_1x_2\cdots x_k$ という項を含んでいることに注意する．$\gamma_1, \gamma_2, \cdots, \gamma_n$ が基本対称式と呼ばれる理由は次の定理による．

定理 5.25 $x_1, x_2, \cdots, x_n$ に関する $K\ (=\mathbb{Q}, \mathbb{R}, \mathbb{C})$ 上の対称式は $\gamma_1, \gamma_2, \cdots, \gamma_n$ の K を係数とする多項式で表わすことができる．

[証明] 対称式 $P(x_1, x_2, \cdots, x_n)$ を次数の異なる斉次式の和で表わす．

$$P(x_1, x_2, \cdots, x_n) = P_{d_1}(x_1, \cdots, x_n) + P_{d_2}(x_1, \cdots, x_n) + \cdots + P_{d_l}(x_1, \cdots, x_n).$$

このとき，$\sigma(P)=P$ から $\sigma(P_{d_j})=P_{d_j}$ が導かれるので，P は最初から斉次式と仮定しても一般性を失わない．

さて，d 次単項式の間に大小関係(順序)を入れる．

$$M_a = x_1^{a_1} x_2^{a_2} \cdots x_n^{a_n}, \quad M_b = x_1^{b_1} x_2^{b_2} \cdots x_n^{b_n}$$
$$d = a_1 + a_2 + \cdots + a_n = b_1 + b_2 + \cdots + b_n$$

に対して $a_1 = b_1$，$a_2 = b_2$，…，$a_k = b_k$，$a_{k+1} > b_{k+1}$ のとき $M_a > M_b$ と定義する．これを**辞書式順序**(lexicographic order)という．そこで d 次斉次式 $P(x_1, x_2, \cdots, x_n)$ の各項をこの辞書式順序によって大きい方から小さい方へ並べて書き，最初の項が

$$M_1 = \alpha x_1^{e_1} x_2^{e_2} \cdots x_n^{e_n}$$

であったとする．このとき，もし $i < j$ に対して $e_i < e_j$ であれば，互換 (i, j) によって M_1 は

$$M_2 = \alpha x_1^{e_1} \cdots x_{i-1}^{e_{i-1}} x_i^{e_j} x_{i+1}^{e_{i+1}} \cdots x_{j-1}^{e_{j-1}} x_j^{e_i} x_{j+1}^{e_{j+1}} \cdots x_n^{e_n}$$

にうつる．M_2 も $P(x_1, \cdots, x_n)$ の項として現れ，辞書式順序の入れ方から，$e_j > e_i$ より $M_2 > M_1$ となる．これは $P(x_1, \cdots, x_n)$ の項で M_1 が一番大きいという仮定に反する．したがって $i < j$ のとき $e_i \geqq e_j$ でなければならず

$$e_1 \geqq e_2 \geqq e_3 \geqq \cdots \geqq e_n$$

であることが分かる．そこで基本対称式 $\gamma_1, \gamma_2, \cdots, \gamma_n$ を使って d 次斉次対称式 $\gamma_1^{e_1-e_2} \gamma_2^{e_2-e_3} \cdots \gamma_{n-1}^{e_{n-1}-e_n} \gamma_n^{e_n}$ を考えると，この対称式は，項

$$\begin{aligned} &x_1^{e_1-e_2}(x_1x_2)^{e_2-e_3}(x_1x_2x_3)^{e_3-e_4}\cdots(x_1x_2\cdots x_{n-1})^{e_{n-1}-e_n}(x_1x_2\cdots x_n)^{e_n} \\ &\quad = x_1^{e_1} x_2^{e_2} \cdots x_n^{e_n} \end{aligned}$$

を含んでいる．一方，

$$P_1(x_1, x_2, \cdots, x_n) = P(x_1, x_2, \cdots, x_n) - \alpha \gamma_1^{e_1-e_2} \gamma_2^{e_2-e_3} \cdots \gamma_{n-1}^{e_{n-1}-e_n} \gamma_n^{e_n}$$

も対称式である．対称式 P_1 は単項式 M_1 より真に小さな項しか含まない．もし $P_1 \neq 0$ であれば P_1 に対して上と同様な操作を行ない対称式 P_2 を得る．$P_2 \neq 0$ であれば再び同様な操作を行なう．以下，この操作を続けると，有限回で必ず 0 になる．以上によって定理は示された． ∎

問 9　対称式

$$P(x_1, x_2, x_3) = x_1^3(x_2 + x_3) + x_2^3(x_3 + x_1) + x_3^3(x_1 + x_2)$$

に上の定理の証明法を適用することによって

$$P(x_1, x_2, x_3) = \gamma_1^2 \gamma_2 - 2\gamma_2^2 - \gamma_1 \gamma_3$$

と書けることを示せ.

問 10 $x_1^d+x_2^d+x_3^d$, $d=2,3,4$, を $\gamma_1,\gamma_2,\gamma_3$ を使って表わせ. 逆に, 3変数の基本対称式は $\sigma_1=x_1+x_2+x_3$, $\sigma_2=x_1^2+x_2^2+x_3^2$, $\sigma_3=x_1^3+x_2^3+x_3^3$ の $\mathbb{Q}$ 係数の多項式として表示できることを示せ.

n 変数多項式 $A(x_1,x_2,\cdots,x_n)$ が任意の互換 $\sigma=(i,j)$, $1\leqq i<j\leqq n$ に対して

$$\sigma(A)(x_1,x_2,\cdots,x_n)=-A(x_1,x_2,\cdots,x_n)$$

となるとき, $A(x_1,x_2,\cdots,x_n)$ を**交代式**(alternating polynomial)と呼ぶ.

例題 5.26 **差積**(difference product)

$$\Delta(x_1,x_2,\cdots,x_n)=\prod_{1\leqq k<l\leqq n}(x_k-x_l)$$

は交代式であることを示せ.

[解] 互換 $\sigma=(i,j)$, $i<j$ による x_k-x_l の変化の仕方を調べる.

$$x_{\sigma(k)}-x_{\sigma(l)}=x_k-x_l,\quad 1\leqq k<l<i,\ i<k<l,\ l\neq j,\ j<k<l\leqq n$$

$$x_{\sigma(i)}-x_{\sigma(l)}=\begin{cases}-(x_l-x_j), & i<l<j\\ x_j-x_l, & j<l\leqq n\end{cases}$$

$$x_{\sigma(i)}-x_{\sigma(j)}=-(x_i-x_j)$$

$$x_{\sigma(k)}-x_{\sigma(j)}=\begin{cases}-(x_i-x_k), & i<k<j\\ x_k-x_i, & k<i\end{cases}$$

$$x_{\sigma(j)}-x_{\sigma(l)}=x_i-x_l,\quad j<l\leqq n$$

となるので

$$\begin{aligned}\Delta(x_{\sigma(1)},x_{\sigma(2)},\cdots,x_{\sigma(n)})&=(-1)^{2(j-i-1)+1}\Delta(x_1,x_2,\cdots,x_n)\\&=-\Delta(x_1,x_2,\cdots,x_n).\end{aligned}$$

したがって Δ は交代式である. ∎

一般に交代式と対称式の積は交代式である. 特に差積と対称式の積は交代

式であるが，実はこの逆が成り立つ．

命題 5.27　任意の交代式は差積と対称式の積である．

［証明］　交代式 $A(x_1, x_2, \cdots, x_n)$ を変数 x_i の多項式と考える．

$$A(x_1, \cdots, \overset{i}{\breve{x}_j}, \cdots, \overset{j}{\breve{x}_i}, \cdots, x_n) = -A(x_1, x_2, \cdots, x_n)$$

であるので $x_i = x_j$ とおくと $A=0$ である．すなわち，A を x_i の多項式と見ると x_j，$j \neq i$ は A の根である．したがって，因数定理(定理3.17)より A は $x_i - x_j$，$j \neq i$ で割り切れる．これが任意の i について成り立つので A は差積 Δ で割り切れる．

$$A(x_1, x_2, \cdots, x_n) = \Delta(x_1, x_2, \cdots, x_n) S(x_1, x_2, \cdots, x_n)$$

とおくと，任意の互換 σ に対して $\sigma(S) = S$ が成り立つので，S は対称式である．∎

補題 5.28　n 次の置換 σ, τ と n 変数多項式 $P(x_1, x_2, \cdots, x_n)$ に対して

$$\tau(\sigma(P)) = (\tau\sigma)(P)$$

が成り立つ．

［証明］

$$\sigma(P)(x_1, x_2, \cdots, x_n) = P(x_{\sigma(1)}, x_{\sigma(2)}, \cdots, x_{\sigma(n)})$$

であるので

$$\begin{aligned} \tau(\sigma(P))(x_1, x_2, \cdots, x_n) &= P(x_{\tau(\sigma(1))}, x_{\tau(\sigma(2))}, \cdots, x_{\tau(\sigma(n))}) \\ &= P(x_{(\tau\sigma)(1)}, x_{(\tau\sigma)(2)}, \cdots, x_{(\tau\sigma)(n)}) \\ &= (\tau\sigma)(P)(x_1, x_2, \cdots, x_n). \end{aligned}$$ ∎

上の証明は分かりにくいかもしれないので，例をあげておこう．

例 5.29　3 次の置換 $\sigma = (1, 2, 3)$，$\tau = (2, 3)$ を考える．$\sigma\tau = (1, 2)$，$\tau\sigma = (1, 3)$ である．

$$P(x_1, x_2, x_3) = x_1^3 + x_2 x_3 + x_3$$

を考える．

$$\sigma(P)(x_1, x_2, x_3) = x_2^3 + x_3 x_1 + x_1$$

であり，

$$\tau(\sigma(P))(x_1, x_2, x_3) = x_3^3 + x_2x_1 + x_1$$

を得る．一方

$$(\tau\sigma)(P)(x_1, x_2, x_3) = x_3^3 + x_2x_1 + x_1,$$
$$(\sigma\tau)(P)(x_1, x_2, x_3) = x_2^3 + x_1x_3 + x_3$$

となり $\tau(\sigma(P)) = (\tau\sigma)(P)$ であるが，$\tau(\sigma(P)) \neq (\sigma\tau)(P)$ である． □

上の補題を使って，n 次の置換 $\sigma \in S_n$ に対して，差積 $\Delta(x_1, x_2, \cdots, x_n)$ と $\sigma(\Delta)(x_1, x_2, \cdots, x_n)$ を見ておこう．定理 5.23 によって，σ は互換の積に書くことができる．$\sigma = \sigma_1\sigma_2\cdots\sigma_m$，$\sigma_j$ は互換，と表示できたとし，補題 5.28 を使うと

$$\sigma(\Delta)(x_1, x_2, \cdots, x_n) = (-1)^m \Delta(x_1, x_2, \cdots, x_n) \tag{5.9}$$

が成り立つことが分かる．すなわち

$$\sigma(\Delta)(x_1, x_2, \cdots, x_n) = \mathrm{sgn}(\sigma)\Delta(x_1, x_2, \cdots, x_n)$$

となる．ここで，$\mathrm{sgn}(\sigma)$ は ± 1 であって，置換 σ の**符号数**(signature)と呼ばれる．$\mathrm{sgn}(\sigma) = 1$ のとき σ を**偶置換**(even permutation)，$\mathrm{sgn}(\sigma) = -1$ のとき σ を**奇置換**(odd permutation)と呼ぶ．(5.9)より σ が偶数個の互換の積で表示できれば偶置換，奇数個の互換の積で表示できれば奇置換である．互換の積による表示はたくさんあり，個数も一定しないが，個数の偶奇だけは σ によって決まることに注意する．これは，(5.9)で左辺は置換 σ だけから $\Delta(x_{\sigma(1)}, x_{\sigma(2)}, \cdots, x_{\sigma(n)})$ と決まることから分かる．

問 11　l 次の巡回置換 $(i_1, i_2, \cdots, i_l)$ は l が奇数のとき偶置換，l が偶数のとき奇置換であることを示せ．

上の議論から，置換の符号数に関して次の命題が成り立つことは明らかであろう．

命題 5.30　n 次対称群 S_n から $\{-1, 1\}$ への写像 φ を

$$\begin{aligned} \varphi\colon \quad S_n &\longrightarrow \{-1,1\} \\ \sigma &\longmapsto \operatorname{sgn}(\sigma) \end{aligned}$$

で定めると，S_n の任意の2元 σ, τ および単位元 e に対して

$$\varphi(\sigma\tau) = \varphi(\sigma)\varphi(\tau),$$
$$\varphi(e) = 1$$

が成り立つ． □

$\{-1,1\}$ は積に関して1を単位元とする群であることに注意する．一般に，群 G_1 から群 G_2 への写像 $\varphi\colon G_1 \to G_2$ が

（1） G_1 の任意の2元 σ, τ に対して

$$\varphi(\sigma\tau) = \varphi(\sigma)\varphi(\tau)$$

が成り立つとき，φ を群の**準同型写像**または**準同型**(homomorphism)という．このとき

（2） G_1 の単位元 e_1 および G_2 の単位元 e_2 に対して

$$\varphi(e_1) = e_2$$

が成り立つ．なぜならば $e_1^2 = e_1$ より $\varphi(e_1) = \varphi(e_1e_1) = \varphi(e_1)\varphi(e_1)$ となり両辺に $\varphi(e_1)^{-1}$ を掛けると $\varphi(e_1) = e_2$ を得るからである．特に φ が全単射のとき**同型写像**または**同型**(isomorphism)という．命題5.30の写像 φ は S_n から $\{-1,1\}$ の上への準同型である．そして $\varphi^{-1}(1)$ の各元が偶置換，$\varphi^{-1}(-1)$ の各元が奇置換である．

群の準同型に関しては，次の命題が重要である．

命題5.31　群の準同型 $\varphi\colon G_1 \to G_2$ に対して，G_2 の単位元 e_2 の逆像 $\varphi^{-1}(e_2)$ は G_1 の部分群である．$\varphi^{-1}(e_2)$ を $\operatorname{Ker}\varphi$ と書き，φ の**核**(kernel)という．

[証明]　$\sigma, \tau \in \operatorname{Ker}\varphi$ であれば

$$\varphi(\sigma\tau) = \varphi(\sigma)\varphi(\tau) = e_2e_2 = e_2$$

であるので $\sigma\tau \in \operatorname{Ker}\varphi$ である．これで(SG0)が示された．また $\sigma \in \operatorname{Ker}\varphi$ であれば，$\sigma\sigma^{-1} = e_1$ より

$$e_2 = \varphi(e_1) = \varphi(\sigma\sigma^{-1}) = \varphi(\sigma)\varphi(\sigma^{-1})$$
$$= e_2\varphi(\sigma^{-1}) = \varphi(\sigma^{-1})$$

より $\sigma^{-1} \in \mathrm{Ker}\,\varphi$ であることが分かり(SG1)も示され，$\mathrm{Ker}\,\varphi$ が部分群であることが分かる. ∎

注意 5.32

(1) 群の準同型 $\varphi\colon G_1 \to G_2$ と G_1 の任意の元 σ に対して

$$\varphi(\sigma^{-1}) = \varphi(\sigma)^{-1}$$

が成り立つ. これは $\sigma\sigma^{-1} = e_1$ より

$$e_2 = \varphi(e_1) = \varphi(\sigma\sigma^{-1}) = \varphi(\sigma)\varphi(\sigma^{-1})$$

が成り立つことより，$\varphi(\sigma^{-1})$ が $\varphi(\sigma)$ の逆元であることから分かる.

(2) 群の準同型 $\varphi\colon G_1 \to G_2$ の核 $H = \mathrm{Ker}\,\varphi$ は単に G_1 の部分群であるだけでなく，さらに強い性質を持っている.

(NG) G_1 の任意の元 τ と H の任意の元 σ に対して $\tau\sigma\tau^{-1} \in H$.

これは $\varphi(\tau\sigma\tau^{-1}) = \varphi(\tau)\varphi(\sigma)\varphi(\tau^{-1}) = \varphi(\tau)e_2\varphi(\tau^{-1}) = \varphi(\tau)\varphi(\tau^{-1}) = \varphi(\tau)\varphi(\tau)^{-1} = e_2$ が成り立つことから分かる. 一般に，性質(NG)を持つ部分群 H を**正規部分群**(normal subgroup)という.

命題 5.30 の群の準同型 $\varphi\colon S_n \to \{-1, 1\}$ の核 $\mathrm{Ker}\,\varphi$ を n 次**交代群**(alternating group)といい，A_n と記す. A_n は偶置換全体からなる対称群 S_n の部分群である.

例 5.33 1 の n 乗根の全体は(4.16)より

$$(\zeta_n)^m = \cos\frac{2m}{n}\pi + i\sin\frac{2m}{n}\pi, \quad m = 0, 1, 2, \cdots, n-1$$

で与えられる. $\zeta = \zeta_n$ とおくと，$C_n = \{1, \zeta, \zeta^2, \cdots, \zeta^{n-1}\}$ は位数 n のアーベル群である. C_n から加群 $\mathbb{Z}/(n)$(例 5.15(4))への写像 ψ を

$$\begin{array}{rccc} \psi\colon & C_n & \longrightarrow & \mathbb{Z}/(n) \\ & \zeta^m & \longmapsto & \overline{m} \end{array}$$

と定義すると，$\psi(\zeta^{l+m})=\overline{l+m}=\bar{l}+\overline{m}=\psi(\zeta^l)\psi(\zeta^m)$ が成り立つので ψ は群の準同型写像である．ψ が群の同型写像であることも容易に分かる．

一般に，位数 n の群 G が位数 n の元 g (すなわち $g^n=e$ である元 g) によって $G=\{e,g,g^2,\cdots,g^{n-1}\}$ と書けるとき，G を位数 n の**巡回群**(cyclic group) といい，g をこの巡回群の**生成元**(generator) という．n と素な正整数 k に対して g^k も G の生成元であることが定理2.8 より分かる．(正整数 m に対して $g^{-m}=(g^{-1})^m$ と考えられることに注意.)

上の写像を少し修正して，正整数 d に対して写像

$$
\begin{array}{rccc}
\psi_d: & C_n & \longrightarrow & \mathbb{Z}/(n) \\
 & \zeta^m & \longmapsto & \overline{dm}
\end{array}
$$

を考えることができる．$d_1\equiv d_2 \pmod{n}$ であれば $\overline{d_1m}=\overline{d_2m}$ であるので，$\psi_{d_1}=\psi_{d_2}$ である．したがって $1\leqq d\leqq n$ のときを考えれば十分である．d と n との最大公約数を e とすると $\mathrm{Ker}\,\psi_d$ は $\zeta^{n/e}$ で生成される C_n の部分群である．$d=d'e,\ n=n'e$ とおくと $\overline{dm}=\overline{d'em}$ であり，d' と n' とは互いに素であるので，$\overline{dm}=\bar{0}$ であるための必要十分条件は $m\equiv 0 \pmod{n'}$ となるからである．したがって $\mathrm{Ker}\,\psi_d=C_{n/d}$ であることが分かる．

最後に，差積について少し補足しておく．交代式 $A(x_1,x_2,\cdots,x_n)$ に対して $A(x_1,x_2,\cdots,x_n)^2$ は対称式であり，したがって，定理5.25 より基本対称式を使って表示できる．複素数係数の1変数の方程式

$$x^n+a_1x^{n-1}+a_2x^{n-2}+\cdots+a_n=0 \tag{5.10}$$

の n 個の根を $\alpha_1,\alpha_2,\cdots,\alpha_n$ とすると

$$x^n+a_1x^{n-1}+a_2x^{n-2}+\cdots+a_n=\prod_{j=1}^{n}(x-\alpha_j)$$

と書くことができる．したがって，係数 $a_1,a_2,\cdots,a_n$ は基本対称式を使うと

$$a_k=(-1)^k\gamma_k(\alpha_1,\alpha_2,\cdots,\alpha_n)$$

と書くことができる．差積の2乗 Δ^2 は基本対称式の有理数係数の多項式として表示できるので

$$D=\Delta(\alpha_1,\alpha_2,\cdots,\alpha_n)^2=\prod_{1\leqq i<j\leqq n}(\alpha_i-\alpha_j)^2$$

は方程式(5.10)の $\mathbb{Q}$ 係数の多項式として書くことができる．D を方程式(5.10)の**判別式**(discriminant)という．判別式の定義から，方程式(5.10)が重根を持つための必要十分条件は $D=0$ であることが分かる．

問 12　2 次方程式 $x^2+bx+c=0$ の判別式は b^2-4c であることを示せ．

問 13　3 次方程式 $x^3-px-q=0$ の判別式は $4p^3-27q^2$ であることを示せ．

《まとめ》

5.1　集合 S の各元 s に対して集合 T の元をただ 1 つ定める対応を写像といい，記号 $f\colon S\to T$ で表わす．このとき $s\in S$ に対応する T の元を $f(s)$ と記し，s の写像 f による像という．

5.2　写像 $f\colon S\to T$ は $s_1\neq s_2$ であれば $f(s_1)\neq f(s_2)$ が成り立つとき単射，T の任意の元 $t\in T$ に対して $f(s)=t$ となる $s\in S$ があるとき全射という．単射かつ全射のとき全単射という．

5.3　順列および重複順列は写像を使って記述できる．

5.4　有限集合 S の場合の元の個数 $|S|$ の一般化として，集合 S の濃度 $|S|$ が定義できる．S の部分集合 T に対して $|T|\leqq|S|$ であるが，無限集合のときは有限集合の場合と違い，$T\subsetneqq S$ でも $|T|=|S|$ となることがある．

5.5　自然数の全体 $\mathbb{N}$ から全単射 $f\colon\mathbb{N}\to S$ がある集合 S を可算集合という．可算集合は無限集合のうちで，濃度が一番小さい集合である．

5.6　群の定義(性質(G0)〜(G4))，部分群の定義(性質(SG0),(SG1))．

5.7　集合 $\{1,2,\cdots,n\}$ から自分自身への全単射を n 次の置換という．n 次の置換全体 S_n は群をなす．

5.8　任意の n 次の置換 σ は互換の積で表わすことができる．この表示は一意的ではないが，必要な互換の数が偶数個であるか奇数個であるかは σ によって定まる．

5.9　すべての n 次の置換で不変な $x_1,x_2,\cdots,x_n$ の多項式を対称式，互換で符号が変わる多項式を交代式という．

対称式は基本対称式の多項式として表わすことができ，交代式は差積と対称式の積として表わすことができる．

演習問題

5.1　写像 $f\colon S\to T$, $g\colon T\to W$ に対して次のことを示せ．

（1）f,g が単射であれば $g\circ f$ も単射である．

（2）f,g が全射であれば $g\circ f$ も全射である．

（3）f が全単射のとき，f の逆写像 f^{-1} の逆写像 $(f^{-1})^{-1}$ は f と一致する．

（4）f,g が全単射のとき $(g\circ f)^{-1}=f^{-1}\circ g^{-1}$ である．（合成の順序に注意する．）

5.2

（1）集合 S のベキ集合，すなわち S の部分集合の全体（空集合 $\emptyset$ も含む）を $\mathfrak{P}(S)$ と記す．また集合 S から $\{0,1\}$ への写像全体を $\mathrm{Hom}(S,\{0,1\})$ と記す．（$\mathrm{Hom}(S,\{0,1\})$ は0または1の値をとる S 上の関数全体と考えることもできる．）S の部分集合 $T\in\mathfrak{P}(S)$ に対して S 上の関数 χ_T を

$$\chi_T(s)=\begin{cases}1, & s\in T\\ 0, & s\notin T\end{cases}$$

と定義すると，$\chi_T\in\mathrm{Hom}(S,\{0,1\})$ である．このとき，写像

$$\begin{array}{ccc}\mathfrak{P}(S) & \longrightarrow & \mathrm{Hom}(S,\{0,1\})\\ T & \longmapsto & \chi_T\end{array}$$

は全単射であることを示せ．

（2）S が元の個数 n の有限集合のとき，すなわち $|S|=n$ のとき $|\mathfrak{P}(S)|=2^n$ であることを示せ．（例題5.9も参照のこと．）

（3）S が一般の集合のとき，S の元 a に対して S の部分集合 $\{a\}\in\mathfrak{P}(S)$ を対応させることによって S から $\mathfrak{P}(S)$ への単射が定義でき，$|S|\leqq|\mathfrak{P}(S)|$ であることが分かる．もし全単射

$$f\colon S\longrightarrow\mathrm{Hom}(S,\{0,1\})$$

があったとすれば，元 $s\in S$ に対して元 $f(s)\in\mathrm{Hom}(S,\{0,1\})$ を τ_S と書くこ

とにし，$\mathrm{Hom}(S,\{0,1\})$ の元 σ を

$$\sigma(t) \neq \tau_t(t)$$

であるように定める．このとき仮定より $\sigma=\tau_u$ となる元 $u\in S$ が存在する．すると $\sigma(u)=\tau_u(u)$ であるが，一方 σ の作り方から $\sigma(u)\neq\tau_u(u)$ であり矛盾する．このことから

$$|S| < |\mathfrak{P}(S)|$$

を示せ．(S, $\mathfrak{P}(S)$, $\mathfrak{P}(\mathfrak{P}(S))=\mathfrak{P}(S)$ の部分集合の全体，$\mathfrak{P}(\mathfrak{P}(\mathfrak{P}(S)))$，… と考えることによって，いくらでも濃度の大きい無限集合が存在することが分かる.)

5.3 アミダクジ

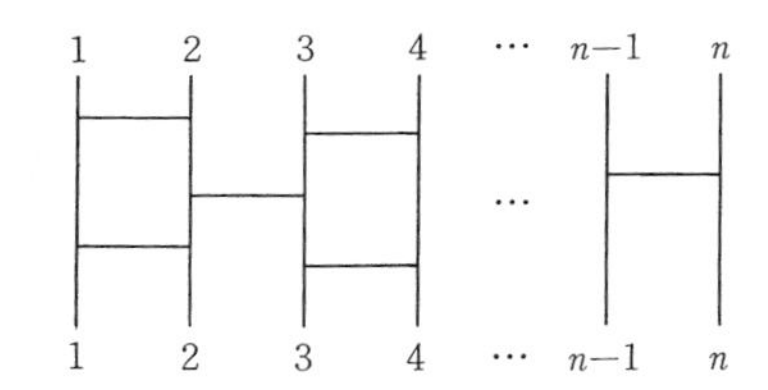

が与えられると，上の数字 m に対して下の数字 m' がただ1つ定まり，n 次の置換が定まる．

(1) 2つのアミダクジを図1のようにつなぎ合わせて新しいアミダクジを作るとき，上下のアミダクジからできる置換をそれぞれ σ,τ とすると，つなぎ合わせてできるアミダクジには置換 $\tau\sigma$ が対応することを示せ(順序に注意).

(2) アミダクジの横棒は同じ高さにないとするとき，図2のようにアミダクジ

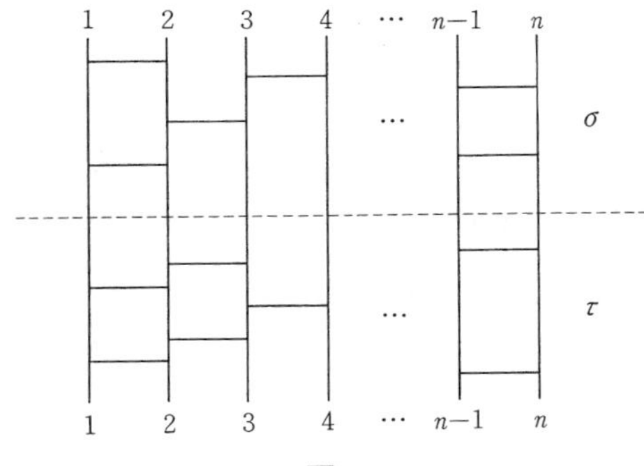

図 1

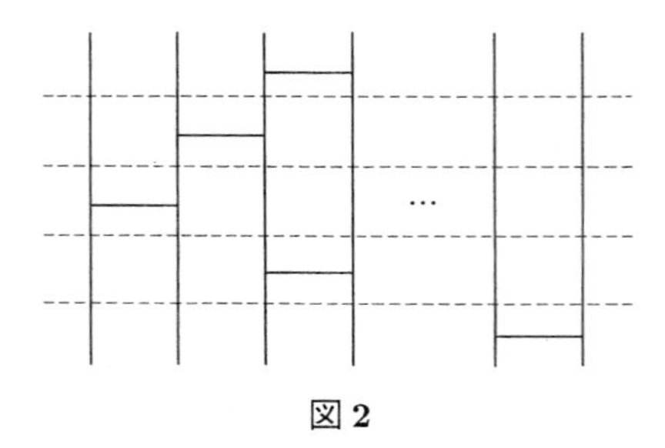

図 2

を 1 本の横棒しかないアミダクジに分解できる．この分解によって対応する置換を $(i, i+1)$ の互換の積に分解できることを示せ．

（3）図 3 のアミダクジに対応する置換は互換 (i, j) であることを示せ．

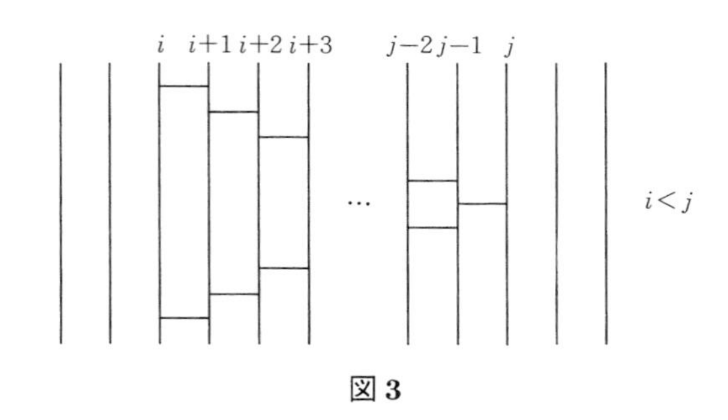

図 3

5.4 群 G とその部分群 H を考える．G の元 g に対して，G の部分集合 Hg を

$$Hg = \{hg \mid h \in H\}$$

とおき，g を含む H に関する**左剰余類**[*3](left coset)という．このとき $g \in Hg$ に注意する．以下のことを示せ．

（1）$g_1, g_2 \in G$ に対して $Hg_1 \cap Hg_2 \neq \emptyset$ であれば $Hg_1 = Hg_2$ である．

（2）群 G は H に関する相異なる左剰余類の和集合

$$G = \coprod_{j \in J} Gg_j$$

*3 Hg を右剰余類とする教科書を多く見受けるが，これは群論の伝統的な呼び方に反している．

に類別される．(相異なる左剰余類が有限個のとき，その個数を $(G:H)$ と記し，H の G における**指数**(index)という．) また同値関係 $\sim$ を $g\sim h \Longleftrightarrow gh^{-1}\in H$ と定義すると，この同値関係による類別は左剰余類による類別と一致する．(この同値類による商集合を $H\backslash G$ と記す．)

(3) G が有限群であれば

$$|G| = (G:H)|H|$$

である．したがって特に G の部分群 H の位数 $|H|$ は G の位数の約数である．

(4) 有限群 G の元 g に対して $g^m=e$ となる最小の正整数 m を g の位数という(注意 5.17)．g の位数は G の位数 $|G|$ の約数であることを示せ．したがって，特に $n=|G|$ のとき G のすべての元 g に対して $g^n=e$ が成り立つ．(ヒント．$\{e,g,g^2,\cdots,g^{n-1}\}$ は G の部分群である．)

(5) (4)および例 5.15(5)を使ってフェルマの小定理(演習問題 2.4(5)，オイラーの定理(演習問題 2.5(3))を示せ．

5.5 群 G とその部分群 H および $g\in G$ に対して G の部分集合

$$gH = \{gh \mid h\in H\}$$

を g の属する H に関する**右剰余類***4(right coset)と呼ぶ．このとき，以下の問に答えよ．

(1) G に同値関係 $\sim$ を $g\sim h \Longleftrightarrow g^{-1}h\in H$ と定義すると，gH はこの同値関係 $\sim$ による g の属する剰余類であることを示せ．この同値類による商集合を G/H と記す．

(2) gH に対して $(gH)^{-1}=\{(gh)^{-1}=h^{-1}g^{-1}\mid h\in H\}$ とおくと $(gH)^{-1}=Hg^{-1}$ であることを示せ．

(3) G の右同値関係による商集合 G/H から左同値関係による商集合 $H\backslash G$ への写像

$$\begin{array}{ccc} G/H & \longrightarrow & H\backslash G \\ gH & \longmapsto & Hg^{-1} \end{array}$$

は全単射であることを示せ．したがって，$H\backslash G$ が有限集合であれば，G/H も有限集合であり，両者の個数は $(G:H)$ と一致する．

---

*4 これを左剰余類とする教科書を多く見受けるが，群論の伝統的用法に反している．

(4) H が G の正規部分群である，すなわち G の任意の元 g に対して $g^{-1}Hg = \{g^{-1}hg \mid h \in H\} = H$ のとき，$gH = Hg$ であることを示せ．

(5) H が G の正規部分群であれば右剰余類（＝左剰余類）の間に積を

$$g_1H \cdot g_2H = g_1g_2H$$

と定義すると，相異なる右剰余類の全体 G/H は $eH = H$ を単位元とする群になることを示せ．また H が G の正規部分群でないときは G/H は群にならない理由を述べよ．

(6) H が G の正規部分群のとき，自然な写像

$$\begin{aligned} p\colon\ G &\longrightarrow G/H \\ g &\longmapsto gH \end{aligned}$$

は全射であり，

$$p(g_1g_2) = p(g_1)p(g_2)$$
$$p^{-1}(\overline{e}) = H$$

であることを示せ．ただし $\overline{e}$ は群 G/H の単位元 H を表わす．

6

方程式と体

第4章で示したように，複素数を係数とする方程式 $f(x)=0$ は複素数の根を必ず持つ．では，根をどのようにして求めたらよいのであろうか．方程式の根を求める問題は，実用上の必要もあり，昔から考えられてきた．2次方程式は第4章の式(4.22)で示したように，方程式の係数から，四則演算と平方根を使うことによって根を求めることができる．3次方程式でも類似の解法があることが16世紀にイタリアの数学者によって見出された．こんどは，方程式の係数から四則演算と平方根および立方根を使うことによって根を求めることができる．カルダノ(G. Cardano)による3次方程式の解法は，複素数が十分理解されていなかった時代の成果であるが，複素数の重要性を認識させる契機ともなった．

カルダノの弟子フェラリ(L. Ferrari)によって，4次方程式も同様の解法を持つことが見出され，方程式はその係数が分かれば，四則演算と累乗根を使って解くことができると長い間信じられ，5次方程式の解法を目指して多くの数学者が知恵をしぼった．長い努力の末，アーベルによって5次方程式にはこのような解法がないことが示された．その後，ガロアによって，どのような方程式が係数から四則演算と累乗根をとる操作のみで解を求めることができるか，群の考え方を使って明確な説明が与えられた．このガロアの理論によって，近代代数学が成立したと言えよう．

本章では，方程式の解法をめぐる歴史に従って，3次方程式の解法から始めて，5次以上の一般の代数方程式は代数的に解くことができないというアーベルの定理を示し，さらにガロア理論の入口まで述べることとする．特に体の拡大については方程式の解法の立場から述べ，できる限り理論を具体例に則して述べることとし，現代代数学への入門を試みる．

以上に述べたことは，1変数の方程式であるが，連立方程式に関しては本章末に簡単に述べることにした．連立1次方程式の理論は行列と行列式の理論に密接に関係し，高次の連立方程式は幾何学的な考察が有用である．後者については，紙数の関係で述べることができないのは残念である．

なお本章では，特に断らない限り，体は複素数体 $\mathbb{C}$ に含まれるものを考える．一般の体については次章で改めて考察することとする．

§6.1　3次方程式

(a)　カルダノの公式

一般の3次方程式の解法を考える前に，まず3次方程式

$$x^3-px-q=0 \tag{6.1}$$

を考えよう．新しい変数 u, v を導入し

$$x=u+v$$

とおき，方程式(6.1)に代入し，展開して整理すると

$$u^3+v^3+(3uv-p)(u+v)-q=0$$

を得る．そこで，

$$3uv=p \tag{6.2}$$

であるように u, v に条件をつけると，上の式は

$$u^3+v^3=q \tag{6.3}$$

となる．そこで，u^3-v^3 を p, q で表わすことを考える．(6.2),(6.3)より

$$(u^3-v^3)^2=(u^3+v^3)^2-4u^3v^3=q^2-\frac{4}{27}p^3$$

を得るので，

$$u^3-v^3=\pm\sqrt{q^2-\frac{4}{27}p^3}$$

であることが分かり,

$$u^3=\frac{1}{2}\left(q\pm\sqrt{q^2-\frac{4}{27}p^3}\right),\quad v^3=\frac{1}{2}\left(q\mp\sqrt{q^2-\frac{4}{27}p^3}\right)$$

(複号同順)

を得る．今までの議論では u と v とを入れかえてもかまわないので,

$$u^3=\frac{1}{2}\left(q+\sqrt{q^2-\frac{4}{27}p^3}\right),\quad v^3=\frac{1}{2}\left(q-\sqrt{q^2-\frac{4}{27}p^3}\right)$$

としても，この式の u と v とを入れかえて

$$u^3=\frac{1}{2}\left(q-\sqrt{q^2-\frac{4}{27}p^3}\right),\quad v^3=\frac{1}{2}\left(q+\sqrt{q^2-\frac{4}{27}p^3}\right)$$

としても議論は変わらない．そこで

$$u^3=\frac{1}{2}\left(q+\sqrt{q^2-\frac{4}{27}p^3}\right) \tag{6.4}$$

としても一般性を失わない．第4章§4.2(a)で述べたように，複素数の平方根の選び方は自動的には決まらない．(正の実数 a に対してのみ $\sqrt{a}$ は正の実数と決めることができたが，a が複素数のときは，a を原点の回りに1周させると平方根 $\sqrt{a}$ の符号は $-$ に変わる．) したがって，正確には(6.4)の右辺の平方根の選び方を1つ決める．たとえば $a=|a|(\cos\theta+i\sin\theta)$ のとき $\sqrt{a}=\sqrt{|a|}\,(\cos(\theta/2)+i\sin(\theta/2))$ と決めることによって(6.4)は初めて意味を持つ．そこで，(6.4)の右辺の平方根を1つ定めて以下の議論を行なう．

(6.4)より

$$u=\sqrt[3]{\frac{1}{2}\left(q+\sqrt{q^2-\frac{4}{27}p^3}\right)} \tag{6.5}$$

を得る．ここで立方根 $\sqrt[3]{\ }$ は3個あるもののうち1つを任意に選び固定する．ところで

$$\omega = \frac{-1+\sqrt{3}\,i}{2} = \cos\frac{2\pi}{3} + i\sin\frac{2\pi}{3}$$

は$\omega^3=1$を満たし，1の立方根は$1, \omega, \omega^2$であることに注意すると，(6.4)を満足するuは(6.5)の他に

$$u = \omega\sqrt[3]{\frac{1}{2}\left(q+\sqrt{q^2-\frac{4}{27}p^3}\right)} \qquad (6.6)$$

$$u = \omega^2\sqrt[3]{\frac{1}{2}\left(q+\sqrt{q^2-\frac{4}{27}p^3}\right)} \qquad (6.7)$$

で与えられることが分かる．さてu, vの間には(6.2)より$uv=p/3$が成り立つので，(6.5)のときは

$$v = \frac{p}{3}\left\{\frac{1}{2}\left(q+\sqrt{q^2-\frac{4}{27}p^3}\right)\right\}^{-1/3},$$

(6.6)のときは$\omega^3=1$に注意すると

$$v = \frac{\omega^2 p}{3}\left\{\frac{1}{2}\left(q+\sqrt{q^2-\frac{4}{27}p^3}\right)\right\}^{-1/3},$$

(6.7)のときは

$$v = \frac{\omega p}{3}\left\{\frac{1}{2}\left(q+\sqrt{q^2-\frac{4}{27}p^3}\right)\right\}^{-1/3}$$

であることが分かる．ところで第5章§5.2(c)問13より，3次方程式(6.1)の判別式Dは

$$D = 4p^3 - 27q^2$$

であった．するとu, vの表示式の立方根の中にある平方根は

$$\sqrt{-D/27} = \frac{1}{3}\sqrt{-D/3}$$

と書くことができる．この表示を使うと，3次方程式の根は$u+v$と書けることより，求める3根は

$$\left.\begin{array}{l} \left\{\dfrac{1}{2}(q+\sqrt{-D/27})\right\}^{1/3}+\dfrac{p}{3}\left\{\dfrac{1}{2}(q+\sqrt{-D/27})\right\}^{-1/3} \\ \omega\left\{\dfrac{1}{2}(q+\sqrt{-D/27})\right\}^{1/3}+\dfrac{\omega^2 p}{3}\left\{\dfrac{1}{2}(q+\sqrt{-D/27})\right\}^{-1/3} \\ \omega^2\left\{\dfrac{1}{2}(q+\sqrt{-D/27})\right\}^{1/3}+\dfrac{\omega p}{3}\left\{\dfrac{1}{2}(q+\sqrt{-D/27})\right\}^{-1/3} \end{array}\right\} \quad (6.8)$$

で与えられる．これを**カルダノの公式**という．

例題 6.1　3次方程式 $x^3-15x-4=0$ の根を求めよ．

［解］　2通りの解を与える．

解1.

$$x^3-15x-4=(x-4)(x^2+4x+1)$$

と因数分解できることから，求める3根は

$$4,\quad -2\pm\sqrt{3}$$

である．

解2.　カルダノの公式を使う．

$$D=4\cdot 15^3-27\cdot 4^2=27\cdot 484$$

であるので，$\sqrt{-D/27}=\sqrt{-484}=22i$ ととると(もう1つの平方根のとり方は $\sqrt{-D/27}=-22i$)

$$\frac{1}{2}(q+\sqrt{-D/27})=2+11i$$

である．一方 $(2+i)^3=2+11i$ であるので，$2+11i$ の立方根の1つは $2+i$ である．したがって，カルダノの公式より求める3根は

$$2+i+\frac{15}{3}(2+i)^{-1}=2+i+\frac{5(2-i)}{(2+i)(2-i)}=4,$$

$$\omega(2+i)+\frac{\omega^2\cdot 15}{3}(2+i)^{-1}=\omega(2+i)+\omega^2(2-i)=-2-\sqrt{3},$$

$$\omega^2(2+i)+\frac{\omega\cdot 15}{3}(2+i)^{-1}=\omega^2(2+i)+\omega(2-i)=-2+\sqrt{3}$$

である．

もし $\sqrt{-D/27}=-22i$ ととると

$$\frac{1}{2}(q+\sqrt{-D/27})=2-11i$$

となり，$(2-i)^3=2-11i$ より $2-11i$ の立方根として $2-i$ がとれる．このとき，カルダノの公式より

$$\begin{aligned}
&2-i+5\cdot(2-i)^{-1}=4,\\
&\omega(2-i)+5\omega^2(2-i)^{-1}=-2+\sqrt{3},\\
&\omega^2(2-i)+5\omega(2-i)^{-1}=-2-\sqrt{3}
\end{aligned}$$

と求める3根が，順番は違うが得られる． ∎

例題6.1は16世紀のイタリアの数学者ボンベリ(R. Bombelli)が考察したものである．3根は実数であるにもかかわらず，カルダノの公式を適用すると虚数を使わざるを得ない．この事実はボンベリ，カルダノたち16世紀の数学者を悩ました．その後も，実数係数の3次方程式が実数の根のみを持つとき，実数の範囲内だけで根を求める公式を作ることができないかと多くの数学者が考えたが完全な解答を与えることができなかった．ガロアの登場によって，判別式 $D<0$ の場合は複素数を使わざるを得ないことが明らかになった．

問1　次の3次方程式をカルダノの公式を用いて解け．

(1) $x^3+2x-3=0$　(2) $x^3-7x-6=0$　(3) $x^3-14x+8=0$

(4) $4x^3-29x+10=0$　(5) $x^3-73x-270=0$

(b)　一般の3次方程式

変数変換を行なうことによって，一般の3次方程式

$$ax^3+bx^2+cx+d=0,\quad a\neq 0 \tag{6.9}$$

は(a)で考察した3次方程式(6.1)の形に変形でき，したがってカルダノの公式が適用できることを示そう．

3 次方程式の解法をめぐる争い

3 次方程式の解法は，カルダノ(G. Cardano，1501–76)の著者 “Ars Magna”(『数学総論』)の中で初めて公けにされた．カルダノはタルターリア(N. Tartaglia，1500?–57)から公開しないという約束のもとで 3 次方程式の解法を教えてもらっていた．ところが，ボローニャ大学で数学を教えていたシピオーネ・デル・フェロ (S. del Ferro，1465–1526) は 16 世紀初頭，$x^3+px=q$ の形の 3 次方程式の解法をすでに見出していたが，その結果は発表されることなく忘れ去られていた．フェロの遺稿中に 3 次方程式の解法を見出したカルダノは，タルターリアが解法の第一発見者ではないと見なし，“Ars Magna” で，タルターリアの解法と明記した上で，3 次方程式の解法を公開した．しかし，約束違反だと怒ったタルターリアとの間で論争になり，1548 年には公開討論会が開かれている．

この争いではカルダノが悪者扱いされることが多いが，奇妙なことにタルターリアの著作では複素数は扱われていないとのことである．数学上の著作としてはカルダノの “Ars Magna” の方が秀れており後世に大きな影響を与えた．

カルダノはルネッサンス期の万能人の一人として医師，数学者，哲学者，占星術師，賭博師として活躍し，タルターリアとの争いもカルダノにとっては些細なことであったようだ．『カルダーノ自伝』(清瀬卓・澤井繁男訳，平凡社ライブラリー)はルネッサンス期の自伝文学の傑作といわれている．

$$
\begin{aligned}
&x^3+\frac{b}{a}x^2+\frac{c}{a}x+\frac{d}{a}\\
&\quad=\left(x+\frac{b}{3a}\right)^3-\frac{b^2}{3a^2}x+\frac{c}{a}x+\frac{d}{a}-\frac{b^3}{27a^3}\\
&\quad=\left(x+\frac{b}{3a}\right)^3+\left(\frac{c}{a}-\frac{b^2}{3a^2}\right)\left(x+\frac{b}{3a}\right)\\
&\qquad+\frac{d}{a}-\frac{b^3}{27a^3}-\frac{b}{3a}\left(\frac{c}{a}-\frac{b^2}{3a^2}\right)
\end{aligned}
$$

となるので $X=x+\dfrac{b}{3a}$ とおくと，(6.9)は

$$a\left(X^3-\frac{b^2-3ac}{3a^2}X-\frac{9abc-27a^2d-2b^3}{27a^3}\right)=0$$

となる．したがって，3次方程式

$$X^3-\frac{b^2-3ac}{3a^2}X-\frac{9abc-27a^2d-2b^3}{27a^3}=0$$

をカルダノの公式に従って根を求め $\alpha_1,\alpha_2,\alpha_3$ を得たとすると，3次方程式(6.9)の根は

$$\alpha_j-\frac{b}{3a},\quad j=1,2,3$$

であることが分かる．

問2　次の方程式の根を上の方法を使って求めよ．

(1) $x^3+x^2+x-3=0$　　(2) $x^3+2x^2+x-4=0$　　(3) $x^3+x^2-12=0$

§6.2　4次方程式

4次方程式

$$x^4+bx^3+cx^2+dx+e=0 \tag{6.10}$$

の解法はカルダノの弟子フェラリによって初めて与えられた．3次方程式のときと同様に，まず x^3 の係数を0にする変数変換を考える．

$$X=x-\frac{b}{4}$$

とおき，変数 X を使って(6.10)を書き直すと，(6.10)は

$$X^4+pX^2+qX+r=0$$

となる．ここで，p,q,r は(6.10)の係数を使って具体的に書くことができる．そこで方程式

$$x^4+px^2+qx+r=0 \tag{6.11}$$

の解法を考えよう．

まず，未知数 λ を導入して(6.11)を

$$(x^2+\lambda)^2 = (2\lambda-p)x^2-qx+(\lambda^2-r) \qquad (6.12)$$

と変形する．この等式の右辺が完全平方式，すなわち $(mx+n)^2$ の形になる条件を求める．これは，右辺の 2 次式から生じる 2 次方程式の判別式 $D=0$，すなわち

$$D = q^2-4(\lambda^2-r)(2\lambda-p) = 0 \qquad (6.13)$$

という条件で与えられる．(6.13)は λ に関して 3 次方程式であるので，前節の結果により，根を求めることができる．根の 1 つを λ_0 とし，(6.12)で $\lambda=\lambda_0$ とおくと右辺は完全平方式 $(mx+n)^2$ になる．すると，(6.12)を解くことは

$$(x^2+\lambda_0)^2 = (mx+n)^2$$

を解くことと同値になり，この方程式は 2 つの 2 次方程式

$$x^2+\lambda_0 = \pm(mx+n)$$

を解くことによって得られる．以上の解法を具体例で見ておこう．

例題 6.2　方程式 $x^4+5x^2+2x+5=0$ の 4 根を求めよ．

[解]　(6.13)に対応する λ の 3 次式は

$$4-4(\lambda^2-5)(2\lambda-5) = 0 \qquad (6.14)$$

となり，この 3 次方程式の根の 1 つとして $\lambda=2$ を得る．このとき，もとの 4 次方程式は

$$(x^2+2)^2 = -x^2-2x-1 = -(x+1)^2$$

となり，求める 4 根は

$$x^2+2 = i(x+1), \quad x^2+2 = -i(x+1)$$

を解くことによって

$$\frac{i\pm\sqrt{-1-4(2-i)}}{2} = \frac{i\pm\sqrt{4i-9}}{2},$$

$$\frac{-i\pm\sqrt{-1-4(2+i)}}{2} = \frac{-i\pm\sqrt{-4i-9}}{2}$$

を得る．　∎

問3

(1)　上の根の表示にある根号 $\sqrt{4i-9}, \sqrt{-4i-9}$ をはずして，根を $a+bi$ の形で表示せよ．

(2)　(6.14)の残りの2根を求め，それらの根を使っても最初の4次方程式の根として同一のものが得られることを確認せよ．

§6.3　方程式の根と体の拡大

これまでは，方程式の根を求める公式について考察してきた．根の公式は，方程式の係数から四則演算で得られる数の累乗根をとり，こうして得られるいくつかの累乗根から四則演算で得られる数を求め，その累乗根をとるという操作を何度か続けて得られた．5次方程式の根の公式をこうした操作で得ることができるかどうかが問題になる．アーベルは，一般の5次方程式の根の公式は以上の操作では得られないことを示した．そのために，彼は立場を逆転し，四則演算と累乗根をとる操作で得られる数がどのような性質を持つかを考えた．我々はアーベルの考えを現代的な言葉で言い換え，さらにガロア理論の入口まで進むことにする．

(a)　体

体については付録§A.1定義A.1で定義したが，前章で群について少し学んだので，ここでは群の言葉を使って述べておこう．

定義6.3　集合 K 上に和“+”および積“·”が定義され(積 $a \cdot b$ は特に間違いがおこる恐れがない限り ab と略記することが多い)，以下の条件を満足するとき，K を**体**(field，正確には**可換体**，commutative field)という．

(I)　K は加法に関して加群である．(この加群の零元を0，a の逆元を $-a$ と記す．)

(II)　$K^{\times}=K-\{0\}$ は乗法に関してアーベル群である．($K^{\times}$ の単位元を1と記す．)

(III)　(分配法則) K の任意の3元 a, b, c に対して

$$a(b+c) = ab+ac. \qquad \square$$

この定義が定義 A.1 と同値であることは読者の演習問題としよう.(定義 A.1 の(A1)〜(A4)は K が加法に関して加群であることを直接定義として述べている.(II)と(M1)〜(M4)とは,(II)では 0 が除外されている点が違うが,(III)の分配法則から $a\cdot 0=0$, $0\cdot a=0$ が出て,$a\cdot 0=0\cdot a$ となることが示され,(M1)〜(M4)が成り立つことが分かる.)

さて,体 K の部分集合 F が K の加法と乗法によって体となるとき,F を体 K の**部分体**(subfield)という.以下,複素数体 $\mathbb{C}$ の部分体を主として考えるので,体 K の部分集合 F が K の部分体である条件を求めておこう.F が K の部分体であれば $a,b\in F$ に対して $a+b\in F$, $ab\in F$ であり,かつ $a\in F$ に対して $-a\in F$,さらに $a\neq 0$ であれば $a^{-1}\in F$ であることがただちに分かる.実はこれだけの性質を持てば F が部分体であることが分かる.

補題 6.4 体 K の部分集合 F が部分体であるための必要十分条件は

(i) F は K の加法と積に関して閉じている,すなわち任意の 2 元 $a,b\in F$ に対して $a+b\in F$, $ab\in F$

(ii) F の任意の元 a に対して $-a\in F$,かつ $a\neq 0$ のとき $a^{-1}\in F$

が成り立つことである.

[証明] 必要条件であることはすでに述べた.十分条件を示そう.$a\in F$ に対して $-a\in F$ である.したがって $a+(-a)=0\in F$ である.また $a\neq 0$ であれば $a^{-1}\in F$ であり,$a\cdot a^{-1}=1\in F$ であることが分かる.これより F が定義 6.3 の(I),(II)を満たすことが容易に分かる.また(III)も K で(III)が成り立つことからただちに分かる. ∎

有理数体 $\mathbb{Q}$ は実数体 $\mathbb{R}$ や複素数体 $\mathbb{C}$ の部分体であり,実数体 $\mathbb{R}$ は複素数体 $\mathbb{C}$ の部分体である.この他にも $\mathbb{C}$ の部分体がたくさんある.特に,方程式の根から部分体が生じることを見ていこう.

例 6.5 有理数体 $\mathbb{Q}$ の元 D は平方数でない,すなわち $\beta^2=D$ となる有理数 β が存在しないと仮定する.これは x^2-D が $\mathbb{Q}$ 上既約であることと同値である.このとき

$$\mathbb{Q}[\sqrt{D}] = \{a + b\sqrt{D} \mid a, b \in \mathbb{Q}\}$$

は $D > 0$ であれば $\mathbb{R}$ の部分体，$D < 0$ であれば $\mathbb{C}$ の部分体である．($D < 0$ のとき $\sqrt{D}$ は $\sqrt{|D|}i, -\sqrt{|D|}i$ のどちらか一方を選んでおく．)

まず $\mathbb{Q}[\sqrt{D}]$ が和と積に関して閉じていることを示そう．$a, a', b, b' \in \mathbb{Q}$ のとき

$$(a + b\sqrt{D}) + (a' + b'\sqrt{D}) = (a + a') + (b + b')\sqrt{D}$$
$$(a + b\sqrt{D}) \cdot (a' + b'\sqrt{D}) = (aa' + bb'D) + (ab' + ba')\sqrt{D}$$

であるので，$\mathbb{Q}[\sqrt{D}]$ は確かに和と積に関して閉じている．また，

$$-(a + b\sqrt{D}) = (-a) + (-b)\sqrt{D} \in \mathbb{Q}[\sqrt{D}]$$

であるので，加法に関する逆元も $\mathbb{Q}[\sqrt{D}]$ に含まれている．さらに

$$(a + b\sqrt{D})^{-1} = \frac{1}{a + b\sqrt{D}} = \frac{a - b\sqrt{D}}{(a + b\sqrt{D})(a - b\sqrt{D})} = \frac{a - b\sqrt{D}}{a^2 - b^2 D}$$

となり，$(a + b\sqrt{D})^{-1} \in \mathbb{Q}[\sqrt{D}]$ であるので，補題 6.4 の(i),(ii)が満たされ $\mathbb{Q}[\sqrt{D}]$ は $\mathbb{C}$ の部分体であることが分かる．特に $D > 0$ であれば $\mathbb{Q}[\sqrt{D}] \subset \mathbb{R}$ である． □

上の例では $\sqrt{D}$ は $\mathbb{Q}$ 上の既約多項式 $x^2 - D$ の根である．このことは偶然ではなく，次の事実が成立する．

命題 6.6　$\mathbb{Q}$ 係数の n 次多項式 $f(x) \in \mathbb{Q}[x]$ は $\mathbb{Q}$ 上で既約であると仮定する．$f(x)$ の根の 1 つを α とすると

$$\mathbb{Q}[\alpha] = \{a_0 + a_1\alpha + a_2\alpha^2 + \cdots + a_{n-1}\alpha^{n-1} \mid a_j \in \mathbb{Q},\ j = 0, 1, \cdots, n-1\}$$

は $\mathbb{C}$ の部分体である．

［証明］　$\mathbb{Q}[\alpha]$ が加群であることは明らかであろう．$\mathbb{Q}[\alpha]$ の数

$$\gamma = a_0 + a_1\alpha + a_2\alpha^2 + \cdots + a_{n-1}\alpha^{n-1}, \quad a_j \in \mathbb{Q},\ j = 0, 1, \cdots, n-1$$
$$\delta = b_0 + b_1\alpha + b_2\alpha^2 + \cdots + b_{n-1}\alpha^{n-1}, \quad b_j \in \mathbb{Q},\ j = 0, 1, \cdots, n-1$$

に対して，$\mathbb{Q}$ 係数の多項式

$$C(x) = a_0 + a_1 x + a_2 x^2 + \cdots + a_{n-1} x^{n-1}$$
$$D(x) = b_0 + b_1 x + b_2 x^2 + \cdots + b_{n-1} x^{n-1}$$

を考えると，$\gamma=C(\alpha)$, $\delta=D(\alpha)$ である．そこで

$$C(x)D(x)=r(x)f(x)+E(x),\quad \deg E(x)<\deg f(x)$$

と割り算を行ない，この式に $x=\alpha$ を代入すると

$$\gamma\delta=E(\alpha)$$

を得る．$E(x)$ は $\mathbb{Q}$ 係数の多項式であるので，$E(\alpha)\in\mathbb{Q}[\alpha]$ である．すなわち，$\mathbb{Q}[\alpha]$ は積に関して閉じている．

次に $\gamma\neq 0$ であれば $1/\gamma\in\mathbb{Q}[\alpha]$ であることを示そう．$C(x)$ と $f(x)$ とは共通因子を持たないので，定理3.20によって

$$1=p(x)f(x)+q(x)C(x)$$

を満足する $\mathbb{Q}$ 係数の多項式 $p(x),q(x)$ が存在する．この等式に $x=\alpha$ を代入すると

$$1=q(\alpha)\gamma$$

となる．すなわち $1/\gamma=q(\alpha)\in\mathbb{Q}[\alpha]$ となる．以上の事実より $\mathbb{Q}[\alpha]$ が体になるのは明らかである． ■

上の証明で $1/\gamma$ を $q(\alpha)$ の形に表わすことを，分母の有理化と呼ぶことがある．また上の証明で本質的なところは，$\mathbb{Q}$ 係数の多項式に対して，ユークリッドの互除法を適用すると，互除法はすべて $\mathbb{Q}$ 係数の多項式の範囲で計算できることであった．ユークリッドの互除法は $\mathbb{Q}$ のかわりに一般の体 K をとっても成り立つ．したがって，命題6.6は $\mathbb{Q}$ を体 K にかえて体 K 上で既約で多項式の根 α をとって，$K[\alpha]$ を作ると，$K[\alpha]$ は体であると一般化することができる．

問4

$$1/\{1+\sqrt[3]{2}+(\sqrt[3]{2})^2\},\quad 1/\{1+3\sqrt[3]{2}+(\sqrt[3]{2})^2\}$$

を $\mathbb{Q}[\sqrt[3]{2}]$ の元として表わせ．

さて，$\mathbb{C}$ の部分体 K に対して，$\mathbb{C}$ の元 $\alpha_1,\alpha_2,\cdots,\alpha_m$ が与えられたとき，K と $\alpha_1,\alpha_2,\cdots,\alpha_m$ を含む $\mathbb{C}$ の最小の部分体を $K(\alpha_1,\alpha_2,\cdots,\alpha_m)$ と記し，体 K に $\alpha_1,\alpha_2,\cdots,\alpha_m$ を**添加**してできた体という．例6.5の $\mathbb{Q}[\sqrt{D}]$ は $\mathbb{Q}$ に $\sqrt{D}$

を添加してできた体に他ならない．なぜならば，$\mathbb{Q}$ と $\sqrt{D}$ を含む $\mathbb{C}$ の最小の体を K_1 とすると，$a,b\in\mathbb{Q}$ に対して $a+b\sqrt{D}\in K_1$ でなければならず，$\mathbb{Q}[\sqrt{D}]\subset K_1$ となるからである．同様にして命題 6.6 の $\mathbb{Q}[\alpha]$ も $\mathbb{Q}$ に α を添加した体であることが分かる．そこで以下 $\mathbb{Q}[\sqrt{D}]$, $\mathbb{Q}[\alpha]$ のかわりに $\mathbb{Q}(\sqrt{D})$, $\mathbb{Q}(\alpha)$ を使うことにする．

一般に，体 K_1 が体 K_2 の部分体であるとき，K_2 は K_1 の**拡大体**(extension field)であるといい，拡大体として考えていることを強調する必要があるときは拡大 K_2/K_1 という記号を用いる．体 K に $\alpha_1,\alpha_2,\cdots,\alpha_m$ を添加してできる体 $K(\alpha_1,\alpha_2,\cdots,\alpha_m)$ は K の拡大体である．特に $\alpha_1,\alpha_2,\cdots,\alpha_m$ が K の元を係数とする多項式の根であるとき，$\alpha_1,\alpha_2,\cdots,\alpha_m$ は ***K* 上代数的**(algebraic over K)であるといい，拡大 $K(\alpha_1,\alpha_2,\cdots,\alpha_m)/K$ は**代数的拡大**(algebraic extension)という．また 1 個の元 α を添加してできる拡大 $K(\alpha)/K$ を K の**単純拡大**(simple extension)という．複素数体 $\mathbb{C}$ の部分体では代数的拡大 $K(\alpha_1,\alpha_2,\cdots,\alpha_m)/K$ は実は単純拡大 $K(\gamma)/K$ として得られることが証明できる．(演習問題 6.4 を参照のこと．)

ところで，体 $L=K(\alpha_1,\alpha_2,\cdots,\alpha_m)$ はどのような形をしているのであろうか．$\alpha_1,\alpha_2,\cdots,\alpha_m$ と K の元を使って四則演算で得られる元はすべて $L=K(\alpha_1,\alpha_2,\cdots,\alpha_m)$ に属していなければならない．したがって，K の元を係数とする m 変数多項式 $f(x_1,x_2,\cdots,x_m)$ に対して $f(\alpha_1,\alpha_2,\cdots,\alpha_m)\in L$ であり，また $f(\alpha_1,\alpha_2,\cdots,\alpha_m)\neq 0$ であれば $1/f(\alpha_1,\alpha_2,\cdots,\alpha_m)\in L$ である．したがって，$f(x_1,x_2,\cdots,x_m)$, $g(x_1,x_2,\cdots,x_m)\in K[x_1,x_2,\cdots,x_m]$ に対して $g(\alpha_1,\alpha_2,\cdots,\alpha_m)/f(\alpha_1,\alpha_2,\cdots,\alpha_m)\in L$ でなければならない．以上の考察から，次の補題が成り立つことが予想される．

補題 6.7

$$K(\alpha_1,\alpha_2,\cdots,\alpha_m)=\left\{\frac{g(\alpha_1,\alpha_2,\cdots,\alpha_m)}{f(\alpha_1,\alpha_2,\cdots,\alpha_m)}\;\middle|\;\begin{matrix} f,g\in K[x_1,x_2,\cdots,x_m] \\ f(\alpha_1,\alpha_2,\cdots,\alpha_m)\neq 0\end{matrix}\right\}.$$

ここに，$K[x_1,x_2,\cdots,x_m]$ は K の元を係数とする m 変数多項式の全体とする．

［証明］　右辺を M とおく．$f_j,g_j\in K[x_1,x_2,\cdots,x_m]$, $j=1,2$ に対して

$$\frac{g_1(\alpha_1,\cdots,\alpha_m)}{f_1(\alpha_1,\cdots,\alpha_m)}\pm\frac{g_2(\alpha_1,\cdots,\alpha_m)}{f_2(\alpha_1,\cdots,\alpha_m)}=\frac{g_1\cdot f_2(\alpha_1,\cdots,\alpha_m)\pm g_2\cdot f_1(\alpha_1,\cdots,\alpha_m)}{f_1\cdot f_2(\alpha_1,\cdots,\alpha_m)},$$
$$\frac{g_1(\alpha_1,\cdots,\alpha_m)}{f_1(\alpha_1,\cdots,\alpha_m)}\cdot\frac{g_2(\alpha_1,\cdots,\alpha_m)}{f_2(\alpha_1,\cdots,\alpha_m)}=\frac{g_1\cdot g_2(\alpha_1,\cdots,\alpha_m)}{f_1\cdot f_2(\alpha_1,\cdots,\alpha_m)}$$

が成り立つ．ここで，多項式 f, g に対してその積を $f\cdot g$ と記した．また，$g(\alpha_1,\cdots,\alpha_m)/f(\alpha_1,\cdots,\alpha_m)\neq 0$ であることと，$g(\alpha_1,\cdots,\alpha_m)\neq 0$ であることは同値であり，このとき $f(\alpha_1,\cdots,\alpha_m)/g(\alpha_1,\cdots,\alpha_m)\in M$ である．したがって，M は体であることが分かる．$M\subset K(\alpha_1,\alpha_2,\cdots,\alpha_m)$ であるので，$M=K(\alpha_1,\alpha_2,\cdots,\alpha_m)$ であることが分かる． ∎

問 5　$K(\alpha,\beta)=K(\alpha)(\beta)$ であることを示せ．すなわち，体 $K(\alpha,\beta)$ は K に α を添加してできる体 $K(\alpha)$ に β を添加してできる体であることを示せ．

上の問が示すように，拡大体 $K(\alpha_1,\alpha_2,\cdots,\alpha_m)$ を得るには，K に α_1 を添加して体 $K(\alpha_1)$ を作り，次に体 $K(\alpha_1)$ に α_2 を添加して $K(\alpha_1)(\alpha_2)$ を作り，以下この操作を続けていけばよいことが分かる．特に体 K 上の多項式 $f(x)$ の根 $\alpha_1,\alpha_2,\cdots,\alpha_n$ を添加してできる体 $K(\alpha_1,\alpha_2,\cdots,\alpha_n)$ を，多項式 $f(x)$ の**最小分解体**(minimal splitting field)という．

さて，本来の問題は，n 次方程式

$$f(x)=a_0+a_1x+a_2x^2+\cdots+a_nx^n=0,\quad a_n\neq 0$$

が与えられたとき，この方程式の根はどのような数であるかということであった．この問題を考えるために，まず有理数体 $\mathbb{Q}$ に方程式の係数 $a_0,a_1,a_2,\cdots,a_n$ を添加してできる体 $K=\mathbb{Q}(a_0,a_1,a_2,\cdots,a_n)$ を考える．これを考えている方程式の**定義体**(field of definition)と呼ぶ．すると，方程式 $f(x)=0$ の根 α は K の拡大体に含まれることになる．この拡大体を求めることは，方程式の根の公式を求めることと密接な関係がある．

まず 2 次方程式

$$a_0+a_1x+a_2x^2=0,\quad a_2\neq 0 \tag{6.15}$$

を考えてみよう．この 2 次方程式の 2 根は(4.22)より

$$\frac{-a_1 \pm \sqrt{a_1^2 - 4a_0a_2}}{2a_2}$$

であった．平方根の中 $D = a_1^2 - 4a_0a_2$ は2次方程式の判別式である．この根の公式から，2次方程式(6.15)の2根は体 $K = \mathbb{Q}(a_0, a_1, a_2)$ に $\sqrt{D}$ を添加してできる体 $L = K(\sqrt{D})$ に含まれていることが分かる．特に判別式 D が K 内に平方根を持つ，すなわち $\delta^2 = D$ を満たす $\delta \in K$ が存在すれば $L = K$ であり，体の拡大は必要ない．このときは2次式 $a_0 + a_1x + a_2x^2$ は $K[x]$ で2つの1次式の積に因数分解できる．しかし $\sqrt{D} \notin K$ のときは，この2次式は $K[x]$ では既約であり，(4.22)が示すように $L[x]$ で1次式の積に分解できる．

次に3次方程式

$$a_0 + a_1x + a_2x^2 + a_3x^3 = 0, \quad a_3 \neq 0$$

を考えよう．§6.1(b)で示したように，この方程式は体 $K = \mathbb{Q}(a_0, a_1, a_2, a_3)$ の中で

$$x^3 - px - q = 0 \tag{6.16}$$

の形の方程式に帰着する．そこで，最初から(6.16)の形の方程式を考えよう．もちろん，$p, q \in K$ である．方程式(6.16)の判別式は $D = 4p^3 - 27q^2$ であり，カルダノの公式を求めるとき，まず体 K に $\sqrt{-D/3}$ を添加した体 $L_1 = K(\sqrt{-D/3})$ を考える必要があった．次に $\dfrac{1}{2}\left(q + \dfrac{1}{3}\sqrt{-D/3}\right)$ の3乗根を考える必要があった．3乗根の1つを

$$\beta = \left\{ \frac{1}{2}\left(q + \frac{1}{3}\sqrt{-D/3}\right) \right\}^{1/3}$$

と記すと，他の2つの3乗根は $\omega\beta, \omega^2\beta$ で与えられる．ここで ω は1の原始3乗根($\omega^3 = 1$ かつ $\omega \neq 1$)である．(6.8)の根の公式から3次方程式の3根は L_1 に $\beta, \omega\beta, \omega^2\beta$ を添加してできる体 $L = L_1(\beta, \omega\beta, \omega^2\beta)$ に含まれることが分かる．ところで $\omega = \omega\beta/\beta \in L$ であることに注意すると，$L = L_1(\beta, \omega)$ であることが分かる．

問6　$L = L_1(\beta, \omega)$ であることを示せ．

このことより，3次方程式(6.16)の3根は L に1の原始3乗根 ω を添加した体 L_2 に $\dfrac{1}{2}\left(q+\dfrac{1}{3}\sqrt{-D/3}\right)$ の3乗根の1つを添加してできることが分かる.

以上の考察から，2次方程式，3次方程式の解法は，累乗根を定義体につぎつぎと添加して体を拡大していくことによって方程式の根をすべて含む体を作ることと密接に関係していることが分かった.

問7 4次方程式の根は，方程式の定義体に立方根と平方根をいくつか添加してできる体に含まれることを示せ.

定義6.8 n 次方程式

$$a_0+a_1x+a_2x^2+\cdots+a_nx^n=0, \quad a_n\neq 0 \tag{6.17}$$

が与えられたとき，この方程式の定義体 $K=\mathbb{Q}(a_0,a_1,\cdots,a_n)$ に累乗根を添加してできる拡大体の列

$$\begin{aligned} K_0=K\subset K_1=K_0(\sqrt[m_1]{\alpha_1})\subset K_2=K_1(\sqrt[m_2]{\alpha_2})\subset\cdots \\ \subset K_l=K_{l-1}(\sqrt[m_l]{\alpha_l}) \end{aligned} \tag{6.18}$$

$$\alpha_j\in K_{j-1}, \quad j=1,2,\cdots,l$$

を考える. n 次方程式(6.17)の根を K_l がすべて含むように拡大体の列(6.18)をとることができるとき，n 次方程式は，**四則演算と累乗根で解くことができる**，または**代数的に解ける**という. □

この定義は，根の公式を求めることよりは弱い主張であるが(K_l に方程式の根が含まれることが分かっても，根の形を具体的に書き示すことは一般には容易ではない)，方程式の根が係数から四則演算と累乗根をとる操作から得られることを主張する. なお，(6.18)の体の拡大では $m_1,m_2,\cdots,m_l$ はすべて素数と仮定してもよいことに注意しておく. これは，n が合成数のとき $n=n_1n_2$ と記すと，体 L と L の元 α に対して

$$\sqrt[n_1n_2]{\alpha}=\sqrt[n_2]{\sqrt[n_1]{\alpha}}$$

と考えることができ，$M=L(\sqrt[n]{\alpha})$, $L_1=L(\sqrt[n_1]{\alpha})$, $\beta=\sqrt[n_1]{\alpha}$ とおくと，$M=$

四元数

複素数の一般化としてハミルトン(W. R. Hamilton, 1805–65)は四元数(quaternion, ハミルトンの四元数ということも多い)を導入した．i, j, k を

$$i^2 = -1, \quad j^2 = -1, \quad k^2 = -1,$$
$$ij = -ji = k, \quad jk = -kj = i, \quad ki = -ik = j$$

を満足する"数"として

$$\mathbb{H} = \{a+bi+cj+dk \mid a, b, c, d \in \mathbb{R}\}$$

とおくと，$\mathbb{H}$ は非可換な体であることが分かる．($ij=k$, $ji=-k$ であるので $ij \neq ji$ である．) ただし，実数 a と i, j, k とは可換である．すなわち，$ai=ia$, $aj=ja$, $ak=ka$ であると仮定する．$\alpha=a+bi+cj+dk$ に対して $\overline{\alpha}=a-bi-cj-dk$ とおくと，直接の計算により

$$\alpha\overline{\alpha} = \overline{\alpha}\alpha = a^2+b^2+c^2+d^2$$

であることが分かる．これより $\alpha \neq 0$ のとき α の逆元 α^{-1} は

$$\alpha^{-1} = \frac{1}{a^2+b^2+c^2+d^2}(a-bi-cj-dk)$$

であることが分かる．写像

$$\begin{array}{ccc} \mathbb{R} & \longrightarrow & \mathbb{H} \\ a & \longmapsto & a+0i+0j+0k \end{array}$$

$$\begin{array}{ccc} \mathbb{C} & \longrightarrow & \mathbb{H} \\ a+bi & \longmapsto & a+bi+0j+0k \end{array}$$

によって $\mathbb{R}, \mathbb{C}$ は $\mathbb{H}$ の部分体と考えることができる．

複素数体 $\mathbb{C}$ を部分体として含む可換体は $\mathbb{C}$ 以外は存在しないことが知られている．また四元数体 $\mathbb{H}$ を部分体として含む体は $\mathbb{H}$ であることも知られている．

四元数体は非可換であるので，計算するときに注意が必要である．幾何学では記述を簡明にするために四元数を用いることがある．線形代数が十分に発達していなかった19世紀にはベクトルを表わす手段として四元数が物理学で用いられた．

$L_1(\sqrt[n_2]{\beta})$ と考えられ，拡大体の列

$$L \subset L_1 = L(\sqrt[n_1]{\alpha}) \subset M = L_1(\sqrt[n_2]{\beta})$$

を作ることができるからである．

§4.2(b),§6.1,§6.2 より，4 次以下の方程式は代数的に解くことができる．一般の 5 次以上の方程式は代数的に解くことができないことはアーベルによって初めて証明された．したがって，5 次以上の一般の方程式では，四則演算と累乗根を使った根の公式は存在しない．

(b)　ベクトル空間

体の拡大を考察するときに，ベクトル空間の考え方を使うと，大変便利である．**ベクトル空間**(vector space，**線形空間**ともいう)については，本シリーズ『行列と行列式』で詳しく述べられるが，ここでは必要最小限を述べることとする．ここでは『行列と行列式』と同様に任意の体上のベクトル空間について述べる．

定義 6.9　加群 V が以下の条件を満足するとき，体 K 上のベクトル空間という．

体 K の任意の元 a と V の任意の元 v に対して $a \cdot v$ が定義されて V の元となり，K の任意の元 a, b と V の任意の元 v, w に対して

(V1)　$a \cdot (b \cdot v) = (ab) \cdot v$

(V2)　$(a+b) \cdot v = a \cdot v + b \cdot v$

(V3)　$a \cdot (v+w) = a \cdot v + a \cdot w$

(V4)　$1 \cdot v = v$

が成り立つ．　□

V の元を**ベクトル**と呼び，$a \cdot v$ を av と略記することも多い．

V は加群であるので，零元 0_V があり，また V の元 v に対して，逆元 $-v$ ($v+(-v) = 0_V$ となる元)が存在する．$0_V + 0_V = 0_V$ であるので，上の条件(V3)より

$$a \cdot 0_V = a \cdot (0_V + 0_V) = a \cdot 0_V + a \cdot 0_V$$

が成り立ち $a \cdot 0_V = 0_V$ であることが分かる．また，(V2)より

$$0\cdot v=(0+0)\cdot v=0\cdot v+0\cdot v$$

が成り立つので，$0\cdot v=0_V$ であることが分かる．また $1+(-1)=0$ であるので，(V2)より $0\cdot v=\{1+(-1)\}\cdot v=v+(-1)\cdot v$ となる．$0\cdot v=0_V$ であったので，このことから，$-v=(-1)\cdot v$ であることも分かる．以下，特に混乱を生じない限り，V の零元を 0 と略記する．

さて，ベクトル空間で大切な概念は，ベクトルの**1次独立**(linearly independent)，**1次従属**(linearly dependent)である．V の n 個のベクトル $v_1, v_2, \cdots, v_n$ に対して，

$$a_1v_1+a_2v_2+\cdots+a_nv_n=0 \tag{6.19}$$

を満足する，少なくとも1つの a_j は0でない体 K の元 $a_1, a_2, \cdots, a_n$ が存在するとき，n 個のベクトル $v_1, v_2, \cdots, v_n$ は ***K* 上1次従属である**という．K 上1次従属でない n 個のベクトル $v_1, v_2, \cdots, v_n$ を ***K* 上1次独立である**という．これは，(6.19)が成り立つのは

$$a_1=a_2=\cdots=a_n=0$$

に限ると定義してもよい．

例 6.10

（1） 例 6.5 で考察した $\mathbb{Q}[\sqrt{D}]=\mathbb{Q}(\sqrt{D})$ は $\mathbb{Q}$ 上のベクトル空間である．1と $\sqrt{D}$ とは $\mathbb{Q}$ 上1次独立である．また $1+\sqrt{D}$ と $1-\sqrt{D}$ も $\mathbb{Q}$ 上1次独立である．なぜならば $a(1+\sqrt{D})+b(1-\sqrt{D})=(a+b)+(a-b)\sqrt{D}=0$ であれば，$a+b=0$, $a-b=0$ となり，$a=0$, $b=0$ が成立するからである．

（2） 命題 6.6 で考察した $\mathbb{Q}[\alpha]=\mathbb{Q}(\alpha)$ は $\mathbb{Q}$ 上のベクトル空間である．このとき，$1, \alpha, \alpha^2, \cdots, \alpha^{n-1}$ は $\mathbb{Q}$ 上1次独立である．なぜならば，もし

$$b_0\cdot 1+b_1\cdot\alpha+b_2\cdot\alpha^2+\cdots+b_{n-1}\cdot\alpha^{n-1}=0, \quad b_j\in\mathbb{Q}$$

が成り立てば，α は $g(x)=b_0+b_1x+\cdots+b_{n-1}x^{n-1}\in\mathbb{Q}[x]$ の根である．一方 α は $\mathbb{Q}$ 上既約な n 次式 $f(x)$ の根であるが，$n-1$ 次以下の $\mathbb{Q}$ 係数の多項式の根にはなり得ない．なぜならば α を根として持つ $\mathbb{Q}$ 係数の最低次数の多項式を $h(x)$ とすると，$f(x)$ を $h(x)$ で割ると

$$f(x)=q(x)h(x)+r(x), \quad \deg r(x)<\deg h(x)$$

となり，$f(\alpha)=h(\alpha)=0$ より $r(\alpha)=0$ となるが，$h(x)$ の定義より $r(x)=0$ でなければならず，$f(x)=q(x)h(x)$ より，$h(x)$ は $f(x)$ の定数倍でなければならないからである．$\deg g(x)<\deg f(x)$ より，$g(x)=0$ でなければならず，$b_0=b_1=\cdots=b_{n-1}=0$ であることが分かる．一方，$1,\alpha,\alpha^2,\cdots,\alpha^{n-1},\alpha^n$ は $\mathbb{Q}$ 上1次従属である．$f(x)=a_0+a_1x+a_2x^2+\cdots+a_nx^n$ とすると $f(\alpha)=0$ より

$$a_0\cdot 1+a_1\cdot\alpha+a_2\cdot\alpha^2+\cdots+a_n\cdot\alpha^n=0$$

が成り立つからである．($a_0,a_1,a_2,\cdots,a_n$ のうち0でないものがあることに注意する．)

（3） 体 K の n 個の元 $\alpha_1,\alpha_2,\cdots,\alpha_n$ を並べた $(\alpha_1,\alpha_2,\cdots,\alpha_n)$ を長さ n の**横ベクトル**(row vector)と呼ぶ．長さ n の横ベクトルの全体を V_n と記す．すなわち

$$V_n=\{(\alpha_1,\alpha_2,\cdots,\alpha_n)\mid\alpha_j\in K,\ j=1,2,\cdots,n\}.$$

V_n の2つの元 $(\alpha_1,\alpha_2,\cdots,\alpha_n)$, $(\beta_1,\beta_2,\cdots,\beta_n)$ に対して，和を

$$(\alpha_1,\alpha_2,\cdots,\alpha_n)+(\beta_1,\beta_2,\cdots,\beta_n)=(\alpha_1+\beta_1,\alpha_2+\beta_2,\cdots,\alpha_n+\beta_n)$$

と定義すると，V_n は $(0,0,\cdots,0)$ を零元とする加群になる．$(\alpha_1,\alpha_2,\cdots,\alpha_n)$ の逆元 $-(\alpha_1,\alpha_2,\cdots,\alpha_n)$ は $(-\alpha_1,-\alpha_2,\cdots,-\alpha_n)$ で与えられる．また，K の元 a に対して

$$a\cdot(\alpha_1,\alpha_2,\cdots,\alpha_n)=(a\alpha_1,a\alpha_2,\cdots,a\alpha_n)$$

と定義すると，V_n は K 上のベクトル空間になる． □

さて，体 K 上のベクトル空間 V に対して，K 上1次独立なベクトルの個数の最大値があれば，この最大値を K 上の V の**次元**(dimension)といい，$\dim_K V$ と記す．また，最大値がないとき，すなわち，任意の正整数 n に対して，K 上1次独立なベクトル $v_1,v_2,\cdots,v_n$ が存在するとき，V の次元は無限であるといい，V を無限次元ベクトル空間ともいう．また $\dim_K V=\infty$ と記すこともある．

例 6.11 体 K の元を係数とする1変数多項式の全体 $K[x]$ を考えると，多項式の足し算に関して加群となる．また，多項式 $f(x)$ と K の元 a に対し

て $af(x)$ は $f(x)$ の各係数を a 倍してできる多項式と定義することによって，$K[x]$ は K 上のベクトル空間になる．$1, x, x^2, \cdots, x^n$ は K 上1次独立であるので($a_0+a_1x+a_2x^2+\cdots+a_nx^n=0$ であるのは $a_0=a_1=a_2=\cdots=a_n=0$ のときに限るのは多項式の定義に含まれている)，$K[x]$ は K 上無限次元のベクトル空間である． □

さて，ベクトル空間の次元を計算するために，連立方程式に関する次の補題を証明する．連立方程式に関しては，後に簡単に述べることとする．

補題 6.12　体 K の元を係数とし，$x_1, x_2, \cdots, x_n$ を未知数とする連立方程式

$$\left.\begin{array}{c} a_{11}x_1+a_{12}x_2+\cdots+a_{1n}x_n=0 \\ a_{21}x_1+a_{22}x_2+\cdots+a_{2n}x_n=0 \\ \cdots\cdots\cdots \\ a_{m1}x_1+a_{m2}x_2+\cdots+a_{mn}x_n=0 \end{array}\right\} \qquad (6.20)$$

は $n>m$ であれば自明でない解(すなわち，解 $x_j=\alpha_j$，$j=1,2,\cdots,n$ のいずれかは0でない)を持つ．

［証明］　a_{ij} がすべて0であれば $x_j=1$ が解である．したがって，ある $a_{ij}\neq 0$ と仮定してよい．番号を付けかえることによって $a_{11}\neq 0$ と仮定しても一般性を失わない．$L_j=a_{j1}x_1+a_{j2}x_2+\cdots+a_{jn}x_n$ とおく．さらに，最初の式 $L_1=0$ の両辺に a_{11}^{-1} を掛けることによって $a_{11}=1$ と仮定してよいことが分かる．そこで連立方程式

$$\left.\begin{array}{l} L_1=0 \\ L_2-a_{21}L_1=0 \\ \quad\cdots\cdots\cdots \\ L_m-a_{m1}L_1=0 \end{array}\right\} \qquad (6.21)$$

を考えると，(6.20)の解と(6.21)の解は一致することが分かる．さらに，(6.21)の2番目以降の方程式には $x_2, x_3, \cdots, x_n$ しか現れない．そこで，n に関する帰納法によって補題を証明する．$n-1$ 個の未知数に関する $m-1$ 個の方程式

$$L_2 - a_{21}L_1 = 0$$
$$\cdots\cdots\cdots$$
$$L_m - a_{m1}L_1 = 0$$

は自明でない解 $x_j = \alpha_j$, $j = 2, 3, \cdots, n$ を持つと仮定してよい．すると，

$$\alpha_1 = -\sum_{k=2}^{n} a_{1k}\alpha_k$$

とおくと，$x_j = \alpha_j$, $j = 1, 2, \cdots, n$ は(6.21)の，したがって(6.20)の自明でない解を与える． ∎

さて，体 K 上のベクトル空間 V の n 個のベクトル $v_1, v_2, \cdots, v_n$ に対して

$$c_1v_1 + c_2v_2 + \cdots + c_nv_n, \quad c_j \in K$$

の形の V の元を，$v_1, v_2, \cdots, v_n$ の **K 上の 1 次結合**(linear combination over K)と呼ぶ．また $v_1, v_2, \cdots, v_n$ の K 上の 1 次結合の全体を

$$\langle v_1, v_2, \cdots, v_n \rangle_K$$

と記し，**ベクトル $\boldsymbol{v_1, v_2, \cdots, v_n}$ が張る $\boldsymbol{V}$ の部分ベクトル空間**(vector subspace spanned by $v_1, v_2, \cdots, v_n$)という．

$W = \langle v_1, v_2, \cdots, v_n \rangle_K$ は K 上のベクトル空間であることを見ておこう．$0_V = 0\cdot v_1 + 0\cdot v_2 + \cdots + 0\cdot v_n$ と書けるので，$0_V \in W$ であり，$v = a_1v_1 + a_2v_2 + \cdots + a_nv_n$, $w = b_1v_1 + b_2v_2 + \cdots + b_nv_n$ に対して $v + w = (a_1 + b_1)v_1 + (a_2 + b_2)v_2 + \cdots + (a_n + b_n)v_n$ と書けるので，$v + w \in W$ である．また，$v = a_1v_1 + a_2v_2 + \cdots + a_nv_n$ に対して $-v = (-a_1)v_1 + (-a_2)v_2 + \cdots + (-a_n)v_n$ (これを，$-a_1v_1 - a_2v_2 - \cdots - a_nv_n$ と記す)となるので，$-v \in W$ である．したがって，W は加群である(さらに詳しく V の部分加群でもある)．また，$a \in K$, $v = a_1v_1 + a_2v_2 + \cdots + a_nv_n \in W$ に対して $av = (aa_1)v_1 + (aa_2)v_2 + \cdots + (aa_n)v_n \in V$ であり，V がベクトル空間の定義 6.9 の性質(V1)～(V4)を持つことから，W も(V1)～(V4)の性質を持つことが分かる．したがって W は体 K 上のベクトル空間である．

$W = \langle v_1, v_2, \cdots, v_n \rangle_K$ のように，体 K 上のベクトル空間 V の部分集合 Z が，V の加法に関して V の部分加群となり，かつ体 K 上のベクトル空間であるとき，Z を V の**部分ベクトル空間**(vector subspace)または**線形部分空間**(linear subspace)と呼ぶ．Z が V の部分ベクトル空間であるための必要十分条件は

(VS1) $v, w \in Z$ であれば $v+w \in Z$

(VS2) $a \in K,\ v \in Z$ に対して $av \in Z$

が成立することである．(VS2)より $-1 \in K,\ v \in Z$ に対して $(-1)\cdot v = -v$ であるので $-v \in Z$ であることが分かる．$W = \langle v_1, v_2, \cdots, v_n \rangle_K$ をベクトル $v_1, v_2, \cdots, v_n$ が張る V の部分ベクトル空間と呼ぶ．特に $V = \langle v_1, v_2, \cdots, v_n \rangle_K$ であるとき，V はベクトル $v_1, v_2, \cdots, v_n$ で張られるという．

次の補題は，ベクトル空間の次元の計算で大切な役割をする．

補題 6.13 体 K 上のベクトル空間 V の m 個の元 $v_1, v_2, \cdots, v_m$ の1次結合として書ける n 個のベクトル $w_1, w_2, \cdots, w_n$ は，$n > m$ であれば K 上1次従属である．

［証明］ $w_j = a_{1j}v_1 + a_{2j}v_2 + \cdots + a_{mj}v_m,\ j = 1, 2, \cdots, n$ とおき，

$$c_1w_1 + c_2w_2 + \cdots + c_nw_n = 0 \tag{6.22}$$

を満足する $c_j \in K$ を求めることを考える．連立方程式

$$\left.\begin{array}{l} a_{11}x_1 + a_{12}x_2 + \cdots + a_{1n}x_n = 0 \\ a_{21}x_1 + a_{22}x_2 + \cdots + a_{2n}x_n = 0 \\ \qquad\cdots\cdots\cdots \\ a_{m1}x_1 + a_{m2}x_2 + \cdots + a_{mn}x_n = 0 \end{array}\right\} \tag{6.23}$$

の自明でない解 $x_j = c_j \in K,\ j = 1, 2, \cdots, n$ があれば，これは(6.22)を満足し，したがって $w_1, w_2, \cdots, w_n$ は K 上1次従属である．一方，$m < n$ であるので，補題 6.12 より，連立方程式(6.23)は自明でない解 $x_j = c_j \in K$ を持つ． ∎

系 6.14 体 K 上のベクトル空間 V が n 個のベクトル $v_1, v_2, \cdots, v_n$ で張られていれば

$$\dim_K V \leqq n$$

である．

［証明］ V のすべての元は $v_1, v_2, \cdots, v_n$ の1次結合であるので，補題 6.13 より，V の $n+1$ 個以上のベクトルはすべて K 上1次従属である． ∎

定理 6.15 体 K 上のベクトル空間 V が，K 上1次独立な n 個のベクトルで張られていれば，$\dim_K V = n$ である．逆に，$\dim_K V = n$ であれば，V

を張る n 個の K 上1次独立なベクトルが存在する．

［証明］　前半は系6.14より明らか．一方，$\dim_K V=n$ であれば，次元の定義より K 上1次独立な n 個のベクトル $v_1, v_2, \cdots, v_n$ が存在する．V の任意の元 w をとると，$v_1, v_2, \cdots, v_n, w$ は1次従属である．したがって，いずれかの c_j は0でない K の元 $c_1, c_2, \cdots, c_{n+1}$ で

$$c_1 v_1 + c_2 v_2 + \cdots + c_n v_n + c_{n+1} w = 0$$

が成り立つものがある．もし $c_{n+1}=0$ であれば，$v_1, v_2, \cdots, v_n$ は1次独立であるので，$c_1=c_2=\cdots=c_n=0$ となり，仮定に反する．したがって $c_{n+1}\neq 0$ である．これより

$$w = -\frac{c_1}{c_{n+1}}v_1 - \frac{c_2}{c_{n+1}}v_2 - \cdots - \frac{c_n}{c_{n+1}}v_n$$

が成り立ち，w は $v_1, v_2, \cdots, v_n$ の1次結合となる．w は V の任意の元であったので，$v_1, v_2, \cdots, v_n$ は V を張ることが分かる． ∎

例題 6.16　体 K を係数とする n 次既約多項式 $f(x)\in K[x]$ の根の1つを α とすると，$K(\alpha)$ は K 上のベクトル空間であり，$\dim_K K(\alpha)=n$ である．また，$K(\alpha)$ の任意の元 β は K を係数とする n 次以下の次数の多項式の根である．

［解］　$K(\alpha)$ が K 上のベクトル空間であること，および，$1, \alpha, \alpha^2, \cdots, \alpha^{n-1}$ が K 上1次独立であることは，例6.10(2)と同じように示される．$K(\alpha)$ は $1, \alpha, \alpha^2, \cdots, \alpha^{n-1}$ によって K 上張られるので，$\dim_K K(\alpha)=n$ である．また $\dim_K K(\alpha)=n$ であれば，$n+1$ 個の $1, \beta, \beta^2, \cdots, \beta^n$ は K 上1次従属である．したがって，

$$b_0\cdot 1 + b_1\cdot\beta + b_2\cdot\beta^2 + \cdots + b_n\cdot\beta^n = 0, \quad b_j\in K$$

かつ，ある $b_k\neq 0$ を満足する b_j, $j=0,1,\cdots,n$ が存在する．すなわち，$g(x)=b_0+b_1x+b_2x^2+\cdots+b_nx^n$ の根の1つが β である． ∎

例題 6.17　体 K が体 L の部分体であれば，L は K 上のベクトル空間である．もし $\dim_K L=n$ であれば，L の任意の元は K 係数の次数 n 以下の多項式の根である．

［解］ L は加群であり，$a\in K$, $v\in L$ に対して $av\in L$ であり，定義6.9の性質(V1)〜(V4)が満足されることは容易に分かる．したがって，L は K 上のベクトル空間である．もし $\dim_K L=n$ であれば，次元の定義より，L の $n+1$ 個の元は K 上1次従属である．特に $\beta\in L$ に対して $1,\beta,\beta^2,\cdots,\beta^n$ は K 上1次従属である．よって，例題6.16と同様の議論により，β は K 係数の n 次以下の多項式の根である． ∎

例題6.17のように，K が L の部分体で $\dim_K L=n$ のとき L は K の $\boldsymbol{n}$ **次拡大**(extension of degree n)であるといい，また n を L の K 上の**拡大次数**(degree)といい $[L:K]$ と表わす．例題6.17より，α が $K[x]$ の n 次既約多項式の根であれば $[K(\alpha):K]=n$ である．また，体 L が体 K の拡大体であることを明記する必要があるとき，体の拡大 L/K という記号を用いる．

問8　数 γ は体 K を係数とする多項式の根となるとき，$\boldsymbol{K}$ **上代数的**であるという．γ を根とする K 係数の多項式で最高次の係数が1のもの(**モニック多項式**(monic polynomial)という)のうちで次数が最低のものを γ の $\boldsymbol{K}$ **上の最小多項式**(minimal polynomial)という．γ の最小多項式はただ1つであり，K 上既約であることを示せ．(γ が K 上代数的でないとき $\boldsymbol{K}$ **上超越的**(transcendental over K)という．)

問9　$\sqrt[3]{2}$, $\dfrac{-1+\sqrt{3}i}{2}$ は $\mathbb{Q}$ 上代数的である．それぞれの数の $\mathbb{Q}$ 上の最小多項式を求めよ．

最後に，部分ベクトル空間の次元に関する大切な事実を述べておく．

命題6.18　体 K 上のベクトル空間 V とその部分ベクトル空間 W の次元に関しては不等式

$$\dim_K W \leqq \dim_K V$$

が成り立つ．両者がともに有限であり，等号が成立するときは $V=W$ である．

［証明］ W のベクトル $w_1,w_2,\cdots,w_m$ が K 上1次独立であれば，V のベクトルとしても K 上1次独立である．したがって $\dim_K W\leqq\dim_K V$ が成

り立つ.

$\dim_K W = \dim_K V = n$ とすると，定理6.15より W は K 上1次独立なベクトル $v_1, v_2, \cdots, v_n$ で張られる. $v_1, v_2, \cdots, v_n$ は V のベクトルとしても K 上1次独立である. もし V が $v_1, v_2, \cdots, v_n$ で張られなければ，$v_1, v_2, \cdots, v_n$ の1次結合として表わすことのできない V のベクトル v が存在する. このとき，$v_1, v_2, \cdots, v_n, v$ は K 上1次独立である. なぜならば

$$a_1v_1 + a_2v_2 + \cdots + a_nv_n + a_{n+1}v = 0, \quad a_j \in K$$

が成り立つとき，もし $a_{n+1} \neq 0$ であれば v は $v_1, v_2, \cdots, v_n$ の1次結合として書け仮定に反するので，$a_{n+1} = 0$ であり，$v_1, v_2, \cdots, v_n$ は K 上1次独立より $a_1 = a_2 = \cdots = a_n = 0$ となるからである. したがって $\dim_K V \geqq n+1$ となり，仮定に反する. よって V は $v_1, v_2, \cdots, v_n$ より張られ，$V = W$ である. ∎

問10　体 K 上のベクトル空間 V が n 次元，$\dim_K V = n$ のとき，$v_1, v_2, \cdots, v_n$ が体 K 上1次独立な n 個の V のベクトルであれば，V は $v_1, v_2, \cdots, v_n$ によって張られることを示せ.

(c)　1の累乗根と円分多項式

1の n 乗根は(4.16)とド・モアブルの定理(定理4.4)より

$$\zeta_n^m = \cos\frac{2m}{n}\pi + i\sin\frac{2m}{n}\pi, \quad m = 0, 1, 2, \cdots, n-1 \qquad (6.24)$$

と表示することができ，これらは方程式 $x^n - 1 = 0$ の根である. n 乗して初めて1になる1の n 乗根を**1の原始 n 乗根**(primitive n-th root of unity)という.

例題6.19　(6.24)の表示を使うとき，1の n 乗根 ζ_n^m が k 乗して初めて1になったとすると，k は n の約数である. 特に ζ_n^m が1の原始 n 乗根であるための必要十分条件は m と n とが互いに素であることである.

［解］　ド・モアブルの定理(定理4.4)より

$$(\zeta_n^m)^k = \cos\frac{2km}{n}\pi + i\sin\frac{2km}{n}\pi$$

であるので，$(\zeta_n^m)^k = 1$ であるための必要十分条件は $km \equiv 0 \pmod n$ である．$m=0$ のときは $\zeta_0 = 1$ であり $k=1$ である．$1 \leqq m \leqq n-1$ のときは m と n との最大公約数を m_1 とし，$n = k_1 m_1$ と記すと，$k_1 m \equiv 0 \pmod n$ であり，一方 $1 \leqq l \leqq k_1 - 1$ に対しては $lm \not\equiv 0 \pmod n$ である．したがって $(\zeta_n^m)^k = 1$ となる最小の正整数 k は k_1 であり，n の約数である．特に $k_1 = n$ となるのは m と n とが互いに素のときに限る． ∎

この例題が示すように，1の原始 n 乗根は，オイラーの関数 φ（演習問題2.5）を使うと，$\varphi(n)$ 個あることが分かる．特に n が素数であれば1以外の1の n 乗根はすべて原始 n 乗根である．また，(6.24)の記号で ζ_n^1 を以下 ζ_n と記す．ζ_n はつねに1の原始 n 乗根である．

問11　$n = 3, 4, 5, 6$ のとき，ζ_n の $\mathbb{Q}$ 上の最小多項式を求めよ．また，これらの最小多項式の根はすべて1の原始 n 乗根であることを示せ．（この事実は後に一般化される．）

次の補題は1の累乗根に関して基本的な役割をする重要な結果である．

補題6.20　素数 p と，1の原始 p 乗根 ζ に対して

$$\sum_{l=0}^{p-1} \zeta^{lj} = \begin{cases} p, & j \equiv 0 \pmod p \text{ のとき} \\ 0, & j \not\equiv 0 \pmod p \text{ のとき} \end{cases}$$

が成り立つ．ただし j は整数とする．

［証明］　もし $j \equiv 0 \pmod p$ であれば $\zeta^{lj} = 1$ であるので，上記等式の右辺の1番目の場合が成り立つのは明らかである．一方，$j \not\equiv 0 \pmod p$ であれば，任意の正整数 m, $0 \leqq m \leqq p-1$ に対して

$$lj \equiv m \pmod p$$

を満足する整数 l は $0 \leqq l \leqq p-1$ の範囲でただ1つ定まる．なぜならば，

定理2.8より $k_1j+k_2p=1$ を満足する整数 k_1, k_2 が存在することが分かり，$(mk_1)j+(mk_2)p=m$ が成り立ち，$(mk_1)j\equiv m \pmod p$ であることが分かる．したがって $l\equiv mk_1 \pmod p$ となる l を $0\leqq l\leqq p-1$ の範囲に見つけることができる．もし l' も同様に $l'j\equiv m \pmod p$ を満足すると，$(l-l')j\equiv 0 \pmod p$ が成り立つが，j と p とは互いに素であるので $l\equiv l' \pmod p$ であることが分かる．したがって，$0\leqq l'\leqq p-1$ であれば $l=l'$ である．

以上の考察によって，$j\not\equiv 0 \pmod p$ のとき

$$\sum_{l=0}^{p-1}\zeta^{lj}=\sum_{m=0}^{p-1}\zeta^{m}$$

であることが分かる．一方，$\zeta^0=1, \zeta, \zeta^2, \cdots, \zeta^{p-1}$ は方程式 $x^p-1=0$ の根であり，

$$x^p-1=\prod_{m=0}^{p-1}(x-\zeta^m)$$

が成り立つ．両辺の x^{p-1} の係数を比較して

$$\sum_{m=0}^{p-1}\zeta^{m}=0$$

を得る． ∎

問12　1の原始 n 乗根 ζ と n と素な整数 j に対して

$$\sum_{l=0}^{n-1}\zeta^{lj}=0$$

が成り立つことを示せ．

さて，1の原始 n 乗根 ζ の $\mathbb{Q}$ 上の最小多項式を**円分多項式**(cyclotomic polynomial)という．この定義には，暗黙のうちに，どの1の原始 n 乗根をとっても同一の最小多項式であることを仮定している．このことが正しいことであることも含めて，円分多項式を具体的に求める方法を述べよう．そのために

$$F_n(x) = \prod_{\substack{\eta \text{は} 1 \text{の} \\ \text{原始} n \text{乗根}}} (x-\eta) \tag{6.25}$$

とおく．(6.24)の記法を使うと，例題 6.19 より

$$F_n(x) = \prod_{\substack{1 \leqq m \leqq n-1 \\ m \text{は} n \text{と素}}} (x-\zeta_n^m)$$

と書くことができる．この定義からは $F_n(x)$ は有理数係数の多項式であることは明らかではないが，次のようにして示すことができる．まず，次の補題を証明しよう．

補題 6.21

$$x^n - 1 = \prod_{\substack{1 \leqq d \leqq n \\ d \text{は} n \text{の約数}}} F_d(x)$$

［証明］ n の約数 d に対して $n=dl$ と記す．1 の d 乗根は $\zeta=\zeta_n$ を使うと ζ^{kl}, $k=0,1,2,\cdots,d-1$ と記すことができる．このうちで ζ^{kl} が 1 の原始 d 乗根となるのは k が d と素のときである．したがって，すべての 1 の原始 d 乗根は $\{\zeta^m \mid m=0,1,2,\cdots,n-1\}$ の中に含まれる．一方，$1 \leqq m \leqq n-1$ に対して m と n との最大公約数を l とし，$m=m'l$, $n=dl$ と記すと，$\zeta^m=(\zeta^l)^{m'}$ となり，m' は n と素であるので，ζ^m は 1 の原始 d 乗根である．また $\zeta^0=1$ は 1 の原始 1 乗根である．以上の考察と(6.25)より補題が成り立つことが分かる． ∎

ところで $F_1(x)=x-1$, $F_2(x)=x+1$ である．もし $k \leqq n-1$ まで $F_k(x) \in \mathbb{Q}[x]$ であれば，上の補題より

$$F_n(x) = (x^n-1) \Bigg/ \prod_{\substack{1 \leqq d \leqq n-1 \\ d \text{は} n \text{の約数}}} F_d(x)$$

が成り立つことから，$F_n(x) \in \mathbb{Q}[x]$ であることが分かる．($\mathbb{Q}$ 係数の多項式を $\mathbb{Q}$ 係数の多項式で割ったときの商は $\mathbb{Q}$ 係数の多項式であることに注意.)
$F_n(x)$ が 1 の原始 n 乗根の最小多項式であることを示すためには，$F_n(x)$ が $\mathbb{Q}[x]$ で既約であることを示す必要がある．このことは後に演習問題 7.6 で示す．

さて，以上の論法は，円分多項式を具体的に求める際に有効である．

例 6.22

$$F_2(x) = (x^2-1)/F_1(x) = x+1$$
$$F_3(x) = (x^3-1)/F_1(x) = x^2+x+1$$
$$F_4(x) = (x^4-1)/F_1(x)F_2(x) = x^2+1$$
$$F_5(x) = (x^5-1)/F_1(x) = x^4+x^3+x^2+x+1$$
$$F_6(x) = (x^6-1)/F_1(x)F_2(x)F_3(x) = x^2-x+1$$
$$F_{12}(x) = (x^{12}-1)/F_1(x)F_2(x)F_3(x)F_4(x)F_6(x) = x^4-x^2+1$$

また素数 p に対しては

$$F_p(x) = (x^p-1)/F_1(x) = x^{p-1}+x^{p-2}+\cdots+x+1. \qquad \square$$

上の例では $F_n(x)$ はすべて整数係数の多項式になっている．これは偶然ではなく，すべての円分多項式は整数係数であることを示すことができる．このことについては，演習問題 7.6 を参照されたい．

例題 6.23　1 の原始 5 乗根を有理数から累乗根を用いることによって表示せよ．

［解］　1 の原始 5 乗根は

$$x^4+x^3+x^2+x+1 = 0$$

の根である．この式の両辺を x^2 で割り，$X = x+x^{-1}$ とおくと方程式

$$X^2+X-1 = 0$$

を得る．この方程式の 2 根は $\dfrac{-1\pm\sqrt{5}}{2}$ である．そこで

$$x+x^{-1} = \frac{-1\pm\sqrt{5}}{2}$$

を考える．両辺に x を掛けると

$$x^2-\frac{-1\pm\sqrt{5}}{2}x+1 = 0$$

を得る．この方程式の根は

$$\frac{1}{2}\left(\frac{-1\pm\sqrt{5}}{2}\pm\sqrt{\left(\frac{-1\pm\sqrt{5}}{2}\right)^2-4}\right)$$
$$=\frac{1}{4}\left\{(-1\pm\sqrt{5})\pm\sqrt{10\pm2\sqrt{5}}\,i\right\}$$

である．（複号 ± は $(-1\pm\sqrt{5})$ と $\sqrt{10\pm2\sqrt{5}}\,i$ では同順である．）三角関数のグラフを考えることにより，1 の原始 5 乗根は

$$\zeta=\cos\frac{2\pi}{5}+i\sin\frac{2\pi}{5}=\frac{-1+\sqrt{5}}{4}+\frac{\sqrt{10+2\sqrt{5}}}{4}i$$
$$\zeta^2=\cos\frac{4\pi}{5}+i\sin\frac{4\pi}{5}=\frac{-1-\sqrt{5}}{4}+\frac{\sqrt{10-2\sqrt{5}}}{4}i$$
$$\zeta^3=\cos\frac{6\pi}{5}+i\sin\frac{6\pi}{5}=\frac{-1-\sqrt{5}}{4}-\frac{\sqrt{10-2\sqrt{5}}}{4}i$$
$$\zeta^4=\cos\frac{8\pi}{5}+i\sin\frac{8\pi}{5}=\frac{-1+\sqrt{5}}{4}-\frac{\sqrt{10+2\sqrt{5}}}{4}i$$

と書けることが分かる． ∎

実は，1 の原始 n 乗根はすべて，有理数から累乗根を繰り返しとることによって表示することができることが知られている．

問 13

(1) 奇数 m に対して $F_{2m}(x)=F_m(-x)$ を示せ．

(2) 素数 p が正整数 m の約数でないとき $F_{pm}(x)=F_m(x^p)/F_m(x)$ であることを示せ．

(3) p が素数のとき $F_p(x)$ は $\mathbb{Z}[x]$ で，したがって $\mathbb{Q}[x]$ で既約であることを示せ．

(d) アーベルの定理 1

この項と次項で，5 次以上の一般の方程式は代数的に解くことができない

というアーベルの定理の証明を行なう．そのために，準備を行なう．

体 k を1つ選んで以下固定して考え，$x_1, x_2, \cdots, x_n$ を k 上代数的に独立な数，すなわち，どのような k 係数の n 変数多項式 $F(X_1, X_2, \cdots, X_n)$ をとっても $F(x_1, x_2, \cdots, x_n) \neq 0$ であるとする．(すべての体を複素数体 $\mathbb{C}$ の部分体として考えることにしたので，このような記述をするが，実際は $x_1, x_2, \cdots, x_n$ は k 上の独立な変数と考えてよい．) そこで n 次式

$$\prod_{j=1}^{n}(x-x_j) = x^n - s_1 x^{n-1} + s_2 x^{n-2} - \cdots + (-1)^n s_n$$

を考える．$s_1, s_2, \cdots, s_n$ は $x_1, x_2, \cdots, x_n$ の基本対称式である．方程式

$$x^n - s_1 x^{n-1} + s_2 x^{n-2} - \cdots + (-1)^n s_n = 0 \qquad (6.26)$$

の根は $x_1, x_2, \cdots, x_n$ であり，方程式(6.26)の根の公式を求めることは，$x_1, x_2, \cdots, x_n$ を $s_1, s_2, \cdots, s_n$ を使って表わすことを意味する．たとえば $n=2$ のときは x_1, x_2 は

$$\frac{s_1 \pm \sqrt{s_1^2 - 4s_2}}{2}$$

と表示できた．方程式(6.26)の定義体として体 k に $s_1, s_2, \cdots, s_n$ を添加してできた体 $K = k(s_1, s_2, \cdots, s_n)$ を考える．方程式(6.26)を基礎体 K から累乗根を使って解くことができるということは，K から始まる累乗根による拡大体の列

$$\begin{gathered} K_0 = K \subset K_1 \subset K_2 \subset \cdots \subset K_m \\ K_{j+1} = K_j(\sqrt[p_j]{\alpha_j}), \quad \alpha_j \in K_j \end{gathered} \qquad (6.27)$$

をうまくとると，$x_1, x_2, \cdots, x_n$ がすべて K_m に含まれる．したがって K に $x_1, x_2, \cdots, x_n$ を添加した体 $K(x_1, x_2, \cdots, x_n)$ が K_m に含まれることを意味する．たとえば，$n=2$ のときは $K_1 = K(\sqrt{s_1^2 - 4s_2})$ ととればよい．一方，このような性質を持つ累乗根による拡大の列(6.27)がなければ方程式(6.26)は K から出発して四則演算と累乗根をとる操作によって根を表示すること，すなわち(6.26)を代数的に解くことはできないことになる．$n \geqq 5$ のとき，このような性質を持つ累乗根による拡大体の列は存在しない．したがって，方程式(6.26)は基礎体 K から代数的に解くことはできないというのが，方程式

論におけるアーベルの定理である．アーベルはこの定理を次の2つの主張を証明することによって示した．

主張1　$L=K(x_1,x_2,\cdots,x_n)\subset K_m$ となる累乗根による拡大体の列(6.27)があれば，

$$E_0=K\subset E_1\subset E_2\subset\cdots\subset E_l=L \tag{6.28}$$
$$E_{j+1}=E_j(\sqrt[q_j]{\beta_j}),\quad \beta_j\in E_j$$

となる累乗根による拡大体の列が存在する．すなわち，K に累乗根を次々と添加することによって基礎体 K に方程式(6.26)の根 $x_1,x_2,\cdots,x_n$ を添加してできる体(方程式(6.26)の最小分解体という) $L=K(x_1,x_2,\cdots,x_n)$ を得ることができる．　□

主張2　$n\geqq 5$ であれば，体の拡大 $L=K(x_1,x_2,\cdots,x_n)/K$ に対して累乗根による拡大体の列(6.28)は存在しない．　□

ただし，主張1が成り立つためには，最初に固定した体 k が必要なだけの1の累乗根を含むと仮定しておく必要がある．したがって，以下，**体 $\boldsymbol{k}$ は1の累乗根をすべて含む**と仮定する．(この仮定は少し強すぎるが，アーベルの証明の本質を見やすくするためにこの仮定をおくことにする．) 3次方程式の根の公式に1の3乗根が現れるように，累乗根を使った根の公式の表示には1の累乗根が登場する必要があるので，この仮定は自然な仮定でもある．

主張1はいささか分かりにくいかもしれない．$L\subset K_m$ となる拡大体の列(6.27)が存在すること(すなわち $L\subsetneqq K_m$ であってもよい)と，$L=K_m$ となる拡大体の列(6.27)が存在することとは違うことに注意する．方程式が代数的に解けるためには，$L\subset K_m$ が成り立てばよい．したがって，主張1は四則演算と累乗根を使って根を表示できるという主張よりは少し強い主張である．

一方，主張2からだけでは方程式(6.26)が代数的に解けないことを結論づけることはできない．$L\subset K_m$ となる累乗根による拡大体の列(6.27)が存在するかもしれないからである．主張2はアーベル以前にルフィニ(P. Ruffini, 1765–1822)が証明していたが，主張1の必要性には気付いていなかったようである．

以下，主張1を証明するために種々の準備を行なう．まず，累乗根による拡大体の列(6.27)で K_j に添加する累乗根 $\sqrt[p_j]{\alpha_j}$ に対して p_j は素数と仮定しても一般性を失わないことに注意する．もし $p_j=pq$ と2つの2以上の整数の積に書けたとすれば，$\beta_j=(\sqrt[p_j]{\alpha_j})^q$ とおくと，$\beta_j=\sqrt[p]{\alpha_j}$，$\sqrt[p_j]{\alpha_j}=\sqrt[q]{\beta_j}$ と書け，$K_j'=K_j(\sqrt[p]{\alpha_j})$，$K_{j+1}=K_j'(\sqrt[q]{\beta_j})$ と拡大 K_{j+1}/K_j を2つの拡大に分解することができるからである．したがって，以下(6.27)に現れる p_j はすべて素数と仮定する．また α_j は K_j の数の p_j 乗とはなっていないと仮定する．そうでなければ，$\sqrt[p_j]{\alpha_j}\in K_j$ であるので $K_{j+1}=K_j$ となって，この部分は考えなくてよいからである．

次の補題の証明から始めよう．

補題 6.24　素数 q に対して，体 E は1の原始 q 乗根を含むとする．E の0でない元 a は E の元の q 乗ではないとすると，x^q-a は $E[x]$ で既約である．逆に，x^q-a が $E[x]$ で既約であれば，a は E の元の q 乗ではない．

［証明］　$x^q-a=0$ の根の1つを α と記すと，他の根は，1の原始 q 乗根 ζ を使うと $\zeta^m\alpha$, $m=1,2,\cdots,q-1$ と表わすことができる．したがって $E(\alpha)[x]$ では

$$x^q-a=\prod_{m=0}^{q-1}(x-\zeta^m\alpha)$$

と因数分解できる．もし x^q-a が $E[x]$ で可約であれば，その既約因子 $g(x)$ は $E(\alpha)[x]$ では

$$g(x)=\prod_{j=1}^{l}(x-\zeta^{m_j}\alpha)$$

と因数分解できる．$1\leqq l\leqq q-2$ であり，$m'=m_1+m_2+\cdots+m_l$ とおくと，$\zeta^{m'}\alpha^l\in E$ となる．$\zeta\in E$ であるので $\alpha^l\in E$ である．一方，q は素数なので q と l とは互いに素であり，定理2.8より $sq+tl=1$ となる整数 s,t が存在する．すると，$a\in E$, $\alpha^l\in E$ より

$$\alpha=\alpha^{sq+tl}=(\alpha^q)^s\cdot(\alpha^l)^t=a^s\cdot(\alpha^l)^t\in E$$

となり，$\alpha\notin E$ という仮定に反する．よって x^q-a は $E[x]$ で既約である．一方，$a=b^q$, $b\in E$ であれば，1の原始 q 乗根を ζ とすると，

$$x^q - a = \prod_{j=0}^{q-1}(x - \zeta^j b)$$

と $E[x]$ で因数分解でき，可約である． ■

次の補題はアーベルの証明で中心的な役割をする．

補題 6.25　素数 q，体 E，$a \in E$ は補題 6.24 と同じとする．$x^q - a$ の根の 1 つを α とするとき，$\beta \in E(\alpha)$, $\beta \notin E$ である β に対して，$\gamma^q \in E$ かつ

$$\beta = b_0 + \gamma + b_2\gamma^2 + \cdots + b_{q-1}\gamma^{q-1}, \quad b_j \in E \tag{6.29}$$

を満足する $\gamma \in E(\alpha)$ が存在する．またこのとき $E(\alpha) = E(\gamma)$ が成立する．

［証明］

$$\beta = a_0 + a_1\alpha + a_2\alpha^2 + \cdots + a_{q-1}\alpha^{q-1}, \quad a_j \in E \tag{6.30}$$

と書くことができる．$a_s \neq 0$ である最小の s を l と記す．$1 \leqq l \leqq q-1$ である ($\beta \notin E$ に注意)．そこで $\gamma = a_l\alpha^l$ とおくと $\gamma^q \in E$ である．また $1 \leqq m \leqq q-1$ に対して，定理 2.8 より $rq + sl = m$ となる整数 r, s が存在する．すると

$$\alpha^m = \alpha^{rq+sl} = (\alpha^q)^r(\alpha^l)^s = a^r(a_l^{-1}\gamma)^s = c_m\gamma^s, \quad c_m \in E$$

と書ける．また $s \equiv s_0 \pmod{q}$, $0 \leqq s_0 \leqq q-1$ と s_0 を定めると，$\gamma^s = b_s\gamma^{s_0}$, $b_s \in E$ と書ける．したがって(6.30)は(6.29)の形に表わすことができることが分かる．

ところで，$\gamma \notin E$, $\gamma^q \in E$ であるので $x^q - \gamma^q$ は $E[x]$ で既約である．したがって，例題 6.16 より $\dim_E E(\gamma) = q$ である．一方 $\dim_E E(\alpha) = q$ であり，$E(\gamma) \subset E(\alpha)$ であるので，$E(\gamma) = E(\alpha)$ であることが分かる． ■

上の補題で，(6.29)の γ の係数が 1 にとれることが大切である．

さて，方程式(6.26)を考える．方程式(6.26)の定義体 $K = k(s_1, s_2, \cdots, s_n)$ と方程式(6.26)の K 上の最小分解体 $L = K(x_1, x_2, \cdots, x_n) = k(x_1, x_2, \cdots, x_n)$ を考える．k は 1 の累乗根をすべて含むと仮定する．また $x_1, x_2, \cdots, x_n$ は k 上代数的に独立，したがって k 上独立な変数と考えることができる．

補題 6.26　L の 元 $f(x_1, x_2, \cdots, x_n) = P(x_1, x_2, \cdots, x_n)/Q(x_1, x_2, \cdots, x_n)$ (P, Q は $x_1, x_2, \cdots, x_n$ に関する k 係数の多項式)に対して，n 次対称群 S_n の元 σ を使って L の元 σf を

$$(\sigma f)(x_1, x_2, \cdots, x_n) = f(x_{\sigma(1)}, x_{\sigma(2)}, \cdots, x_{\sigma(n)})$$
$$= P(x_{\sigma(1)}, x_{\sigma(2)}, \cdots, x_{\sigma(n)})/Q(x_{\sigma(1)}, x_{\sigma(2)}, \cdots, x_{\sigma(n)})$$

と定義する．このとき S_n のすべての元で不変な L の元の全体

$$L^{S_n} = \{f \in L \mid \sigma f = f \text{ がすべての } \sigma \in S_n \text{ に対して成立}\}$$

は L の部分体となり，$L^{S_n} = K$ が成り立つ．

［証明］ $P(x_1, x_2, \cdots, x_n) \in k[x_1, x_2, \cdots, x_n]$ と S_n のすべての元 σ に対して $P(x_{\sigma(1)}, x_{\sigma(2)}, \cdots, x_{\sigma(n)}) = P(x_1, x_2, \cdots, x_n)$ が成り立てば，P は $x_1, x_2, \cdots, x_n$ の基本対称式 $s_1, s_2, \cdots, s_n$ の k 係数の多項式として書けることは定理 5.25 で示した．$f(x_1, x_2, \cdots, x_n) = P(x_1, x_2, \cdots, x_n)/Q(x_1, x_2, \cdots, x_n)$ に対して

$$\widetilde{Q}(x_1, x_2, \cdots, x_n) = \prod_{\sigma \in S_n} Q(x_{\sigma(1)}, x_{\sigma(2)}, \cdots, x_{\sigma(n)}),$$

$$\widetilde{P}(x_1, x_2, \cdots, x_n) = P(x_1, x_2, \cdots, x_n) \prod_{\substack{\sigma \in S_n \\ \sigma \neq \text{恒等置換}}} Q(x_{\sigma(1)}, x_{\sigma(2)}, \cdots, x_{\sigma(n)})$$

とおくと，$f = \widetilde{P}/\widetilde{Q}$ であり，$\widetilde{Q}$ はすべての置換 $\sigma \in S_n$ で不変である．仮定より f もすべての置換 $\sigma \in S_n$ で不変であるので $\widetilde{P}$ もすべての置換 $\sigma \in S_n$ で不変である．したがって，$\widetilde{P}, \widetilde{Q}$ は k 係数の $s_1, s_2, \cdots, s_n$ の多項式として書くことができ，$f \in k(s_1, s_2, \cdots, s_n)$ であることが分かる．よって $L^{S_n} \subset k(s_1, s_2, \cdots, s_n)$ であることが分かった．一方 $k(s_1, s_2, \cdots, s_n)$ の各元はすべての置換 $\sigma \in S_n$ で不変であるので $k(s_1, s_2, \cdots, s_n) \subset L^{S_n}$ である．これで，$L^{S_n} = k(s_1, s_2, \cdots, s_n)$ であることが示された． ∎

次節で述べるように，この補題は方程式(6.26)の体 K 上のガロア群が n 次対称群であることを意味している．

補題 6.27　体 $L = k(x_1, x_2, \cdots, x_n)$ の元 δ の体 $K = k(s_1, s_2, \cdots, s_n)$ 上の最小多項式は $L[x]$ では 1 次式の積に分解する．

［証明］ $\delta = \delta(x_1, x_2, \cdots, x_n)$ に対して $(\sigma\delta)(x_1, x_2, \cdots, x_n) = \delta(x_{\sigma(1)}, x_{\sigma(2)}, \cdots, x_{\sigma(n)})$, $\sigma \in S_n$ のうち相異なるものを $\delta_1, \delta_2, \cdots, \delta_m$ と記す．

$$h(x) = \prod_{j=1}^{m} (x - \delta_j)$$

とおくと，$h(x)$ の各係数は S_n で不変であり，補題 6.26 より K の元であることが分かる．一方，$h(\delta)=0$ であるので δ の K 上の最小多項式 $g(x)$ は $h(x)$ を割り切る．したがって，$g(x)$ は $L[x]$ では $x-\delta_j$ の形の因子の積となる． ∎

いよいよ，アーベルの証明の中心となる補題を述べることができる．

補題 6.28　体の拡大 E/K を考える．素数 q と E の元 a を x^q-a が $E[x]$ で既約であるように選べたとする．$x^q-a=0$ の根の 1 つを α と記し，

$$M = E(\alpha)\cap L, \quad M_0 = E\cap L$$

とおく．もし $M\neq M_0$ であれば，$M=M_0(\gamma)$, $\gamma^q\in M_0$ となる $\gamma\in M$ が存在する．すなわち，拡大 M/M_0 は累乗根による拡大である．

［証明］　$M\neq M_0$ と仮定する．$\beta\in M$, $\beta\notin M_0$ である元 β が存在する．このとき，$\beta\in E(\alpha)$ であるので，補題 6.25 より $\gamma^q\in E$ かつ

$$\beta = b_0+\gamma+b_2\gamma^2+\cdots+b_{q-1}\gamma^{q-1}, \quad b_j\in E$$

が成り立つように $\gamma\in E(\alpha)$ を見つけることができる．β の K 上の最小多項式を $g(x)$ と記す．($\beta\in M=E(\alpha)\cap L$ であるので $\beta\in L$ であり，β は K 上代数的である．) そこで新しい変数 y を導入し，x に $b_0+y+b_2y^2+\cdots+b_{q-1}y^{q-1}$ を代入すると，E 係数の多項式

$$G(y) = g(b_0+y+b_2y^2+\cdots+b_{q-1}y^{q-1}) \tag{6.31}$$

を得る．すると，$G(\gamma)=0$ である．一方 γ のとり方から $b=\gamma^q\in E$, $\gamma\notin E$ であるので，γ は y^q-b の根であり，y^q-b は $E[y]$ で既約である（補題 6.24）．したがって，y^q-b は $G(y)$ を割り切る．1 の原始 q 乗根を ζ と記すと，$\zeta^j\gamma$ も y^q-b の根であるので，$G(\zeta^j\gamma)=0$ が成り立つ．このことは，(6.31) から

$$\begin{aligned}
\beta_1 &= b_0+\gamma+b_2\gamma^2+\cdots+b_{q-1}\gamma^{q-1}\\
\beta_2 &= b_0+\zeta\gamma+b_2\zeta^2\gamma^2+\cdots+b_{q-1}\zeta^{q-1}\gamma^{q-1}\\
&\cdots\cdots\cdots\\
\beta_q &= b_0+\zeta^{q-1}\gamma+b_2\zeta^{2(q-1)}\gamma^2+\cdots+b_{q-1}\zeta^{(q-1)(q-1)}\gamma^{q-1}
\end{aligned}$$

は $g(x)$ の根であることが分かる．$g(x)\in K[x]$ であり，補題 6.27 より $g(x)$ は $L[x]$ では 1 次式の積に分解される．β_j は $g(x)$ の根であるので，$x-\beta_j$ は

$g(x)$ の因子となり，したがって $x-\beta_j \in L[x]$，すなわち $\beta_j \in L$ であることが分かる．そこで $\sum_{j=1}^{q} \zeta^{1-j}\beta_j$ を考えると，補題 6.20 より

$$\gamma = \frac{1}{q}\sum_{j=1}^{q} \zeta^{1-j}\beta_j$$

であることが分かる．$\zeta^{1-j}\beta_j \in L$ であるので $\gamma \in L$ であることが分かった．一方，$\gamma \in E(\alpha)$ であったので，$\gamma \in E(\alpha) \cap L = M$ である．また，$\gamma^q \in E$ であったので，$\gamma^q \in E \cap L = M_0$ であることも分かった．

最後に，$M = M_0(\gamma)$ であることを示そう．M の任意の元 ε に対して，補題 6.25 より $E(\alpha) = E(\gamma)$ であるので，

$$\varepsilon = c_0 + c_1\gamma + c_2\gamma^2 + \cdots + c_{q-1}\gamma^{q-1}, \quad c_j \in E$$

と表わすことができる．このとき $c_j \in E \cap L = M_0$ であることを示せばよい．上で用いた原始 q 乗根 ζ を再び使って

$$\varepsilon_j = c_0 + c_1\zeta^{j-1}\gamma + c_2\zeta^{2(j-1)}\gamma^2 + \cdots + c_{q-1}\zeta^{(q-1)(j-1)}\gamma^{q-1}, \quad j = 1, 2, \cdots, q$$

を考える．ε の K 上の最小多項式 $h(x)$ に対して，E 係数の多項式

$$H(y) = h(c_0 + c_1 y + c_2 y^2 + \cdots + c_{q-1}y^{q-1})$$

を考えると，γ は $H(y)$ の根である．すると上と同様の議論によって $\zeta^{j-1}\gamma$ も $H(y)$ の根であることが分かり，$\varepsilon_j \in L$ であることが分かる．よって，$\varepsilon_j \in E(\gamma) \cap L = E(\alpha) \cap L = M$ である．

すると補題 6.20 より

$$c_k\gamma^k = \frac{1}{q}\sum_{j=1}^{q} \zeta^{k(1-j)}\varepsilon_j \in M$$

であることが分かり，$\gamma^k \in M$ であるので $c_k \in M \cap E = M_0$ であることが分かり，$M = M_0(\gamma)$ が示された． ∎

以上の準備のもとに主張 1 を証明することができる．

定理 6.29 体の拡大 L/K が累乗根による拡大体の列に含まれている，すなわち

$$K = E_0 \subset E_1 \subset E_2 \subset \cdots \subset E_m = E$$
$$E_{j+1} = E_j(\sqrt[q_j]{a_j}), \quad a_j \in E_j, \quad q_j \text{ は素数}$$
$$L \subset E$$

である拡大の列が存在したとする．このときに L/K 自身が累乗根による拡大の列となる．ただし，体 K は1の累乗根を必要なだけ含んでいると仮定する．

［証明］　累乗根による拡大の列

$$K = E_0 \subset E_1 \subset E_2 \subset \cdots \subset E_m = E, \quad L \subset E$$

に対して

$$K = E_0 \cap L \subset E_1 \cap L \subset E_2 \cap L \subset \cdots \subset E_m \cap L = L$$

を考えると，$E_j \cap L = E_{j+1} \cap L$ であるか，$E_j \cap L \subsetneqq E_{j+1} \cap L$ のときは補題6.28によって $E_{j+1} \cap L / E_j \cap L$ は累乗根による拡大である． ∎

(e)　アーベルの定理2

次に，主張2を証明してアーベルの定理の証明を完成させよう．そのために，n 次交代群 A_n に関する次の補題が必要になる．A_n は偶置換全体からなる n 次対称群 S_n の部分群である．

補題6.30

(i)　A_n の任意の元(すなわち偶置換)は3次の巡回置換の積として表わすことができる．

(ii)　$3 \leqq m \leqq n$ を満足する奇数 m に対して，m 次の巡回置換は A_n に属し，かつ A_n の任意の元は m 次の巡回置換の積として表わすことができる．

［証明］　(i) すべての n 次置換は $(1,j)$，$2 \leqq j \leqq n$ の形の互換の積として表わすことができる．(§5.2(b)問7を参照のこと．) したがって，n 次偶置換は，偶数個の $(1,j)$ の形の積として表わすことができる．一方，$j \neq l$ のとき $(1,l)(1,j) = (1,j,l)$ と3次の巡回置換であるので，n 次偶置換は3次の巡回置換の積として表わすことができる．

(ii) 補題5.21より，m 次の巡回置換は $m-1$ 個の互換の積として表わすことができる．したがって，m が奇数であれば m 次の巡回置換は偶置換となり A_n の元であることが分かる．さらに

$$(i_1, i_2, i_3) = (i_2, i_1, i_3, i_4, \cdots, i_m)(i_m, i_{m-1}, \cdots, i_4, i_3, i_2, i_1)$$

であるので，A_n の元は m 次の巡回置換の積として表わされる．　■

以上の準備のもとに主張 2 を証明しよう．再度，記号を復習しておこう．$x_1, x_2, \cdots, x_n$ は体 k 上独立な変数であるとし，x を変数とする多項式

$$\prod_{j=1}^{n}(x-x_j) = x^n - s_1x^{n-1} + s_2x^{n-2} - \cdots + (-1)^n s_n$$

を考える．体 $K = k(s_1, s_2, \cdots, s_n)$ は方程式

$$x^n - s_1x^{n-1} + s_2x^{n-2} - \cdots + (-1)^n s_n = 0 \tag{6.32}$$

の定義体である．主張 2 は次の定理である．

定理 6.31　$n \geqq 5$ のとき，拡大 $L = k(x_1, x_2, \cdots, x_n)/K = k(s_1, s_2, \cdots, s_n)$ は累乗根による拡大の列によっては得られない．

［証明］　累乗根による拡大の列

$$K = K_0 \subset K_1 \subset K_2 \subset \cdots \subset K_n = L$$

があったと仮定する．以前と同様 $K_{j+1} = K_j(\sqrt[q_j]{\alpha_j})$，$q_j$ は素数，$\sqrt[q_j]{\alpha_j} \notin K_j$ と仮定する．

まず，最初の拡大 K_1/K を考える．$K_1 = K(\sqrt[q]{\alpha})$，$\alpha \in K$ と書こう．このとき $q=2$，α としては方程式(6.32)の判別式 $D = \prod_{1 \leqq k < l \leqq n}(x_k - x_l)^2$ がとれることを示そう．α は $x_1, x_2, \cdots, x_n$ の対称式の商として表示できる(補題 6.26)．$\beta = \sqrt[q]{\alpha}$ とおく．$\beta \in K_1 \subset L$ であるので，β は k 係数の $x_1, x_2, \cdots, x_n$ に関する有理式として表示できる．

互換 $\tau \in S_n$ によって β がどのように変わるかを見てみよう．$\beta^q = \alpha$ であるので $(\tau(\beta))^q = \tau(\alpha) = \alpha$ が成り立つ．したがって，ある 1 の q 乗根 ζ によって $\tau(\beta) = \zeta\beta$ と書ける．($\tau(\beta)^q = \alpha$ より $\tau(\beta)$ も $x^q - \alpha$ の根である．) さらに $\tau(\beta)$ に τ を施すと $\tau^2 = \mathrm{id}_n$ (n 次の恒等置換)であるので

$$\beta = \tau^2(\beta) = \tau(\tau(\beta)) = \tau(\zeta\beta) = \zeta\tau(\beta) = \zeta^2\beta$$

が成り立つ．$\beta \neq 0$ であるので，$\zeta^2 = 1$ である．もし，すべての互換 τ に対して $\tau(\beta) = \beta$ であれば，β は S_n のすべての元で不変であり，補題 6.26 より $\beta \in K$ となり仮定に反する．したがって，互換 σ に対して $\sigma(\beta) = \pm\beta$ であり，かつ $\tau(\beta) = -\beta$ となる互換 τ が存在する．このことから，S_n のすべての元 ν に対して $\nu(\beta) = \pm\beta$ が成り立つことが分かる．

ところで，3次の巡回置換$\nu=(i,j,k)$は$\mu=(i,k,j)$とおくと，$\nu=\mu^2$であることが直接計算によって示すことができる．すると，$\nu(\beta)=\mu(\mu(\beta))=a^2\beta=\beta$（$a=\pm1$，$\mu(\beta)=a\beta$とおいた）であることが分かり，$\beta$はすべての3次の巡回置換で不変，したがって補題6.30より，すべてのA_nの元で不変であることが分かる．

A_nはすべての偶置換全体を表わし，$\tau(\beta)=-\beta$となる互換τを使って$\tau A_n=\{\tau\sigma \mid \sigma\in A_n\}$を考えると，$\tau A_n$は奇置換からなり，$\tau A_n$の個数は$A_n$の位数$|A_n|=n!/2$と一致する．（$\tau\sigma=\tau\sigma'$，$\sigma,\sigma'\in A_n$であれば，この両辺に$\tau^{-1}=\tau$を掛けると$\sigma=\sigma'$となる．）$|S_n|=n!$であることより，$S_n=A_n\cup\tau A_n$であることが分かり，$\tau A_n$はすべての奇置換全体と一致することが分かる．よって，任意の互換は$\tau\sigma$，$\sigma\in A_n$の形に表示することができ，$(\tau\sigma)(\beta)=\tau(\sigma(\beta))=\tau(\beta)=-\beta$であることが分かる．すなわち，$\beta$はすべての互換で符号を変えることが分かる．

ところで，例題5.26で導入した差積$\Delta=\prod_{1\leqq k<l\leqq n}(x_k-x_l)$も同様の性質を持つ．したがって$\beta/\Delta$は，任意の互換$\sigma$に対して$\sigma(\beta/\Delta)=\sigma(\beta)/\sigma(\Delta)=-\beta/-\Delta=\beta/\Delta$となり，$\beta/\Delta$は$S_n$の元で不変であることが分かる．よって$a=\beta/\Delta\in K$であり，$\alpha=\beta^2=a^2\Delta^2$と書けることが分かった．

$$D=\Delta^2=\prod_{1\leqq k<l\leqq n}(x_k-x_l)^2$$

とおいて，Dを方程式(6.32)の**判別式**と呼ぶ．$\alpha=a^2D$と書けるので，$K_1=K(\beta)=K(\sqrt{D})$であること，および$q=2$であることが分かった．

次に拡大K_2/K_1を考える．$K_2=K_1(\sqrt[p]{\gamma})$，$\gamma\in K_1$と書こう．上に示したことから，$K_1$の元は交代群$A_n$で不変である．$\delta=\sqrt[p]{\gamma}$とおき，$\delta^p=\gamma$の両辺に3次巡回置換$\rho$を施すと，$\rho(\delta^p)=(\rho(\delta))^p=\rho(\gamma)=\gamma$となる．したがって，上と同様の考察で，ある1の$p$乗根$\eta$によって$\rho(\delta)=\eta\delta$と書けることが分かる．この等式にさらに$\rho$を続けて2回施すと

$$\delta=\rho^3(\delta)=\rho^2(\rho(\delta))=\rho^2(\eta\delta)=\eta\rho^2(\delta)=\eta\rho(\eta\delta)=\eta^2\rho(\delta)=\eta^3\delta$$

を得る．これより$\eta^3=1$を得る．すべての3次巡回置換でδが不変である，すなわちつねに$\eta=1$であれば，補題6.30(ii)よりδはA_nのすべての元で不

変であり，したがって$\delta\in K_1$となり仮定に反する*1．よって少なくとも1つの3次巡回置換ρに対して$\rho(\delta)=\eta\delta$, $\eta\neq 1$, $\eta^3=1$が成り立つ．これは$p=3$であることを意味する．よって，$K_2=K_1(\sqrt[3]{\gamma})$である．

一方，$n\geqq 5$であれば，A_nの各元は5次の巡回置換の積として表わすこともできる．5次の巡回置換σを$\delta^3=\gamma$の両辺に施すと，$(\sigma(\delta))^3=\sigma(\gamma)=\gamma$より

$$\left(\frac{\sigma(\delta)}{\delta}\right)^3=1$$

となり，$\sigma(\delta)=\xi\delta$, $\xi^3=1$と書けることが分かる．3次巡回置換ρのときの上の計算と同様にして，$\sigma^5=\mathrm{id}_n$を使うと$\delta=\sigma^5(\delta)=\sigma^4(\sigma(\delta))=\xi\sigma^4(\delta)=\xi^5\delta$を得る．これより$\xi^5=1$を得る．一方$\xi^3=1$であったので，$\xi=(\xi^3)^2/\xi^5=1$となる．したがって，$\delta$はすべての5次巡回置換で不変であり，補題6.30(ii)よりδはA_nのすべての元で不変であることが分かり，$\delta\in K_1$となる．これは$\delta\notin K_1$に矛盾する．

以上の考察により，$n\geqq 5$のときは累乗根による拡大の列は存在しないことが分かる． ∎

§6.4 ガロア群

前節のアーベルの定理の証明ではn次対称群S_nとn次交代群A_nが大切な役割をした．特に§6.3(d),(e)の記号を使えば，拡大$L=k(x_1,x_2,\cdots,x_n)/K=k(s_1,s_2,\cdots,s_n)$に対して$S_n$で不変な$L$の元の全体$L^{S_n}$は$K$にほかならず，$A_n$で不変な$L$の元の全体$L^{A_n}$は$K_1=K(\sqrt{D})$，$D$は方程式(6.32)の判別

*1 互換τを1つ選んで$\widetilde{\delta}=\tau(\delta)$とおく．$\widetilde{\delta}$も$A_n$のすべての元で不変であることが次のようにして分かる．$\sigma\in A_n$に対して，$\sigma\tau$は奇置換であるので$\sigma\tau=\tau\sigma'$となる$\sigma'\in A_n$が存在する．したがって$\sigma(\widetilde{\delta})=\sigma(\tau(\delta))=\tau(\sigma'(\delta))=\tau(\delta)=\widetilde{\delta}$となる．このことを使って，すべての奇置換$\tau'$に対して$\tau'(\delta)=\widetilde{\delta}$, $\tau'(\widetilde{\delta})=\delta$であることも分かる．そこで$a=\delta+\widetilde{\delta}$とおくとこれは$S_n$のすべての元で不変となり，$a\in K$である．したがって，奇置換$\tau'$に対して$\tau'(\delta-a/2)=\widetilde{\delta}-a/2=-(\delta-a/2)$が成り立ち，$(\delta-a/2)/\Delta$は$S_n$のすべての元で不変である．これは$(\delta-a/2)/\Delta\in K$を意味し，$\delta\in K_1$となる．

式，であることが基本的であった．このことを明確にし，方程式の根をその係数から出発して四則演算と累乗根をとる操作を繰り返すことによって求めることができる条件，すなわち，代数的に解くことのできる条件を，群の言葉を用いて述べることに成功したのはガロアであった．ガロアによって現代代数学が始まったといっても過言ではない．彼の考えは時代をはるかに越えており，その考えが理解されるまでには長い年月を要した．この節では，ガロアの考えの要点を述べる．

(a)　体の同型写像とガロア群

体 L_1 から体 L_2 への写像 $\varphi\colon L_1 \to L_2$ が次の条件を満足するとき，L_1 から L_2 の**中への同型**(into-isomorphism)という．

(F1)　L_1 の任意の2元 α, β に対して

$$\left.\begin{aligned} \varphi(\alpha+\beta) &= \varphi(\alpha)+\varphi(\beta) \\ \varphi(\alpha\beta) &= \varphi(\alpha)\varphi(\beta) \end{aligned}\right\} \tag{6.33}$$

が成り立つ．さらに L_1, L_2 の単位元をともに1と記すと

$$\varphi(1) = 1$$

が成り立つ．

問14　体 L_1 から体 L_2 への写像 $\varphi\colon L_1 \to L_2$ が(6.33)を満足すれば，φ は零写像，すなわち L_1 のすべての元 α に対して $\varphi(\alpha)=0$ であるか，中への同型写像であることを示せ．

体の中への同型写像 $\varphi\colon K_1 \to K_2$ は単射であることを見ておこう．$\alpha \neq 0$ のときには，$1=\varphi(1)=\varphi(\alpha\alpha^{-1})=\varphi(\alpha)\varphi(\alpha^{-1})$ であるので $\varphi(\alpha)\neq 0$，かつ $\varphi(\alpha)^{-1}=\varphi(\alpha^{-1})$ を得る．また，$\varphi(0)=\varphi(0+0)=\varphi(0)+\varphi(0)$ より $\varphi(0)=0$ である．したがって，$\varphi(\alpha)=0$ であれば $\alpha=0$ であることが分かる．さらに，$\varphi(-\alpha)=-\varphi(\alpha)$ も容易に示すことができる．よって，$\varphi(\alpha)=\varphi(\beta)$ であれば $0=\varphi(\alpha)-\varphi(\beta)=\varphi(\alpha-\beta)$ となり $\alpha=\beta$ であることが分かり，φ は単射であることが分かった．特に φ が全射でもあるとき，φ は L_1 から L_2 の**上への同**

型(onto-isomorphism)または**全射同型**(surjective isomorphism)または単に**同型**といい，L_1 と L_2 とは体として**同型**であるという．

さらに，L_1, L_2 が共通の部分体 K を持ち，中への同型写像 $\varphi\colon L_1 \to L_2$ がさらに条件

(F2)　任意の $a \in K$ に対して $\varphi(a) = a$

を満足するとき，φ を **K 上の中への同型写像**(into-isomorphism over K)という．特に $L_1 = L_2 = L$ であり，φ が K 上の全射同型写像であるとき，φ を **L の K 上の自己同型**(automorphism over K)という．L の K 上の自己同型の全体を $\mathrm{Aut}_K(L)$ と記す，すなわち

$$\mathrm{Aut}_K(L) = \{\varphi\colon L \to L \mid \varphi \text{ は } K \text{ 上の全射同型写像}\}$$

である．$\mathrm{Aut}_K(L)$ が写像の合成によって群をなすことは例 5.15(3) と同様にして示すことができる．

問 15　$\varphi\colon L_1 \to L_2$ が K 上の中への同型写像のときに，$a \in K$, $\beta \in L_1$ に対して $\varphi(a\beta) = a\varphi(\beta)$ であることを示せ．

例題 6.32　体 K の元を係数とする既約な n 次多項式 $f(x)$ の 2 根を α, β とするとき

$$\begin{array}{cccc} \varphi\colon & K(\alpha) & \longrightarrow & K(\beta) \\ & a_0 + a_1\alpha + \cdots + a_{n-1}\alpha^{n-1} & \longmapsto & a_0 + a_1\beta + \cdots + a_{n-1}\beta^{n-1}, \quad a_j \in K \end{array}$$

は K 上の同型写像であることを示せ．

［解］

$$u = a_0 + a_1\alpha + \cdots + a_{n-1}\alpha^{n-1}, \quad v = b_0 + b_1\alpha + \cdots + b_{n-1}\alpha^{n-1}$$

とおくと，$\varphi(u+v) = \varphi(u) + \varphi(v)$ はただちに分かる．また

$$g(x) = a_0 + a_1x + \cdots + a_{n-1}x^{n-1}, \quad h(x) = b_0 + b_1x + \cdots + b_{n-1}x^{n-1}$$

とおくと，$u = g(\alpha)$, $v = h(\alpha)$, $\varphi(u) = g(\beta)$, $\varphi(v) = h(\beta)$ である．

$$g(x)h(x) = s(x)f(x) + e(x), \quad \deg e(x) < \deg f(x)$$

と書くと，$uv = e(\alpha)$ であり $g(\beta)h(\beta) = e(\beta)$ である．したがって，$\varphi(uv) =$

$e(\beta)=g(\beta)h(\beta)=\varphi(u)\varphi(v)$ が成り立つ．φ は K 上恒等写像であるので，φ は K 上の同型写像である． ∎

体の自己同型と方程式の根の置換とを関係づけるために，次の定義は大切である．

定義 6.33　体 K の元を係数とする n 次多項式の根 $\alpha_1, \alpha_2, \cdots, \alpha_n$ を K に添加してできる拡大体 $L=K(\alpha_1, \alpha_2, \cdots, \alpha_n)$ を多項式 $f(x)$（または方程式 $f(x)=0$）の**最小分解体**または単に**分解体**という．また，L の K 上の自己同型の全体 $\mathrm{Aut}_K(L)$ を $\mathrm{Gal}(L/K)$ または G_f と記し，多項式 $f(x)$（または方程式 $f(x)=0$，あるいは分解体 L の K 上）の**ガロア群**(Galois group)という．すなわち

$$\mathrm{Gal}(L/K) = G_f = \{\varphi\colon L \to L \mid \varphi \text{ は } K \text{ 上の自己同型}\}$$

である． □

例 6.34　$D\in\mathbb{Q}$，$\sqrt{D}\notin\mathbb{Q}$ のときに，x^2-D の $\mathbb{Q}$ 上のガロア群を求めてみよう．x^2-D の分解体は $L=\mathbb{Q}(\sqrt{D})$ である．$\varphi\in\mathrm{Gal}(L/\mathbb{Q})$ に対して $\varphi(\sqrt{D})$ を求めてみよう．

$$0 = \varphi(0) = \varphi((\sqrt{D})^2-D) = \varphi((\sqrt{D})^2)-\varphi(D) = \varphi(\sqrt{D})^2-D$$

であるので，$\varphi(\sqrt{D})$ は x^2-D の根である．したがって，$\varphi(\sqrt{D})=\pm\sqrt{D}$ である．L の元は $a+b\sqrt{D}$，$a,b\in\mathbb{Q}$，と書けるので，$\varphi(\sqrt{D})=\sqrt{D}$ であれば $\varphi(a+b\sqrt{D})=a+b\varphi(\sqrt{D})=a+b\sqrt{D}$ となり，φ は恒等写像である．一方，$\varphi(\sqrt{D})=-\sqrt{D}$ であれば $\varphi(a+b\sqrt{D})=a-b\sqrt{D}$ となる．よって，$\mathrm{Gal}(L/\mathbb{Q})=\{\mathrm{id},\varphi\}$，ただし $\varphi(a+b\sqrt{D})=a-b\sqrt{D}$，となり，位数 2 の群である． □

上の例で分かるように，多項式 $f(x)$ のガロア群は $f(x)$ の根の置換を定めることが予想される．

定理 6.35　体 K の元を係数とする多項式 $f(x)$ の相異なる根を $\{\alpha_1, \alpha_2, \cdots, \alpha_n\}$ と記すと，$f(x)$ の体 K 上のガロア群 G_f の元 φ は $f(x)$ の根の置換

$$\varphi(\alpha_j) = \alpha_{\sigma_\varphi(j)}, \quad \sigma_\varphi \in S_n$$

を引き起こす．写像

$$\Phi:\ G_f \longrightarrow S_n$$
$$\varphi \longmapsto \sigma_\varphi$$

は群 G_f から群 S_n の中への同型写像である．

［証明］

$$f(x) = a_0 + a_1 x + a_2 x^2 + \cdots + a_m x^m, \quad a_m \neq 0,\ a_j \in K$$

と記すと，$\varphi \in G_f$ に対して

$$0 = \varphi(f(\alpha_j)) = a_0 + a_1\varphi(\alpha_j) + a_2\varphi(\alpha_j)^2 + \cdots + a_m\varphi(\alpha_j)^m$$

が成り立ち，$\varphi(\alpha_j)$ も $f(x)$ の根であることが分かる．また

$$\begin{aligned}(\varphi f)(x) &= \varphi(a_0) + \varphi(a_1)x + \cdots + \varphi(a_m)x^m \\ &= a_0 + a_1 x + \cdots + a_m x^m = f(x)\end{aligned}$$

が成り立つ．一方，$f(x) \in L[x]$，$L = K(\alpha_1, \cdots, \alpha_n)$ と考えると

$$f(x) = a_m \prod_{j=1}^{n} (x-\alpha_j)^{l_j}, \quad (\varphi f)(x) = a_m \prod_{j=1}^{n} (x-\varphi(\alpha_j))^{l_j}$$

が成り立つので，α_j が $f(x)$ の l_j 重根であれば，$\varphi(\alpha_j)$ も $f(x)$ の l_j 重根であることが分かる．したがって，集合として $\{\alpha_1, \alpha_2, \cdots, \alpha_n\} = \{\varphi(\alpha_1), \varphi(\alpha_2), \cdots, \varphi(\alpha_n)\}$ となり，φ は相異なる根の置換を引き起こす．

$\varphi, \psi \in G_f$ に対し $(\varphi \circ \psi)(\alpha_j) = \varphi(\psi(\alpha_j))$ であり，これは $\alpha_{\sigma_{\varphi\circ\psi}(j)} = \alpha_{\sigma_\varphi(\sigma_\psi(j))}$ を意味する．よって $\Phi(\varphi \circ \psi) = \Phi(\varphi)\Phi(\psi)$ が成り立ち，Φ は群の準同型である．Φ が単射であることは，$\varphi(\alpha_j) = \alpha_j$，$j = 1, 2, \cdots, n$ が成り立てば $\varphi = \mathrm{id}$ から分かる． ■

問16 上の証明中で使った事実「$\varphi(\alpha_j) = \alpha_j$，$j = 1, 2, \cdots, n$ であれば φ は恒等写像である」ことを証明せよ．

方程式の解法と関係して，ガロア群をいくつか求めておこう．1 の原始 n 乗根 ζ_n を有理数体 $\mathbb{Q}$ に添加してできる体 $\mathbb{Q}(\zeta_n)$ を**円分体**(cyclotomic field) という．円分体 $\mathbb{Q}(\zeta_n)$ は円分多項式 $F_n(x)$ の最小分解体であり，また方程式

$x^{n-1}+x^{n-2}+\cdots+x+1=0$ の最小分解体でもある.

定理 6.36　1の原始 n 乗根 ζ を添加してできる円分体 $\mathbb{Q}(\zeta)$ のガロア群 $\mathrm{Gal}(\mathbb{Q}(\zeta)/\mathbb{Q})$ の各元 φ に対して,

$$\varphi(\zeta)=\zeta^{m_\varphi}$$

として整数 m_φ を定めると, m_φ は n を法として一意的に定まり, かつ m_φ は n と互いに素である. 写像

$$\begin{array}{rccc}\Phi: & \mathrm{Gal}(\mathbb{Q}(\zeta)/\mathbb{Q}) & \longrightarrow & (\mathbb{Z}/(n))^\times \\ & \varphi & \longmapsto & \overline{m_\varphi}\end{array}$$

は群の全射同型写像である. $\left(\left(\mathbb{Z}/(n)\right)^\times\right.$ については例 5.15(5)を参照.)

[証明]　$\mathbb{Q}(\zeta)$ は円分多項式 $F_n(x)$ の最小分解体であり, $\varphi\in\mathrm{Gal}(\mathbb{Q}(\zeta)/\mathbb{Q})$ に対して $\varphi(\zeta)$ も1の原始 n 乗根であるので, $\varphi(\zeta)=\zeta^{m_\varphi}$, m_φ は n と互いに素, の形になる. φ は $\varphi(\zeta)$ によって定まってしまうことに注意する. したがって, n と互いに素な整数 m に対して $\varphi(\zeta)=\zeta^m$ はガロア群の元 φ_m を定める. ($m\equiv m' \pmod n$ であれば $\varphi_m=\varphi_{m'}$ である.) よって Φ は全射である. Φ が群の同型写像であることは容易に分かる. ∎

次に, 累乗根による拡大体を考えよう. 素数 p に対して, 体 K は1の原始 p 乗根 η を含んでいると仮定する. $a\in K$ の p 乗根の1つを $\sqrt[p]{a}$ と記し, $\sqrt[p]{a}\notin K$ と仮定する. このとき体 $L=K(\sqrt[p]{a})$ は x^p-a の最小分解体である. 拡大 $K(\sqrt[p]{a})/K$ を p 次の**クンマー拡大**(Kummer extension)という. 1の p 乗根の全体 $C_p=\{1,\eta,\eta^2,\cdots,\eta^{p-1}\}$ は積に関して p 次巡回群である. ガロア群 $\mathrm{Gal}(K(\sqrt[p]{a})/K)$ は C_p と同型であることを示そう.

定理 6.37　写像

$$\begin{array}{rccc}\Phi: & \mathrm{Gal}(K(\sqrt[p]{a})/K) & \longrightarrow & C_p \\ & \varphi & \longmapsto & \varphi(\sqrt[p]{a})\cdot(\sqrt[p]{a})^{-1}\end{array}$$

は群の全射同型写像である.

[証明]　$K(\sqrt[p]{a})[x]$ では

$$x^p-a=\prod_{k=0}^{p-1}(x-\eta^k\sqrt[p]{a})$$

と因数分解できるので，定理6.35により$\varphi(\sqrt[p]{a})=\eta^l\sqrt[p]{a}$となる．したがって，$\varphi(\sqrt[p]{a})(\sqrt[p]{a})^{-1}\in C_p$である．$\varphi,\psi\in \mathrm{Gal}(K(\sqrt[p]{a})/K)$，$\varphi(\sqrt[p]{a})=\eta^l\sqrt[p]{a}$，$\psi(\sqrt[p]{a})=\eta^m\sqrt[p]{a}$であれば

$$(\varphi\circ\psi)(\sqrt[p]{a})=\varphi(\psi(\sqrt[p]{a}))=\varphi(\eta^m\sqrt[p]{a})=\eta^m\varphi(\sqrt[p]{a})=\eta^{m+l}\sqrt[p]{a}$$

となるので，$\Phi(\varphi\circ\psi)=\eta^{l+m}=\eta^l\eta^m=\Phi(\varphi)\Phi(\psi)$となり，$\Phi$は群の準同型であることが分かる．また$0\leqq l\leqq p-1$に対して，$\varphi(\sqrt[p]{a})=\zeta^l\sqrt[p]{a}$とおくと$\varphi$は$K(\sqrt[p]{a})$の$K$上の自己同型に自然に拡張できることが分かり，$\Phi$は全射であることが分かる．一方，$\Phi(\varphi)=1$，すなわち$\varphi(\sqrt[p]{a})=\sqrt[p]{a}$であれば$\varphi=\mathrm{id}$であることもただちに分かる．よって$\Phi$は同型写像である．∎

問17　正整数nに対して体Kが1の原始n乗根ζを含み，$a\in K$かつ$k=1,2,\cdots,n-1$に対して$(\sqrt[n]{a})^k\notin K$であれば，上の定理6.36と同じように，ガロア群$\mathrm{Gal}(K(\sqrt[n]{a})/K)$は$n$次巡回群$C_n=\{1,\zeta,\zeta^2,\cdots,\zeta^{n-1}\}$と同型であることを示せ．（条件は$x^n-a$が$K[x]$で既約であることと同値であることに注意する．）

(b)　ガロアが考えたこと

ガロアは，体の拡大と群とを関係づけ，方程式の係数から四則演算と累乗根を使って根を求めることができる条件をガロア群の条件として書き表わした．ここでは，ガロアの基本的な考え方を，現代的な観点から簡単に述べる．証明はすべて岩波講座『現代数学の基礎』「環と体」にゆずることにする．

体LがKの元を係数とする多項式$f(x)$の最小分解体であるとき，体の拡大L/Kを**正規拡大**(normal extension)と呼ぶ．正規拡大L/Kに対してはK上のガロア群$\mathrm{Gal}(L/K)$が定義できる．L/Kの拡大の次数$[L:K]=\dim_K L$とガロア群$\mathrm{Gal}(L/K)$の位数は一致する，すなわち

$$|\mathrm{Gal}(L/K)|=[L:K]$$

であることが証明できる．一般に，体の拡大L/Kに対して$[L:K]<\infty$のとき，

$$|\mathrm{Aut}_K(L)| \leqq [L:K]$$

であり，等号が成立するのは L/K が正規拡大のときに限ることを示すことができる．

さて，正規拡大 L/K が与えられたとき，$K \subset F \subset L$ となる L の部分体 F（拡大 L/K の**中間体**(intermediate field)という）に対して，ガロア群 G の部分集合 H を

$$H = \{\varphi \in \mathrm{Gal}(L/K) \mid F \text{の任意の元} a \text{に対して} \varphi(a) = a\} \quad (6.34)$$

と定義する．すると H は G の部分群であることが分かる．しかも，L/F は正規拡大であり（L が $f(x) \in K[x]$ の最小分解体であれば $f(x) \in F[x]$ と考えられ，L は F 上の $f(x)$ の最小分解体である），$\mathrm{Gal}(L/F) = H$ が成り立つことが分かる．

逆に，ガロア群 $\mathrm{Gal}(L/F)$ の部分群 H が与えられると

$$L^H = \{\alpha \in L \mid H \text{の任意の元} \varphi \text{に対して} \varphi(\alpha) = \alpha\} \quad (6.35)$$

は K を含む L の部分体であることが分かり，さらに $\mathrm{Gal}(L/L^H) = H$ であることが分かる．

問18　(6.34)で定めた H は $\mathrm{Gal}(L/K)$ の部分群であることを示せ．また(6.35)で定めた L^H は L の部分体であることを示せ．

このように，正規拡大 L/K の中間体 F には(6.34)で定める $\mathrm{Gal}(L/K)$ の部分群 H が対応し，逆に $\mathrm{Gal}(L/K)$ の部分群 H には中間体 L^H が対応する．しかも，この対応は L/K の中間体と $\mathrm{Gal}(L/K)$ の部分群の間の1対1対応を与える．すなわち，中間体 F に部分群 H が対応すれば，$F = L^H$ であり，逆に部分群 H に対応する中間体 L^H に(6.34)で対応する $\mathrm{Gal}(L/K)$ の部分群は H に他ならない．この事実を次のように図示する．

$$\begin{array}{ccc} L & — & \{e\} \\ | & & \cap \\ F & — & H \\ | & & \cap \\ K & — & G \end{array}$$

縦棒｜は上にある体が下にある体の拡大体であることを示し，体 F の横にある群 H は $F=L^H$ であることを意味するとともに $\mathrm{Gal}(L/F)=H$ であることも意味する．

さらに，大切なことは，中間体 F が K 上の正規拡大であるための必要十分条件は，F に対応する部分群 H が**正規部分群**(注意 5.32(2))であることである．このときガロア群 $\mathrm{Gal}(F/K)$ は剰余群 G/H(演習問題 5.5 を参照のこと)であることが分かる．

以上の結果は実質的にガロアが得たものである．体の概念がなく，群も置換群しか知られていなかったときに，19 歳のガロアは時代をはるかに超えて深い理論を考察していた．

これらの結果を証明することは，すでに様々の準備をしてきたのでそれほど困難ではないが，これ以上は深入りせず，方程式の根の公式との関係を述べるにとどめよう．

体 K の元を係数に持つ方程式

$$f(x)=a_0+a_1x+a_2x^2+\cdots+a_{n-1}x^{n-1}+x^n=0 \qquad (6.36)$$

が係数から四則演算と累乗根をとる操作を繰り返して根を求めることのできるためには，体 K が必要なだけの 1 の累乗根を含んでいるという仮定のもとでは

$$K=K_0\subset K_1\subset K_2\subset\cdots\subset K_n$$

という素数次数のクンマー拡大の列 $K_{j+1}=K_j(\sqrt[q_j]{\alpha_j})$ で，$f(x)$ の K 上の最小分解体 L を K_n が含むものが存在することが必要十分条件であった．このとき，$K_{j+1}\cap L=K_j\cap L$ または $K_{j+1}\cap L/K_j\cap L$ は素数次数のクンマー拡大であることがアーベルの補題(補題 6.28)から分かる．(補題 6.28 の証明で補題 6.27 を使うが，この補題はガロア理論を使うと，一般の正規拡大 L/K に対して正しいことがわかる．$\delta\in L$ に対して $\{g(\delta)\,|\,g\in\mathrm{Gal}(L/K)\}$ のうち相異なる元を $\delta_1=\mathrm{id}(\delta)=\delta,\ \delta_2=g_2(\delta),\ \cdots,\ \delta_l=g_l(\delta)$ とすると $\prod_{j=1}^{l}(x-\delta_j)\in K[x]$ となり，これが δ の K 上の最小多項式であることが分かる．) したがって，アーベルの定理(定理 6.29)が成り立ち，方程式(6.36)が四則演算と累

乗根を使って解けるためには，素数次数のクンマー拡大の列

$$K = K_0 \subset K_1 \subset K_2 \subset \cdots \subset K_n = L \qquad (6.37)$$

が存在することが必要十分であることが分かる．ガロア理論により体の拡大の列(6.37)に対してガロア群 $G=\mathrm{Gal}(L/K)$ の部分群の列

$$G \supset G_1 \supset G_2 \supset \cdots \supset G_{n-1} \supset G_n = \{e\} \qquad (6.38)$$

が対応する．拡大 K_{j+1}/K_j は q_j 次のクンマー拡大であるので正規拡大であり，したがって G_{j+1} は G_j の正規部分群かつ G_j/G_{j+1} は q_j 次巡回群であることが分かる．このような性質を持つ部分群の列(6.38)を持つ群を**可解群**(solvable group)という．アーベル群は可解群であることが知られている．(これはアーベル群の基本定理,「有限生成アーベル群は巡回群の直積と同型」よりただちに出る．アーベル群の基本定理については岩波講座『現代数学の基礎』「環と体」を参照のこと.)

逆に，ガロア群 $G=\mathrm{Gal}(L/K)$ が可解群であれば，部分群の列(6.38)ができ，それに対応して，体の拡大の列(6.37)ができる．G_{j+1} は G_j の正規部分群であるので K_{j+1}/K_j は正規拡大であり，G_j/G_{j+1} は素数 q_j 次の巡回群である．K_j が1の原始 q_j 乗根を含んでいるとき，K_{j+1}/K_j のガロア群が q_j 次巡回群であれば q_j 次のクンマー拡大であることが示される．かくして，方程式(6.36)は四則演算と累乗根を使って解くことができる．

以上の議論は方程式の定義体が必要なだけの1の累乗根を含むと仮定したので少々不満が残る．そこで，方程式の定義体 F に適当な1の累乗根 ζ を付け加えて，$K=F(\zeta)$ を方程式の定義体と考えるとクンマー拡大の列(6.37)ができるとき，方程式(6.36)は**代数的に解ける**ということにする．(ただし L は K 上の $f(x)$ の最小分解体とする．$f(x)$ の F 上の最小分解体とは異なることに注意する.) このとき拡大 K/F は**アーベル拡大**(Abelian extension)である，すなわちガロア群 $\mathrm{Gal}(K/F)$ はアーベル群である．このことをもとにして，方程式の定義体が1の累乗根を含まないときにも次の定理が成り立つことが示される．

定理 6.38(**ガロアの定理**)　方程式(6.36)が代数的に解けるための必要十分条件は，$\mathbb{Q}(a_0, a_1, a_2, \cdots, a_{n-1})$ 上の $f(x)$ のガロア群 G_f が可解群となるこ

とである. □

例 6.39　n 次対称群 S_n は $n=2,3,4$ のとき可解群であるが，$n \geqq 5$ のときは可解群でない.

$$S_2 \supset \{e\} \qquad S_2 \text{ は 2 次巡回群}$$
$$S_3 \supset A_3 \supset \{e\} \qquad A_3 \text{ は 3 次巡回群}$$
$$S_4 \supset A_4 \supset V_4 \supset C_2 \supset \{e\}$$
$$V_4 = \{\mathrm{id}_4,\ (1,2)(3,4),\ (1,3)(2,4),\ (1,4)(2,3)\}$$
$$C_2 = \{\mathrm{id}_4,\ (1,2)(3,4)\}$$

は正規部分群の列(6.38)である．一方，$n \geqq 5$ のときも A_n は S_n の正規部分群であるが，A_n は自分自身と $\{e\}$ 以外の正規部分群を持たないことが知られている．したがって，S_n は $n \geqq 5$ のとき可解群でない．アーベルの定理(定理6.31)は方程式(6.32)のガロア群 $\mathrm{Gal}(L/K)$ が S_n であることから，$n \geqq 5$ のとき代数的に解けないことの帰結であると，ガロア理論の立場からは言うことができる. □

§6.5　連立1次方程式

§6.3(b)では体 K 上のベクトル空間について簡単な考察を行なった．ここでは，ベクトル空間の理論の応用として連立1次方程式について簡単に述べる.

$x_1, x_2, \cdots, x_n$ を変数とする1次方程式の組

$$\left.\begin{array}{c} a_{11}x_1 + a_{12}x_2 + \cdots + a_{1n}x_n = b_1 \\ a_{21}x_1 + a_{22}x_2 + \cdots + a_{2n}x_n = b_2 \\ \cdots\cdots\cdots \\ a_{m1}x_1 + a_{m2}x_2 + \cdots + a_{mn}x_n = b_m \end{array}\right\} \tag{6.39}$$

を **n 元連立1次方程式**と呼ぶ．特に a_{ij}, b_j がすべて体 K の元であるとき，連立方程式(6.39)は体 K 上で定義されているという．さて K の元 $\alpha_1, \alpha_2, \cdots, \alpha_l$

を縦に並べたもの

$$\begin{pmatrix} \alpha_1 \\ \alpha_2 \\ \vdots \\ \alpha_l \end{pmatrix}$$

を l 次の**縦ベクトル**(column vector)，横に並べたもの

$$(\alpha_1, \alpha_2, \cdots, \alpha_l)$$

を l 次の**横ベクトル**(row vector)という．横ベクトル $(\alpha_1, \alpha_2, \cdots, \alpha_l)$ が与えられたとき，縦ベクトル $\begin{pmatrix} \alpha_1 \\ \alpha_2 \\ \vdots \\ \alpha_l \end{pmatrix}$ を ${}^t(\alpha_1, \alpha_2, \cdots, \alpha_l)$ と記すことがある．"t" は**転置**(transpose)の頭文字である．以下，スペースを節約するために縦ベクトルを ${}^t(\alpha_1, \alpha_2, \cdots, \alpha_l)$ と表示することがある．

行列の言葉を使うと，連立方程式(6.39)は

$$\begin{pmatrix} a_{11} & a_{12} & \cdots & a_{1n} \\ a_{21} & a_{22} & \cdots & a_{2n} \\ & \cdots\cdots\cdots & & \\ a_{m1} & a_{m2} & \cdots & a_{mn} \end{pmatrix} \begin{pmatrix} x_1 \\ x_2 \\ \vdots \\ x_n \end{pmatrix} = \begin{pmatrix} b_1 \\ b_2 \\ \vdots \\ b_m \end{pmatrix} \tag{6.40}$$

の形に書くこともできる．(行列については本シリーズ『行列と行列式』を参照されたい．)

さて，K の l 個の元からできる縦ベクトルの全体を V_K^l と記すと，V_K^l は K 上の l 次元ベクトル空間となる．すなわち

$${}^t(\alpha_1, \alpha_2, \cdots, \alpha_l) + {}^t(\beta_1, \beta_2, \cdots, \beta_l) = {}^t(\alpha_1 + \beta_1, \alpha_2 + \beta_2, \cdots, \alpha_l + \beta_l)$$

と和を定義し，$a \in K$ に対して

$$a \cdot {}^t(\alpha_1, \alpha_2, \cdots, \alpha_l) = {}^t(a\alpha_1, a\alpha_2, \cdots, a\alpha_l)$$

とスカラー倍を定義すると，例6.10(3)と同様にして V_K^l は K 上のベクトル空間である．また，

$$\boldsymbol{e}_j = {}^t(0, \cdots, 0, \overset{\overset{j}{\smile}}{1}, 0, \cdots, 0), \quad j = 1, 2, \cdots, l$$

は V_K^l の K 上の基底となるので $\dim_K V_K^l = l$ である.

さて，連立方程式(6.39)の左辺から，V_K^n から V_K^l への写像

$$\begin{array}{cccc}\psi: & V_K^n & \longrightarrow & V_K^l \\ & {}^t(\alpha_1, \alpha_2, \cdots, \alpha_l) & \longmapsto & {}^t\left(\sum_{j=1}^n a_{1j}\alpha_j, \sum_{j=1}^n a_{2j}\alpha_j, \cdots, \sum_{j=1}^n a_{mj}\alpha_j\right)\end{array} \tag{6.41}$$

を定義する．$x_1 = a_1$，$x_2 = a_2$，…，$x_n = a_n$ が方程式(6.39)の解であることは

$$\psi({}^t(a_1, a_2, \cdots, a_n)) = {}^t(b_1, b_2, \cdots, b_m)$$

であることを意味する．このことからも，連立方程式(6.39)を考察するためには写像 ψ の性質を解明することが重要であることが想像できるであろう．写像 ψ の持っている性質を抜き出してみよう．

命題 6.40 写像(6.41)は以下の性質を持つ．

(L1) $\boldsymbol{a}, \boldsymbol{b} \in V_K^n$ に対して $\psi(\boldsymbol{a}+\boldsymbol{b}) = \psi(\boldsymbol{a}) + \psi(\boldsymbol{b})$.

(L2) $\boldsymbol{a} \in V_K^n$，$a \in K$ に対して $\psi(a\boldsymbol{a}) = a\psi(\boldsymbol{a})$. □

[証明] $\boldsymbol{a} = {}^t(\alpha_1, \alpha_2, \cdots, \alpha_n)$，$\boldsymbol{b} = {}^t(\beta_1, \beta_2, \cdots, \beta_n)$ とすると

$$\boldsymbol{a}+\boldsymbol{b} = {}^t(\alpha_1+\beta_1, \alpha_2+\beta_2, \cdots, \alpha_n+\beta_n)$$

であり，

$$\begin{aligned}\psi(\boldsymbol{a}+\boldsymbol{b}) &= {}^t\left(\sum_{j=1}^n a_{1j}(\alpha_j+\beta_j), \sum_{j=1}^n a_{2j}(\alpha_j+\beta_j), \cdots, \sum_{j=1}^n a_{mj}(\alpha_j+\beta_j)\right) \\ &= {}^t\left(\sum_{j=1}^n a_{1j}\alpha_j, \sum_{j=1}^n a_{2j}\alpha_j, \cdots, \sum_{j=1}^n a_{mj}\alpha_j\right) \\ &\quad + {}^t\left(\sum_{j=1}^n a_{1j}\beta_j, \sum_{j=1}^n a_{2j}\beta_j, \cdots, \sum_{j=1}^n a_{mj}\beta_j\right) \\ &= \psi(\boldsymbol{a}) + \psi(\boldsymbol{b}) \\ \psi(a\boldsymbol{a}) &= {}^t\left(\sum_{j=1}^n a_{1j}(a\alpha_j), \sum_{j=1}^n a_{2j}(a\alpha_j), \cdots, \sum_{j=1}^n a_{mj}(a\alpha_j)\right) \\ &= a\,{}^t\left(\sum_{j=1}^n a_{1j}\alpha_j, \sum_{j=1}^n a_{2j}\alpha_j, \cdots, \sum_{j=1}^n a_{mj}\alpha_j\right) \\ &= a\psi(\boldsymbol{a})\end{aligned}$$

であることが分かる． ∎

一般に，K 上のベクトル空間 V, W に対して，(L1),(L2)を満足する写像 $\psi: V \to W$ をベクトル空間 V から W への**線形写像**(linear map)という．線形写像に関しては次の結果が基本的である．

命題 6.41　K 上のベクトル空間 V から K 上のベクトル空間 W への線形写像 ψ に対して

$$\operatorname{Ker}\psi = \{\boldsymbol{a} \in V \mid \psi(\boldsymbol{a}) = \boldsymbol{0}_W\},$$
$$\operatorname{Im}\psi = \{\psi(\boldsymbol{a}) \mid \boldsymbol{a} \in V\}$$

はそれぞれ V および W の部分ベクトル空間である．

［証明］　$\boldsymbol{a}, \boldsymbol{b} \in \operatorname{Ker}\psi$ であれば $\psi(\boldsymbol{a}+\boldsymbol{b}) = \psi(\boldsymbol{a})+\psi(\boldsymbol{b}) = \boldsymbol{0}_W$ であるので $\boldsymbol{a}+\boldsymbol{b} \in \operatorname{Ker}\psi$ である．また，$a \in K$, $\boldsymbol{a} \in \operatorname{Ker}\psi$ に対して $\psi(a\boldsymbol{a}) = a\psi(\boldsymbol{a}) = a\cdot\boldsymbol{0}_W = \boldsymbol{0}_W$ であるので $a\boldsymbol{a} \in \operatorname{Ker}\psi$ である．これより $\operatorname{Ker}\psi$ は V の部分ベクトル空間であることが分かる．

また，$\boldsymbol{a}, \boldsymbol{b} \in V$ に対して $\psi(\boldsymbol{a})+\psi(\boldsymbol{b}) = \psi(\boldsymbol{a}+\boldsymbol{b}) \in \operatorname{Im}\psi$, $a \in K$, $\boldsymbol{a} \in V$ に対して $a\psi(\boldsymbol{a}) = \psi(a\boldsymbol{a}) \in \operatorname{Im}\psi$ である．これより $\operatorname{Im}\psi$ は W の部分ベクトル空間であることが分かる．∎

$\operatorname{Ker}\psi$ を線形写像 ψ の**核**(kernel)，$\operatorname{Im}\psi$ を線形写像 ψ の**像**(image)と呼ぶ．$\operatorname{Ker}\psi = \{\boldsymbol{0}_V\}$ のとき ψ は**単射線形写像**，$\operatorname{Im}\psi = W$ のとき ψ は**全射線形写像**という．ψ が単射線形写像のとき，ψ は写像として単射である．なぜならば $\psi(\boldsymbol{a}) = \psi(\boldsymbol{b})$ であれば $\psi(\boldsymbol{a}-\boldsymbol{b}) = \psi(\boldsymbol{a})-\psi(\boldsymbol{b}) = \boldsymbol{0}_W$ となり $\boldsymbol{a}-\boldsymbol{b} = \boldsymbol{0}_V$，すなわち $\boldsymbol{a} = \boldsymbol{b}$ となるからである．

さて，連立方程式(6.39)から定まる線形写像(6.41)を考えよう．方程式(6.39)が解 $\boldsymbol{a} = {}^t(a_1, a_2, \cdots, a_n)$ を持つことは $\psi(\boldsymbol{a}) = {}^t(b_1, b_2, \cdots, b_m)$ となることと同値である．したがって，${}^t(b_1, b_2, \cdots, b_m) \in \operatorname{Im}\psi$ であれば，方程式(6.39)は解を持つことになる．特に ψ が全射であれば，任意の ${}^t(b_1, b_2, \cdots, b_m)$ に対して連立方程式(6.39)は解を持つ．また，${}^t(b_1, b_2, \cdots, b_m) \notin \operatorname{Im}\psi$ であれば，連立方程式(6.39)は解を持たないことも分かる．

一方，$\boldsymbol{a} \in V_K^n$ が連立方程式(6.39)の解である，すなわち $\psi(\boldsymbol{a}) = {}^t(b_1, b_2, \cdots, b_m)$ が成り立つとすると，任意の $\boldsymbol{k} \in \operatorname{Ker}\psi$ に対して $\psi(\boldsymbol{a}+\boldsymbol{k}) = \psi(\boldsymbol{a})+\psi(\boldsymbol{k}) = \psi(\boldsymbol{a})+\boldsymbol{0} = \psi(\boldsymbol{a}) = {}^t(b_1, b_2, \cdots, b_m)$ が成り立ち，$\boldsymbol{a}+\boldsymbol{k}$ も連立方程式(6.39)の

解であることが分かる．したがって，特に ψ が単射であれば解は一意的であることが分かる．逆に，(6.39)がただ1つの解を持てば(6.41)で定まる線形写像は単射でなければならないことが分かる．

問19　次の連立方程式より定まる線形写像は，単射，全射，そのいずれでもないかを調べ，解を持つか否かを求めよ．

(1) $\begin{cases} 2x+3y=5 \\ 3x-2y=6 \end{cases}$　(2) $\begin{cases} 4x+3y=7 \\ 8x+6y=2 \end{cases}$　(3) $\begin{cases} 3x+4y+5z=6 \\ 4x+5y+6z=7 \\ 5x+6y+7z=8 \end{cases}$

補題6.12を線形写像の言葉で言い換えると次の結果を得る．

命題6.42　連立方程式(6.39)で $n>m$ であれば，対応する線形写像 ψ (式(6.41))の核 $\mathrm{Ker}\,\psi$ は $\dim_K \mathrm{Ker}\,\psi \geqq 1$ を満足する．したがって，特に $b_1=b_2=\cdots=b_m=0$ のとき，連立方程式(6.39)の解の全体は $l=\dim_K \mathrm{Ker}\,\psi$ 次元の K 上のベクトル空間をなす． □

連立方程式(6.39)の係数 a_{ij} および b_j がすべて体 K に属すれば，解は K の元を使って表示することができる．解は具体的には，V_K^n, V_K^m の基底をうまく取り換えて線形写像(6.41)を簡単な形で表示することによって求めることができる．このことに関しては本シリーズ『行列と行列式』を参照していただきたい．

問20　K 上のベクトル空間 V から W への線形写像の全体を $\mathrm{Hom}_K(V,W)$ と記す．$\varphi,\psi\in\mathrm{Hom}_K(V,W)$ に対して和およびスカラー倍を

$$(\varphi+\psi)(v)=\varphi(v)+\psi(v),\quad v\in V$$
$$(a\varphi)(v)=a(\varphi(v)),\quad a\in K,\ v\in V$$

と定義すると，$\varphi+\psi,\ a\varphi\in\mathrm{Hom}_K(V,W)$ であることを示せ．また，この和とスカラー倍とによって $\mathrm{Hom}_K(V,W)$ は K 上のベクトル空間になることを示せ．

《まとめ》

6.1　3次方程式，4次方程式は，方程式の係数から四則演算と累乗根(ベキ根)をとる操作を組み合わせることによって根を求めることができる．しかし，5次以上の一般の方程式では，方程式の係数から四則演算と累乗根をとる操作を組み合わせても根を求めることはできない．(代数学の基本定理により，根は必ず存在するが，5次以上の方程式では根を四則演算と累乗根を使って具体的に求める方法は存在しない．)

6.2　四則演算のできる数の体系を体と呼び，加法，乗法に関する規則および分配法則によって定義する．

6.3　体K上のベクトル空間が定義でき，K上1次独立，1次従属，次元が定義できる．連立1次方程式の解を求める問題は線形写像の核と像を調べる問題に帰着される．

6.4　体Lの部分集合KがLの加法と乗法に関して体であるときKをLの部分体という．また，LはKの拡大体であるといい，LがKの拡大体であることをL/Kと記す．LはK上のベクトル空間であり，LのK上の次元がn(有限)のとき，LはKのn次の拡大であるという．nをL/Kの拡大次数といい$[L:K]=n$と記す．

6.5　体Kに属さない元$\alpha_1, \alpha_2, \cdots, \alpha_n$を添加して体$K$の拡大体$K(\alpha_1, \alpha_2, \cdots, \alpha_n)$を作ることができる．

6.6　体Kの元を係数とする方程式$f(x)$の根αを添加して，拡大体$K(\alpha)/K$を得る．方程式$f(x)$がK上n次既約多項式のとき$K(\alpha)/K$はn次拡大である．βを$f(x)$の他の根とすると，$K(\alpha)$から$K(\beta)$へのK上の体の同型写像が存在する．

6.7　体Kの元を係数とする方程式$f(x)=0$の根$\alpha_1, \alpha_2, \cdots, \alpha_n$をすべて$K$に添加してできる体$L=K(\alpha_1, \alpha_2, \cdots, \alpha_n)$を方程式$f(x)=0$の最小分解体という．方程式$f(x)=0$の最小分解体$L$の$K$上の自己同型全体$\mathrm{Aut}_K(L)$は群をなす．この群をこの方程式のガロア群という．方程式のガロア群は方程式の相異なる根の間の置換を引き起こす．L/Kの中間体とガロア群の部分群の関係を記述するのがガロア理論である．

演習問題

6.1 有理数体 $\mathbb{Q}$ の自己同型は恒等写像に限ることを示せ.

6.2 体 K 上の 1 変数有理関数体 $K(x)$ に対して

$$x \longmapsto \frac{ax+b}{cx+d}, \quad ad-bc \neq 0$$

は $K(x)$ の K 上の自己同型を引き起こすことを示せ. すなわち

$$K(x) \ni f(x) \longmapsto f\Big(\frac{ax+b}{cx+d}\Big)$$

は $K(x)$ の K 上の自己同型である. また

$$GL(2,K) = \left\{ \begin{pmatrix} a & b \\ c & d \end{pmatrix} \middle| \, a,b,c,d \in K, \ ad-bc \neq 0 \right\}$$

は 2×2 行列の積に関して群をなすが, $GL(2,K)$ から $\mathrm{Aut}_K(K(x))$ への写像

$$\begin{array}{rccc} \Phi: & GL(2,K) & \longrightarrow & \mathrm{Aut}_K(K(x)) \\ & A & \longmapsto & \varphi_A \end{array}$$

は群の準同型写像であることを示せ. ただし,

$$\varphi_A(f(x)) = f\Big(\frac{ax+b}{cx+d}\Big), \quad A = \begin{pmatrix} a & b \\ c & d \end{pmatrix}$$

と定義する. また, $\mathrm{Ker}\,\Phi$ は乗法群 $K^\times = K-\{0\}$ と同型であることを示せ.

6.3 K を複素数体 $\mathbb{C}$ の部分体とするとき $K[x]$ の既約多項式はすべて相異なる根を持つ, すなわち重根を持たないことを示せ.(この事実は標数 0 の体で正しい. しかし標数 p の体ではこのことは必ずしも成立しない. 演習問題 7.3 を参照のこと.)(ヒント. $f(x)$ が重根を持つための必要十分条件は $f(x)$ と $f'(x)$ とが共通根を持つことである.)

6.4 α, β は体 K 上代数的である, すなわち $f(\alpha)=0$, $g(\beta)=0$ となる K 係数の多項式 $f(x), g(x) \in K[x]$ が存在すると仮定する. このときに, 拡大 $L=K(\alpha,\beta)/K$ に対して, $L=K(\gamma)$ となる $\gamma \in L$ が存在することを示せ. すなわち拡大 $K(\alpha,\beta)/K$ は単純拡大である.(この章では, 体はすべて複素数体と仮定したが, この問題は K が標数 0 の体(次章§7.1(d)を参照のこと)であれば成立する.)(ヒント. L/K の中間体 $K(\alpha+a\beta)$, $a \in K$ を考えよ. a を一般の元にとると $L=K(\alpha+a\beta)$ であることを示す.)

6.5　体 K 上の n 次既約多項式 $f(x)$ の根を $\{\alpha_1, \alpha_2, \cdots, \alpha_n\}$ と記す．任意の $i, j,\ i \neq j$ に対して $\varphi(\alpha_i)=\alpha_j$ となる $f(x)$ の K 上のガロア群 G_f の元 φ が存在することを示せ．

6.6

(1)　素数 p に対して p 次対称群 S_p の部分群 G が，任意の $1 \leqq i < j \leqq p$ に対して $g(i)=j$ となる元 g を含みかつある互換を含めば，$G=S_p$ であることが知られている．この事実と問題 6.4 を使って，$\mathbb{Q}$ 上の p 次既約多項式 $f(x)$ が $p-2$ 個の実根と 2 個の虚根を持てば $f(x)$ のガロア群 G_f は S_p と同型であることを示せ．

(2)　奇素数 p に対して，$\mathbb{Q}$ 上の p 次多項式

$$f(x) = x^3(x-2)(x-4)\cdots(x-2(p-3))-2$$

は $\mathbb{Q}[x]$ で既約であり，$f(x)$ のガロア群 G_f は S_p と同型であることを示せ．（したがって $p \geqq 5$ のとき $f(x)=0$ は代数的に解くことはできない．）

6.7（角の 3 等分の作図不可能性）

古代ギリシャの幾何学では，定規を使って平面上に与えられた 2 点 A, B を通る線分を引くことができ，かつ平面上の線分は定規を使ってどれだけでも両側へ延長することができる，コンパスは与えられた点 O を中心として与えられた点 A を通る円を描くことができることのみを許して(これを定規とコンパスを公法通り使用するという)，図形の作図問題を考察した．

定規とコンパスを公法通り使うことによって，平面上に長さ a, b の線分が与えられたとき，長さ $a+b$，長さ $a-b$（ただし $a>b$ と仮定する)，長さ ab，長さ a/b（ただし $b \neq 0$)，長さ $\sqrt{a}$ の線分を作図できる．

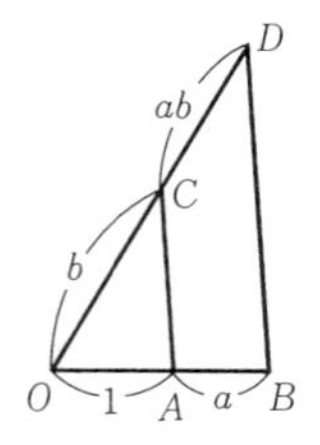

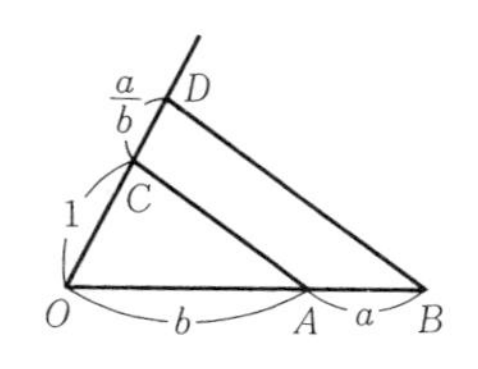

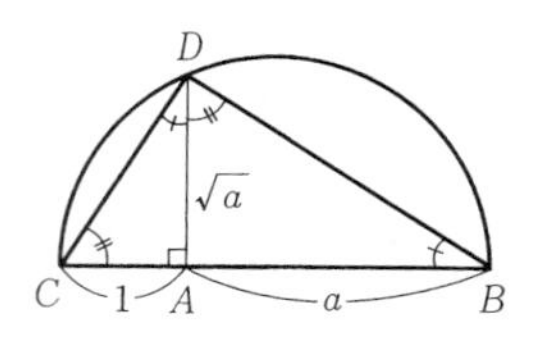

したがって，長さ a, b, c の線分が与えられたとき，2 次方程式 $ax^2+bx+c=0$ が正の根を持てば，この根は定規とコンパスを公法通り使って作図できることが分かる．

さて，平面上に単位の長さ 1 のみが与えられたとして，以下の問に答えよ．

(1) 有理数体 $\mathbb{Q}$ に正の数の平方根を次々と添加してできる体の拡大の列

$$K_0 = \mathbb{Q} \subset K_1 = \mathbb{Q}(\sqrt{d_0}) \subset K_2 = K_1(\sqrt{d_1}) \subset K_3 = K_2(\sqrt{d_2})$$
$$\subset \cdots \subset K_n = K_{n-1}(\sqrt{d_{n-1}})$$
$$d_j \in K_j, \quad d_j > 0, \quad j = 0, 1, 2, \cdots, n-1$$

を考える．K_n に属する正の数は定規とコンパスを公法通り使って作図できることを示せ．

(2) 逆に定規とコンパスを公法通り使って作図できる正の数は，(1)の形の体の拡大に含まれることを示すことができる．このことを使って，3 次方程式 $x^3-3x-1=0$ の根は定規とコンパスを公法通り使っては作図できないことを示せ．（ヒント．$x^3-3x-1=0$ の正の根 α が含まれるように体の拡大の列 $K_0=\mathbb{Q} \subset K_1 = K_0(\sqrt{d_0}) \subset \cdots \subset K_n = K_{n-1}(\sqrt{d_{n-1}})$ を $\alpha \in K_n$，$\alpha \notin K_{n-1}$ なるようにとる．このとき $x^3-3x-1=0$ は K_{n-1} にも根を持つことを示せ.）

(3) $\alpha = 2\cos 20°$ とおくと，これは 3 次方程式 $x^3-3x-1=0$ の根であることを示せ．これより，(2)を使って角 60° の 3 等分角 20° は定規とコンパスを公法通り使って作図できないことを示せ．

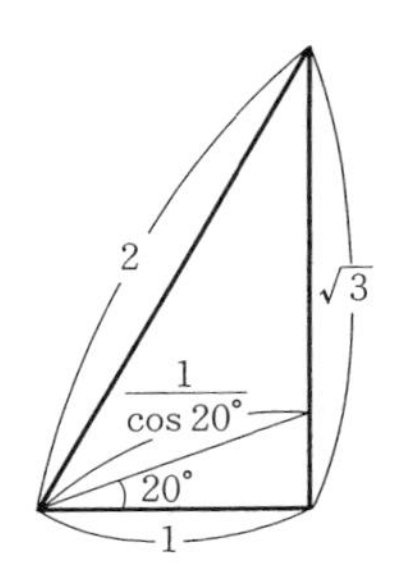

6.8 K 上のベクトル空間 U, V, W とそれぞれの K 上の基底 $\{u_1, u_2, \cdots, u_l\}$，$\{v_1, v_2, \cdots, v_m\}$，$\{w_1, w_2, \cdots, w_n\}$ が与えられたとする．

(1) $f \in \mathrm{Hom}_K(U, V)$，$g \in \mathrm{Hom}_K(V, W)$ に対して，写像の合成 $g \circ f$ は U から W への K 上の線形写像であることを示せ．

(2) $f \in \mathrm{Hom}_K(U, V)$ に対して $f(u_j) = \sum_{i=1}^{m} a_{ij} v_i$，$j = 1, 2, \cdots, l$ と a_{ij} を定めると，$A = (a_{ij})$ は $m \times l$ 行列になる．同様に，$g \in \mathrm{Hom}_K(V, W)$ に対して $g(v_i) =$

$\sum_{k=1}^{n} b_{ki} w_k$, $i=1,2,\cdots,m$ と b_{ki} を定めると，$n \times m$ 行列 $B=(b_{ki})$ を得る．また，$g \circ f(u_j)=\sum_{i=1}^{n} c_{ij} w_i$ とおくと，$n \times l$ 行列 $C=(c_{ij})$ を得る．このときに，$C=BA$ であることを示せ．

7 可換環

今までも体 K 上の多項式環 $K[x]$ の環論的性質を用いて議論してきたが，この章では可換環の一般論の初歩を述べる．可換環の定義を述べたあと，イデアルを定義する．そしてイデアルの考え方を1変数多項式環の場合に詳しく論じる．特にイデアルによる剰余環を1変数多項式環の場合に具体的に記述し，既約多項式より生成されるイデアルの剰余環は体になることを示し，体の拡大を抽象的に定義することができることを示す．このことから，体を自由に扱うことが可能になり，第6章で不本意ながら仮定せざるを得なかった複素数体 $\mathbb{C}$ の部分体のみを考える必要がなくなる．一般の体の一例として，有限体について少し詳しく考察する．

さらに，一般の可換環のイデアルによる剰余環を定義し，素イデアル，極大イデアルという重要な概念を導入する．最後に，可換環のなかで大切なネター環について簡単に述べることにする．

§7.1 可換環と体

(a) 可換環

四則演算(加減乗除)ができる数の体系を体と呼んだ．一方，整数環 $\mathbb{Z}$ や実数や複素数を係数とする多項式の全体 $\mathbb{R}[x], \mathbb{C}[x]$ では割り算はできない(一般に剰余が出る)が，数学的に大切な研究対象である．$\mathbb{Z}$ や $\mathbb{R}[x]$ などの持つ大切な性質をぬき出すと**可換環**(commutative ring)の概念を得る．これは体の持つ性質から割り算ができる部分を取り去ったものに他ならない．

定義 7.1　集合 R に和と積が定義されて以下の性質を持つとき，R を可換環(正確には単位元を持つ可換環)という．

I　R は加法に関してアーベル群である．すなわち，次の性質を持つ．

(A1)　R の任意の 2 元 a, b に対して $a+b=b+a$.

(A2)　R の任意の 3 元 a, b, c に対して $a+(b+c)=(a+b)+c$.

(A3)　R の任意の元 a に対して $a+0=a$ を満足する R の元 0 が存在する．(0 を R の**零元**という．)

(A4)　R の任意の元 a に対して $a+b=0$ を満足する R の元 b が存在する．(b を $-a$ と記す．)

II　R の乗法は以下の性質を持つ．

(M1)　R の任意の 2 元 a, b に対して $ab=ba$.

(M2)　R の任意の 3 元 a, b, c に対して $a(bc)=(ab)c$.

(M3)　R の任意の元 a に対して $a\cdot 1=a$ を満足する R の元が存在する．(1 を R の**単位元**という．)

III　R の加法と乗法に関して分配法則，すなわち次の性質が成り立つ．

(D)　R の任意の 3 元 a, b, c に対して $a(b+c)=ab+ac$.　□

この定義は，体の定義から乗法に関する逆元の存在を除いたものに他ならない．したがって体は可換環である．別の言い方をすれば，可換環の 0 以外の元が乗法に関してつねに逆元を持てば体である．また，上の定義から乗法に関する可換性(M1)を除いたものは**環**(ring)，特に乗法が可換でないことを明示するときは**非可換環**(non-commutative ring)の定義になる．さらに単位元の存在(M3)を仮定しない場合もあるが，本書では，特に断らない限り，可換環は単位元を持つ場合のみを考えることとする．抽象的な定義だけでは意味不明であろうから，例をいくつか与えよう．

例 7.2

(1)　整数環 $\mathbb{Z}$，体 K を係数とする多項式の全体 $K[x]$ は通常の和と積に関して可換環である．$K[x]$ を**体 K 上の多項式環**と呼ぶ．

（2）　偶数の全体を $2\mathbb{Z}$ と記す．$2\mathbb{Z}=\{0,\pm 2,\pm 4,\cdots\}$．$2\mathbb{Z}$ は定義 7.1 の性質のうち，単位元の存在(M3)以外のすべての性質を満足している．

（3）　実数を成分とする 2×2 の行列

$$\begin{pmatrix} a_{11} & a_{12} \\ a_{21} & a_{22} \end{pmatrix}$$

の全体を $M_2(\mathbb{R})$ と記す．$M_2(\mathbb{R})$ の 2 元

$$A=\begin{pmatrix} a_{11} & a_{12} \\ a_{21} & a_{22} \end{pmatrix},\quad B=\begin{pmatrix} b_{11} & b_{12} \\ b_{21} & b_{22} \end{pmatrix}$$

に対して和 $A+B$，積 AB を

$$A+B=\begin{pmatrix} a_{11}+b_{11} & a_{12}+b_{12} \\ a_{21}+b_{21} & a_{22}+b_{22} \end{pmatrix},\quad AB=\begin{pmatrix} a_{11}b_{11}+a_{12}b_{21} & a_{11}b_{12}+a_{12}b_{22} \\ a_{21}b_{11}+a_{22}b_{21} & a_{21}b_{12}+a_{22}b_{22} \end{pmatrix}$$

と定義すると，定義 7.1 の積の可換性(M1)以外の性質をすべて満たす．零元は零行列 $\begin{pmatrix} 0 & 0 \\ 0 & 0 \end{pmatrix}$ であり，単位元は単位行列 $\begin{pmatrix} 1 & 0 \\ 0 & 1 \end{pmatrix}$ である．$M_2(\mathbb{R})$ を実数上の 2 次の**行列環**という．　□

問 1　実数上の 2 次の行列環 $M_2(\mathbb{R})$ が定義 7.1 の(A1)～(A4)，(M2)，(M3)，(D)を満足することを示せ．

問 2　任意の体 K に対して，体 K 上の 2 次の行列環 $M_2(K)$ が例 7.2(3)と同様に定義でき(a_{ij} を K の元にとる)，和と積を上と同様に定義すると $\begin{pmatrix} 0 & 0 \\ 0 & 0 \end{pmatrix}$ を零元，$\begin{pmatrix} 1 & 0 \\ 0 & 1 \end{pmatrix}$ を単位元とする非可換環になることを示せ．

例 7.3　平方数でない整数(ある整数 m によって m^2 とは書けない整数) D に対して

$$\mathbb{Z}[\sqrt{D}]=\{m+n\sqrt{D}\mid m,n\in\mathbb{Z}\}$$

とおくと，$\mathbb{Z}[\sqrt{D}]$ は体 $\mathbb{Q}(\sqrt{D})$ (例 6.5)の部分集合であるが，和と積に関して閉じていて可換環になる．これは，m,m',n,n' が整数のとき

$$(m+n\sqrt{D})+(m'+n'\sqrt{D})=(m+m')+(n+n')\sqrt{D},$$

$$(m+n\sqrt{D})(m'+n'\sqrt{D}) = (mm'+nn'D)+(mn'+nm')\sqrt{D}$$

となることが明らかであろう. □

問3　整数 D が $D\equiv 1 \pmod 4$ を満足すれば $\mathbb{Q}(\sqrt{D})$ の部分集合

$$\mathbb{Z}\left[\frac{1+\sqrt{D}}{2}\right] = \left\{m+\frac{(1+\sqrt{D})n}{2} \,\middle|\, m, n\in\mathbb{Z}\right\}$$

は和と積に関して閉じていて可換環であることを示せ.

例題 7.4　整数係数の n 次既約多項式

$$f(x) = a_0+a_1x+a_2x^2+\cdots+a_nx^n, \quad a_n\neq 0$$

を考える. 整数 $a_0, a_1, a_2, \cdots, a_n$ の最大公約数は1であると仮定する. $f(x)$ の根の1つを α とするとき, 体 $\mathbb{Q}(\alpha)$ の部分集合 $\mathbb{Z}[\alpha]$ を

$$\mathbb{Z}[\alpha] = \{m_0+m_1\alpha+m_2\alpha^2+\cdots+m_{n-1}\alpha^{n-1} \mid m_j\in\mathbb{Z},\ j=0,1,\cdots,n-1\}$$

とおく. $\mathbb{Z}[\alpha]$ が通常の和と積に関して可換環になるための必要十分条件は $a_n=\pm 1$ であることを示せ.

［解］　$\mathbb{Z}[\alpha]$ が環であれば $\alpha^n\in\mathbb{Z}[\alpha]$ であるので

$$\alpha^n = b_0+b_1\alpha+b_2\alpha^2+\cdots+b_{n-1}\alpha^{n-1}, \quad b_j\in\mathbb{Z}$$

と書ける. よって

$$g(x) = x^n-b_{n-1}x^{n-1}-\cdots-b_1x-b_0$$

とおくと, $f(x)$ は既約多項式であることより α の最小多項式の次数は n であり, $g(x)$ が最小多項式である. したがって,

$$f(x) = a_ng(x)$$

となる. これより $f(x)$ の係数はすべて a_n で割り切れることが分かる. 一方 $a_0, a_1, \cdots, a_n$ の最大公約数は1であるので, $a_n=\pm 1$ である. 逆は明らか. ■

さて, 可換環の定義から出てくる事実をいくつか記しておこう. 可換環 R の単位元1に対して

$$1\cdot a = a\cdot 1 = a$$

である. また, R の零元0に対しては $0+0=0$ より, 分配法則(D)を使うと

$$a\cdot 0 = a\cdot(0+0) = a\cdot 0 + a\cdot 0$$

より $a\cdot 0=0$ を得る．積の可換性より $0\cdot a = a\cdot 0 = 0$ でもある．また $1+(-1)=0$ より，再び(D)を使うと

$$0 = a\cdot 0 = a\cdot\{1+(-1)\} = a\cdot 1 + a\cdot(-1) = a + a\cdot(-1)$$

が成り立つ．したがって

$$a\cdot(-1) = -a$$

である．これより

$$(-1)\cdot a = -a$$

であることも分かる．

ところで，可換環 R が与えられたとき，R の部分集合 S が R の和と積に関して閉じていて，この和と積に関して可換環になるとき，S を R の**部分環**(subring)であるという．たとえば，有理数体 $\mathbb{Q}$ を可換環と見れば，整数環 $\mathbb{Z}$ は $\mathbb{Q}$ の部分環である．また，$\mathbb{Q}$ の元を係数とする1変数多項式の全体，すなわち $\mathbb{Q}$ 上の多項式環 $\mathbb{Q}[x]$ の元のうち，係数がすべて整数のもの全体を $\mathbb{Z}[x]$ と記すと，$\mathbb{Z}[x]$ は多項式の通常の和と積に関して可換環となり，$\mathbb{Q}[x]$ の部分環である．

可換環の理論で大切な役割をするのが**イデアル**(ideal)である．

定義 7.5　可換環 R の部分集合 I が以下の性質を持つとき，R のイデアルという．

(I1)　$a, b\in I$ であれば $a+b\in I$.

(I2)　R の任意の元 α と I の任意の元 a に対して $\alpha a\in I$.　□

I が可換環 R のイデアルであれば，$a\in I$ に対して，性質(I2)より $-a=(-1)\cdot a\in I$ がいえる．したがって，$a, b\in I$ のとき，(I1)を使うと $a-b\in I$ であることも分かる．

ところで，可換環 R の元 $a_1, a_2, \cdots, a_m$ が与えられたとき，R の部分集合 $(a_1, a_2, \cdots, a_m)$ を

$$(a_1, a_2, \cdots, a_m) = \left\{ \sum_{j=1}^{m} r_j a_j \,\middle|\, r_j \in R \right\}$$

と定義する．

$$a=\sum_{j=1}^{m} r_j a_j \in (a_1, a_2, \cdots, a_m), \quad b=\sum_{j=1}^{m} s_j a_j \in (a_1, a_2, \cdots, a_m)$$

とすると，$a+b=\sum_{j=1}^{m}(r_j+s_j)a_j$ と書け $a+b\in(a_1, a_2, \cdots, a_m)$ である．また，$\alpha\in R$ に対して $\alpha a=\sum_{j=1}^{m}(\alpha r_j)a_j$ と書けるので $\alpha a\in(a_1, a_2, \cdots, a_m)$ である．このことから，$(a_1, a_2, \cdots, a_m)$ は R のイデアルであることが分かる．これを $\boldsymbol{a_1, a_2, \cdots, a_m}$ **が生成するイデアル**(ideal generated by $a_1, a_2, \cdots, a_m$)という．また，R のイデアル I が $I=(b_1, b_2, \cdots, b_l)$ であるとき，$b_1, b_2, \cdots, b_l$ をイデアル I の**生成元**(generator)という．

例題 7.6　可換環 R の元の集合 $\{a_\lambda\}_{\lambda\in\Lambda}$ (Λ は無限集合の場合も許す)に対して，$\{a_\lambda\}_{\lambda\in\Lambda}$ の R を係数とする有限和の全体

$$J=(a_\lambda)_{\lambda\in\Lambda}=\left\{\sum_{j=1}^{k} r_j a_{\lambda_j} \;\middle|\; \lambda_j\in\Lambda,\ r_j\in R,\ k\in\mathbb{N}\right\}$$

は R のイデアルであることを示せ．

[解]

$$a=\sum_{j=1}^{k} r_j a_{\lambda_j}, \quad b=\sum_{l=1}^{m} s_l a_{\mu_l}, \quad r_j, s_l\in R,\ \lambda_j, \mu_l\in\Lambda$$

に対して $a+b$ も $\{a_\lambda\}_{\lambda\in\Lambda}$ の R を係数とする有限和で書けることは明らかである．また $\alpha\in R$ に対して

$$\alpha a=\sum_{j=1}^{k}(\alpha r_j)a_{\lambda_j}$$

と書けるので $\alpha a\in J$ である．∎

以下の項では主として多項式環のイデアルについて詳しく調べることにする．

(b)　1変数多項式環

実数あるいは複素数を係数とする1変数多項式環については第3章で詳しく論じたが，ここでは復習も兼ねて，一般の体上の1変数多項式環について

述べる．その多くの性質は前章で暗黙のうちに使ったが，ここで改めて論じることとする．

体 K の元を係数とし，x を変数とする多項式

$$f(x) = a_0 + a_1x + a_2x^2 + \cdots + a_nx^n \tag{7.1}$$

の全体を $K[x]$ と記し，**体 K 上の 1 変数多項式環** という．多項式環 $K[x]$ が，多項式としての通常の和と積に関して，0 を零元，1 を単位元とする可換環であることは明らかであろう．（体 K の零元を 0，単位元を 1 と記した．以下，この記法を使う．）多項式(7.1)で $a_n \neq 0$ のとき，この多項式 $f(x)$ の次数は n であるといい，$\deg f(x) = n$ と書くのも今までと同様である．さて，1 変数の多項式環で基本的なことは割り算に関する次の定理である．

定理 7.7　多項式 $f(x), g(x) \in K[x]$ に対して

$$f(x) = h(x)g(x) + r(x), \quad \deg r < \deg g$$

を満足する K 係数の多項式 $h(x), r(x)$ がただ 1 つ定まる．$h(x)$ は $f(x)$ を $g(x)$ で割ったときの**商**(quotient)，$r(x)$ は $f(x)$ を $g(x)$ で割ったときの**剰余**(remainder)という．　□

この定理の証明は，定理 3.15 の証明と同様であるので，読者の演習問題とする．定理 3.15 の証明で，K が体であることしか使っていないことを確認していただきたい．この定理から，ユークリッドの互除法が K 係数の多項式の範囲内でできることも分かる．このことも読者の演習問題とする．ここでの主要な目標は $K[x]$ のイデアルの構造を明らかにすること，詳しくいえば $K[x]$ のイデアルはすべて 1 個の元から生成されること(これは定理 2.10 が $K[x]$ に対しても成り立つことを意味する．演習問題 3.1 も参照のこと)を示し，定理 3.20 を $K[x]$ に対しても示すことにある．

定理 7.8　$K[x]$ のイデアルはすべて単項イデアルである，すなわち 1 個の多項式から生成される．

［証明］　イデアル J が 0 しか含まないとき，すなわち $J = \{0\}$ のときは，0 が J の生成元であり，定理は正しい．$J \neq \{0\}$ のときは，J に含まれる 0 でない多項式のうち次数が最低のものを $g(x)$ とする．J は $g(x)$ で生成されることを示そう．多項式 $f(x) \in J$ を $g(x)$ で割ると，定理 7.7 より

$$f(x)=h(x)g(x)+r(x), \quad \deg r(x)<\deg g(x)$$

を満足する $h(x), r(x)\in K[x]$ が定まる．$f(x), g(x)\in J$ であるので，$r(x)=f(x)-h(x)g(x)\in J$ である．一方，$g(x)$ は J に含まれる 0 以外の多項式のうち次数が最低のものであった．したがって $r(x)\in J$, $\deg r(x)<\deg g(x)$ であることは，$r(x)=0$ であることを意味する．すなわち，J の任意の元は $g(x)$ で割り切れなければならない．よって $J=(g(x))$ である．∎

さて，多項式 $f(x)\in K[x]$ が，

$$f(x)=g(x)h(x), \quad g(x), h(x)\in K[x], \quad 1\leqq \deg g, \quad 1\leqq \deg h$$

と 2 つの K 係数の多項式の積に書けるとき，$f(x)$ は **K 上可約**(reducible over K)であるといい，可約でないとき **K 上既約**(irreducible over K)であるという．“K 上の”という言葉がついているのは，体 K の拡大体 K' を係数とする多項式と考えると，違ってくることがあるからである．また，多項式 $f_1(x), f_2(x), \cdots, f_m(x)\in K[x]$ が $g(x)\in K[x]$ で割り切れるとき，$g(x)$ を $f_1(x), f_2(x), \cdots, f_m(x)$ の**共通因子**(common divisor)という．共通因子のうち次数が最大のものを**最大公約因子**(greatest common divisor)という．

例 7.9　多項式 $f(x)=x^2+2\in\mathbb{Q}[x]$ は $\mathbb{Q}$ 上既約である．しかし $x^2+2=(x+\sqrt{2}i)(x-\sqrt{2}i)$ と書けるので，$\mathbb{Q}$ の拡大体 $\mathbb{Q}(\sqrt{2}i)$ 上では可約である．しかしながら $\mathbb{Q}$ の拡大体 $\mathbb{Q}(\sqrt{2})$ や $\mathbb{Q}(i)$ 上では $f(x)$ は既約である．□

定理 7.8 を使うと，定理 3.20 の一般化として，次の定理を証明することができる．

定理 7.10　K 係数の多項式 $f_1(x), f_2(x), \cdots, f_m(x)$ の最大公約因子が $g(x)\in K[x]$ であれば

$$g(x)=h_1(x)f_1(x)+h_2(x)f_2(x)+\cdots+h_m(x)f_m(x)$$

を満足する $h_1(x), h_2(x), \cdots, h_m(x)\in K[x]$ が存在する．特に $F(x), G(x)\in K[x]$ が互いに素である(定数以外の共通因子を持たない)ならば

$$1=H_1(x)F(x)+H_2(x)G(x)$$

を満たす $H_1(x), H_2(x)\in K[x]$ が存在する．

［証明］ $f_1(x), f_2(x), \cdots, f_m(x)$ から生成される $K[x]$ のイデアル $J=(f_1(x), f_2(x), \cdots, f_m(x))$ を考える．定理 7.8 より J はただ 1 つの元 $\widetilde{g}(x)\in K[x]$ で生成される．$\widetilde{g}(x)\in J$ であることは

$$\widetilde{g}(x) = \widetilde{h}_1(x)f_1(x)+\widetilde{h}_2(x)f_2(x)+\cdots+\widetilde{h}_m(x)f_m(x), \quad \widetilde{h}_j(x)\in K[x] \tag{7.2}$$

を意味する．$g(x)$ は $f_j(x)$ を割り切るので，(7.2)より $\widetilde{g}(x)$ も割り切ることになる．また，$f_j(x)$ を $\widetilde{g}(x)$ で割ると

$$f_j(x) = s_j(x)\widetilde{g}(x)+r_j(x), \quad s_j(x), r_j(x)\in K[x], \quad \deg r_j(x) < \deg \widetilde{g}(x)$$

であるが，$f_j(x), \widetilde{g}(x)\in J$ であるので，$r_j(x) = f_j(x)-s_j(x)\widetilde{g}(x)\in J$ である．定理 7.8 の証明が示すように，$\widetilde{g}(x)$ はイデアル J に属する 0 でない多項式のうち，次数が最低のものである．したがって，$r_j(x)=0$ でなければならず，$\widetilde{g}(x)$ は $f_1(x), f_2(x), \cdots, f_m(x)$ の公約因子である．したがって，$\widetilde{g}(x)$ は $g(x)$ を割り切らなければならない．

以上の議論によって $g(x)$ と $\widetilde{g}(x)$ とは定数倍の違いしかないので，$\widetilde{g}(x)=g(x)$ としてよいことが分かる．また $F(x)$ と $G(x)$ とが互いに素であれば，1 が最大公約因子となるので，定理が成り立つことが分かる．　■

定理 7.10 で，実際に $h_1(x), h_2(x), \cdots, h_m(x)$ を求めるには，ユークリッドの互除法を使うのが便利である．定理 3.20 の証明と下の問 4 を使えば，$h_1(x), h_2(x), \cdots, h_m(x)$ を求める具体的方法(アルゴリズム)があることが分かる．

問 4　多項式 $f_1(x), f_2(x), \cdots, f_m(x)\in K[x]$ の最大公約因子を $\mathrm{GCD}(f_1, f_2, \cdots, f_m)$ と記すことにする．$m\geqq 3$ のとき

$$\mathrm{GCD}(f_1, f_2, \cdots, f_m) = \mathrm{GCD}(f_1, \mathrm{GCD}(f_2, f_3, \cdots, f_m))$$

であることを示せ．このことから，

$$\mathrm{GCD}(f_1, f_2, \cdots, f_m) = \mathrm{GCD}(f_1, \mathrm{GCD}(f_2, \mathrm{GCD}(f_3, \cdots, \mathrm{GCD}(f_{m-1}, f_m)))\cdots)$$

であることが分かる．

問 5　問 4 を使って，$\mathbb{Q}[x]$ 内で

$$g(x) = \mathrm{GCD}(x^4+x^2+1,\ x^4-x^2-2x-1,\ x^3-1)$$

を求めよ．またこのとき

$$g(x) = h_1(x)(x^4+x^2+1)+h_2(x)(x^4-x^2-2x-1)+h_3(x)(x^3-1)$$

を満足する $h_j(x) \in \mathbb{Q}[x]$ を求めよ．

以上の議論によって，体 K 上の 1 変数多項式環 $K[x]$ は整数環 $\mathbb{Z}$ に類似の性質を持っていることが分かった．この類比はさらに続けることができる．まずこれまで何度も使ってきた因数分解の一意性を証明しておこう．

定理 7.11　多項式 $f(x) \in K[x]$ は互いに素な K 上既約な多項式の積 $f(x) = g_1(x)^{m_1} g_2(x)^{m_2} \cdots g_l(x)^{m_l}$ に分解できる．このとき，$g_1(x), g_2(x), \cdots, g_l(x)$ は定数倍と順序を除いて一意的に定まる．また，$g_1(x), g_2(x), \cdots, g_l(x)$ が定まれば正整数 $m_1, m_2, \cdots, m_l$ は一意的に定まる．

［証明］　多項式 $f(x)$ が K 係数の既約多項式の積に分解できることをまず示す．$f(x)$ が既約であればこれ以上分解できない．もし可約であれば $f(x) = f_1(x)f_2(x)$ と 2 つの K 係数の多項式の積に分解できる．次数に関する帰納法を使うことによって $f_1(x), f_2(x)$ は K 係数の既約多項式の積に分解できると仮定してよい．すると $f(x)$ も K 係数の既約多項式の積に分解できることが分かる．次に

$$\begin{aligned} f(x) &= g_1(x)^{m_1} g_2(x)^{m_2} \cdots g_l(x)^{m_l} \\ &= h_1(x)^{n_1} h_2(x)^{n_2} \cdots h_k(x)^{n_k} \end{aligned} \tag{7.3}$$

と 2 通りの K 係数の既約多項式への分解があったとしよう．このとき $l = k$ であり，$h_1, h_2, \cdots, h_l$ を適当に並べかえることによって，$g_j(x)$ と $h_j(x)$ とは定数倍を除いて一致し，かつ $m_j = n_j$ であることを示せばよい．(7.3)の等式で $g_1(x)$ は $f(x)$ を割り切るので，右辺の $h_1(x)^{n_1} h_2(x)^{n_2} \cdots h_k(x)^{n_k}$ を割り切り，このことから，$g_1(x)$ は $h_1(x), h_2(x), \cdots, h_k(x)$ のいずれか，たとえば $h_1(x)$ を割り切ることがいえれば，$h_1(x)$ は既約であることより $g_1(x)$ と $h_1(x)$ とは定数倍を除いて一致することが分かる．次に同様の論法を K 係数の多項式 $f(x)/g_1(x)$ に適用することによって，定理の主張が正しいことが分かる．したがって，次の補題が証明されれば定理が証明されたことになる．∎

補題 7.12　K 係数の多項式 $f(x)$ が $f(x) = f_1(x)f_2(x)$ と K 係数の多項式

の積で書け，かつ既約な K 係数 $g(x)$ が $f(x)$ を割り切るとき，$g(x)$ は $f_1(x)$ または $f_2(x)$ を割り切る．

［証明］　$f_1(x), f_2(x)$ が $g(x)$ で割り切れないとすると，$g(x)$ は既約多項式であるので，$f_1(x)$ と $g(x)$，$f_2(x)$ と $g(x)$ の最大公約因子は1である．したがって，定理7.10より

$$H_1(x)f_1(x)+I_1(x)g(x) = 1,$$
$$H_2(x)f_2(x)+I_2(x)g(x) = 1$$

を満足する K 係数の多項式 $H_j(x), I_j(x)$，$j=1,2$ が存在することが分かる．この両辺を辺々掛け合わせると

$$H_1(x)H_2(x)f_1(x)f_2(x) + (H_1(x)I_2(x)f_1(x)+H_2(x)I_1(x)f_2(x)+I_1(x)I_2(x)g(x))g(x) = 1$$

を得る．この等式の左辺は $g(x)$ で割り切れる．したがって右辺1も $g(x)$ で割り切れることになり矛盾する． ∎

(c)　剰余環と体の拡大

今までの議論で，体 K 上の1変数多項式環が，整数環 $\mathbb{Z}$ ときわめて似た性質を持つことが分かった．では，整数の合同式(第2章§2.1(d))に類似のことは考えられるであろうか．それは可能である．ただ，合同式そのものよりも，合同式から定まる**剰余環**(residue ring)の概念が本質的であるので，§2.1(d)とは少し違った形で議論を進めていくことにする．

体 K 上の1変数多項式環 $K[x]$ のイデアル I が与えられたとき，多項式 $f(x), g(x) \in K[x]$ が

$$f(x)-g(x) \in I$$

を満たすとき，$f(x)$ と $g(x)$ は**イデアル I を法として合同**であるといい，

$$f(x) \equiv g(x) \pmod I$$

と記す．このとき，整数のときと同様に次の性質が成り立つことが分かる．

補題 7.13

(i)　$f(x) \equiv f(x) \pmod I$.

(ii)　$f(x) \equiv g(x) \pmod I$ であれば $g(x) \equiv f(x) \pmod I$.

（iii）　$f(x) \equiv g(x) \pmod{I}$，$g(x) \equiv h(x) \pmod{I}$ であれば $f(x) \equiv h(x) \pmod{I}$.

［証明］　(i) $f(x)-f(x)=0 \in I$ による.

(ii) $f(x)-g(x) \in I$ であれば $g(x)-f(x)=-(f(x)-g(x)) \in I$ である.

(iii) $f(x)-g(x) \in I$，$g(x)-h(x) \in I$ であれば $f(x)-h(x)=(f(x)-g(x))+(g(x)-h(x)) \in I$ である. ∎

さらに，次の性質を持つことも容易に分かる.

補題 7.14

（i）　$f(x) \equiv g(x) \pmod{I}$ であれば任意の K の元 α に対して

$$\alpha f(x) \equiv \alpha g(x) \pmod{I}.$$

（ii）　$f_1(x) \equiv g_1(x) \pmod{I}$，$f_2(x) \equiv g_2(x) \pmod{I}$ であれば

$$f_1(x) \pm f_2(x) \equiv g_1(x) \pm g_2(x) \pmod{I} \quad （複号同順），$$

$$f_1(x) f_2(x) \equiv g_1(x) g_2(x) \pmod{I}$$

［証明］　(i) $f(x)-g(x) \in I$ であれば $\alpha(f(x)-g(x)) \in I$ である.

(ii) $f_j(x)-g_j(x)=h_j(x)$，$j=1,2$ とおくと $h_j(x) \in I$ である.

$$(f_1(x)-g_1(x)) \pm (f_2(x)-g_2(x)) = h_1(x) \pm h_2(x) \in I$$

であるので最初の合同式が成り立つ. また

$$\begin{aligned} f_1(x) f_2(x) &= (g_1(x)+h_1(x))(g_2(x)+h_2(x)) \\ &= g_1(x)g_2(x)+(g_1(x)h_2(x)+g_2(x)h_1(x)+h_1(x)h_2(x)) \end{aligned}$$

が成り立ち，最後の式の括弧の部分はイデアル I に属するので $f_1(x)f_2(x)-g_1(x)g_2(x) \in I$ である. ∎

問 6　$f(x) \equiv g(x) \pmod{I}$ のときに，任意の $h(x) \in K[x]$ に対して，$h(x)f(x) \equiv h(x)g(x) \pmod{I}$ であることを示せ.

さて，$K[x]$ のイデアル I は単項イデアルであるので，以下 I の生成元を $h(x)$ と記すことにする，すなわち $I=(h(x))$. また，$h(x)$ に 0 以外の K の元を定数倍してもイデアル I の生成元であることは変わらないので，$h(x)$ の最高次の係数は 1 であると以下仮定する. もちろん，この仮定は本質的なも

のではない.

例題 7.15　$I=(h(x))$ に対して，多項式 $f(x)\in K[x]$ が $h(x)$ と互いに素であれば

$$f(x)g(x)\equiv 1 \pmod{I}$$

を満足する $g(x)\in K[x]$ が存在することを示せ.

［解］　定理 7.10 より

$$f(x)g(x)+j(x)h(x)=1$$

を満足するように，$g(x), j(x)\in K[x]$ を見出すことができる．したがって，$f(x)g(x)-1=-j(x)h(x)\in I$ となり

$$f(x)g(x)\equiv 1 \pmod{I}$$

が成り立つ. ∎

以上の補題はイデアル I を法とする合同式で加法，減法，乗法が定義でき，さらに，特別な場合は，例題 7.15 が示すように除法もできることを示している．このことを，剰余環の概念を使って定式化してみよう．ここから，多項式環に関する新しい見方が生じてくる．まず剰余類の定義から始めよう.

定義 7.16　体 K 上の多項式環 $K[x]$ のイデアル I と多項式 $f(x)\in K[x]$ に対して，$K[x]$ の部分集合 $\overline{f(x)}$ を

$$\overline{f(x)}=\{g(x)\in K[x] \mid g(x)\equiv f(x) \pmod{I}\}$$

と定義し，イデアル I に関する $f(x)$ の**剰余類**(residue class)という. □

例題 7.17

（1）　$f_1(x)\equiv f_2(x) \pmod{I}$ であれば $\overline{f_1(x)}=\overline{f_2(x)}$ であることを示せ.

（2）　$g(x)\in\overline{f(x)}$ であれば $\overline{g(x)}=\overline{f(x)}$ であることを示せ.

（3）　$\overline{f(x)}\cap\overline{g(x)}\neq\emptyset$ であれば $\overline{f(x)}=\overline{g(x)}$ であることを示せ.

［解］　(1) $g(x)\equiv f_1(x) \pmod{I}$ であれば補題 7.13 より $g(x)\equiv f_2(x) \pmod{I}$ が成り立つ．したがって $\overline{f_1(x)}\subset\overline{f_2(x)}$ である．逆に $g(x)\equiv f_2(x) \pmod{I}$ であれば，再び補題 7.13 より $g(x)\equiv f_1(x) \pmod{I}$ が成り立つので $\overline{f_2(x)}\subset\overline{f_1(x)}$ である．したがって $\overline{f_1(x)}=\overline{f_2(x)}$ が成り立つ.

(2) $g(x) \in \overline{f(x)}$ であれば $g(x) \equiv f(x) \pmod{I}$ であるので，(1)より $\overline{g(x)} = \overline{f(x)}$ が成り立つ．

(3) $j(x) \in \overline{f(x)} \cap \overline{g(x)}$ であれば，剰余類の定義より

$$j(x) \equiv f(x) \pmod{I}, \quad j(x) \equiv g(x) \pmod{I}$$

が成り立つ．最初の合同式から $f(x) \equiv j(x) \pmod{I}$ が成り立つので，補題7.13より，$f(x) \equiv g(x) \pmod{I}$ であることが分かる．したがって，(1)より $\overline{f(x)} = \overline{g(x)}$ である．∎

上の例題の(3)より，剰余類 $\overline{f(x)}, \overline{g(x)}$ は一致するか共通部分を持たないかのいずれかであることが分かる．そこで，$K[x]$ のイデアル I に関する相異なる剰余類の全体を $K[x]/I$ と記し，イデアル I による $K[x]$ の**剰余環**(residue ring)という．特に $I = (h(x))$ のとき，この剰余環を $K[x]/(h(x))$ と記す．剰余環という言葉の意味は，以下で次第に明らかになる．

問7　イデアル I に関する $f(x)$ の剰余類 $\overline{f(x)}$ は，多項式環 $K[x]$ に同値関係 $\sim$ を $g(x) \sim h(x) \Longleftrightarrow g(x) - h(x) \in I$ で導入したときの $f(x)$ の属する同値類と一致することを示せ．また，剰余環 $K[x]/I$ は同値関係 $\sim$ による商集合 $K[x]/\sim$ と一致することを示せ．

例7.18　実数体 $\mathbb{R}$ 上の多項式環 $\mathbb{R}[x]$ のイデアル $I = (x^2+1)$ を考える．$\mathbb{R}[x]$ の任意の多項式 $f(x)$ を x^2+1 で割ると

$$f(x) = q(x)(x^2+1) + a + bx$$

という形になり，$f(x) \equiv a + bx \pmod{I}$ である．したがって

$$\mathbb{R}[x]/(x^2+1) = \{\overline{a+bx} \mid a, b \in \mathbb{R}\}$$

と表示できることが分かる．特に $f(x) = a_1$，$g(x) = a_2$ (定数すなわち0次式)のとき，$\overline{a}_1 = \overline{a}_2$ であることと $a_1 = a_2$ であることは同値である．したがって $\overline{a}$ を a と記し，$\mathbb{R}$ は $\mathbb{R}[x]/(x^2+1)$ に含まれていると見る．□

例7.19　上の例と同様にして

$$\mathbb{R}[x]/(x^2-1) = \{\overline{a+bx} \mid a, b \in \mathbb{R}\}$$

であることが分かる. □

例 7.18 と例 7.19 とは剰余環は同じ形で表現できる. このままでは, 両者の違いは分からないが, 実は剰余環に可換環としての構造を入れることによって, 両者の違いは明白になる.

命題 7.20　剰余環 $K[x]/I$ の元 $\overline{f(x)}, \overline{g(x)}$ に対して和および積を

$$\overline{f(x)}+\overline{g(x)} = \overline{f(x)+g(x)},$$
$$\overline{f(x)}\cdot\overline{g(x)} = \overline{f(x)g(x)}$$

と定義すると, 剰余環 $K[x]/I$ は $\overline{0}$ ($0\in K$ のイデアル I に関する剰余類)を零元とし, $\overline{1}$ ($1\in K$ のイデアル I に関する剰余類)を単位元とする可換環である.

[証明]　可換環の定義 7.1 の I, II, III の性質を示せばよい. I に関しては

(A1)　$\overline{f(x)}+\overline{g(x)}=\overline{f(x)+g(x)}=\overline{g(x)+f(x)}=\overline{g(x)}+\overline{f(x)}$.

(A2)　$\overline{f(x)}+\left(\overline{g(x)}+\overline{j(x)}\right)=\overline{f(x)}+\overline{g(x)+j(x)}=\overline{f(x)+(g(x)+j(x))}$
$=\overline{(f(x)+g(x))+j(x)}=\overline{f(x)+g(x)}+\overline{j(x)}$
$=\left(\overline{f(x)}+\overline{g(x)}\right)+\overline{j(x)}$.

(A3)　$\overline{f(x)}+\overline{0}=\overline{f(x)+0}=\overline{f(x)}$.

(A4)　$\overline{f(x)}+\overline{-f(x)}=\overline{f(x)-f(x)}=\overline{0}$.

となることが分かる. II に関しては

(M1)　$\overline{f(x)}\cdot\overline{g(x)}=\overline{f(x)g(x)}=\overline{g(x)f(x)}=\overline{g(x)}\cdot\overline{f(x)}$.

(M2)　$\overline{f(x)}\cdot\left(\overline{g(x)}\cdot\overline{j(x)}\right)=\overline{f(x)}\cdot\overline{g(x)j(x)}=\overline{f(x)(g(x)j(x))}$
$=\overline{(f(x)g(x))j(x)}=\overline{f(x)g(x)}\cdot\overline{j(x)}$
$=\left(\overline{f(x)}\cdot\overline{g(x)}\right)\cdot\overline{j(x)}$.

(M3)　$\overline{f(x)}\cdot\overline{1}=\overline{f(x)\cdot 1}=\overline{f(x)}$.

となることが分かる. さらに III に関しては

(D)　$\overline{f(x)}\cdot\left(\overline{g(x)}+\overline{j(x)}\right)=\overline{f(x)}\cdot\overline{g(x)+j(x)}=\overline{f(x)(g(x)+j(x))}$
$=\overline{f(x)g(x)+f(x)j(x)}=\overline{f(x)g(x)}+\overline{f(x)j(x)}$
$=\overline{f(x)}\cdot\overline{g(x)}+\overline{f(x)}\cdot\overline{j(x)}$.

となることが分かる. ∎

以上の証明では $K[x]$ の可換環としての性質のみを使っていることに注意する. また, 写像

$$\begin{array}{rccc} \psi: & K & \longrightarrow & K[x]/I \\ & a & \longmapsto & \overline{a} \end{array} \tag{7.4}$$

は単射であり, 体の構造を保つことが容易に分かる. 以下 ψ によって a と $\overline{a}$ とを同一視する.

例 7.21　例 7.18, 7.19 の可換環としての構造を見ておこう. まず剰余環 $R=\mathbb{R}[x]/(x^2+1)$ を考えよう. $I=(x^2+1)$ とおくと, $x^2\equiv -1 \pmod{I}$ であることに注意する. さらに $a\in\mathbb{R}$ のとき $\overline{a}$ を a と記すことにすると, $\overline{a+bx}=\overline{a}+\overline{bx}$ を $a+b\overline{x}$ と記すことができる. このとき

$$\overline{x}^2=\overline{x^2}=\overline{-1}=-1$$

となる. したがって

$$(a+b\overline{x})\cdot(a-b\overline{x})=a^2+b^2$$

となり, $a+b\overline{x}\neq 0$, すなわち $a\neq 0$ または $b\neq 0$ であれば

$$(a+b\overline{x})\cdot\left(\frac{a}{a^2+b^2}-\frac{b}{a^2+b^2}\overline{x}\right)=1$$

となり, R は定義 6.3 の体の公理(I), (II), (III)を満たすことが分かる. 実際, 写像

$$\begin{array}{rccc} \varphi: & R=\mathbb{R}[x]/(x^2+1) & \longrightarrow & \mathbb{C} \\ & a+b\overline{x} & \longmapsto & a+bi \end{array}$$

は体の同型写像である.

一方, 剰余環 $S=\mathbb{R}[x]/(x^2-1)$ では $1+\overline{x}\neq 0$, $1-\overline{x}\neq 0$ であるが

$$(1+\overline{x})\cdot(1-\overline{x})=1-\overline{x}^2=\overline{1-x^2}=\overline{0}=0$$

となり, 零でない 2 元を掛けて 0 となることがある. したがって S は体ではあり得ない. 一般に, 可換環の零でない 2 元 a,b が $ab=0$ となるとき, a や

b をこの可換環の**零因子**(zero divisor)という. □

問 8 上の写像 φ が体の全射同型写像であることを示せ.

問 9 多項式 $f(x)\in K[x]$ が可約であれば, 剰余環 $K[x]/(f(x))$ は零因子を必ず持つことを示せ.

定理 7.22 体 K を係数とする多項式 $f(x)$ が $K[x]$ で既約であれば, 剰余環 $K[x]/(f(x))$ は体である. また, K の元 a と $\overline{a}\in K[x]/(f(x))$ を写像(7.4)によって同一視することによって, K は $K[x]/(f(x))$ の部分体と考えることができる. $f(x)$ の次数が n であれば, $K[x]/(f(x))$ の K 上の拡大の次数は n である.

[証明] すでに注意したように写像(7.4)によって $K\subset K[x]/(f(x))$ と考える. $K[x]/(f(x))$ が可換環であることは命題 7.20 で示してあるので, 零でない元 $\overline{g(x)}$ が必ず乗法に関して逆元を持つことを示せばよい. $f(x)$ は既約多項式であるので, $\overline{g(x)}\neq 0$ であれば $f(x)$ と $g(x)$ とは互いに素である. したがって定理 7.10 より

$$r(x)f(x)+s(x)g(x)=1$$

を満足する多項式 $r(x), s(x)\in K[x]$ が存在する. これより, $\overline{s(x)}\cdot\overline{g(x)}=1$ となり, $\overline{g(x)}$ は乗法に関して逆元を持つ. したがって $K[x]/(f(x))$ は体であり, K はその部分体であることが分かる.

さて $\deg f(x)=n$ であれば $K[x]/(f(x))$ の元は

$$a_0+a_1\overline{x}+a_2\overline{x}^2+\cdots+a_{n-1}\overline{x}^{\,n-1},\quad a_j\in K,\ j=0,1,\cdots,n-1$$

と書くことができる. そこで $(a_0,a_1,a_2,\cdots,a_{n-1})$ が異なれば異なる元を表わし, $1,\overline{x},\overline{x}^2,\cdots,\overline{x}^{\,n-1}$ が K 上の基底である. したがって $\dim_K K[x]/(f(x))=n$ である. ∎

この定理 7.22 は体 K が与えられたとき, K の n 次の拡大体を作る方法を教えてくれる. 第6章では, 体としては複素数体 $\mathbb{C}$ の部分体を考えたが, この定理を使うことによって体の代数的拡大を自由に扱うことができる. しかし, 一方では体を抽象的に扱う場合と, $\mathbb{C}$ の部分体として考える場合とは状

況が少し違うことに注意する．簡単な例でそのことを示しておこう．

例 7.23

（1） x^2-2 は $\mathbb{Q}[x]$ で既約である．したがって剰余環 $L=\mathbb{Q}[x]/(x^2-2)$ は体であり，$\mathbb{Q}$ の 2 次拡大である．写像

$$\begin{array}{rccc} \varphi_1: & \mathbb{Q}[x]/(x^2-2) & \longrightarrow & \mathbb{C} \\ & a+b\overline{x} & \longmapsto & a+b\sqrt{2}, \quad a,b\in\mathbb{Q} \end{array}$$

は $\mathbb{C}$ の中への体の同型写像である．また写像

$$\begin{array}{rccc} \varphi_2: & \mathbb{Q}[x]/(x^2-2) & \longrightarrow & \mathbb{C} \\ & a+b\overline{x} & \longmapsto & a-b\sqrt{2}, \quad a,b\in\mathbb{Q} \end{array}$$

も $\mathbb{C}$ の中への同型写像である．このとき $\varphi_1(a+b\overline{x})=\varphi_2(a-b\overline{x})$ であり，φ_1,φ_2 の像はともに $\mathbb{Q}(\sqrt{2})$ であることが分かる．

（2） x^3-2 は $\mathbb{Q}[x]$ で既約であり，したがって $M=\mathbb{Q}[x]/(x^3-2)$ は体である．x^3-2 の根は 1 の原始 3 乗根を ω と記すと $\sqrt[3]{2}, \omega\sqrt[3]{2}, \omega^2\sqrt[3]{2}$ である．このとき，M から $\mathbb{C}$ の中への写像 ψ_1

$$\begin{array}{rccc} \psi_1: & M & \longrightarrow & \mathbb{C} \\ & a_0+a_1\overline{x}+a_2\overline{x}^2 & \longmapsto & a_0+a_1\sqrt[3]{2}+a_2(\sqrt[3]{2})^2, \quad a_0,a_1,a_2\in\mathbb{Q} \end{array}$$

は体の同型写像である．同様に，ψ_2,ψ_3 を

$$\psi_2(a_0+a_1\overline{x}+a_2\overline{x}^2)=a_0+a_1\omega\sqrt[3]{2}+a_2\omega^2\left(\sqrt[3]{2}\right)^2,$$

$$\psi_3(a_0+a_1\overline{x}+a_2\overline{x}^2)=a_0+a_1\omega^2\sqrt[3]{2}+a_2\omega\left(\sqrt[3]{2}\right)^2$$

と定義すると，これも M から $\mathbb{C}$ の中への体としての同型写像を与える．(1) の場合と違って $\psi_1(M)=\mathbb{Q}\left(\sqrt[3]{2}\right)$，$\psi_2(M)=\mathbb{Q}\left(\omega\sqrt[3]{2}\right)$，$\psi_3(M)=\mathbb{Q}\left(\omega^2\sqrt[3]{2}\right)$ はすべて相異なる $\mathbb{C}$ の部分体である．もちろん，これら 3 つの体は体としては同型である． □

問 10 $\mathbb{Q}(\sqrt[3]{2})$, $\mathbb{Q}(\omega\sqrt[3]{2})$, $\mathbb{Q}(\omega^2\sqrt[3]{2})$ が異なる体であることを示せ．（たとえば，$\sqrt[3]{2} \notin \mathbb{Q}(\omega\sqrt[3]{2})$，$\sqrt[3]{2} \notin \mathbb{Q}(\omega^2\sqrt[3]{2})$ である．）

上の例をさらに一般化した形で述べておこう．

命題 7.24 体 L とその部分体 K が与えられ，さらに $K[x]$ で既約な n 次多項式 $f(x) \in K[x]$ が与えられ，$f(x)$ は体 L 内に根 α を持ったと仮定する．このとき，写像

$$\begin{aligned}\psi\colon\ K[x]/(f(x)) &\longrightarrow K(\alpha) = \left\{ a_0 + a_1\alpha + \cdots + a_{n-1}\alpha^{n-1} \,\middle|\, \begin{array}{l} a_j \in K \\ j = 0, 1, \cdots, n-1 \end{array} \right\} \\ \overline{g(x)} &\longmapsto g(\alpha)\end{aligned}$$

は K 上の体の同型写像である．

［証明］ $K(\alpha)$ が体であることは命題 6.6 と同様にして証明できる．また，$\overline{g_1(x)} = \overline{g_2(x)}$ であることは $g_1(x) - g_2(x) \in (f(x))$ であること，すなわち $g_1(x) - g_2(x) = j(x)f(x)$，$j(x) \in K[x]$ と書けることを意味し，特に $g_1(\alpha) = g_2(\alpha)$ が成り立つことが分かる．したがって，写像 ψ は正しく定義されていることが分かる．

$$\begin{aligned}\psi\bigl(\overline{g(x)} + \overline{h(x)}\bigr) &= \psi\bigl(\overline{g(x) + h(x)}\bigr) = g(\alpha) + h(\alpha) \\ &= \psi\bigl(\overline{g(x)}\bigr) + \psi\bigl(\overline{h(x)}\bigr), \\ \psi\bigl(\overline{g(x)} \cdot \overline{h(x)}\bigr) &= \psi\bigl(\overline{g(x)h(x)}\bigr) = g(\alpha)h(\alpha) \\ &= \psi\bigl(\overline{g(x)}\bigr)\psi\bigl(\overline{h(x)}\bigr)\end{aligned}$$

が成り立つ．また，$a \in K$ であれば

$$\psi\bigl(a\overline{g(x)}\bigr) = \psi\bigl(\overline{ag(x)}\bigr) = ag(\alpha) = a\psi\bigl(\overline{g(x)}\bigr)$$

が成り立ち，特に $\psi(1) = 1$ であるので，ψ は体 K 上の同型写像であることが分かる． ∎

さて，上の命題で，$\beta \in L$ も $f(x)$ の根であれば，体 $K[x]/(f(x))$ は $K(\beta)$ とも同型である．このように，抽象的に定義された体 $K[x]/(f(x))$ を L の部分体として実現する仕方は種々あることが，正確には L 内での $f(x)$ の相異なる根の数だけあることが分かる．ただ $K(\alpha)$ が方程式 $f(x)$ の最小分解体

であれば(たとえば，例7.23(1)の場合がそうである)，L の中への同型写像の像となる体はただ1つであり，$K[x]/(f(x))$ から L の中への埋め込みは，方程式のガロア群(正確には $f(x)$ の最小分解体の K 上の自己同型のなす群)と対応していることが分かる．

一方，体 K と $K[x]$ での既約な多項式 $f(x)$ が与えられたときに，体 $L=K[x]/(f(x))$ は K の拡大体と考えられる．このとき $\overline{x}$ を α と記すことにすると，$f(x)=b_0+b_1x+b_2x^2+\cdots+b_nx^n$ のとき

$$\begin{aligned} f(\alpha) &= b_0+b_1\alpha+b_2\alpha^2+\cdots+b_n\alpha^n \\ &= b_0+b_1\overline{x}+b_2\overline{x}^2+\cdots+b_n\overline{x}^n \\ &= \overline{b_0+b_1x+b_2x^2+\cdots+b_nx^n} = \overline{f(x)} = 0 \end{aligned}$$

となり，α は $f(x)$ の根と見ることができる．このように，体 K と体 K を係数とする既約な多項式 $f(x)$ から出発して，$f(x)$ の根を含む拡大体を $K[x]/(f(x))$ と抽象的に構成することができる．このことは，上の例で見たように，複素数体 $\mathbb{C}$ の部分体を考える限りはかえって混乱を招くようであるが，一般の体を考える際は大変重要になってくる．付録§A.1の例A.3で述べたように $\mathbb{Z}/(p)$ は体であるが，この体の拡大体を構成するには上に述べた抽象的方法が有効である．$\mathbb{Z}/(p)$ を含む，複素数体 $\mathbb{C}$ と同様の体 K，すなわち体 K 係数の1変数多項式が必ず K 内に根を持つような体(代数的閉体という)を具体的に記述できないからである．p 進体 $\mathbb{Q}_p$(付録§A.3)に対しても同様である．

(d) 有 限 体

まず一般の体 K を考える．K の単位元を1と記す．このとき，1の n 個の和

$$\underbrace{1+1+\cdots+1}_{n} \tag{7.5}$$

を考える．どのような正整数 n に対しても(7.5)の和が零元0でないとき，体 K の**標数**(characteristic)は0である，あるいは体 K は**標数0の体**である

という．有理数体$\mathbb{Q}$，実数体$\mathbb{R}$，複素数体$\mathbb{C}$は標数0の体である．一方，体$\mathbb{Z}/(p)$(付録例A.3)では，単位元$\overline{1}$をp回足すと

$$\underbrace{\overline{1}+\overline{1}+\cdots+\overline{1}}_{p}=\overline{p}=\overline{0}$$

と零元$\overline{0}$になってしまう．このように，体によっては単位元1をd回足すと0になることがある．何回足して0になるか調べてみよう．

補題 7.25 体Kの単位元1をd回足して

$$\underbrace{1+1+\cdots+1}_{d}=0$$

になったとする．このような性質を持つ最小の正整数dは素数である．

［証明］ dは合成数d_1d_2であったと仮定しよう．

$$a=\underbrace{1+1+\cdots+1}_{d_1},\quad b=\underbrace{1+1+\cdots+1}_{d_2}$$

とおくと，

$$\begin{aligned}ab&=(1+1+\cdots+1)\cdot(1+1+\cdots+1)\\&=\underbrace{\underbrace{(1+1+\cdots+1)}_{d_1}+\underbrace{(1+1+\cdots+1)}_{d_1}+\cdots+\underbrace{(1+1+\cdots+1)}_{d_1}}_{d_2}\\&=\underbrace{1+1+\cdots+1}_{d_1d_2}=0\end{aligned}$$

となる．もし$a\neq 0$であれば$ab=0$の両辺にa^{-1}を掛けることによって，$b=0$を得る．いずれにせよ，$a=0$または$b=0$でなければならないが，これは1をd_1回またはd_2回足して0となり，dがこのような正整数のうちで最小であるという仮定に反する．したがってdは合成数ではあり得ず，素数でなければならない．(定義6.3の(II)で$K^\times\neq\varnothing$と仮定しており，$1\neq 0$であるので，$d\geqq 2$であることに注意.) ∎

この補題で示された素数pを体Kの**標数**といい，体Kを**標数pの体**という．体Kの標数を記号で$\mathrm{char}\,K$と記すことが多い．また$\mathrm{char}\,K=p$のとき，素数pを特に強調する必要のないときは，**正標数の体**ということがあ

る．上で述べたように，素数 p に対して $\mathbb{Z}/(p)$ は標数 p の体である．以下，記号として $\mathbb{Z}/(p)$ を $\mathbb{F}_p$ または $GF(p)$ と記すことにする．標数 p の体について，少し調べておこう．

補題 7.26　標数 p の体 K は必ず $\mathbb{F}_p$ と同型な体を含む．

［証明］　K の単位元を 1 とするとき，$\mathbb{F}_p$ から K への写像 φ を

$$\begin{aligned}\varphi:\ \mathbb{F}_p &\longrightarrow K\\ \overline{m} &\longmapsto \underbrace{1+1+\cdots+1}_{m}\end{aligned}$$

と定義する．（ただし $\varphi(\overline{0})=0$ と定義する．）これが正しく定義されていることは，$\overline{m}=\overline{n}$ であれば $m\equiv n \pmod p$ であり，体 K の標数が p であることより

$$\underbrace{1+1+\cdots+1}_{m}=\underbrace{1+1+\cdots+1}_{n}$$

であることより明らかであろう．定義より $\varphi(\overline{1})=1$, $\varphi(\overline{m}+\overline{l})=\varphi(\overline{m})+\varphi(\overline{l})$ はすぐ分かる．また

$$\begin{aligned}\varphi(\overline{m}\cdot\overline{l}) &= \varphi(\overline{ml}) = \underbrace{1+1+\cdots+1}_{ml} = \underbrace{(1+\cdots+1)}_{m}\cdot\underbrace{(1+\cdots+1)}_{l}\\ &= \varphi(\overline{m})\cdot\varphi(\overline{l})\end{aligned}$$

が成り立つので，φ は体の同型写像である． ■

このように，標数 p の体は $\mathbb{F}_p$ を含んでいると考えることができる．$\mathbb{F}_p$ のことを標数 p の**素体**(prime field)という．素体とは，最も基本になる体という意味であり，すべての体は素体の拡大体であると考えることができる．

問 11　標数 0 の体は有理数体 $\mathbb{Q}$ と同型な体を必ず含むことを示せ．（この同型な体を $\mathbb{Q}$ と同一視する．$\mathbb{Q}$ は標数 0 の素体という．）

問 12　標数 p の体 K の任意の元に対して

$$\underbrace{a+\cdots+a}_{p}=0$$

が成り立つことを示せ．

標数 p の素体 $\mathbb{F}_p$ の拡大体は(c)で述べた方法によって構成することができる．そのためには $\mathbb{F}_p[x]$ の既約多項式を見出す必要がある．まずいくつかの例を見てみよう．なお，以下，記号が繁雑になるのを避けるため $\mathbb{F}_p$ の元 $\overline{m}$ を m と略記する．したがって，たとえば $\mathbb{F}_p$ では $p-1=-1$, $p+2=2$ などが成り立つ．

例 7.27　$\mathbb{F}_2[x]$ の 1 次式は x, $x+1$ の 2 つしかない．可約な 2 次式は 1 次式の積に分解できる．したがって，可約な 2 次式は

$$x^2, \quad x(x+1)=x^2+x, \quad (x+1)^2=x^2+2x+1=x^2+1$$

の 3 つである．(最後の式は，標数 2 の体では $2=0$ であることによる．) よって，2 次式 x^2+x+1 は $\mathbb{F}_2[x]$ で既約である．$K=\mathbb{F}_2[x]/(x^2+x+1)$ の元は，$a+b\overline{x}$, $a=0,1$, $b=0,1$ と書くことができる．K は 4 個の元からなる体である．$\overline{x}^2=-\overline{x}-1=\overline{x}+1$ (標数 2 の体では $-1=1$ が成り立つ) を使って掛け算ができる．

$$\begin{aligned}(a+b\overline{x})\cdot(a'+b'\overline{x}) &= aa'+(ab'+ba')\overline{x}+bb'\overline{x}^2 \\ &= (aa'+bb')+(ab'+ba'+bb')\overline{x}.\end{aligned}$$

また $\alpha=\overline{x}$ と書くと，$\alpha^2+\alpha+1=0$ であるので

$$\begin{aligned}(x+\alpha)(x+\alpha+1) &= x^2+(2\alpha+1)x+\alpha^2+\alpha \\ &= x^2+x+1\end{aligned}$$

が成り立ち，K 内で x^2+x+1 は 2 根 α, $\alpha+1$ を持つ．　□

問 13　多項式 $f(x)\in K[x]$ が体 K 内に根 α を持てば，$f(x)$ は $x-\alpha$ を因子として持つこと，すなわち $f(x)=(x-\alpha)g(x)$, $g(x)\in K[x]$ と因数分解できることを示せ．

例 7.28　$\mathbb{F}_3[x]$ で $f(x)=x^3-x-1$ は既約多項式である．もし可約であれば $\mathbb{F}_3$ 係数の 1 次式の因子を持たなければならないが，$f(0)=f(1)=f(-1)=-1$ であるので，$\mathbb{F}_3$ 係数の 1 次式の因子を持たないからである．したがって，$L=\mathbb{F}_3[x]/(x^3-x-1)$ は体である．L の元は $a+b\overline{x}+c\overline{x}^2$, $a,b,c\in\mathbb{F}_3$ と書け，L は $3^3=27$ 個の元からなる．　□

上の2つの例で示したように，$\mathbb{F}_p$ 係数の n 次既約多項式があれば，$\mathbb{F}_p$ の n 次代数的拡大が構成でき，p^n 個の元を持つ体が出てくることが分かる．有限個の元からなる体を**有限体**(finite field，Galois field ということもある)という．有限体では単位元1を有限回足せば零になることがあるので正標数の体である．有限体 K の標数が p であれば，K は標数 p の素体 $\mathbb{F}_p$ を部分体として含んでおり，K は $\mathbb{F}_p$ 上のベクトル空間と考えることができる．このベクトル空間としての次元を n とし，$\mathbb{F}_p$ 上の基底を $a_1, a_2, \cdots, a_n$ とすると K の元は $\alpha_1 a_1 + \alpha_2 a_2 + \cdots + \alpha_n a_n$，$\alpha_j \in \mathbb{F}_p$ と書くことができる．このことから K は p^n 個の元からなる体であることが分かる．一般に q 個の元からなる有限体を **q 元体** といい，$\mathbb{F}_q$ あるいは $GF(q)$ と記す．上で述べたことより，q は素数ベキであることが分かる．このことは大切な事実であるので，命題として記しておこう．

有限体は可換体である

有限個の元からなる体は乗法の可換性を仮定しなくても乗法の可換性を示すことができることをウェダーバーン(J. H. M. Wedderburn，1882–1948)が証明した．ハミルトンの四元数(コラム「四元数」を参照のこと)の考え方をまねて

$$\alpha = a + bi + cj + dk, \quad a, b, c, d \in \mathbb{F}_q$$

を考えれば，有限個の元からなる非可換体ができるように思われる．$\overline{\alpha} = a - bi - cj - dk$ とおくと，通常の四元数と同様に

$$\alpha\overline{\alpha} = a^2 + b^2 + c^2 + d^2$$

となる．四元数の全体が体になるためには

$$a^2 + b^2 + c^2 + d^2 = 0$$

から $a = b = c = d = 0$ が導けることが必要であった．a, b, c, d が有限体 $\mathbb{F}_q$ の元であるときは

$$a^2 + b^2 + c^2 + d^2 = 0$$

を満足する $(a, b, c, d) \neq (0, 0, 0, 0)$ の存在が知られている．したがって四元数体の類似物は $\mathbb{F}_q$ 上では構成できない．

命題 7.29　有限体の元の個数 q は素数ベキ p^n である．このとき，この有限体の標数は p であり，素体 $\mathbb{F}_p$ 上 n 次元のベクトル空間である．　□

次に問題になるのは，任意の素数ベキ $q=p^n$ に対して q 元体 $\mathbb{F}_q$ が存在するか，また相異なる，すなわち，同型でない q 元体はいくつあるかということである．答を先にいえば，q 元体は必ず存在し，それらはすべて同型であることが示される．そのためには少し準備が必要になる．まず，次の補題から始める．

補題 7.30　標数 p の体 K と，2 変数 x,y に関して

$$(ax+by)^p = a^p x^p + b^p y^p, \quad a,b \in K$$

が成り立つ．

［証明］　2 項定理により

$$(ax+by)^p = \sum_{k=0}^{p} \binom{p}{k} a^k b^{p-k} x^k y^{p-k}$$

が成り立つ．$1 \leqq k \leqq p-1$ のとき

$$\binom{p}{k} = \frac{p(p-1)\cdots(p-k+1)}{k!}$$

は p の倍数であり，K の標数が p であることによって，K では $\binom{p}{k}=0$ である．　■

問 14　標数 p の体 K と任意の正整数 n に対して

$$(ax+by)^{p^n} = a^{p^n} x^{p^n} + b^{p^n} y^{p^n}, \quad a,b \in K$$

が成り立つことを示せ．

補題 7.31　q 元体 K の任意の元 a に対して

$$a^q = a \tag{7.6}$$

が成り立つ．

［証明］　$a=0$ であれば(7.6)は成り立つ．一方 $K^\times = K-\{0\}$ は体の公理(定義 6.3)の(II)より位数 $q-1$ の群である．よって演習問題 5.4(4)より，任意の元 $a \in K^\times$ に対して

$$a^{q-1}=1$$

が成り立つ．この両辺に a を掛けることによって，(7.6)が成り立つことが分かる． ∎

補題 7.32　q 元体 K 上の多項式環 $K[x]$ で，x^q-x は

$$x^q-x=\prod_{a\in K}(x-a)$$

と因数分解できる．

［証明］　$f(x)=x^q-x$ とおくと，補題 7.31 より，任意の $a\in K$ に対して $f(a)=0$ である．したがって $f(x)$ は $x-a$ で割り切れる．よって $\prod_{a\in K}(x-a)$ で割り切れるが，両者の次数は等しく，最高次の項はともに x^q であるので，両者は一致しなければならない． ∎

以上の準備のもとに，有限体に関する次の基本的な定理を証明しよう．

定理 7.33　任意の素数 p と任意の正整数 n に対して $q=p^n$ 個の元からなる有限体が存在する．また q 元体はすべて同型である．

［証明］　まず x^q-x の根をすべて含む $\mathbb{F}_p$ の拡大体 L が存在することを示そう．

$$x^q-x=x(x-1)(x^{q-2}+x^{q-3}+\cdots+x+1)$$

に注意して，$g(x)=x^{q-2}+x^{q-3}+\cdots+x^2+x+1$ の既約因子の 1 つを $h_1(x)$ とし，$\mathbb{F}_p$ の拡大体 $L_1=\mathbb{F}_p[x]/(h_1(x))$ を考える．すると L_1 は $h_1(x)$ の少なくとも 1 つの根を含んでいるので，$g(x)$ を $L_1[x]$ で

$$g(x)=(x-\alpha_1)(x-\alpha_2)\cdots(x-\alpha_l)g_1(x),\quad \alpha_1,\alpha_2,\cdots,\alpha_l\in L_1$$

$$g_1(x)\in L_1[x]\text{ は }L_1[x]\text{ で 1 次の因子を持たない}$$

と分解する．次に $L_1[x]$ で $g_1(x)$ の既約因子の 1 つを $h_2(x)$ とし，L_1 の拡大体 $L_2=L_1[x]/(h_2(x))$ を作ると，$h_2(x)$ は L_2 内に少なくとも 1 つ根を持つ．そこで $L_2[x]$ で

$$g_1(x)=(x-\beta_1)(x-\beta_2)\cdots(x-\beta_m)g_2(x),\quad \beta_1,\beta_2,\cdots,\beta_m\in L_2$$

$$g_2(x)\in L_2[x]\text{ は }L_2[x]\text{ で 1 次の因子を持たない}$$

と分解し，以下同様の操作を行なう．$\deg g>\deg g_1>\deg g_2$ であるので，この操作は有限回で終わり，$\mathbb{F}_2\subset L_1\subset L_2\subset\cdots\subset L_k$ と拡大の列ができる．L_j は

すべて有限体であり，$L=L_k$ は x^q-x のすべての根を含んでいる．

次に

$$K = \{a \in L \mid a^q - a = 0\}$$

とおく．$a,b\in K$ であれば，問14より

$$(a+b)^q = a^q + b^q = a+b$$

となり $a+b\in K$ であることが分かる．また，$a,b\in K$ のとき

$$(ab)^q = a^q b^q = ab$$

であり $ab\in K$ である．さらに $a\in K$, $a\neq 0$ のとき

$$(a^{-1})^q = (a^q)^{-1} = a^{-1}$$

となり $a^{-1}\in K$ である．このことから K は L の部分体であることが分かる．また，$f(x)=x^q-x$ は q 個の根しか持たず，L は $f(x)$ の根をすべて含んでいるので K の元の個数 $|K|$ は q である．したがって K は q 元体である．

さて，K_1,K_2 がともに q 元体であるとすると，K_1,K_2 は $\mathbb{F}_p$ を部分体として含み，かつ多項式 x^q-x の最小分解体である．すなわち，K_1,K_2 のいかなる部分体も x^q-x の根をすべて含むことはない．このとき，K_1 から K_2 への $\mathbb{F}_p$ 上の体としての同型があることは演習問題6.5の解答中に示した定理と同様にして示すことができる．　■

以下 q 元体を $\mathbb{F}_q$ と記すことにする．$\mathbb{F}_q$ の部分体に関しては次の事実が成り立つ．

定理 7.34　$q=p^n$ 元体 $\mathbb{F}_q$ の部分体の元の個数は p^m，m は n の約数，である．逆に m が n の約数であれば，$\mathbb{F}_q$ は元の個数が p^m の部分体をただ1つ含む．

[証明]　$\mathbb{F}_q$ の部分体 K の標数は p であり，したがって元の個数は p^m である．一方 $\mathbb{F}_q$ は K 上のベクトル空間と考えることができる．このベクトル空間の K 上の基底を $e_1,e_2,\cdots,e_l$ と記すと，$\mathbb{F}_q$ の元は

$$a_1e_1+a_2e_2+\cdots+a_le_l, \quad a_1,a_2,\cdots,a_l \in K$$

とただ1通りに表わされる．したがって，$\mathbb{F}_q$ の元の個数は $|K|^l=p^{ml}$ となる．これは p^n に等しいので $n=ml$，すなわち m は n の約数である．

逆に m が n の約数とすると，p^n-1 は p^m-1 で割り切れ，したがって

$x^{p^n-1}-1$ は $x^{p^m-1}-1$ で割り切れる．よって $x^{p^n}-x$ は $x^{p^m}-x$ で割り切れる．これより $x^{p^m}-x$ の根はすべて $\mathbb{F}_q$ に含まれることが分かる．定理7.33の証明が示すように

$$K=\{a\in\mathbb{F}_q \mid a^{p^m}-a=0\}$$

は $\mathbb{F}_q$ の部分体である．もし $\mathbb{F}_q$ が K 以外に p^m 元体 K' を含むとすると K' の元も方程式 $x^{p^m}-x=0$ を満たす．$K\neq K'$ であるので $x^{p^m}-x=0$ は p^m 個より多くの根を $\mathbb{F}_q$ に含むことになり，矛盾する．■

例 7.35　$\mathbb{F}_{2^{30}}$ の部分体の間には図7.1の関係がある．ここで，いくつかの線分で結ばれた体は下の方にある体が上の方にある体の部分体であることを表わす．□

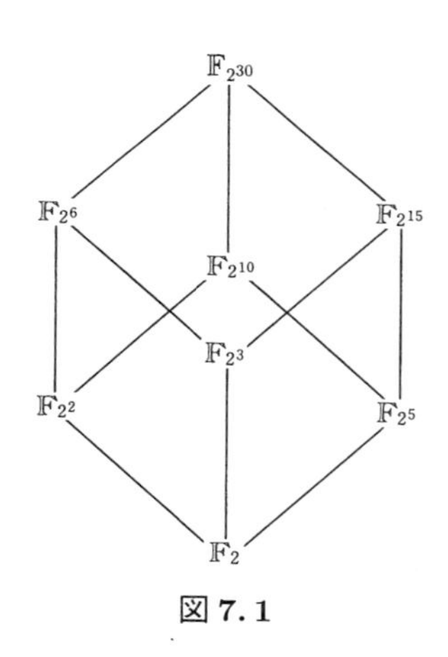

図 7.1

有限体の持つ面白い性質をいくつか見ておこう．q 元体 $\mathbb{F}_q$ の零以外の元を $\mathbb{F}_q^\times$ と記す．$\mathbb{F}_q^\times=\mathbb{F}_q-\{0\}$．体の公理(定義6.3)の(II)より $\mathbb{F}_q^\times$ は乗法に関してアーベル群である．

定理 7.36　q 元体 $\mathbb{F}_q$ に対して $\mathbb{F}_q^\times$ は乗法に関して位数 $q-1$ の巡回群である．すなわち

$$\mathbb{F}_q^\times=\{1,\zeta,\zeta^2,\zeta^3,\cdots,\zeta^{q-2}\},\quad \zeta^{q-1}=1$$

を満足する $\mathbb{F}_q^\times$ の元 ζ が存在する．（このような ζ を巡回群 $\mathbb{F}_q^\times$ の**生成元**とい

う．またζを$\mathbb{F}_q$の**原始元**(primitive element)という.)

［証明］ $\mathbb{F}_2^\times=\{1\}$であるので，このときは明らかである．以下$q\geqq 3$と仮定する．$q-1=p_1^{m_1}p_2^{m_2}\cdots p_l^{m_l}$と素因数分解しておく．また$h=q-1$とおく．このとき$x^{h/p_i}-1$は$\mathbb{F}_q^\times$内にたかだか$h/p_i$個の根を持つ．$h/p_i<h$であるので，$x^{h/p_i}-1$の根でない$\mathbb{F}_q^\times$の元$a_i$が存在する．そこで$b_i=a_i^{h/p_i^{m_i}}$とおくと$a_i^h=1$であるので$b_i^{p_i^{m_i}}=1$が成り立つ．よって$b_i$の位数($b_i^r=1$となる最小の正整数$r$)は$p_i^{m_i}$の約数であるので，$p_i^{l_i}$，$0\leqq l_i\leqq m_i$である．一方$a_i^{h/p_i}-1\neq 0$であったので

$$b_i^{p_i^{m_i-1}}=a_i^{h/p_i}\neq 1$$

である．したがってb_iの位数は$p_i^{m_i}$でなければならない．そこで$\zeta=b_1b_2\cdots b_l$とおくとζの位数はhであることを示そう．ζの位数がhでなければhの約数であり，したがってh/p_i，$i=1,2,\cdots,l$のいずれかの約数である．そこでh/p_1の約数であると仮定しても一般性を失わない．すると，$p_j^{m_j}$，$j\geqq 2$はh/p_1の約数であるので$b_j^{h/p_1}=1$となり

$$1=\zeta^{h/p_1}=b_1^{h/p_1}b_2^{h/p_1}\cdots b_l^{h/p_1}=b_1^{h/p_1}$$

が成り立つ．これはb_1のとり方に反する．よってζの位数はhである． ∎

例 7.37

(1) 例7.27の体$K=\mathbb{F}_2[x]/(x^2+x+1)$は4元体$\mathbb{F}_4$である．このとき，$K^\times=K-\{0\}$は位数3の巡回群であり，$K^\times$の1以外の元(2個ある)はともに原始元である．

(2) 例7.28の体$L=\mathbb{F}_3[x]/(x^3-x-1)$は27元体$\mathbb{F}_{27}$である．$L^\times=L-\{0\}$は位数26の巡回群である．したがって$L^\times$の元$a$の位数は26の約数である．$a\neq 1$のときは$a$の位数は$2,13$，または26である．$a=\overline{x}$のときは，$\overline{x}^3=\overline{x}+1$が成り立ち，$\overline{x}^4=\overline{x}(\overline{x}+1)=\overline{x}^2+\overline{x}$となる．また

$$\overline{x}^9=(\overline{x}^3)^3=(\overline{x}+1)^3=\overline{x}^3+1=\overline{x}+2$$

が成り立つので

$$\overline{x}^{13}=\overline{x}^4\cdot\overline{x}^9=(\overline{x}^2+\overline{x})\cdot(\overline{x}+2)=\overline{x}^3+3\overline{x}^2+2\overline{x}$$

$$= \overline{x}^3 + 2\overline{x} = 3\overline{x} + 1 = 1$$

となり $\overline{x}$ の位数は 13 である．一方 $2^2 = 1$ であるので，

$$(2\overline{x})^{13} = 2^{13} \cdot \overline{x}^{13} = 2$$

となり，$2\overline{x}$ の位数は 26 であり原始元であることが分かる． □

問 15　27 元体 $L = \mathbb{F}_3[x]/(x^3 - x - 1)$ の元 $\overline{x}+2$, $2\overline{x}+1$ の $L^\times$ での位数を求めよ．

例題 7.38　$q = p^n$ 元体 $\mathbb{F}_q$ の元 η に対して $\mathbb{F}_p(\eta)$ を η を含む $\mathbb{F}_q$ の最小の部分体とする．η の $\mathbb{F}_p$ 上の最小多項式(η を根に持つ $\mathbb{F}_p$ 係数のモニック多項式のうちで次数最低の多項式)の次数を m とすると

$$\mathbb{F}_p(\eta) = \{a_0 + a_1\eta + a_2\eta^2 + \cdots + a_{m-1}\eta^{m-1} \mid a_j \in \mathbb{F}_p,\ j = 0, 1, \cdots, m-1\} \tag{7.7}$$

と書けることを示せ．特に ζ が $\mathbb{F}_q$ の原始元のときは $\mathbb{F}_p(\zeta) = \mathbb{F}_q$ となり，ζ の $\mathbb{F}_p$ 上の最小多項式の次数は n であることを示せ．

［解］　η の $\mathbb{F}_p$ 係数の最小多項式を $f(x)$ と記す．$\eta^q = \eta$ であるので $f(x)$ は $x^q - x$ の既約因子であることが分かる．$\deg f = m$ とすると，η^m は $1, \eta, \eta^2, \cdots, \eta^{m-1}$ の $\mathbb{F}_p$ 係数の 1 次結合として書くことができる．($f(x) = x^m + b_1x^{m-1} + \cdots + b_m$ とすると，$f(\eta) = 0$ より $\eta^m = -b_1\eta^{m-1} - b_2\eta^{m-2} - \cdots - b_m$ と書ける．) このことから η^l, $l \geqq m$ は $1, \eta, \eta^2, \cdots, \eta^{m-1}$ の $\mathbb{F}_p$ 係数の 1 次結合として書くことができる．また，(7.7)の右辺が体であることは命題 6.6 の証明と同様にして示すことができる．したがって $\mathbb{F}_p(\eta)$ は(7.7)の右辺と一致することが分かる．ζ が $\mathbb{F}_q$ の原始元であるとすると，$0, 1, \zeta, \zeta^2, \cdots, \zeta^{q-2}$ はすべて $\mathbb{F}_p(\zeta)$ の元である．一方，$\mathbb{F}_p(\zeta) \subset \mathbb{F}_q$ かつ

$$\mathbb{F}_q = \{0, 1, \zeta, \zeta^2, \cdots, \zeta^{q-2}\}$$

であるので $\mathbb{F}_p(\zeta) = \mathbb{F}_q$ である．このとき，(7.7)の表示から $\mathbb{F}_p(\zeta)$ の元の個数は p^m 個であることと $\mathbb{F}_q$ の元の個数が $q = p^m$ であることから，ζ の $\mathbb{F}_p$ 上の最小多項式の次数は m であることが分かる． ■

定理 7.33 と例題 7.38 から次の命題が成立することが分かる．

命題 7.39　任意の素数 p と任意の正整数 n に対して $\mathbb{F}_p[x]$ で既約な $\mathbb{F}_p$ 係数の n 次多項式が存在する．　□

問 16　$q=p^n$, $q'=p^m$, m は n の約数，のとき $\mathbb{F}_{q'}$ は $\mathbb{F}_q$ の部分体である．$\eta \in \mathbb{F}_q$ に対して例題 7.38 にならって $\mathbb{F}_{q'}(\eta)$ を $\mathbb{F}_{q'}$ と η を含む $\mathbb{F}_q$ の最小の部分体として定義するとき，(7.7) と類似の表示を求めよ．特に ζ が $\mathbb{F}_q$ の原始元であれば $\mathbb{F}_{q'}(\zeta)=\mathbb{F}_q$ であることを示せ．(このとき ζ の $\mathbb{F}_{q'}$ 上の最小多項式の次数は n/m である．)

問 17　問 16 を参考にして，任意の $q=p^n$ と任意の正整数 m に対して $\mathbb{F}_q$ 係数の m 次既約多項式が存在することを示せ．

例 7.40　$\mathbb{F}_2$ 上既約な多項式．

(1)　2 次式　x^2+x+1

(2)　3 次式　x^3+x+1,　x^3+x^2+1

(3)　4 次式　x^4+x+1,　x^4+x^3+1,　$x^4+x^3+x^2+x+1$

(4)　5 次式　x^5+x^2+1,　x^5+x^3+1,　$x^5+x^3+x^2+x+1$,
$x^5+x^4+x^2+x+1$,　$x^5+x^4+x^3+x+1$,　$x^5+x^4+x^3+x^2+1$

$\mathbb{F}_3$ 上既約な多項式．

(1)　2 次式　x^2+1,　x^2+x+2,　$x^2+2x+2=x^2-x-1$ (以下同様)

(2)　3 次式　x^3+2x+1,　x^3+2x+2,　x^3+x^2+2,　x^3+x^2+x+2,
x^3+x^2+2x+1,　x^3+2x^2+1,　x^3+2x^2+x+1,　x^3+2x^2+2x+2　□

§7.2　イデアルと準同型

(a)　準 同 型

可換環 R_1 から可換環 R_2 への写像 $\varphi\colon R_1 \to R_2$ が

$$\varphi(a+b) = \varphi(a)+\varphi(b), \quad a, b \in R_1,$$
$$\varphi(ab) = \varphi(a)\varphi(b)$$

を満足するとき可換環の**準同型**という．特に φ が単射であるとき φ を R_1 から R_2 の中への**同型写像**という．さらに φ が全単射であるとき φ は全射同型写像といい，R_1 と R_2 とは**同型**であるという．特に可換環 R から自分自身への準同型を**自己準同型**(endomorphism)といい，R から R への全射同型を**自己同型**(automorphism)という．R の自己準同型の全体を $\mathrm{End}(R)$，自己同型の全体を $\mathrm{Aut}(R)$ と記す．

問 18　可換環の準同型 $\varphi\colon R_1 \to R_2$ に対して $\varphi(a-b)=\varphi(a)-\varphi(b)$，$\varphi(a_1+a_2+\cdots+a_l)=\varphi(a_1)+\varphi(a_2)+\cdots+\varphi(a_l)$ を示せ．

例題 7.41　$\mathrm{End}(\mathbb{Z})$ を求めよ．

［解］　$\mathbb{Z}$ の自己準同型 $\varphi\colon \mathbb{Z}\to\mathbb{Z}$ に対して $\varphi(1)=m$ を考える．

$$m=\varphi(1)=\varphi(1\cdot 1)=\varphi(1)\cdot\varphi(1)=m^2$$

であるので，m は 0 または 1 である．$\varphi(1)=0$ であれば，任意の整数 n に対して $\varphi(n)=\varphi(1\cdot n)=\varphi(1)\varphi(n)=0$ である．このような自己準同型を**零写像**(zero map)という．一方，$\varphi(1)=1$ であれば，正整数 n に対しては

$$\varphi(n)=\varphi\underbrace{(1+1+\cdots+1)}_{n}=\underbrace{\varphi(1)+\varphi(1)+\cdots+\varphi(1)}_{n}=n$$

となる．一方，$\varphi(0)=\varphi(0+0)=\varphi(0)+\varphi(0)$ より $\varphi(0)=0$ であり，また $0=\varphi(0)=\varphi(1+(-1))=\varphi(1)+\varphi(-1)=1+\varphi(-1)$ より $\varphi(-1)=-1$ であることが分かる．したがって，負整数 $-n$ に対して $\varphi(-n)=\varphi(-1\cdot n)=\varphi(-1)\varphi(n)=-n$ であることが分かり，φ は恒等写像であることが分かる．∎

例題 7.42　体 K 上の多項式環 $K[x]$ に関して，体 K 上では恒等写像であるような $K[x]$ の自己準同型の全体 $\mathrm{End}_K(K[x])$ を求めよ．また，体 K 上で恒等写像であるような $K[x]$ の自己同型の全体 $\mathrm{Aut}_K(K[x])$ を求めよ．

［解］　$\varphi\in\mathrm{End}_K(K[x])$ であることは，φ は $K[x]$ の自己準同型であり，かつ $a\in K$ のとき $\varphi(a)=a$ を意味する．$\varphi\in\mathrm{End}_K(K[x])$ であれば

$$\begin{aligned}\varphi(a_0+a_1x+a_2x^2+\cdots+a_nx^n)&=\varphi(a_0)+\varphi(a_1x)+\varphi(a_2x^2)+\cdots+\varphi(a_nx^n)\\&=a_0+a_1\varphi(x)+a_2\varphi(x)^2+\cdots+a_n\varphi(x)^n\end{aligned}$$

が成り立つので φ は $\varphi(x)$ によって定まってしまう．$\varphi(x)$ は任意の K 係数の多項式にとることができるので，$\mathrm{End}_K(K[x])$ は集合として $K[x]$ と同型で

ある．

さらに，この φ が $\mathrm{Aut}_K(K[x])$ の元であるとすると，逆写像 φ^{-1} も $K[x]$ の自己同型である．

$$\varphi(x) = b_0 + b_1x + b_2x^2 + \cdots + b_nx^n, \quad b_n \neq 0$$

のとき，$\varphi^{-1} \circ \varphi$ は恒等写像であるので

$$\begin{aligned} x &= \varphi^{-1}(\varphi(x)) = \varphi^{-1}(b_0 + b_1x + b_2x^2 + \cdots + b_nx^n) \\ &= b_0 + b_1\varphi^{-1}(x) + b_2\varphi^{-1}(x)^2 + \cdots + b_n\varphi^{-1}(x)^n \end{aligned} \tag{7.8}$$

が成り立つ．$\varphi^{-1}(x)$ も K 係数の多項式である．$\varphi^{-1}(x)$ の次数を m とすると，(7.8)の右辺の次数は nm である．一方，(7.8)の右辺は x に等しいので $nm=1$ でなければならない．すなわち $\varphi(x)$ と $\varphi^{-1}(x)$ は1次式である．そこで $\varphi^{-1}(x) = \alpha + \beta x$, $\beta \neq 0$ と書くと(7.8)より

$$x = b_0 + b_1(\alpha + \beta x) = b_0 + b_1\alpha + b_1\beta x$$

より $\alpha = -b_0/b_1$, $\beta = 1/b_1$ となることが分かる．このことから，$\mathrm{Aut}_K(K[x])$ の元 φ は，$\varphi(x)$ は1次式として特徴づけることができる． ∎

補題 7.43 可換環の準同型 $\varphi\colon R \to S$ に対して φ の核 $\mathrm{Ker}\,\varphi$ を

$$\mathrm{Ker}\,\varphi = \{a \in R \mid \varphi(a) = 0\}$$

と定義すると，これは R のイデアルである．

［証明］ $a, b \in \mathrm{Ker}\,\varphi$ であれば

$$\varphi(a+b) = \varphi(a) + \varphi(b) = 0 + 0 = 0$$

となり，$a+b \in \mathrm{Ker}\,\varphi$ であることが分かる．R の任意の元 r と $a \in \mathrm{Ker}\,\varphi$ に対して

$$\varphi(ra) = \varphi(r)\varphi(a) = \varphi(r)\cdot 0 = 0$$

が成り立つので，$ra \in \mathrm{Ker}\,\varphi$ である．したがって，$\mathrm{Ker}\,\varphi$ は R のイデアルである． ∎

問 19 可換環の準同型 $\varphi\colon R \to S$ が単射であるための必要十分条件は $\mathrm{Ker}\,\varphi = \{0\}$ であることを示せ．

さて，1変数多項式環のときの類似で，可換環 K のイデアル I が与えられたとき**剰余環** R/I を定義しよう．そのために，R の元 r の定めるイデアル I に関する**剰余類** $\overline{r}$ を以前と同様に

$$\overline{r} = \{a \in R \mid a \equiv r \pmod{I}\}$$

と定める．ここで $a \equiv r \pmod{I}$ は $a-r \in I$ を意味する．これは可換環 R に同値関係 $\sim$ を $a \sim b \Longleftrightarrow a-b \in I$ で導入したときの r の属する同値類に他ならない．

例題 7.44　可換環 R のイデアル I に関する $r \in R$ の剰余類 $\overline{r}$ は，R の部分集合として $r+I$ と一致することを示せ．ただし

$$r+I = \{r+c \mid c \in I\}$$

と定義する．

［解］ $a \in r+I$ であれば $a=r+c$, $c \in I$，と書けるので $a-r=c \in I$ となり $a \in \overline{r}$ である．したがって，$r+I \subset \overline{r}$ である．逆に $b \in \overline{r}$ であれば，$b-r=d \in I$ であるので $b=r+d$ と書け $b \in r+I$ である．したがって，$\overline{r} \subset r+I$ であり，両者をあわせて，$\overline{r}=r+I$ を得る．∎

この例題に基づき，以下 $r \in R$ の I に関する剰余類を $\overline{r}$ または $r+I$ と記すことにする．そこで，I によって定まる R の相異なる剰余類の全体を R/I と記す．これは上で導入した同値関係 $\sim$ による R の商集合 $R/\sim$ に他ならない．

問 20　$r, s \in R$ に対して $(r+I) \cap (s+I) \neq \emptyset$ であるための必要十分条件は $r+I=s+I$ であることを示せ．また，後者の条件は $r \equiv s \pmod{I}$ と同値であることを示せ．

1変数多項式環のときと同様に，R/I に和と積とを

$$(a+I)+(b+I) = (a+b)+I,$$
$$(a+I)\cdot(b+I) = ab+I$$

と定義すると，R/I は $\overline{0}=0+I=I$ を零元，$\overline{1}=1+I$ を単位元とする可換環

になることが容易に示される．R/I を可換環 R のイデアル I による**剰余環**と呼ぶ．

問 21 R/I は上で導入した和と積とによって可換環になることを示せ．

命題 7.45 可換環 R から R のイデアル I による剰余環への写像

$$\begin{array}{rccc} \varphi\colon & R & \longrightarrow & R/I \\ & a & \longmapsto & a+I \end{array}$$

は可換環の全射準同型写像である．

［証明］ R/I の元は $r+I$ の形をしているので $\varphi(r)=r+I$ となり，φ は全射である．また $a,b\in R$ に対して

$$\varphi(a+b) = (a+b)+I = (a+I)+(b+I) = \varphi(a)+\varphi(b),$$
$$\varphi(ab) = ab+I = (a+I)\cdot(b+I) = \varphi(a)\varphi(b)$$

であるので，φ は可換環の準同型写像である． ∎

以上の準備のもとに，可換環の準同型写像の構造が明らかになる．

定理 7.46（可換環の準同型定理） 可換環の準同型 $\varphi\colon R\to S$ に対して，写像

$$\begin{array}{rccc} \overline{\varphi}\colon & R/\operatorname{Ker}\varphi & \longrightarrow & S \\ & r+\operatorname{Ker}\varphi & \longmapsto & \varphi(r) \end{array}$$

は可換環の中への同型写像である．このとき全射準同型写像 $j\colon R\to R/\operatorname{Ker}\varphi$ と $\overline{\varphi}$ との合成 $\overline{\varphi}\circ j$ は φ と一致する(図 7.2)．

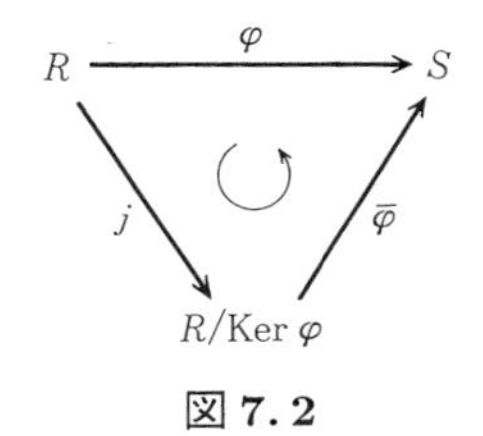

図 7.2

もし φ が全射であれば，$\overline{\varphi}$ によって $R/\operatorname{Ker}\varphi$ と S とは同型である．

［証明］ $\overline{\varphi}$ が写像としてきちんと定義できることをまず示そう．もし $r+\operatorname{Ker}\varphi=s+\operatorname{Ker}\varphi$ であれば，$r-s\in\operatorname{Ker}\varphi$ である．したがって

$$0=\varphi(r-s)=\varphi(r)-\varphi(s)$$

となり $\varphi(r)=\varphi(s)$ となる．このことから，$\overline{\varphi}$ は写像として意味を持つことが分かる．また

$$\begin{aligned}&\overline{\varphi}((a+\operatorname{Ker}\varphi)+(b+\operatorname{Ker}\varphi))=\overline{\varphi}((a+b)+\operatorname{Ker}\varphi)\\&\quad=\varphi(a+b)=\varphi(a)+\varphi(b)=\overline{\varphi}(a+\operatorname{Ker}\varphi)+\overline{\varphi}(b+\operatorname{Ker}\varphi),\\&\overline{\varphi}((a+\operatorname{Ker}\varphi)\cdot(b+\operatorname{Ker}\varphi))=\overline{\varphi}(ab+\operatorname{Ker}\varphi)\\&\quad=\varphi(ab)=\varphi(a)\varphi(b)=\overline{\varphi}(a+\operatorname{Ker}\varphi)\overline{\varphi}(b+\operatorname{Ker}\varphi)\end{aligned}$$

となり，$\overline{\varphi}$ は可換環の準同型写像である．さらに $\overline{\varphi}(a+\operatorname{Ker}\varphi)=0$ であれば，$\varphi(a)=0$，したがって $a\in\operatorname{Ker}\varphi$ となり，$a+\operatorname{Ker}\varphi=\operatorname{Ker}\varphi=\overline{0}$ であることが分かる．すなわち $\operatorname{Ker}\overline{\varphi}=\{\overline{0}\}$ であり，$\overline{\varphi}$ は中への同型写像であることが分かる．また，$(\overline{\varphi}\circ j)(a)=\overline{\varphi}(j(a))=\overline{\varphi}(a+\operatorname{Ker}\varphi)=\varphi(a)$ が R のすべての元に対して成り立つので，$\overline{\varphi}\circ j=\varphi$ であることが分かる． ∎

上の定理から，可換環の準同型写像は剰余環への写像と同型写像を考えればよいことが分かる．可換環が同型であることは，可換環として構造が同一であることを意味し，準同型写像は本質的には剰余環への準同型写像を考えれば十分であることが分かる．

定義 7.47　可換環 R の元 $a\neq 0$ は $ab=0$ となる R の元 $b\neq 0$ が存在するとき，**零因子**(zero divisor)という．また，R の元 a のあるベキが零になる，すなわち $a^n=0$ となる正整数 n が存在するとき，a を**ベキ零元**(nilpotent element)という．可換環 R が零因子を持たないとき，**整域**(integral domain)という．

問 22　$a\neq 0$ が R のベキ零元であれば a は R の零因子であることを示せ．また，a,b が R のベキ零元であれば ab, $a+b$ も R のベキ零元であること，したがって R のベキ零元の全体はイデアルであることを示せ．（ヒント．$a^m=0$, $b^n=0$ であれば 2 項定理を使って $(a+b)^{m+n}=0$ であることを示す．）

例 7.48　体 K 上の 1 変数多項式環 $K[x]$ と K 上可約な多項式 $f(x)=g(x)h(x)\in K[x]$ を考える．環 $K[x]/(f(x))$ では剰余類 $\overline{g(x)}=g(x)+(f(x))$, $\overline{h(x)}=h(x)+(f(x))$ は零元ではないが，$\overline{g(x)}\cdot\overline{h(x)}=0$ である．したがって，$\overline{g(x)},\overline{h(x)}$ はともに $K[x]/(f(x))$ の零因子である．特に $f(x)=x^n$, $n\geqq 2$ とすると，$\overline{x}\neq 0$ かつ $\overline{x}^n=0$ であるので $\overline{x}$ はベキ零元である．　□

問 23　$K[x]/(x^n)$ のベキ零元の全体は，$\overline{x}$ から生成されるイデアル $(\overline{x})$ であることを示せ．

(b)　素イデアル，極大イデアル

可換環 R のイデアル $I\neq R$ は剰余環 R/I が整域であるとき，**素イデアル** (prime ideal) という．

例 7.49

（1）　整数環 $\mathbb{Z}$ のイデアルはすべて単項イデアルである（定理 2.10）．イデアル (n), $n\geqq 0$, $n\neq 1$ に対して剰余環 $\mathbb{Z}/(n)$ が整域になるのは，$n=0$ または n が素数のときである．したがって，イデアル (0) および (p)（p は素数）が $\mathbb{Z}$ の素イデアルである．イデアル (1) は $\mathbb{Z}$ と一致するので素イデアルとは考えない．

（2）　体 K 上の 1 変数多項式環 $K[x]$ のイデアルもすべて単項イデアルである（定理 7.8）．イデアル $(f(x))$ が素イデアルであるための必要十分条件は，$f(x)=0$ または $f(x)$ が既約多項式であることである．$f(x)=a\in K$, $a\neq 0$ のとき，イデアル (a) は $K[x]$ と一致し，素イデアルではない．　□

問 24　整数係数の 1 変数の多項式の全体 $\mathbb{Z}[x]$ は可換環である．素数 p と多項式 $f(x)\in\mathbb{Z}[x]$ で生成されるイデアル $(p,f(x))$ を考える．このイデアルが素イデアルであるための必要十分条件は，$f(x)$ の係数を $\mathbb{Z}/(p)$ で考えて得られる多項式 $\overline{f(x)}=f(x)\pmod p\in(\mathbb{Z}/(p))[x]$ が $(\mathbb{Z}/(p))[x]$ で 0 または既約であることを示せ．

命題 7.50　可換環 R のイデアル I が素イデアルであるための必要十分条件は，$ab \in I$ である R の元 a, b に対して $a \in I$ または $b \in I$ がつねに成り立つことである．

［証明］　イデアル I が素イデアルである，すなわち R/I が整域であると仮定する．a, b が定めるイデアル I に関する剰余類を $\overline{a}, \overline{b}$ と記すと，$ab \in I$ であることから R/I で $\overline{a} \cdot \overline{b} = \overline{0}$ が成り立つことが分かる．R/I が整域であることより，これは $\overline{a} = \overline{0}$ または $\overline{b} = \overline{0}$ を意味する．これは $a \in I$ または $b \in I$ を意味する．

逆にイデアル I が命題の性質を持つと仮定する．もし R/I が整域でなければ，$\overline{a} \neq \overline{0}$, $\overline{b} \neq \overline{0}$ で $\overline{a} \cdot \overline{b} = \overline{0}$ となる剰余類 $\overline{a}, \overline{b}$ がある．$a \in \overline{a}$, $b \in \overline{b}$ をとると，$ab \in I$ である．$\overline{a} \neq \overline{0}$, $\overline{b} \neq \overline{0}$ より $a \notin I$, $b \notin I$ である．これは I の性質に反する．よって R/I は整域である．　■

問 25　R のイデアル I が素イデアルであるための必要十分条件は，$a \notin I$, $b \notin I$ である任意の R の元 a, b に対して $ab \notin I$ であることを示せ．

与えられたイデアルが素イデアルであるかどうかを判定することは大切なことであるが，容易ではないことが多い．次の命題は重要である．

命題 7.51　可換環の準同型 $\varphi\colon R \to S$ が与えられたとき，S の素イデアル I の逆像 $\varphi^{-1}(I)$ は R の素イデアルである．

［証明］　I が S のイデアルのとき $\varphi^{-1}(I)$ は R のイデアルであることをまず示そう．$a, b \in \varphi^{-1}(I)$ であることは $\varphi(a), \varphi(b) \in I$ であることと同値である．I はイデアルであるので $\varphi(a+b) = \varphi(a) + \varphi(b) \in I$, $\varphi(ab) = \varphi(a)\varphi(b) \in I$ である．したがって $a+b$, ab はともに $\varphi^{-1}(I)$ に属する．また R の任意の元 r と $a \in \varphi^{-1}(I)$ に対して $\varphi(ra) = \varphi(r)\varphi(a) \in I$ であるので $ra \in \varphi^{-1}(I)$ である．以上の考察により，$\varphi^{-1}(I)$ はイデアルであることが分かる．

以下，記号が繁雑になるのを避けるために，$J = \varphi^{-1}(I)$ とおく．剰余環 R/J から S/I への写像

$$\begin{array}{rccc} \overline{\varphi}\colon & R/J & \longrightarrow & S/I \\ & a+J & \longmapsto & \varphi(a)+I \end{array}$$

は準同型写像であることを示そう．$\overline{\varphi}$ が写像としてきちんと定義できていることをまず示す必要がある．すなわち $a+J=b+J$ であれば $\varphi(a)+I=\varphi(b)+I$ であることを示す必要がある．$a+J=b+J$ であれば $a-b\in J$ である．したがって $\varphi(a)-\varphi(b)=\varphi(a-b)\in I$ であり，$\varphi(a)+I=\varphi(b)+I$ であることが分かり，$\overline{\varphi}$ は写像であることが分かる．

次に $\overline{\varphi}$ は準同型写像であることを見よう．$R/J, S/I$ の和と積の定義により

$$\begin{aligned} \overline{\varphi}(a+J+b+J) &= \overline{\varphi}((a+b)+J) = \varphi(a+b)+I \\ &= (\varphi(a)+\varphi(b))+I = \varphi(a)+I+\varphi(b)+I \\ &= \overline{\varphi}(a+J)+\overline{\varphi}(b+J), \\ \overline{\varphi}((a+J)\cdot(b+J)) &= \overline{\varphi}(ab+J) = \varphi(ab)+I \\ &= \varphi(a)\varphi(b)+I = (\varphi(a)+I)\cdot(\varphi(b)+I) \\ &= \overline{\varphi}(a+J)\overline{\varphi}(b+J) \end{aligned}$$

が成り立ち，$\overline{\varphi}$ は可換環の準同型写像であることが分かる．

最後に，$\overline{\varphi}$ は単射であることを示そう．そのためには $\mathrm{Ker}\,\overline{\varphi}=\{\overline{0}\}$ を示せばよい．もし $\overline{\varphi}(a+J)=\overline{0}$ であれば，$\overline{\varphi}(a+J)=\varphi(a)+I=I$ であるので，$\varphi(a)\in I$，すなわち $a\in J=\varphi^{-1}(I)$ であり，$a+J=J$ でなければならない．よって $\mathrm{Ker}\,\overline{\varphi}=\{\overline{0}\}$ である．

以上によって，$\overline{\varphi}$ は R/J から S/I への同型写像であることが分かった．I は素イデアルであったので S/I は整域，したがって R/J も整域でなければならない．これは J が素イデアルであることを意味する． ∎

この命題の対偶も重要であるので，系として記しておく．

系 7.52 可換環の準同型 $\varphi\colon R\to S$ に対して，S のイデアル I の逆像 $\varphi^{-1}(I)$ が R の素イデアルでなければ，I は S の素イデアルでない． □

例 7.53 体 K 上の n 変数多項式環 $K[x_1,x_2,\cdots,x_n]$ は体 K 上の 1 変数多項式環と同様に定義できる．$f(x_1,\cdots,x_n)\in K[x_1,x_2,\cdots,x_n]$ は次数の低い多

項式の積として表示できないとき **K 上既約**という．$f(x_1,\cdots,x_n)$ が生成する $K[x_1,x_2,\cdots,x_n]$ のイデアル $(f(x_1,\cdots,x_n))$ が素イデアルであるための必要十分条件は $f(x_1,\cdots,x_n)$ が K 上既約であることである．このことは，多項式環 $K[x_1,x_2,\cdots,x_n]$ では因数分解の一意性が成立すること(演習問題 7.7)から示すことができる．もし $f(x_1,\cdots,x_n)=g(x_1,\cdots,x_n)h(x_1,\cdots,x_n)$ と次数の低い 2 つの多項式(ただし g,h ともに定数ではないと仮定する)に分解できれば，g,h のイデアル $I=(f)$ に関する剰余類 $\overline{g},\overline{h}$ はともに I とは異なる．しかし $K[x_1,x_2,\cdots,x_n]/(f)$ では $\overline{g}\cdot\overline{h}=\overline{0}$ となり，$\overline{g},\overline{h}$ は剰余環の零因子であることが分かる．したがって，(f) は素イデアルでない．

次に f は K 上既約であると仮定してみよう．もし (f) が素イデアルでなければ，$g\notin(f)$, $h\notin(f)$ かつ $gh\in(f)$ となる多項式 g,h が存在する．これは $gh=rf$, $r\in K[x_1,x_2,\cdots,x_n]$ という関係式が成り立つことを意味するが，f が K 上既約であることより，f は g または h を割り切る．(演習問題 7.7 を参照せよ.) これは $g\in(f)$ または $h\in(f)$ を意味し，仮定に反する．よって (f) は素イデアルである． □

例 7.54　正整数 m,n に対して 2 変数多項式環 $K[x,y]$ から 1 変数多項式環 $K[t]$ への準同型写像 $\varphi_{m,n}$ を $\varphi_{m,n}(x)=t^m$, $\varphi_{m,n}(y)=t^n$ となるように定める．すなわち

$$\begin{aligned}\varphi_{m,n}\colon\ K[x,y] &\longrightarrow K[t]\\ f(x,y) &\longmapsto f(t^m,t^n)\end{aligned}$$

と定める．m と n の最大公約数を d，$m=m_1d$, $n=n_1d$ とおくと，$\mathrm{Ker}\,\varphi_{m,n}=(x^{n_1}-y^{m_1})$ である．これは次のようにして示すことができる．

1 変数多項式環の間の準同型

$$\begin{aligned}\psi_d\colon\ K[t] &\longrightarrow K[t]\\ g(t) &\longmapsto g(t^d)\end{aligned}$$

は単射であり，$\varphi_{m,n}=\psi_d\circ\varphi_{m_1,n_1}$ が成り立つ．よって，$\mathrm{Ker}\,\varphi_{m,n}=\mathrm{Ker}\,\varphi_{m_1,n_1}$

となり，m と n とが互いに素のときを考えれば十分であることが分かる．m と n とが互いに素であれば x^n-y^m は K 上の既約多項式である．これは直接示すこともできるが，$\mathrm{Ker}\,\varphi_{m,n}=(x^n-y^m)$ を示せば，$\mathrm{Ker}\,\varphi_{m,n}=\varphi_{m,n}^{-1}((0))$，(0) は $K[t]$ の素イデアルであることより分かる．$x^n-y^m\in\mathrm{Ker}\,\varphi_{m,n}$ であるので，$f(t^m,t^n)=0$ である $f(x,y)\in K[x,y]$ は x^n-y^m で割り切れることを示せば $\mathrm{Ker}\,\varphi_{m,n}=(x^n-y^m)$ が示される．

$$f(x,y)=\sum a_{kl}x^ky^l$$

とおくと

$$f(t^m,t^n)=\sum a_{kl}t^{km+ln}=\sum_N\sum_{km+ln=N}a_{kl}t^N$$

となる．$f(t^m,t^n)=0$ であることは $km+ln$ が同じ値 N を持つ部分が 0 になることであるので，

$$f(x,y)=\sum_{km+ln=N}a_{kl}x^ky^l \tag{7.9}$$

であると仮定しても一般性を失わない．そこで(7.9)に現れる 0 でない a_{kl} のうち k が最大のものを改めて k と記し，$a=[k/n]$ とおき，$k=an+k_1$ と書く．すると(7.9)は

$$f(x,y)=\sum_{j=0}^{a}a_{k-jn,l+jm}x^{k-jn}y^{l+jm}$$

と書くことができる．$\alpha_j=a_{k-jn,l+jm}$ とおくと，これは

$$f(x,y)=\sum_{j=0}^{a}\alpha_jx^{k-jn}y^{l+jm}=\sum_{j=0}^{a}\alpha_jx^ky^l\left(\frac{y^m}{x^n}\right)^j$$

と書き直すことができる．

$$h(z)=\sum_{j=0}^{a}\alpha_jz^j$$

とおくと，$f(x,y)=x^ky^lh\left(\dfrac{y^m}{x^n}\right)$ であり，$f(t^m,t^n)=t^{km}y^{ln}h(1)=0$ となり，$z=1$ は $h(z)$ の根であることが分かる．したがって $h(z)=(z-1)g(z)$，$g(z)\in K[z]$ と因数分解できる．$k=an+k_1$ に注意すると

$$f(x,y)=x^ky^l\left(\frac{y^m}{x^n}-1\right)g\left(\frac{y^m}{x^n}\right)=x^{k_1}y^l(y^m-x^n)x^{(a-1)n}g\left(\frac{y^m}{x^n}\right)$$

となり，$\deg_z g(z)=a-1$ より，$\widetilde{g}(x,y)=x^{(a-1)n}g\left(\frac{y^m}{x^n}\right)\in K[x,y]$ であることが分かる．これより $f(x,y)$ は x^n-y^m で割り切れることが分かり，$\mathrm{Ker}\,\varphi_{m,n}=(x^n-y^m)$ が示された． □

問 26　$\varphi_{2,3}\colon K[x,y]\to K[t]$ の像 $\mathrm{Im}\,\varphi_{2,3}$ は，1次の項を持たない多項式の全体 $\{a_0+a_2t^2+\cdots+a_lt^l \mid a_j\in K,\ l\geqq 2$ または $0\}$ であることを示せ．また，$\mathrm{Im}\,\varphi_{2,5}=\{a_0+a_2t^2+a_4t^4+a_5t^5+a_6t^6+\cdots\}$ であることを示せ．

例 7.55　$K[x,y,z]$ から $K[t]$ への準同型 φ を

$$\varphi(x)=t,\quad \varphi(y)=t^2,\quad \varphi(z)=t^3$$

であるように定める．このとき

$$\mathrm{Ker}\,\varphi=(x^2-y,xy-z)$$

となり，イデアル $(x^2-y,xy-z)$ は素イデアルであることが分かる． □

問 27　$K[x,y,z]$ のイデアル $(x-y,xy-z^2)$ は素イデアルでないことを示せ．

最後に，極大イデアルについて述べておこう．可換環 R のイデアル I に対して，I を真に含む R のイデアルは R しかないとき，すなわち $I\subset J$ となるイデアル J は $J=I$ または $J=R$ であるとき，I を**極大イデアル**(maximal ideal)と呼ぶ．次の定理は極大イデアルの特徴づけを与える．

定理 7.56　可換環 R のイデアル I が極大イデアルであるための必要十分条件は，R/I が体となることである．したがって特に極大イデアルは素イデアルである．

［証明］　$I\subsetneqq J$ であるイデアル J を考える．もし R/I が体であれば，$a\in J$, $a\notin I$ である元 a の剰余類 $\overline{a}=a+I$ は R/I で零でないので，逆元 $\overline{b}=b+I$ が存在する．すなわち $\overline{a}\overline{b}=\overline{1}$ が成り立つような $b\in R$ が存在する．このとき $ab-1\in I$ であるので，$1=ab+r$, $r\in I$ が成り立つ．$ab\in J$ であるので $1\in J$

となり $J=R$ であることが示された．よって I は極大イデアルである．

逆に I が極大イデアルのとき，R/I の零でない元 $\bar{a}=a+I$ をとってくる．a と I の元とで生成されるイデアルを J とおく．すなわち $J=\{ba+r \mid b\in R,\ r\in I\}$ と書け，$\bar{a}\neq\bar{0}$ より $a\notin I$ であり $I\subsetneq J$ である．したがって $J=R$ となり，$1\in J$ である．よって $1=ba+r$ となる元 $b\in R$, $r\in I$ が存在する．すると $\bar{b}\cdot\bar{a}=\bar{1}$ が R/I で成り立ち，$\bar{a}$ は乗法に関する逆元を持つ．このことから R/I は体であることが分かる． ∎

例 7.57 体 K 上の 3 変数多項式環 $K[x,y,z]$ で

$$(x)\subset(x,y)\subset(x,y,z)$$

は素イデアルの列であり，(x,y,z) は極大イデアルである． □

問 28 体 K の元 a,b,c に対して，写像

$$\begin{array}{rccc}\varphi: & K[x,y,z] & \longrightarrow & K \\ & f(x,y,z) & \longmapsto & f(a,b,c)\end{array}$$

は準同型写像であり，$\mathrm{Ker}\,\varphi=(x-a,y-b,z-c)$ は $K[x,y,z]$ の極大イデアルであることを示せ．

体 K を係数とする多項式環 $K[x_1,x_2,\cdots,x_n]$ の極大イデアルについてはさらに詳しいことが分かっている．まず次の大切な定義から始めよう．

定義 7.58 体 K 係数の定数でない任意の 1 変数多項式が K 内に必ず根を持つとき，K を**代数的閉体**(algebraically closed field)という． □

代数学の基本定理(定理 4.8)は複素数体 $\mathbb{C}$ が代数的閉体であることを意味する．次の定理は代数的閉体の存在を保証する．今日の観点からは，この定理を代数学の基本定理と呼んだ方がよい．

定理 7.59 任意の体 K に対して K を含む代数的閉体が存在する．また，体 K を含む代数的閉体で最小のものが存在し，かつ，このような代数的閉体はすべて体 K 上同型である． □

体 K を含む最小の代数的閉体を $\overline{K}$ と記し，K の**代数的閉包**(algebraic closure)という．上の定理の証明には定理7.22を用いる．K 内に根を持たない多項式 $g(x)\in K[x]$ があれば，体の拡大 $K_1=K[x]/(g(x))$ が構成できる．K_1 内に根を持たない多項式 $g_1(x)\in K_1[x]$ があれば，体の拡大 $K_2=K_1[x]/(g_1(x))$ が構成できる．以下，この操作を必要な限り続けていくと，ついに代数的閉体ができるというのが定理の証明の基本的なアイディアである．ただし，この操作は，一般には無限回，しかも可算無限より真に大きい無限回繰り返す必要があるかもしれないので，上の定理の証明にはツォルン(Zorn)の補題(本シリーズ『現代数学の流れ1』§2.1(d))が必要になる．

また，上の構成で $K_1, K_2, \cdots$ がある特定の体に入っているとは，定理7.59が証明されるまでは保証されないので，$K_1, K_2, \cdots$ は同型を除いて一意的に定まるだけである．このことも定理の証明では考慮する必要がある．詳しい証明は岩波講座『現代数学の基礎』「環と体」にゆだねる．

次の定理はしばしば**弱い形のヒルベルトの零点定理**(weak Hilbert's Nullstellensatz)と呼ばれる．

定理 7.60　代数的閉体 K を係数とする多項式環 $K[x_1, x_2, \cdots, x_n]$ の極大イデアルは $(x_1-a_1, x_2-a_2, \cdots, x_n-a_n)$, $a_j\in K$ の形をしている．　□

証明は紙数の関係で割愛せざるを得ない．

問 29　$\mathbb{R}[x]$ の極大イデアルは $(x-a)$ または (x^2+ax+b), $a^2-4b<0$ の形であることを示し，ヒルベルトの零点定理では体 K が代数的閉体であることが本質的であることを示せ．

この問29が示すように，弱い形のヒルベルトの零点定理は，代数的閉体 K 係数の多項式 $f(x)$ はすべて1次式の積に分解できるという事実の多変数への1つの一般化を与えていると見ることができる．

§7.3　ネター環

これまで種々のイデアルを考察してきたが，そのほとんどが有限個の元から生成されたもの，すなわち有限生成イデアルであった．そのようなイデアルは比較的取り扱いが簡単である．そのような意味でも次の定義は大変重要である．

定義 7.61　可換環 R のすべてのイデアルが有限生成，すなわち R のイデアルが $(a_1, a_2, \cdots, a_l)$ の形のイデアルであるとき，R を**ネター環**(Noetherian ring)という． □

$\mathbb{Z}$ や体 K 上の 1 変数多項式環のイデアルは 1 個の元で生成されるのでネター環である．

次の定理はネター環の性質として基本的である．

定理 7.62　可換環 R に関して以下の条件は同値である．

(i)　R のすべてのイデアルは有限生成，すなわち R はネター環である．

(ii)　R は**昇鎖律**(ascending chain condition)を満たす．すなわち，R のイデアルの増大列

$$I_1 \subset I_2 \subset I_3 \subset \cdots \subset I_n \subset I_{n+1} \subset \cdots$$

に対して，必ず

$$I_m = I_{m+1} = I_{m+2} = \cdots$$

となる正整数 m が存在する．

(iii)　R のイデアルを元とする集合 $\mathcal{F}$ は必ず極大元を持つ．すなわち，$I \in \mathcal{F}$ に対して $J \in \mathcal{F}$, $I \subset J$ であれば $I = J$ が必ず成立するようなイデアル I が存在する．

[証明]　(i) $\Longrightarrow$ (ii) $\Longrightarrow$ (iii) $\Longrightarrow$ (i) を証明する．

(i) $\Longrightarrow$ (ii) イデアルの増大列

$$I_1 \subset I_2 \subset I_3 \subset \cdots \subset I_n \subset I_{n+1} \subset \cdots$$

に対して和集合 $I = \bigcup_j I_j$ は R のイデアルである．なぜならば $a, b \in I$ であれば $a \in I_l$, $b \in I_m$ である l, m があり，$n = \max(l, m)$ ととれば，$a, b \in I_n$ となり，I_n はイデアルであるので $a+b, ab \in I_n$ となり $a+b, ab \in I$ となるからである．(i)より $I = (a_1, a_2, \cdots, a_s)$ である．上と同様の考察により $a_j \in I_m$, $j = 1, 2, \cdots, s$ となる m が存在する．したがって $I \subset I_m$ となり $I = I_m$ となる．よ

って $I_m=I_{m+1}=I_{m+2}=\cdots$ である．

(ii)$\Longrightarrow$(iii) $\mathcal{F}$ からイデアル I_1 を1つとる．I_1 が極大元でなければ $I_1 \subsetneqq I_2 \in \mathcal{F}$ である I_2 が求まる．もし I_2 が極大元でなければ $I_2 \subsetneqq I_3 \in \mathcal{F}$ である I_3 が求まる．以下，この操作を続けると

$$I_1 \subsetneqq I_2 \subsetneqq I_3 \subsetneqq \cdots$$

とイデアルの増大列ができるが，この列は(ii)より有限回で終わらねばならない．

(iii)$\Longrightarrow$(i) R のイデアル I を考える．I の有限個の元 $a_1, a_2, \cdots, a_l$ から生成されるイデアル $(a_1, a_2, \cdots, a_l)$ の全体を $\mathcal{F}$ とする．(iii)より $\mathcal{F}$ に極大元 $(b_1, b_2, \cdots, b_m)$ が存在する．$(b_1, b_2, \cdots, b_m) \subsetneqq I$ とすれば $b \notin (b_1, b_2, \cdots, b_m)$, $b \in I$ である元 b が存在し，$(b_1, b_2, \cdots, b_m) \subsetneqq (b, b_1, b_2, \cdots, b_m) \in \mathcal{F}$ となり $(b_1, b_2, \cdots, b_m)$ の極大性に反する．よって $I=(b_1, b_2, \cdots, b_m)$ であり，I は有限生成である．■

さて，次の定理は可換環論，代数幾何学で基本的な役割を果たす．

定理 7.63（**ヒルベルトの基底定理**(Hilbert's basis theorem)）　ネター環 R の元を係数とする1変数多項式の全体，すなわち R 上の1変数多項式環 $R[x]$ はネター環である．

［証明］　$R[x]$ のイデアル I と任意の非負整数 n に対して，R の部分集合 I_n を

$$I_n = \{a_n \mid a_0 + a_1 x + a_2 x^2 + \cdots + a_n x^n \in I\}$$

と定めると，I_n は R のイデアルである．なぜならば，$a_n, b_n \in I_n$ であれば $f(x)=a_0+a_1x+\cdots+a_nx^n \in I$, $g(x)=b_0+b_1x+\cdots+b_nx^n \in I$ となる I の元が存在し，$f(x)+g(x)=(a_0+b_0)+(a_1+b_1)x+\cdots+(a_n+b_n)x^n \in I$ より $a_n+b_n \in I$，また任意の $r \in R$ に対して $rf(x)=ra_0+ra_1x+\cdots+ra_nx^n \in I$ より $ra_n \in I_n$ となるからである．またこのとき $xf(x) \in I$ であるが，$xf(x)=a_0x+a_1x^2+\cdots+a_nx^{n+1}$ であるので $a_n \in I_{n+1}$ でもある．したがってイデアルの増大列

$$I_0 \subset I_1 \subset I_2 \subset \cdots \subset I_n \subset I_{n+1} \subset \cdots$$

ができるが，R はネター環であるので

$$I_m = I_{m+1} = I_{m+2} = \cdots$$

となる m が存在する．また各 I_n は有限生成であるので

$$I_j = (a_{j,1}, a_{j,2}, \cdots, a_{j,l_j})$$

と生成元をとることができる．このとき

$$f_{j,n} = b_{j,n,0} + b_{j,n,1}x + \cdots + b_{j,n,j-1}x^{j-1} + a_{j,n}x^j \in I,$$
$$n = 1,2,\cdots,l_j, \quad j = 0,1,2,\cdots,m$$

が存在する．$I = (f_{0,1}, \cdots, f_{0,l_0}, f_{1,1}, \cdots, f_{1,l_1}, \cdots, f_{m,1}, \cdots, f_{m,l_m})$ であることを示そう．$g(x) \in I$ に対して，もし $\deg g(x) = k \leqq m$ であれば，$g(x)$ の x^k の係数 b_k は I_k に属することより，

$$b_k = \sum_{i=1}^{l_k} c_i a_{k,i}, \quad c_i \in R$$

と書くことができ，$h(x) = g(x) - \sum c_i f_{k,i} \in I$ である．このとき $\deg h(x) = k-1$ である．もし $\deg g(x) = k > m$ であれば，$b_k \in I_k = I_m$ である．よって

$$b_k = \sum_{i=1}^{l_m} d_i a_{m,i}, \quad d_i \in R$$

と書くことができ，$h(x) = g(x) - \sum_{i=1}^{l_m} d_i x^{k-m} f_{m,i} \in I$ かつ $\deg h(x) = k-1$ となる．$g(x)$ の次数に関する帰納法により $g(x) \in (f_{0,1}, \cdots, f_{0,l_0}, f_{1,1}, \cdots, f_{1,l_1}, \cdots, f_{m,1}, \cdots, f_{m,l_m})$ であることが分かる． ∎

系 7.64 体 K 上の多項式環 $K[x_1, x_2, \cdots, x_n]$ はネター環である．

［証明］ 体 K のイデアルは (0)，$(1) = K$ しかないのでネター環である．よって $K[x]$ もネター環である．$R = K[x_1, x_2, \cdots, x_{n-1}]$ がネター環であれば，$R[x_n] = K[x_1, x_2, \cdots, x_{n-1}, x_n]$ もネター環であるので，帰納法により系 7.64 が証明される． ∎

例題 7.65

（1） $d_n(x) = \dfrac{1}{n!}x(x-1)\cdots(x-n+1) \in \mathbb{R}[x]$ は，x が整数のとき整数値をとることを示せ．

（2） 多項式 $f(x) \in \mathbb{R}[x]$ は，x が整数のとき整数値をとるとすると $d_n(x)$，$n = 0,1,2,\cdots$ の整数係数の 1 次結合として書けることを示せ．ただし $d_0(x) = 1$ と約束する．

（3） $\mathbb{Z}$ 上 $d_n(x)$，$n = 0,1,2,\cdots$ で生成される $\mathbb{R}[x]$ の部分環 $\mathbb{Z}[\{d_n(x)\}]$ は，

ネター環ではないことを示せ.

［解］ (1) $d_n(j)=0$, $j=0,1,2,\cdots,n-1$ であり, $m\geqq n$ のとき

$$d_n(m)=\frac{m(m-1)\cdots(m-n+1)}{n!}=\binom{m}{n}\in\mathbb{Z}$$

である. また $m=-l$, $l\geqq 1$ のとき

$$d_n(-l)=(-1)\frac{l(l+1)\cdots(l+n-1)}{n!}=(-1)^n\binom{l+n-1}{n}\in\mathbb{Z}$$

である.

(2) $g(x)\in\mathbb{R}[x]$ と整数 n に対して $D^0g(n)=g(n)$, $D^1g(n)=D^0g(n+1)-D^0g(n)$, $\cdots$, $D^kg(n)=D^{k-1}g(n+1)-D^{k-1}g(n)$ と $D^lg(n)$ を帰納的に定義する. もし任意の $m\in\mathbb{Z}$ に対して $g(m)\in\mathbb{Z}$ であれば $D^lg(n)\in\mathbb{Z}$ である. 一方 $g(x)=\sum_{j=1}^{n}c_jd_j(x)$ であれば $D^0g(0)=c_0$, $D^1g(0)=g(1)-g(0)=c_1$, $D^2g(0)=D^1g(1)-D^1g(0)=(D^0g(2)-D^0g(1))-c_1=\{(c_0+2c_1+c_2)-(c_1-c_0)\}-c_1=c_2$, $\cdots$, $D^ng(0)=c_n$ となる. 任意の $g(x)\in\mathbb{R}[x]$ は $d_j(x)$ の $\mathbb{R}$ 係数の1次結合として書くことができるので, (2)が成り立つことが分かる.

(3) $d_1(x),d_2(x),\cdots$ で生成される $\mathbb{Z}[\{d_n(x)\}]$ のイデアルを I とおく. I が有限生成であれば $I=(d_1(x),d_2(x),\cdots,d_m(x))$ となる正整数 m が存在する. すると素数 $p=m+l>m$ に対して

$$d_p(x)=\sum_{j=1}^{m}a_j(x)d_j(x),\quad a_j(x)\in\mathbb{Z}[\{d_n(x)\}]$$

と書けるが, $j\leqq m$ のとき $d_j(p)=\binom{p}{j}\equiv 0 \pmod p$ であり, 一方 $d_p(p)=1$ である. よって

$$1\equiv\sum_{j=1}^{m}a_j(p)d_j(p)\equiv 0 \pmod p$$

となり矛盾. ∎

問30　可換環の全射準同型 $\varphi\colon R\to S$ が与えられたとき, R がネター環であれば S もネター環であることを示せ.

《まとめ》

7.1　可換環は和と積に関する性質(A1)〜(A4)，(M1)〜(M3) と分配法則(D)によって定義される．これは体の公理から積に関する逆元の存在を除いたものに他ならない．

7.2　可換環 R は零因子を持たないとき整域という．

7.3　可換環 R のイデアル I に対して剰余環 R/I が定義でき，可換環である．可換環の自然な準同型写像 $\nu\colon R\to R/I$ が存在する．

7.4　可換環 R,S 間の準同型写像 $\varphi\colon R\to S$ の核 $\mathrm{Ker}\,\varphi$ は R のイデアルであり，写像 φ は自然な準同型写像 $R\to R/\mathrm{Ker}\,\varphi$ と中への同型写像 $\overline{\varphi}\colon R/\mathrm{Ker}\,\varphi\to S$ の合成と一致する．

7.5　R のイデアル I は R/I が整域のとき素イデアルと呼ぶ．R のイデアル I は $I\subsetneqq J$ なるイデアル J がつねに R であるとき，極大イデアルと呼ぶ．このとき R/I は体である．

7.6　可換環の準同型写像 $\varphi\colon R\to S$ に対して S の素イデアル J の逆像 $\varphi^{-1}(J)$ は R の素イデアルである．

7.7　すべてのイデアルが有限個の元で生成される可換環をネター環という．ネター環では昇鎖律が成立し，逆に昇鎖律が成り立つ可換環はネター環である．体 K 上の n 変数多項式環はネター環である．

7.8　任意の体 K に対して K 上の多項式環 $K[x]$ ではユークリッドの互除法が成立し，因数分解の一意性が成り立つ．

7.9　体 K の元を係数とする n 次既約多項式 $f(x)$ に対して $K[x]/(f(x))$ は K の n 次拡大体である．

7.10　体 K では単位元 1 を p 回足して零になる最小の正整数 p が存在すれば p は素数である．このような体を標数 p の体という．一方 1 を何回足しても零にならないときは標数 0 の体という．

7.11　標数 0 の体は有理数体 $\mathbb{Q}$ を必ず含み，標数 p の体は $\mathbb{F}_p=\mathbb{Z}/(p)$ を必ず含む．$\mathbb{Q}$ を標数 0 の素体，$\mathbb{F}_p$ を標数 p の素体という．

7.12　任意の素数 p と正整数 n に対して $q=p^n$ 個の元からなる体，q 元体 $\mathbb{F}_q$ が存在する．$\mathbb{F}_q$ は同型を除いて一意的に定まる．

7.13　標数 p の体では任意の正整数 n に対して $(x+y)^{p^n}=x^{p^n}+y^{p^n}$ が成り立つ．

演習問題

7.1　可換環 R の元 u が乗法に関して逆元を R 内に持つとき，**単元**(unit)あるいは**可逆元**(invertible element)と呼ぶ．体 K 上の n 変数多項式環 $K[x_1, x_2, \cdots, x_n]$ の単元は $K^\times = K - \{0\}$ の元に限ることを示せ．

7.2　整域 R の 2 元 a, b, $b \neq 0$ に対して記号 $\dfrac{a}{b}$ を考える．$\dfrac{a}{b}$ と $\dfrac{c}{d}$ とが等しいことを

$$\frac{a}{b} = \frac{c}{d} \iff ad - bc = 0$$

と定義する．このように等号を定義して等しいものを同一視して $\dfrac{a}{b}$ の全体を $Q(R)$ と記す．$Q(R)$ の 2 元 $\dfrac{a_1}{b_1}, \dfrac{a_2}{b_2}$ に対して和および積を

$$\frac{a_1}{b_1} + \frac{a_2}{b_2} = \frac{a_1 b_2 + b_1 a_2}{b_1 b_2},$$
$$\frac{a_1}{b_1} \cdot \frac{a_2}{b_2} = \frac{a_1 a_2}{b_1 b_2}$$

と定義すると，$Q(R)$ は $\dfrac{1}{1}$ を単位元とし，$\dfrac{0}{1}$ を零元とする体になることを示せ．また，写像

$$\begin{array}{ccc} R & \longrightarrow & Q(R) \\ a & \longmapsto & \dfrac{a}{1} \end{array}$$

は可換環の中への同型写像であり，これによって，a と $\dfrac{a}{1}$ とを同一視し，$R \subset Q(R)$ と考えることができることを示せ．$Q(R)$ を R の**商体**(quotient field)という．$\mathbb{Z}$ の商体は $\mathbb{Q}$，$K[x]$ の商体は $K(x)$，$K[x_1, x_2, \cdots, x_n]$ の商体は $K(x_1, x_2, \cdots, x_n)$ であることを示せ．

7.3

(1) 体 K 上の多項式環 $K[x]$ が与えられたとき，体 K 上の**微分** D を $K[x]$ から $K[x]$ への写像で K の任意の元 a に対して $D(a) = 0$, $D(x^n) = nx^{n-1}$ かつ $f(x), g(x) \in K[x]$ に対して

$$D(f(x) + g(x)) = D(f(x)) + D(g(x))$$

が成り立つものとして定義する．このとき

$$f(x) = a_0 + a_1 x + a_2 x^2 + \cdots + a_n x^n$$

であれば

$$D(f(x)) = a_1 + 2a_2x + 3a_3x^2 + \cdots + na_nx^{n-1}$$

であることを示せ．$D(f(x))$ を $f'(x)$ と以下略記する．K の標数が p であれば $D(x^{p^n})=0$ であること，したがって

$$g(x) = b_0 + b_1x^p + b_2x^{p^2} + \cdots + b_nx^{p^n} \tag{7.10}$$

に対しては $g'(x)=0$ であることを示せ．

(2) 多項式 $f(x) \in K[x]$ が重根 $\alpha \in K$ を持つための必要十分条件は $f(\alpha) = f'(\alpha) = 0$ が成り立つことであることを示せ．したがって，特に(7.10)の形の多項式は必ず重根を持つことを示せ．（標数 p の体では $q=p^n$ に対して $x^q-1=(x-1)^q$ であるので 1 の原始 q 乗根は存在しない.）また，$a \in K$ が K の元の p 乗で書けないとき，x^p-a は $K[x]$ で既約である．x^p-a は K の拡大体で p 重根を持つ．

7.4 標数 p の体 K に対して，写像

$$\begin{aligned} F:\ K &\longrightarrow K \\ a &\longmapsto a^p \end{aligned}$$

は素体 $\mathbb{F}_p$ 上の体の中への同型写像であることを示せ．また，F が全射とならない例を与えよ．（ヒント．標数 p の体上の 1 変数有理関数体を K ととる.）

7.5 可換環 R の素イデアル $\mathfrak{p}$ に対して $a, b \in R-\mathfrak{p} = \{r \in R \mid r \notin \mathfrak{p}\}$ であれば，$ab \in R-\mathfrak{p}$ であることを示せ．R が整域のとき，R の商体 $Q(R)$ の部分集合 $R_\mathfrak{p}$ を

$$R_\mathfrak{p} = \left\{ \frac{r}{a} \in Q(R) \,\middle|\, r \in R,\ a \in R-\mathfrak{p} \right\}$$

とおくと，$R_\mathfrak{p}$ は $Q(R)$ の和と積に関して閉じており，可換環をなすことを示せ．また，写像

$$\begin{aligned} \psi:\ R &\longrightarrow R_\mathfrak{p} \\ r &\longmapsto \frac{r}{1} \end{aligned}$$

は中への同型写像であり，これによって $R \subset R_\mathfrak{p}$ と考える．$\mathfrak{p}$ の元より生成される $R_\mathfrak{p}$ のイデアルを $\mathfrak{p}R_\mathfrak{p}$ と記すと，$\mathfrak{p}R_\mathfrak{p}$ は $R_\mathfrak{p}$ の極大イデアルであり，体 $R_\mathfrak{p}/\mathfrak{p}R_\mathfrak{p}$ は整域 $R/\mathfrak{p}$ の商体と同型であることを示せ．

7.6 1 の原始 n 乗根 ζ の $\mathbb{Q}$ 上の最小多項式 $\varphi_n(x)$ を考える．

(1) $\varphi_n(x) \in \mathbb{Z}[x]$ を示せ．また，$x^n-1=\varphi_n(x)h(x)$，$h(x) \in \mathbb{Z}[x]$ と書けること

を示せ.

(2) n を割り切らない素数 p に対して $\varphi_n(\zeta^p)\neq 0$ であると仮定する．このとき $\varphi_n(x)$ は $h(x^p)$ を割り切ることを示せ．また，準同型写像 $\psi\colon \mathbb{Z}[x]\to(\mathbb{Z}/(p))[x]$ による多項式 $f(x)\in\mathbb{Z}[x]$ の像を $\overline{f}(x)$ と記すと，$\overline{\varphi_n}(x)$ は $\overline{h}(x)^p$ を割り切ることを示せ.

(3) (2)を使って $\varphi_n(\zeta^p)=0$ であり，かつ $\varphi_n(x)$ はすべての1の原始 n 乗根を根として持つことを示し，$\varphi_n(x)$ は円分多項式 $F_n(x)$ に他ならないことを示せ．このことから，$F_n(x)$ は $\mathbb{Z}[x]$ の既約多項式であることを示せ.

7.7　体 K 上の n 変数多項式環 $K[x_1,x_2,\cdots,x_n]$ では素因子分解の一意性が成り立つことを示せ.（ヒント．n に関する帰納法による．$K[x_1,x_2,\cdots,x_{n-1},x_n]\subset K(x_1,x_2,\cdots,x_{n-1})[x_n]$ と考え，体 F 上の多項式環 $F[x]$ では素因子分解の一意性が成り立つことを使う.）

付録
数とはなにか

整数から有理数を作り，有理数から実数を作ることについて§2.2,§2.3で簡単に述べた．整数から有理数を作った理由は，整数環$\mathbb{Z}$では割り算ができないので，分数を導入して四則演算が自由にできるようにすることにあった．一方，有理数から実数を作る過程では，極限が大切な役割をした．この2つの操作は明らかに違っている．ここでは簡単にこれらの事実について反省して，“数”の持つべき性質について論じる．

§A.1　体

四則演算が自由にできる数の体系を**体**と呼ぶことはすでに述べた．ここでは，体の定義を述べよう．これは，四則演算の持つ性質を抽象的に抜き出したものに他ならない．

定義 A.1　集合Kの任意の2元a,bに和$a+b$，および積abが定義され，$a+b$, abはともにKの元であり，かつ以下の条件を満足するとき，Kを体(正確には**可換体**)という．

加法

(A1)　(可換性) Kの任意の2元a,bに対して

$$a+b=b+a$$

(A2)　(結合法則) Kの任意の3元a,b,cに対して

$$a+(b+c)=(a+b)+c$$

(A3)　(零の存在) Kの任意の元aに対して

$$a+0=a$$

が常に成り立つような K の元 0 が存在する．（0 を体 K の零と呼ぶ．条件(A1)–(A3)から 0 は一意的に存在することが分かる．）

(A4)　（加法に関する逆元の存在）K の任意の元 a に対して

$$a+b=0$$

を満足する K の元 b が存在する．（b を通常 $-a$ と記す．条件(A1)–(A4)から b は一意的に存在することが分かる．）

乗法

(M1)　（可換性）K の任意の 2 元 a,b に対して

$$ab=ba$$

(M2)　（結合法則）K の任意の 3 元 a,b,c に対して

$$a(bc)=(ab)c$$

(M3)　（単位元の存在）K の任意の元 a に対して

$$a1=a$$

を満足する K の元 1 が存在する．（1 を単位元と呼ぶ．1 は一意的に存在することが分かる．）

(M4)　（逆元の存在）K の任意の元 $a\neq 0$ に対して

$$ac=1$$

を満足する K の元 c が存在する．（c を a^{-1} と記し，a の逆元という．a^{-1} は a から一意的に定まることが分かる．）

加法と乗法

(D1)　（分配法則）K の任意の 3 元 a,b,c に対して

$$a(b+c)=ab+ac. \qquad \square$$

上の定義では和と積しか出てこず，不思議に思われるかもしれないが，(A4),(M4)から引き算，割り算を定義することができる．引き算 $a-b$ は

$$a-b=a+(-b), \quad -b \text{ は } b \text{ の加法に関する逆元}$$

割り算 $a\div b=a/b$ は $b\neq 0$ のとき

$$a/b=ab^{-1}$$

と**定義**する．有理数体 $\mathbb{Q}$ や実数体 $\mathbb{R}$ の四則演算が以上の定義を満足してい

ることは容易に分かる．大切なことは，$\mathbb{Q}, \mathbb{R}$ 以外にも体がたくさんあることである．そのことは第6章で方程式の解法および第7章で多項式のイデアルと関連して述べるが，ここでは例を2つあげておく．

例 A.2　実数体 $\mathbb{R}$ の部分集合

$$\mathbb{Q}(\sqrt{2}) = \{a+b\sqrt{2} \mid a, b \in \mathbb{Q}\}$$

は通常の和，積に関して体である．これは

$$\begin{aligned}(a+b\sqrt{2})+(a'+b'\sqrt{2}) &= (a+a')+(b+b')\sqrt{2} \\ (a+b\sqrt{2})\cdot(a'+b'\sqrt{2}) &= (aa'+2bb')+(ab'+ba')\sqrt{2}\end{aligned}$$

に注意すれば容易に分かる．ちなみに

$$-(a+b\sqrt{2}) = -a-b\sqrt{2}$$

$$(a+b\sqrt{2})^{-1} = \frac{a-b\sqrt{2}}{a^2-2b^2}$$

である．□

例 A.3　素数 p と整数 m に対して，整数環 $\mathbb{Z}$ の部分集合 $\overline{m}$ を

$$\overline{m} = \{a \in \mathbb{Z} \mid a \equiv m \pmod{p}\}$$

と定める．$m_1 \equiv m_2 \pmod{p}$ であれば $\overline{m_1} = \overline{m_2}$ であることに注意する．p 個の元からなる集合

$$\mathbb{Z}/(p) = \{\overline{0}, \overline{1}, \overline{2}, \cdots, \overline{p-1}\}$$

に和および積を

$$\begin{aligned}\overline{m}+\overline{n} &= \overline{m+n} \\ \overline{m}\cdot\overline{n} &= \overline{mn}\end{aligned}$$

と定義する．このとき $\mathbb{Z}/(p)$ は $\overline{0}$ を零，$\overline{1}$ を単位元とする体である．

$$-\overline{m} = \overline{-m}$$

であり，$\overline{m} \neq \overline{0}$ のときは定理2.10より

$$am+bp = 1$$

を満たす整数 a, b が存在し，これより

$$\overline{a}\cdot\overline{m} = \overline{1}$$

となり

$$\overline{m}^{-1} = \overline{a}$$

ととればよいことが分かる. □

§A.2 完 備 化

実数 α は有理数の列 $\{a_n\}$ の極限として定義した. 数列 $\{a_n\}$ が α に近づくことの正確な定義をここで述べておこう. a_n が α に近づくことは $|a_n-\alpha|$ が小さくなっていくことであることはすでに述べた. このことを正確に表現すると次の形になる.

定義 A.4 任意の正の数 $\varepsilon>0$ に対して以下の条件を満足する正整数 N が存在するとき, 数列 $\{a_n\}$ は α に収束するといい, $\lim_{n\to\infty} a_n = \alpha$ と記す.

(条件) $m \geqq N$ であれば $|a_m-\alpha|<\varepsilon$ □

定義の主張していることは, $\varepsilon>0$ をどんなに小さくとっても数列 $\{a_n\}$ のある番号から先はすべて $|a_m-\alpha|<\varepsilon$ になっていることである.

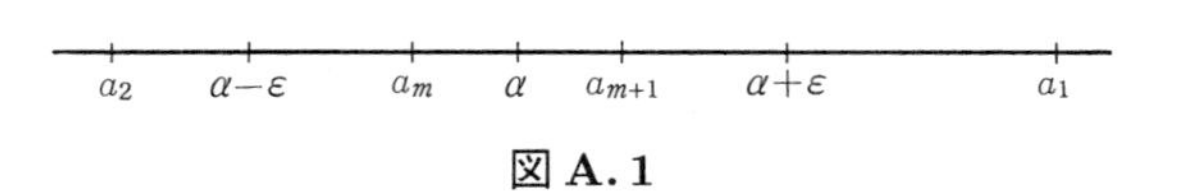

図 A.1

ε は任意に選べるので, どんなに大きくとってもよいが, 一方いくらでも小さく選ぶことができる点が大切である. $\varepsilon>0$ をどんどん小さくして 0 に近づけていっても $\{a_n\}$ の方も n を大きくとると α の近くにあることが定義より分かるので, a_n が α に近づくことが分かる.

この収束の定義は分かりにくいとよくいわれるが, その意味しているところは決して難しいものではない.

ところで, 有理数の列 $\{a_n\}$ は必ずしも有理数には収束しない. たとえば

$$e_n = 1+1+\frac{1}{2!}+\frac{1}{3!}+\cdots+\frac{1}{n!} \tag{A.1}$$

とおくと, e_n は有理数であるが, その収束先すなわち $\lim e_n = e$ は命題 2.30 より無理数であった.

一般に数列 $\{a_n\}$ が与えられたとき，それが収束するか否かを判定することは可能であろうか．そのために，上の収束の定義を少し書き換えておく．$\lim_{n\to\infty} a_n = \alpha$ が成り立つとき，任意の $\varepsilon > 0$ に対して，$m \geqq M$ であれば

$$|a_m - \alpha| < \varepsilon/2$$

が成り立つような正整数 M が存在する(上の定義で ε のかわりに $\varepsilon/2$ で考えたときの N を M とおけばよい)．このとき，任意の $m, n \geqq M$ に対して

$$|a_m - a_n| = |a_m - \alpha + \alpha - a_n| < |a_m - \alpha| + |a_n - \alpha| < \varepsilon$$

が成り立つ．そこで次の定義が意味を持つことが分かる．

定義 A.5 任意の $\varepsilon > 0$ に対して，以下の条件を満足する正整数 M がつねに存在するとき，数列 $\{a_n\}$ は**コーシー列**または**基本列**であるという．

(条件) $m, n \geqq M$ であれば $|a_m - a_n| < \varepsilon$ □

収束する数列 $\{a_n\}$ はコーシー列であるが，たとえば(A.1)で定義される有理数からなる数列 $\{e_n\}$ は有理数体 $\mathbb{Q}$ の中では収束しない．無理数を定める無限小数，すなわち循環小数でない無限小数

$$a_0.a_1a_2a_3\cdots$$

から定まる有理数列 $\{b_n\}$，$b_n = a_0.a_1a_2\cdots a_n$ も $\mathbb{Q}$ の中では収束しない．そのため，コーシー列が収束するように数を増やすことによって，実数体 $\mathbb{R}$ が定義されたと考えることができる．この過程をもう少し詳しく調べてみよう．

収束やコーシー列を定義するとき大切な役割をしているのは絶対値 $|\ |$ の存在である．絶対値のどのような性質が大切であるのか，天下りではあるが抜き出してみよう．

定義 A.6 体 K の各元 a に対して実数 $|a|$ がただ1つ定まり，以下の条件を満足するとき，$|\ |$ を体 K の**絶対値**という．

(Ab1) すべての K の元 a に対して $|a| \geqq 0$．かつ等号が成立するのは $a = 0$ のときに限る．

(Ab2) K の任意の2元 a, b に対して

$$|ab| = |a||b|.$$

(Ab3) K の任意の2元 a, b に対して

$$|a+b| \leqq |a| + |b|.$$

□

数列$\{a_n\}$の収束を議論するには，以上3つの絶対値の性質を使うだけで十分である．また有理数体$\mathbb{Q}$，実数体$\mathbb{R}$，複素数体$\mathbb{C}$の絶対値が上の(Ab1)，(Ab2)，(Ab3)の性質を持つことは明らかである．一般に体Kが絶対値$|\ |$を持てば，この絶対値を使ってKの元からなる数列$\{\alpha_n\}$の収束や，コーシー列を上記の定義をまねて定義することができる．絶対値$|\ |$を持つ体Kは，Kの元からなる任意のコーシー列$\{\alpha_n\}$が必ずKの元に収束するとき**完備**(complete)であるという．$(K,|\ |)$が完備でないときは，コーシー列$\{\alpha_n\}$が収束して新しい"数"を定義すると考え，Kを大きくしたK^*を作ることができる．そのためには2つのコーシー列$\{a_n\},\{b_n\}$がいつ同じ数を定めるかを定義する必要がある．これは次のように言うことができる．

定義 A.7　任意の$\varepsilon>0$に対して以下の条件を満足する正整数Mが存在するとき，2つのコーシー列$\{a_n\},\{b_n\}$は同一の"数"を定める．

（条件）　$n\geqq M$であれば$|a_n-b_n|<\varepsilon$.　□

ようするに，2つの数列$\{a_n\},\{b_n\}$の差が限りなく小さくなっていくとき同じ数を定めると定義する．実際

$$\lim_{n\to\infty}a_n=\alpha,\quad \lim_{n\to\infty}b_n=\alpha$$

であれば，収束の定義から上の条件が満たされることがただちに分かる．この定義を使って，K^*をコーシー列$\{a_n\}$が定める"数"の全体と定義する．Kの元aに対して$a_n=a$, $n=1,2,3,\cdots$とおけば$\{a_n\}$はコーシー列であり，aに収束している．したがってKの元aに対してコーシー列$\{a_n\}$, $a_n=a$を対応させることによって$K\subset K^*$と考えることができる．

K^*が体になることは次のようにして示すことができる．$\{a_n\},\{b_n\}$がコーシー列であれば$\{a_n\pm b_n\},\{a_nb_n\}$はコーシー列であることが示される．したがって$\{a_n\},\{b_n\}$が定める$K^*$の元を$\alpha,\beta$と記すと$\alpha+\beta,\alpha\beta$はコーシー列$\{a_n+b_n\},\{a_nb_n\}$が定める$K^*$の元であると定義する．このとき$-\alpha$はコーシー列$\{-a_n\}$が定める$K^*$の元であることが分かる．また$\beta\neq 0$であることは，ある番号$n_0$より先の$n$, $n\geqq n_0$に対しては常に$b_n\neq 0$であることを意味するので，$n\geqq n_0$に対しては$\{a_n/b_n\}$は数列として意味を持つ．数列の最初の有限個の項は収束には影響しないので，$k<n_0$で$b_k=0$である項は$b_k=$

1 とおき直して数列 $\{a_n/b_n\}$ を得る．$\beta\neq 0$ であることより，数列 $\{a_n/b_n\}$ はコーシー列となることが分かる．この数列の定める K^* の元を $\dfrac{\alpha}{\beta}$ と定義する．特に $\alpha=1$ のとき，$\beta^{-1}=\dfrac{1}{\beta}$ と定めると，これが $\beta\neq 0$ の逆元である．

以上のようにして，絶対値 $|\ |$ を持つ体 K に対して，K を含む体 K^* を作ることができた．K が完備であれば $K=K^*$ であるが，完備でなければ $K\subsetneqq K^*$ であり，K^* は K より真に大きな体である．たとえば $K=\mathbb{Q}$，有理数体で $|\ |$ が通常の絶対値であれば K^* は実数体 $\mathbb{R}$ である．

さて，K の絶対値 $|\ |$ は K^* の絶対値に拡張することができる．コーシー列 $\{a_n\}$ が定める K^* の元を α とするとき，α の絶対値 $|\alpha|$ を $|a_n|$ の極限値 $\lim_{n\to\infty}|a_n|$ として定める．このとき K^* の絶対値も上の条件(Ab1)–(Ab3)を満足することを示すことができる．したがって，この絶対値を使って K^* の元からなるコーシー列 $\{\alpha_n\}$ を定義することができる．このとき，K^* ではすべてのコーシー列が収束し，K^* は完備であることが分かる．このことから $(K,|\ |)$ から体 K^* を作ることを，絶対値 $|\ |$ による体 K の**完備化**という．

実数体 $\mathbb{R}$ は有理数体 $\mathbb{Q}$ の絶対値による完備化に他ならない．実数の数列がコーシー列であれば必ず収束するという事実が実数の持つ大切な性質である．この性質は種々の言い換えが可能であるが，そのことについては本シリーズ『現代解析学への誘い』を参照されたい．また，この完備化の考え方はノルム空間や距離空間に一般化され，現代の解析学で大切な役割を果している．その点については，岩波講座『現代数学の基礎』「関数解析 1,2」で詳しく論じられている．

§A.3 p 進 体

有理数体 $\mathbb{Q}$ で定義 A.6 の(Ab1)，(Ab2)を満足するものは通常の絶対値だけではない．以下，素数 p を 1 つ固定して考える．整数 $m\neq 0$ を

$$m = p^{\alpha}m',$$

m' は p と素であるように記すとき，m の **p 進絶対値** $|m|_p$ を

$$|m|_p = p^{-\alpha}$$

と定義する*)．有理数 $a \neq 0$ に対しては分数を使って $a = m/n$，m, n は互いに素，と既約分数で表示したとき

$$m = p^{\alpha} m', \quad n = p^{\beta} n',$$

m' と p，n' と p とは互いに素であるように表示する．このとき，a の p 進絶対値 $|a|_p$ を

$$|a|_p = p^{-\alpha+\beta}$$

と定義する．すると

$$|a|_p = |m|_p / |n|_p$$

が成り立つ($a = m/n$ は既約分数でなくても $|a|_p = |m|_p/|n|_p$ が成り立つことは容易に分かる)．このように p 進絶対値を定義すると，有理数 $a \neq 0$ に対しては

$$|a|_p > 0$$

であることが分かる．$a = 0$ のときは p で何回でも割り切れると考えることができ，$\lim_{\alpha \to +\infty} p^{-\alpha} = 0$ であるので

$$|0|_p = 0$$

と定義するのが自然であると考えられる．このように定義すると絶対値の定義 A.6 の条件(Ab1)は満たされる．また，整数 l, m について

$$l = p^{\alpha} l', \quad l' \text{ と } p \text{ とは素}$$

$$m = p^{\beta} m', \quad m' \text{ と } p \text{ とは素}$$

と記すと $lm = p^{\alpha+\beta} l'm'$ となり，$l'm'$ は p と素であるので

$$|lm|_p = p^{-(\alpha+\beta)} = |l|_p |m|_p$$

が成り立つ．したがって，有理数 a, b を $a = m_1/m_2$，$b = n_1/n_2$ と分数で表わすと

$$\begin{aligned} |ab|_p &= |m_1 n_1|_p / |m_2 n_2|_p = |m_1|_p |n_1|_p / |m_2|_p |n_2|_p \\ &= |a|_p |b|_p \end{aligned}$$

が成り立つことが分かり(Ab2)が成り立つことが分かる．

a または b が 0 のときは p 進絶対値の定義から(Ab2)が成り立つことは明

*)　$b > 1$ の実数に対して $|m|_p = b^{-\alpha}$ と定義しても以下の議論はそのまま通用する．

らかである.

次に(Ab3)について考えてみよう．まず整数のときを考える．上記の整数 l, m について $\alpha \geqq \beta$ と仮定しても一般性を失わない．このとき

$$l+m = p^{\beta}(p^{\alpha-\beta}l'+m')$$

と書ける．もし $\alpha > \beta$ であれば $p^{\alpha-\beta}l'+m'$ は p で割り切れず,

$$|l+m|_p = p^{-\beta}$$

であることが分かる．一方 $\alpha = \beta$ のときは $p^{\alpha-\beta}l'+m' = l'+m'$ は p で割り切れる可能性があり,

$$|l+m|_p \leqq p^{-\beta}$$

しか言えないことが分かる．このことから

$$|l+m|_p \leqq \max(|l|_p, |m|_p) \tag{A.2}$$

が成り立つこと，かつ $|l|_p \neq |m|_p$ のときは等号が成り立つことが分かる.

$$\max(|l|_p, |m|_p) \leqq |l|_p + |m|_p$$

であるので(A.2)の不等式は(Ab3)の不等式より強いことが分かる．この整数の場合の結果を使えば，有理数 a, b に対して

(Ab3′) $$|a+b|_p \leqq \max(|a|_p, |b|_p)$$

が成り立つことが分かり，(Ab3)が成り立つことが分かる．(Ab3)の不等式より強い(Ab3′)の性質を持つ絶対値を**非アルキメデス的絶対値**と呼ぶ．(Ab3′)が成立しない絶対値は**アルキメデス的絶対値**と呼ぶ．“非アルキメデス” という名称を用いるのは $a \neq 0$ に対して $\lim_{n\to\infty} |na|_p = +\infty$ が成り立たないことによる．(通常の絶対値に対しては $\lim_{n\to+\infty} |na| = +\infty$ である．$a > 0$ に対して $\lim_{n\to+\infty} na = +\infty$ であることはアルキメデスの性質と呼ばれる．実はこの事実は，アルキメデス以前にエウドクソスによって用いられていた.)

$$\lim_{m\to+\infty} |p^m a|_p = \lim_{m\to+\infty} p^{-m}|a|_p = 0$$

であるが，q が p と互いに素な整数のときは

$$\lim_{m\to+\infty} |q^m a|_p = |a|_p$$

である.

さて，すべての正整数 m は

$$m = a_0 + a_1 p + a_2 p^2 + \cdots + a_k p^k,$$
$$0 \leqq a_j \leqq p-1,\ j = 0, 1, \cdots, k, \quad a_k \neq 0$$

と p のベキを使って一意的に展開できる．これを **p 進展開**という．このとき

$$a_j = \frac{m - a_0 - a_1 p - \cdots - a_{j-1} p^{j-1}}{p^j} \text{ を } p \text{ で割ったときの剰余}$$

であることに注意する．一般に無限和

$$\sum_{j=0}^{\infty} a_j p^j, \quad 0 \leqq a_j \leqq p-1 \tag{A.3}$$

は通常の意味では収束しないが，

$$b_n = \sum_{j=0}^{n} a_j p^j$$

とおくと，$m < n$ のとき

$$|b_m - b_n|_p = \left| \sum_{j=m+1}^{n} a_j p^j \right|_p \leqq p^{-m-1}$$

であることが分かり，数列 $\{b_n\}$ は p 進絶対値 $|\ |_p$ に関してコーシー列になっている．数列 $\{b_n\}$ の定める“数”を **p 進整数**と呼び，無限和(A.3)を使って表示する．正整数は p 進整数である．

負の整数はどうであろうか．簡単な考察から，-1 の p 進展開は

$$-1 = (p-1) + (p-1)p + (p-1)p^2 + (p-1)p^3 + \cdots \tag{A.4}$$

と無限に続くことが分かる．(A.4)の等号の意味は，右辺の n 項までの和と -1 との差の p 進絶対値が，n が大きくなるに従って 0 に近づくことである．同様の考察で負の整数の p 進展開は無限に続くことが分かる．

p 進整数の全体を $\mathbb{Z}_p$ と記し，p 進整数環という．$\mathbb{Z} \subset \mathbb{Z}_p$ であり，$\mathbb{Z}_p$ では足し算，引き算，掛け算が定義できる．

では有理数体 $\mathbb{Q}$ の $|\ |_p$ に関する完備化 $\mathbb{Q}_p$ はどう記述できるであろうか．答を先に言ってしまうと，$\mathbb{Q}_p$ の元は(A.3)を少し拡張して，有限個の p の負ベキの項を入れたもの

$$\sum_{j=-n_0}^{\infty} a_j p^j, \quad 0 \leqq a_j \leqq p-1 \tag{A.5}$$

の全体であることが分かる．ここで n_0 は任意の非負整数をとる．このことを示すためには整数 $m \neq 0$ に対して $1/m$ の p 進展開を考える必要がある．

$$m = p^l m', \quad m' \text{ は } p \text{ と素}$$

と書いて，m' の p 進展開を

$$m' = a_0 + a_1 p + a_2 p^2 + \cdots$$

としよう．このとき $a_0 \neq 0$ であり

$$(a_0 + a_1 p + a_2 p^2 + \cdots)(b_0 + b_1 p + b_2 p^2 + \cdots) = 1$$

$$0 \leqq b_j \leqq p-1$$

という条件で，$b_0, b_1, b_2, \cdots$ を求めることができる．たとえば $m' = p-1$ であると(すなわち $a_0 = p-1$，$a_1 = a_2 = \cdots = 0$ であると)

$$(p-1)(1+p+p^2+p^3+\cdots) = 1$$

となる．このとき

$$\frac{1}{m'} = b_0 + b_1 p + b_2 p^2 + \cdots$$

であり，したがって

$$\frac{1}{m} = b_0 p^{-l} + b_1 p^{-l+1} + b_2 p^{-l+2} + \cdots$$

と p 進展開できることが分かる．このことから有理数 n/m は(A.5)の形の p 進展開を持つことが分かる．**p 進数体** $\mathbb{Q}_p$ は我々の常識とはいささかかけ離れた“数”であるが，数論では大切な役割をする．

現代数学への展望

本書では代数学の誕生から現代代数学の入口まで述べたことになる．したがって，本書の内容は単に代数学の分野にとどまらず，現代数学の多くの分野の基礎となるものである．しかしながら，ここでは代数学の諸分野と特に深く関係する部分について述べることにする．

整数の性質について述べた部分が多項式の性質とともに抽象化され可換環論となることの一端は本書で述べたが，整数は汲めども尽きせぬ数学の源のひとつでもある．そのことは，本シリーズ『数論入門』に詳述されているので，ぜひ参照していただきたい．

第5章で述べた群の初歩は岩波講座『現代数学の基礎』の中の「群論」で本格的に論じられることになる．『幾何入門』で触れられているように，群は幾何学でも変換群として登場し大切な役割を果たす．

第6章，第7章で述べた体論および可換環論の初歩は，岩波講座『現代数学の基礎』の中の「環と体 1, 2」の中でさらに詳しく論じられる．抽象代数学としての体論は完成しており，可換環論もその基本的な部分は代数幾何学の進展とともに完成されているといっても過言ではなかろう．しかしながら，コンピュータの発達にともない，有限体や多項式の理論は従来とは別の側面から注目され研究されている．とりわけ，多項式環のイデアルの基底を具体的に求めることは大切であるが，これはグレーブナー(Gröbner)基底の理論として現在も熱心に研究されている．グレーブナー基底の理論に見られるようにコンピュータと関連して代数学を展開していくことはこれからの新しい流れになっていくことと思われる．その基本にユークリッドの互除法があることを強調しておこう．

本書では体 K 上のベクトル空間の一般化である環上の加群また非可換環についても述べることができなかった．これらの理論の基礎も「環と体 1, 2, 3」

で述べられる.

ところで，体 K の元を係数とする多項式から定まる連立方程式

$$\left.\begin{aligned} f_1(x_1,x_2,\cdots,x_n)&=0\\ f_2(x_1,x_2,\cdots,x_n)&=0\\ \cdots\cdots\cdots&\\ f_m(x_1,x_2,\cdots,x_n)&=0 \end{aligned}\right\} \qquad (*)$$

について，紙数の都合で本書では述べることができなかった. $f_j(a_1,a_2,\cdots,a_n)=0$, $j=1,2,\cdots,m$ を満足する $(a_1,a_2,\cdots,a_n)$(a_j は K または K の拡大体に属する)を連立方程式$(*)$の解という. $f_1,f_2,\cdots,f_m$ から生成される多項式環 $K[x_1,x_2,\cdots,x_n]$ のイデアル $I=(f_1,f_2,\cdots,f_m)$ を考えると，I の元 $F(x_1,x_2,\cdots,x_n)$ は

$$\begin{aligned} F(x_1,x_2,\cdots,x_n) &= g_1(x_1,x_2,\cdots,x_n)f_1(x_1,x_2,\cdots,x_n)+\cdots\\ &\quad +g_m(x_1,x_2,\cdots,x_n)f_m(x_1,x_2,\cdots,x_n) \end{aligned}$$

と書けるので，$(a_1,a_2,\cdots,a_n)$ が連立方程式$(*)$の解であれば，$F(a_1,a_2,\cdots,a_n)=0$ が成り立つ. 逆に，イデアル I のすべての元を零にする $(b_1,b_2,\cdots,b_n)$，すなわち $(b_1,b_2,\cdots,b_n)\in V(I)$,

$$V(I)=\left\{(a_1,a_2,\cdots,a_n)\in\overline{K}^n \;\middle|\; \begin{array}{l} I \text{ の任意の元 } f \text{ に対して}\\ f(a_1,a_2,\cdots,a_n)=0 \end{array}\right\} \qquad (**)$$

であれば，$(b_1,b_2,\cdots,b_n)$ は連立方程式$(*)$の解である.（ここで $\overline{K}$ は K の代数的閉体とする.）したがって，連立方程式を考えることは多項式環のイデアルを考えることに帰着されることが分かる. $V(I)$ を n 次元のアフィン空間 $\overline{K}^n$ の"図形"として考えるのが代数幾何学の立場である. 体 K ではなく，代数的閉体 $\overline{K}$ で考えるのは"図形"として意味を持たせるために必要であり，これはヒルベルトの零点定理と密接に関係している. たとえば，実数体 $\mathbb{R}$ 上で考えると

$$f(x_1,x_2)=x_1^2+x_2^2+1=0$$

は $f(a,b)=0$ となる実数 a,b は存在しないが，複素数体 $\mathbb{C}$ で考えれば $f(a,b)=0$ となる複素数 a,b は無数に存在し，$V((f))$ は曲線を定めることが知られ

ている.

一方，イデアル $I=(f_1, f_2, \cdots, f_n)$ に対して剰余環 $R=K[x_1, x_2, \cdots, x_n]/I$ を考えることができる．$x_1, x_2, \cdots, x_n$ の定める R の剰余類をそれぞれ $\overline{x}_1, \overline{x}_2, \cdots, \overline{x}_n$ と記すことにする．体 K の拡大体 L に対して R から L への環の K 上の準同型 $\varphi\colon R\to L$ を，環の準同型でさらに

$$\varphi(\alpha r)=\alpha\varphi(r), \quad \alpha\in K,\ r\in R$$

が成り立つものと定義する．R から L への K 上の準同型全体を $\mathrm{Hom}_K(R, L)$ と記す．$\varphi\in\mathrm{Hom}_K(R, L)$ に対して $a_j=\varphi(\overline{x}_j)$, $j=1, 2, \cdots, n$ とおくと，$(a_1, a_2, \cdots, a_n)$ は連立方程式$(*)$の解である，あるいは同じことであるが，$(a_1, a_2, \cdots, a_n)\in V(I)$ であることが分かる．なぜならば，剰余環 R の定義より R で $f_j(\overline{x}_1, \overline{x}_2, \cdots, \overline{x}_n)=0$ であり，

$$0=\varphi(f_j(\overline{x}_1, \overline{x}_2, \cdots, \overline{x}_n))=f_j(\varphi(\overline{x}_1), \varphi(\overline{x}_2), \cdots, \varphi(\overline{x}_n))=f_j(a_1, a_2, \cdots, a_n)$$

となるからである．逆に，連立方程式$(*)$の解 $(a_1, a_2, \cdots, a_n)$ が $a_j\in L$ を満たせば，体 K 上の環の準同型 $\varphi\colon R=K[x_1, x_2, \cdots, x_n]/I\to L$ が

$$\begin{array}{ccc} R & \longrightarrow & L \\ \overline{f(x_1, x_2, \cdots, x_n)} & \longmapsto & f(a_1, a_2, \cdots, a_n) \end{array}$$

として定まることが分かる．このことから，集合として $V(I)=\mathrm{Hom}_K(R, \overline{K})$ であることが分かる．このように，"図形" $V(I)$ を $\mathrm{Hom}_K(R, \overline{K})$ として環論的にとらえることもできる．この考え方を極限まで押し進めたのがスキームの理論である．スキーム論については岩波講座『現代数学の基礎』の中の「代数幾何学 1, 2, 3」で詳しく述べられる．

参考書

現代代数学の入門書は多いが，その多くは代数学の論理の展開を自然に追う形をとっている．基本を分かってしまえば，その方がはるかに自然であり理解も容易であるが，最初はとりつきにくいのが難点である．本書を読まれたあとで，岩波講座『現代数学の基礎』「環と体 1, 2」，または次の書物を参考にされれば，本書の議論を整理するのに役立つであろう．

1. 彌永昌吉・彌永健吉，代数学(岩波全書)，岩波書店，1976.
2. T. T. Moh, Algebra, *Series on University Mathematics*, **5**, World Scientific, 1992.
3. M. Artin, *Algebra*, Prentice Hall, 1991.

現代代数学の教科書の古典というべきものに

4. ファン・デル・ヴェルデン，現代代数学 1, 2, 3，銀林浩訳，東京図書，1960.

がある．E. ネターと E. アルティンの講義をもとにしてできた本書は抽象代数学の普及に大きな役割を果たした．線形代数の項など，いささか古めかしくなった部分もあるが，具体例も多く抽象代数学の誕生を告げる名著である．

現代代数学誕生のきっかけとなったアーベルとガロアの方程式の解法に関する論文は邦訳と詳しい解説がある．

5. アーベル，ガロア，群と代数方程式(現代数学の系譜 11)，守屋美賀雄訳・解説，共立出版，1975.

なお，本書のアーベルの定理の証明は論文

6. M. I. Rosen, Niels Henrik Abel and equation of the fifth degree, *Amer. Math. Monthly*, **102** (1995), 495–505.

によった．アーベルの論文の簡にして要を得た解説であり，アーベルのアイディアの美しさに心酔した著者ならではの小品である．

本書では環 R 上の加群については述べることができなかったが，

7. 堀田良之，加群十話(すうがくぶっくす 3 巻)，朝倉書店，1988.

はユニークな好著である．一読をお勧めする．

次の本は片仮名が使われ記述もいささか古めかしいが，演習問題，諸定理の項では昔からの数多くの結果が紹介されており今なお興味深いものがある.
8. 藤原松三郎, 代數學(全2巻), 内田老鶴圃, 1928, 1929, 1965(第8版).

本書では紙数の都合で代数幾何学の入口を述べることができなかった. 入門書として

9. 上野健爾, 代数幾何入門, 岩波書店, 1995.

をあげておく. また

10. 上野健爾・志賀浩二・森田茂之, 高校生に贈る数学II, 岩波書店, 1995.

の第4部にポンスレの閉形定理をもとに, 代数幾何学の考え方の一端が紹介されている. 本書と併せて読まれることをお勧めする.

問 解 答

第2章

問 1 (1) $q=4(3\cdot5\cdot7\cdots p-1)+3$ と書ける．q は p 以下の素数では割り切れない．また奇素数は $4m+1$ または $4m+3$ の形をしており，q を 4 で割った余りは 3 であるので $4m+1$ の形の素数の積では q は表わせない．

(2) 素数 p を 1 つ定めると $p_1=4m+3>p$ である素数 p_1 が存在する．次に $q_1=2^2\cdot3\cdots p_1-1$ とおくと再び(1)より $p_2=4m_2+3>p_1$ である素数が存在する．

問 2 (1) 66　(2) 11　(3) 65

問 3 (1) 3, 42　(2) 11, 9240　(3) 1, 2567862

問 4 $n_1=m_1d_1$, $n_2=m_2d_1$, $d_1=md$, $n_3=m_3d$ と記すと，$n_1=m_1md$, $n_2=m_2md$, $n_3=m_3d$ となり，m_1m, m_2m, m_3 の最大公約数は 1 である．

問 5 (1) (1)　(2) (2)　(3) (9)　(4) (1)　(5) (1)　(6) (11)

問 7 (1) $n_1-n_2=am$, $l_1-l_2=bm$ であれば $(n_1+l_1)-(n_2+l_2)=(a+b)m$．他も同様．

(2) $a^n-b^n=(a-b)(a^{n-1}+a^{n-2}b+\cdots+ab^{n-2}+b^{n-1})$ より a^n-b^n も m で割り切れる．

問 8 (1) 232 が最小の正の解　(2) 641 が最小の正の解

問 9 $a\equiv b \pmod 2$

問 11 (1) $[1,1,2]$　(2) $[1,1,2,1,2,1,2]$　(3) $[1,1,2,1,2,1,3]$　(4) $[1,3,3,3]$

問 12 $a_{n+1}=3+1/a_n$

問 13 (1) $3012\times10^{-2}=30.12$　(2) $352\times10^{-3}=0.352$　(3) $44\times5^{-3}=44/125$　(4) $58\times6^{-3}=29/108$　(5) $6\times10^{-2}=0.06$　(6) $72\times10^{-2}=0.72$

問 14 $\dfrac{m}{n}$ は $a\left(\dfrac{m}{n}\right)$ 番目であるとする．m が偶数のとき $a(m)=a(m-1)+1$ である．一方 m が奇数であれば $a(m)=a(m-1)+2(m-1)$ である．$n\geqq2$ のとき $n+m-1$ が奇数であれば，m/n は $n+m-1$ より $n-1$ 個前にあるので，$a\left(\dfrac{m}{n}\right)=a(n+m-1)-(n-1)$ である．一方 $n+m-1$ が偶数であれば，m/n は $n+m-1$ から $n-1$ 個先にあるので $a\left(\dfrac{m}{n}\right)=a(n+m-1)+(n-1)$ となる．l が正整数のとき $a(2l)=a(2l-1)+1=a(2l-2)+2(2l-2)+1=a(2l-2)+4l-3$．これより $a(2l)=$

$1+\sum_{k=1}^{l}(4k-3)=2l^2-l+1$ を得る.

問 17　$\sqrt{2}$ のときと同様.

問 18　同上.

問 19　問 20 の特別な場合.

問 20　$\sqrt[n]{a}=p/q$, p と q とは互いに素な 2 以上の正整数, と書けたとすると $p^n=aq^n$ となる. a の素因数の 1 つを r とすると p は r で割り切れ, したがって q も r で割り切れ矛盾.

問 22　$\sqrt{a^2-1}=a+\dfrac{1}{\omega_1}$ とおくと $\omega_1=\sqrt{a^2+1}+a=2a+\dfrac{1}{\omega_1}$ となる.

問 24　正整数 b に対して $a^{\frac{qb}{pb}}=(a^{\frac{1}{pb}})^{qb}=\{(a^{\frac{1}{pb}})^b\}^q=(a^{\frac{1}{p}})^q$

問 25　ω が有理数のとき主張が正しいことを示す. さらに単調に増大し ω に近づく有理数列 $\{s_n\}$ に関して, 各 s_n に対して主張が正しいことから極限でも主張が正しいことを示す. その際, たとえば $0<a<1$ のとき $a^{s_n}<1$ であり, $s_{n+1}>s_n$ のとき $a^{s_{n+1}}<a^{s_n}$ であるので, $a^{\omega}=\lim_{n\to\infty}a^{s_n}<1$ であることに注意する.

問 26　同上.

問 27　F_7 は 39 桁, F_8 は 78 桁.

第 3 章

問 1　(1) x^6-1　(2) x^8-4　(3) x^4+x^2+1　(4) $x^8+2x^7+3x^6+2x^5+x^4+x^3+2x^2+2x+1$　(5) $x^{12}+x^{10}-2x^8+x^6+2x^4-2x^2+1$　(6) $x^4+4ax^3+6a^2x^2+4a^3x+a^4$

問 2　(1) $x^4+2x^3+4x^2+3x+3$　(2) $x^6+3x^5+9x^4+13x^3+18x^2+12x+8$　(3) $x^4+2x^3+x^2+2$　(4) $x^4+2x^3+8x^2+7x+12$

問 3　(1) x^3-y^3　(2) x^3+y^3　(3) x^4-y^4　(4) $a^4x^4+4a^3bx^3y+6a^2b^2x^2y^2+4ab^3xy^3+b^4y^4$

問 7　$(x^2-1)^n=\sum_{k=0}^{n}(-1)^{n-k}\binom{n}{k}x^{2k}$ より

$$P_n(x)=\frac{1}{2^n n}\sum_{k=\left[\frac{n}{2}\right]}^{n}(-1)^{n-k}\binom{n}{k}2k\cdot(2k-1)\cdots(2k-n+1)x^{2k-n}$$

となる. これを使えば $P_n(x)$ の表示式を得る.

問 8　$f_{x_1}=x_3^2-2g_2x_1x_2^2-3g_3x_1^2$, $f_{x_2}=-12x_2^2-2g_2x_1^2x_2$, $f_{x_3}=2x_1x_3$

問 9　$f_{x_ix_i}=2a_i$, $f_{x_ix_j}=bx_1\cdots x_{i-1}x_{i+1}\cdots x_{j-1}x_{j+1}\cdots x_n$ ($i<j$ のとき)

問10　$x^2+\alpha=(x-a)(x-b)$, $a,b\in\mathbb{R}$ と因数分解できると仮定すると，$b=-a$ でなければならず，$a^2=-\alpha<0$ となって矛盾.

問11　(1) $h(x)=x+1=-\dfrac{1}{3}(x+1)(x^4+x^2-2)+\dfrac{1}{3}(x^2+x+1)(x^3+1)$

(2) $h(x)=x+1=\dfrac{1}{2}(x^4+2x^3+1)-\dfrac{1}{2}(x^2-1)(x^2+2x+1)$

(3) $h(x)=x^2+1=\dfrac{4}{5}(x^4-1)-\dfrac{1}{5}(2x-3)(2x^3+3x^2+2x+3)$

(4) $h(x)=x+1=x(x^7+1)+(-x^3+x^2-x+1)(x^5+x^4+x+1)$

問12　(1) 1　(2) $\pm\sqrt{2}$

問13　$f(1)=10$,　$f(-5)=-1972124$,　$f(10)=1000602001$,　$f(-30)=-19683145853999$

問14　(1) $-6,1$　(2) $\dfrac{-2\pm\sqrt{7}}{3}$　(3) $\dfrac{-\sqrt{2}\pm\sqrt{14}}{2}$　(4) 実根を持たない　(5) $\dfrac{3\pm\sqrt{19}}{5}$　(6) $\dfrac{\sqrt{5}\pm\sqrt{5+8\sqrt{6}}}{4}$

第4章

問2　(4.9)で等号が成り立つのは $ad=bc$ のときに限る.

問3　3角形の2辺の長さの和は他の1辺の長さより大きい.

問4　$w=z_1/z_2$ とおくと $z_1=wz_2$ となることに注意すればよい.

問5　(1) $AB /\!/ CD \iff \arg(z_1-z_2)-\arg(z_3-z_4)\equiv 0$ または $\pi \pmod{2\pi}$

(2) $AB\perp CD \iff \arg(z_1-z_2)-\arg(z_3-z_4)\equiv \pi/2$ または $3\pi/2 \pmod{2\pi}$

問6　三角関数の加法公式を使えばよい.

問7　同上.

問8　$\alpha=a+ib$, $\beta=c+id$ とすると，問7を使って

$$e^\alpha\cdot e^\beta=e^a\cdot e^{ib}\cdot e^c\cdot e^{id}=e^{a+c}\cdot e^{i(b+d)}=e^{\alpha+\beta}.$$

問9　$\alpha=re^{i\theta}$, $\beta=a+bi$, $\gamma=c+di$ とすると

$$\begin{aligned}\alpha^\beta\cdot\alpha^\gamma&=\alpha^a\cdot\alpha^{bi}\cdot\alpha^c\cdot\alpha^{di}=\alpha^a\cdot\alpha^c\cdot\alpha^{bi}\cdot\alpha^{di}\\&=\alpha^{a+c}\cdot e^{bi\log r}e^{-b\theta}e^{di\log r}e^{-d\theta}\\&=\alpha^{a+c}\cdot e^{(b+d)i\log r}e^{-(b+d)\theta}=\alpha^{\beta+\gamma}.\end{aligned}$$

他も同様.

第5章

問1　m が奇数のとき $f^{-1}(m)=\varnothing$，m が偶数のとき $f^{-1}(m)=m/2$，$2n=2n'$

であれば $n=n'$ であるので f は単射．f の像は偶数全体なので f は全射ではない．任意の $m\in\mathbb{Z}$ に対して $g^{-1}(m)=m+1$ となるので g は全単射．

問2　図5.1より明らか．

問3　明らか．

問4　$S=\{1,2,3,\cdots,n\}$ から k 個取り出す組合せのうち，1を含まないものは $\{2,3,\cdots,n\}$ から k 個取り出す組合せであり，その総数は $\binom{n-1}{k}$ である．一方，S から k 個取り出す組合せのうち，1を含むものは $\{2,3,\cdots,n\}$ から $k-1$ 個取り出す組合せに1を加えたものに等しくその総数は $\binom{n-1}{k-1}$ である．

問6　いろいろな表示法があるので代表的なものをそれぞれ1つ記す．

$$(1,2)(1,3)(2,4),\quad (2,3)(3,4)(1,4)(2,5),\quad (3,4)(3,5)(2,4)(1,5)(3,5)$$

問8　補題5.28の証明を見よ．

問9　辞書式順序で $x_1^3x_2$ が最大の項である．

$$P_1=P-\gamma_1^2\gamma_2=-2(x_1^2x_2^2+x_1^2x_3^2+x_2^2x_3^2)-5(x_1^2x_2x_3+x_2^2x_3x_1+x_3^2x_1x_2)$$

とおくと，P_1 の最大の項は $-2x_1^2x_2^2$ である．

$$P_2=P_1+2\gamma_2^2=-(x_1^2x_2x_3+x_2^2x_3x_1+x_3^2x_1x_2)$$

の最大の項は $-x_1^2x_2x_3$ であり $P_3=P_2+\gamma_1\gamma_3=0$ を得る．

問10

$$x_1^2+x_2^2+x_3^2=\gamma_1^2-2\gamma_2,\quad x_1^3+x_2^3+x_3^3=\gamma_1^3-3\gamma_1\gamma_2+3\gamma_3,$$
$$x_1^4+x_2^4+x_3^4=\gamma_1^4-4\gamma_1^2\gamma_2+2\gamma_2^2+4\gamma_1\gamma_3,$$
$$\gamma_1=\sigma_1,\quad \gamma_2=\frac{1}{2}(\sigma_1^2-\sigma_2),\quad \gamma_3=\frac{1}{2}\sigma_1^3-\frac{3}{2}\sigma_1\sigma_2+\sigma_3\,.$$

問11　補題5.21より明らか．

問12　2根を α,β とすると $\alpha+\beta=-b$, $\alpha\beta=c$ であり，

$$D=(\alpha-\beta)^2=(\alpha+\beta)^2-4\alpha\beta=b^2-4c\,.$$

問13　3根を α,β,γ とすると $\alpha+\beta+\gamma=0$, $\alpha\beta+\beta\gamma+\gamma\alpha=-p$, $\alpha\beta\gamma=q$ であり，$D=(\alpha-\beta)^2(\alpha-\gamma)^2(\beta-\gamma)^2$ である．$\alpha+\beta=-\gamma$ より $-p=\alpha\beta+\beta\gamma+\gamma\alpha=\alpha\beta-(\alpha+\beta)^2$ となり $(\alpha-\beta)^2=(\alpha+\beta)^2-4\alpha\beta=p-3\alpha\beta$ を得る．同様に $(\alpha-\gamma)^2=p-3\alpha\gamma$, $(\beta-\gamma)^2=p-3\beta\gamma$ を得る．したがって

$$\begin{aligned}D&=(p-3\alpha\beta)(p-3\alpha\gamma)(p-3\beta\gamma)\\&=p^3-3(\alpha\beta+\beta\gamma+\gamma\alpha)p^2+9(\alpha+\beta+\gamma)\alpha\beta\gamma p-27\alpha^2\beta^2\gamma^2\\&=4p^3-27q^2\,.\end{aligned}$$

第6章

問1 (1) $1, \dfrac{-1\pm\sqrt{11}\,i}{2}$ (2) $-1,-2,3$ (3) $-4, 2\pm\sqrt{2}$ (4) $\dfrac{5}{2}, -\dfrac{1}{2}, -2$ (5) $10, -5\pm\sqrt{2}\,i$

問2 (1) $1, -1\pm\sqrt{2}\,i$ (2) $1, \dfrac{-3\pm\sqrt{7}\,i}{2}$ (3) $2, \dfrac{-3\pm\sqrt{15}\,i}{2}$

問3 (1) $\sqrt{4i-9} = \pm\left(\sqrt{\dfrac{\sqrt{97}-9}{2}}+\sqrt{\dfrac{\sqrt{97}+9}{2}}\,i\right)$, $\sqrt{-4i-9} = \pm\left(\sqrt{\dfrac{\sqrt{97}-9}{2}}-\sqrt{\dfrac{\sqrt{97}+9}{2}}\,i\right)$

(2) 残りの2根 $\dfrac{1\pm\sqrt{97}}{4}$

問4 $\sqrt[3]{2}-1$, $\dfrac{1}{41}\{8(\sqrt[3]{2})^2-\sqrt[3]{2}-5\}$.

問5 $K(\alpha)(\beta)$ の元は $F(\beta)/G(\beta)$, $F(x), G(x)\in K(\alpha)[x]$, $G(\beta)\neq 0$ と書ける.

$$F(x) = \frac{f_0(\alpha)}{a_0(\alpha)} + \frac{f_1(\alpha)}{a_1(\alpha)}x^2 + \cdots + \frac{f_n(\alpha)}{a_n(\alpha)}x^n$$

$$G(x) = \frac{g_0(\alpha)}{b_0(\alpha)} + \frac{g_1(\alpha)}{b_1(\alpha)}x^2 + \cdots + \frac{g_m(\alpha)}{b_m(\alpha)}x^m$$

$$f_j(x), a_j(x), g_l(x), b_l(x) \in K[x], \quad j=1,2,\cdots,n,\ l=1,2,\cdots,m$$

$$a_j(\alpha)\neq 0, \quad b_l(\alpha)\neq 0, \quad j=1,2,\cdots,n,\ l=1,2,\cdots,m$$

と書けるので，これを使って $F(\beta)/G(\beta)$ を書き直すと

$$F(\beta)/G(\beta) = f(\alpha,\beta)/g(\alpha,\beta), \quad f(x,y), g(x,y)\in K[x,y],\ g(\alpha,\beta)\neq 0$$

と書けることが分かり $K(\alpha)(\beta)\subset K(\alpha,\beta)$ であることが分かる．$\alpha,\beta\in K(\alpha)(\beta)$ であり，$K(\alpha)(\beta)$ は体であるので $K(\alpha)(\beta)=K(\alpha,\beta)$ でなければならない．

問6 $\omega,\beta\in L$ であるので $L_1(\beta,\omega)\subset L$ である．一方，$\beta, \omega\beta, \omega^2\beta\in L_1(\beta,\omega)$ であるので $L_1(\beta,\omega)\supset L$ である．

問7 4次方程式(6.10)の定義体 $K=\mathbb{Q}(b,c,d,e)$ で，方程式を変形して(6.11)を得る．次に3次方程式(6.13)の根 λ_0 を K に添加した体 $K(\lambda_0)$ を考えると，$K(\lambda_0)$ の元を係数とする2次方程式の根，したがって $K(\lambda_0)$ のある元の平方根をさらに添加することによってできる体に(6.10)の根は含まれることが分かる．

問8 $f(x)$ を $\deg f\geqq 1$, $f(\gamma)=0$ を満足する $K[x]$ の元で次数が最低のものとする．さらに $f(x)$ はモニックであると仮定する．$g(x)\in K[x]$ に対して $g(\gamma)=0$ が成り立つとき，$g(x)$ を $f(x)$ で割って

$$g(x) = q(x)f(x)+r(x), \quad \deg r < \deg f$$

を得たとする．（定理3.15は任意の体Kで成り立つことに注意．）すると$g(\gamma)=0$，$f(\gamma)=0$より$r(\gamma)=0$となる．$f(x)$のとり方より$r(x)=0$であることが分かる．これよりγを根として持つすべてのK係数の多項式は$f(x)$で割り切れることが分かり，最小多項式はただ1つであることが分かる．

問9　x^3-2，x^2+x+1．

問10　Vの任意の元$v\in V$に対して，$\dim_K V=n$より，$v, v_1, v_2, \cdots, v_n$はK上1次従属である．したがって，

$$av+a_1v_1+a_2v_2+\cdots+a_nv_n=0, \quad a, a_j\in K$$

が成り立つ$(a, a_1, a_2, \cdots, a_n)\neq(0, 0, \cdots, 0)$が存在する．もし$a=0$であれば，$v_1, v_2, \cdots, v_n$は$K$上1次独立であるので$a_1=a_2=\cdots=a_n=0$となる．したがって$a\neq 0$であり，これより

$$v=-\frac{a_1}{a}v_1-\frac{a_2}{a}v_2-\cdots-\frac{a_n}{a}v_n$$

と書ける．

問11　x^2+x+1，x^2+1，$x^4+x^3+x^2+x+1$，x^2-x+1．

問12　jはnと互いに素であるので，集合として$\{1, \zeta, \zeta^2, \cdots, \zeta^{n-1}\}=\{1, \zeta^j, \zeta^{2j}, \zeta^{3j}, \cdots, \zeta^{(n-1)j}\}$である．（$0\leqq k\leqq n-1$に対して$lj\equiv k \pmod{n}$を満足するただ1つの$0\leqq l\leqq n-1$が存在する．）$x^n-1=\prod_{l=0}^{n-1}(x-\zeta^{lj})$の両辺の$x^{n-1}$の係数を比較して求める結果を得る．

問13　(1) ζが1の原始$2m$乗根であれば，$\zeta^m=-1$であることから，$-\zeta$は1の原始m乗根であることが分かる．逆にηが1の原始m乗根であれば，$-\eta$は1の原始$2m$乗根である．

(2) ζが1の原始pm乗根であれば，ζ^pは1の原始m乗根である．したがってζは$F_m(x^p)$の根である．一方，原始m乗根ηに対して$x^p=\eta$の根は1のpm乗根である．$\eta=\cos\dfrac{2k\pi}{m}+i\sin\dfrac{2k\pi}{m}$のとき，$x^p=\eta$の根は

$$\begin{aligned}\xi_l &= \cos\left(\frac{2k}{pm}+\frac{2l}{p}\right)\pi+i\sin\left(\frac{2k}{pm}+\frac{2l}{p}\right)\pi \\ &= \cos\frac{2k+2ml}{pm}\pi+i\sin\frac{2k+2ml}{pm}\pi, \quad l=0, 1, 2, \cdots, p-1\end{aligned}$$

と書ける．$k+ml\equiv 0 \pmod{p}$となる$l=l_0$は$0\leqq l_0\leqq p-1$の範囲でただ1つあり，ξ_{l_0}のみ1の原始m乗根，他のlに対してξ_lは1の原始pm乗根である．

(3) 演習問題3.4を参照のこと．

問 14　もし $\varphi(1)=0$ であれば $\varphi(\alpha)=\varphi(\alpha\cdot 1)=\varphi(\alpha)\varphi(1)=\varphi(\alpha)\cdot 0=0$ となり，すべての L_1 の元 α に対して $\varphi(\alpha)=0$ である．一方，$\varphi(1)=\varphi(1\cdot 1)=\varphi(1)\varphi(1)$ となり，$\varphi(1)\neq 0$ であれば $\varphi(1)^{-1}$ をこの等式の両辺に掛けることにより $\varphi(1)=1$ を得る．よって φ は中への同型写像である．

問 15　$\varphi(a\beta)=\varphi(a)\varphi(\beta)=a\varphi(\beta)$.

問 16　$f(x)$ の最小分解体の元は $\alpha_1,\alpha_2,\cdots,\alpha_n$ の単項式の K 上の 1 次結合で表わせる．

問 17　x^n-a は $K[x]$ で既約であり，その根は $\zeta^k\sqrt[n]{a}$，$k=0,1,2,\cdots,n-1$ である．定理 6.37 と同様に $\varphi\in\mathrm{Gal}(K(\sqrt[n]{a})/K)$ に対して $\varphi(\sqrt[n]{a})(\sqrt[n]{a})^{-1}$ が群の同型写像を与える．

問 18　$\varphi,\psi\in H$ であれば F の任意の元 a に対して $(\varphi\circ\psi)(a)=\varphi(\psi(a))=\varphi(a)=a$ となり $\varphi\circ\psi\in H$ である．また $\varphi(a)=a$ であれば $a=\varphi^{-1}(a)$ であるので $\varphi^{-1}\in H$ である．よって H は G の部分群である．一方 $\alpha,\beta\in L^H$ であれば H の任意の元 φ に対して $\varphi(\alpha)=\alpha$, $\varphi(\beta)=\beta$ より，$\varphi(\alpha+\beta)=\varphi(\alpha)+\varphi(\beta)=\alpha+\beta$, $\varphi(\alpha\beta)=\varphi(\alpha)\varphi(\beta)=\alpha\beta$ より $\alpha+\beta\in L^H$, $\alpha\beta\in L^H$ であることが分かる．また $\alpha\in L^H$, $\varphi\in H$ に対して $\varphi(-\alpha)=-\varphi(\alpha)=-\alpha$ より，$-\alpha\in L^H$，かつ $\alpha\in L^H$, $\alpha\neq 0$ のときは $\varphi(\alpha^{-1})=\varphi(\alpha)^{-1}=\alpha^{-1}$ より $\alpha^{-1}\in L^H$ となり，L^H は L の部分体である．

問 19　(1) 全単射．(2) いずれでもない．解はない．(3) いずれでもない．$x=a$, $y=-1-2a$, $z=2+a$, $a\in K$ はすべて解．

問 20　$\mathrm{Hom}_K(V,W)$ の加群としての零元は零写像 0，すなわちすべての元 $v\in V$ に対して $0(v)=0_W$ となる写像，$\varphi\in\mathrm{Hom}_K(V,W)$ の加群としての逆元 $-\varphi$ は $(-\varphi)(v)=-\varphi(v)$ で定義される線形写像である．定義 6.9 の(V1)〜(V4)の性質が成り立つのも定義から明らかである．

第 7 章

問 1　直接計算により示すことができる．

問 2　同上．

問 3　和に関して閉じていることは明らか．

$$\left(m+\frac{(1+\sqrt{D})n}{2}\right)\left(m'+\frac{(1+\sqrt{D})n'}{2}\right)$$
$$=\left(mm'+\frac{D-1}{4}\cdot nn'\right)+\frac{(1+\sqrt{D})(mn'+m'n+nn')}{2},\quad m,m',n,n'\in\mathbb{Z}$$

が成り立ち，$D\equiv 1 \pmod 4$ より，この積も $\mathbb{Z}\left[\dfrac{1+\sqrt{D}}{2}\right]$ の元である．

問 4　$h=\mathrm{GCD}(f_2,f_3)$，$f_2=g_2h$，$f_3=g_3h$ とおくと g_2 と g_3 は共通因子を持たない．$\widetilde{h}=\mathrm{GCD}(f_1,h)$，$f_1=g_1\widetilde{h}$，$h=h_1\widetilde{h}$ とおくと g_1 と h_1 とは共通因子を持たない．このとき $f_1=g_1\widetilde{h}$，$f_2=g_2h_1\widetilde{h}$，$f_3=g_3h_1\widetilde{h}$ と書け，g_1,g_2h_1,g_3h_1 は共通因子を持たない．よって $\widetilde{h}=\mathrm{GCD}(f_1,f_2,f_3)$ である．$m\geqq 4$ のときも同様にして，m に関する帰納法で証明できる．

問 5　$\mathrm{GCD}(x^4+x^2+1,\ x^3-1)=x^2+x+1$，$\mathrm{GCD}(x^2+x+1,\ x^4-x^2-2x-1)=x^2+x+1$ より $g(x)=x^2+x+1$．$x^2+x+1=x^4+x^2+1-x(x^3-1)$．

問 6　$f(x)-g(x)\in I$ であれば $h(x)(f(x)-g(x))\in I$．

問 7　$f(x)\sim g(x)\Longleftrightarrow f(x)-g(x)\in I\Longleftrightarrow g(x)-f(x)\in I$ であることなどから明らか．

問 8

$$\begin{aligned}\varphi((a+b\overline{x})+(c+d\overline{x})) &= \varphi((a+c)+(b+d)\overline{x}) = a+c+(b+d)i\\ &= (a+bi)+(c+di) = \varphi(a+b\overline{x})+\varphi(c+d\overline{x}),\\ \varphi((a+b\overline{x})\cdot(c+d\overline{x})) &= \varphi((ac-bd)+(ad+bc)\overline{x}) = (ac-bd)+(ad+bc)i\\ &= (a+bi)(c+di) = \varphi(a+b\overline{x})\varphi(c+d\overline{x})\end{aligned}$$

が成り立ち，$\varphi(1)=1$ であるので φ は体の中への同型写像である．また，任意の $a+bi$ に対して $\varphi(a+b\overline{x})=a+bi$ となるので φ は全射である．

問 9　$f(x)=g(x)h(x)$ のとき $\overline{g(x)}\neq 0$，$\overline{h(x)}\neq 0$，かつ $\overline{g(x)}\cdot\overline{h(x)}=0$．

問 10　$\mathbb{Q}(\sqrt[3]{2})\subset\mathbb{R}$ であるが，$\omega\sqrt[3]{2}$，$\omega^2\sqrt[3]{2}$ は虚数であるので，$\mathbb{Q}(\sqrt[3]{2})$ は $\mathbb{Q}(\omega\sqrt[3]{2})$, $\mathbb{Q}(\omega^2\sqrt[3]{2})$ とは異なる．また，$\omega^2\sqrt[3]{2}\in\mathbb{Q}(\omega\sqrt[3]{2})$ と仮定すると，$\omega=\omega^2\sqrt[3]{2}/\omega\sqrt[3]{2}\in\mathbb{Q}(\omega\sqrt[3]{2})$ となり，$\sqrt[3]{2}=\omega\sqrt[3]{2}/\omega\in\mathbb{Q}(\omega\sqrt[3]{2})$ となる．すると

$$\sqrt[3]{2}=a_0+a_1\omega\sqrt[3]{2}+a_2\omega^2(\sqrt[3]{2})^2,\quad a_j\in\mathbb{Q}$$

と書け，これより $\omega=\{\sqrt[3]{2}-a_0+a_2(\sqrt[3]{2})^2\}/\{a_1\sqrt[3]{2}-a_2(\sqrt[3]{2})^2\}$ と書けるがこの式の右辺は実数であり，$\omega\in\mathbb{R}$ となって矛盾．よって $\omega^2\sqrt[3]{2}\notin\mathbb{Q}(\omega\sqrt[3]{2})$．

問 11　$\mathrm{char}\,K=0$ であれば，$\underbrace{1+\cdots+1}_{n}\neq 0$ である．したがって写像 $\varphi\colon\mathbb{Z}\to K$ を

$$\varphi(n)=\begin{cases}\underbrace{1+\cdots+1}_{n}, & n>0\text{ のとき}\\ 0, & n=0\text{ のとき}\\ -(\underbrace{1+\cdots+1}_{m}), & n=-m<0\text{ のとき}\end{cases}$$

と定義すると φ は単射であり，$\varphi(n_1+n_2)=\varphi(n_1)+\varphi(n_2)$, $\varphi(n_1\cdot n_2)=\varphi(n_1)\varphi(n_2)$, $\varphi(1)=1$ が成り立つ．この写像は $\widetilde{\varphi}\colon \mathbb{Q}\to K$ へ $\widetilde{\varphi}\left(\dfrac{n}{m}\right)=\varphi(n)\varphi(m)^{-1}$ として拡張でき，$\widetilde{\varphi}$ は体の中への同型写像である．

問 12 $\underbrace{a+\cdots+a}_{p}=(\underbrace{1+\cdots+1}_{p})\cdot a=0$.

問 13 ユークリッドの互除法により $f(x)=g(x)(x-\alpha)+\beta$, $g(x)\in K[x]$, $\beta\in K$ と書けるが $f(\alpha)=0$ より $\beta=0$.

問 14 n に関する帰納法により

$$\begin{aligned}(ax+by)^{p^n} &= \left\{(ax+by)^{p^{n-1}}\right\}^p=\left(a^{p^{n-1}}x^{p^{n-1}}+b^{p^{n-1}}y^{p^{n-1}}\right)^p\\ &= a^{p^n}x^{p^n}+b^{p^n}y^{p^n}.\end{aligned}$$

問 15 $\overline{x}^9=\overline{x}+2$, $\overline{x}$ の位数は 13 であり 9 と 13 とは互いに素であるので，$\overline{x}+2$ の位数は 13. $2\overline{x}+1=-\overline{x}+1$ より $(-\overline{x}+1)^2=\overline{x}^2-2\overline{x}+1=\overline{x}^2+\overline{x}+1\neq 0$, $(-\overline{x}+1)^{13}=(-\overline{x}+1)(-\overline{x}+1)^3(-\overline{x}+1)^9=(-\overline{x}+1)(-\overline{x}^3+1)(-\overline{x}^9+1)=-(-\overline{x}+1)\overline{x}(-\overline{x}-1)=-\overline{x}(\overline{x}^2-1)=-\overline{x}^3+\overline{x}=-1$. よって $2\overline{x}+1$ の位数は 26.

問 16 定理 7.34 より $\mathbb{F}_{q'}$ は $\mathbb{F}_q$ の部分体である．η の $\mathbb{F}_{q'}$ 上の最小多項式の次数を l とすると

$$\mathbb{F}_{q'}(\eta)=\{a_0+a_1\eta+a_2\eta^2+\cdots+a_{l-1}\eta^{l-1}\mid a_j\in\mathbb{F}_{q'}\}$$

が成り立つことは例題 7.38 と同様に示せる．ζ が $\mathbb{F}_q$ の原始元であれば $\zeta^j\in\mathbb{F}_{q'}(\zeta)$, $j=0,1,2,\cdots,q-1$ であるので $\mathbb{F}_q=\mathbb{F}_{q'}(\zeta)$ である．ζ の $\mathbb{F}_{q'}$ の最小多項式の次数を l とすると，$\mathbb{F}_q=\mathbb{F}_{q'}(\zeta)$ を $\mathbb{F}_{q'}$ 上のベクトル空間と見たときの次元は l であるので，$\mathbb{F}_q$ の元の個数 $|\mathbb{F}_{q'}|^l=(p^m)^l=p^{ml}=q$ となり，$l=n/m$.

問 17 $\widetilde{q}=p^{nm}$ とおくと $\mathbb{F}_{\widetilde{q}}\supset\mathbb{F}_q$ であり $\mathbb{F}_{\widetilde{q}}$ の原始元 ζ に対して $\mathbb{F}_{\widetilde{q}}=\mathbb{F}_q(\zeta)$. ζ の $\mathbb{F}_q$ 上の最小多項式の次数は m である．

問 18 $\varphi(a-b)=\varphi(a+(-1)b)=\varphi(a)+\varphi((-1)b)=\varphi(a)+(-1)\varphi(b)=\varphi(a)-\varphi(b)$.

問 19 $\varphi(a)=\varphi(b)$ であれば $\varphi(a-b)=0$. よって $a-b\in\operatorname{Ker}\varphi$. $\operatorname{Ker}\varphi=\{0\}$

であれば $a=b$.

問 20　$t\in(r+I)\cap(s+I)$ であれば $t-r, s-r\in I$ である．これより $r+I=t+I$, $s+I=t+I$ が成り立つことが分かる．また $r+I=s+I$ であれば $r-s\in I$. 逆に $r-s\in I$ であれば $r+I=s+I$.

問 21　$a+I$ の加法に関する逆元は $-a+I$. 加法，乗法の結合律は $a+(b+c)=(a+b)+c$, $a(bc)=(ab)c$ より出る．

分配法則も同様に，$(a+I)\cdot\{(b+I)+(c+I)\}=(a+I)\{(b+c)\cdot I\}=a(b+c)+I=(ab+ac)+I=(ab+I)+(ac+I)=(a+I)\cdot(b+I)+(a+I)\cdot(c+I)$.

問 22　$a^m=0$ である最小の正整数 $m\geqq 2$ をとるとき，$a\neq 0$, $a^{m-1}\neq 0$ かつ $a\cdot a^{m-1}=a^m=0$. $a^m=0$, $b^n=0$ であれば $l=\max(m,n)$ とおくと，$(ab)^l=a^lb^l=0$. また，$(a+b)^{m+n}=\sum_{k=0}^{m+n}\binom{m+n}{k}a^kb^{m+n-k}$ であるが，$k\geqq m$ のときは $a^k=0$, $k<m$ のときは $m+n-k>n$ より $b^{m+n-k}=0$. したがって $(a+b)^{m+n}=0$.

また，$r\in R$ のとき $(ra)^m=r^ma^m=0$ となる．R のベキ零元の全体を N とおくと，$a,b\in N$ に対して $a+b\in N$, $r\in R$, $a\in N$ に対して $ra\in N$. よって N はイデアル.

問 23　$\overline{f(x)}\in K[x]/(x^n)$ で $\overline{f(x)}^{\,l}=0$ であることは，$f(x)^l\in(x^n)$ を意味する．よって $f(x)^l=x^ng(x)$ が成り立ち x は $f(x)$ の因子である．したがって $\overline{f(x)}\in(\overline{x})$. 逆に $(\overline{x})$ の各元がベキ零元であることは明らか.

問 24　写像

$$\begin{array}{rccc}\varphi: & \mathbb{Z}[x] & \longrightarrow & (\mathbb{Z}/(p))[x] \\ & g(x) & \longmapsto & \overline{g}(x)=g(x)(\mathrm{mod}\,p)\end{array}$$

は可換環の全射準同型であり，イデアル $I=(p,f(x))$ は $\varphi^{-1}\big((\overline{f}(x))\big)$ と一致する．$(\overline{f}(x))$ は $\overline{f}(x)$ が既約のときに限り素イデアルである（命題 7.51）．したがって $\overline{f}(x)$ が 0 または既約であれば $(p,f(x))$ は素イデアルである．もし $\overline{f}(x)$ が可約 $\overline{f}(x)=\overline{g}(x)\overline{h}(x)$ であれば $g(x)h(x)\in(p,f(x))$ であるが，$g(x)\notin(p,f(x))$, $h(x)\notin(p,f(x))$ である．したがって $g(x)+I$, $h(x)+I$ は $\mathbb{Z}[x]/I$ で零因子となり $\mathbb{Z}[x]/I$ は整域でない.

問 25　これは命題 7.50 の対偶である.

問 26　$\varphi_{2,3}(x^my^n)=t^{2m+3n}$. $2m+3n$, $m\geqq 0$, $n\geqq 0$ で表わされる整数は $0,2,3,4,5,6,7,8,9,\cdots$ である．同様に，$2m+5n$, $m\geqq 0$, $n\geqq 0$ で表わされる整数は

$0, 2, 4, 5, 6, 7, 8, 9, 10, 11, \cdots$ である．

問 27　$x-z \notin (x-y, xy-z^2)$，$x+z \notin (x-y, xy-z^2)$．一方，$(x-z)(x+z) = x(x-y)+xy-z^2 \in (x-y, xy-z^2)$．

問 28

$$\varphi(f(x,y,z)+g(x,y,z)) = f(a,b,c)+g(a,b,c) = \varphi(f(x,y,z))+\varphi(g(x,y,z)),$$
$$\varphi(f(x,y,z)g(x,y,z)) = f(a,b,c)g(a,b,c) = \varphi(f(x,y,z))\varphi(g(x,y,z))$$

より，φ は準同型写像である．$(x-a, y-b, z-c) \subset \mathrm{Ker}\,\varphi$ はすぐ分かる．また，$K[x,y,z]/(x-a, y-b, z-c) \cong K$ であるので $(x-a, y-b, z-c)$ は極大イデアルであり，$\mathrm{Ker}\,\varphi \neq K[x,y,z]$ なので $\mathrm{Ker}\,\varphi = (x-a, y-b, z-c)$ である．

問 29　$f(x) \in \mathbb{R}[x]$ は 1 次式と 2 次式の積に因数分解できる．2 次式 x^2+ax+b が既約であるのは虚根を持つときである．

問 30　S のイデアルの増大列

$$I_1 \subset I_2 \subset I_3 \subset \cdots \subset I_n \subset I_{n+1} \subset \cdots$$

が与えられると，R のイデアルの増大列

$$\varphi^{-1}(I_1) \subset \varphi^{-1}(I_2) \subset \varphi^{-1}(I_3) \subset \cdots \subset \varphi^{-1}(I_n) \subset \varphi^{-1}(I_{n+1}) \subset \cdots$$

ができる．R はネター環であるので

$$\varphi^{-1}(I_m) = \varphi^{-1}(I_{m+1}) = \varphi^{-1}(I_{m+2}) = \cdots$$

が成り立つような整数 m が存在する．これは

$$I_m = I_{m+1} = I_{m+2} = \cdots$$

を意味する．

演習問題解答

第2章

2.1 (1) $\alpha=\dfrac{1+\sqrt{5}}{2}$, $\beta=\dfrac{1-\sqrt{5}}{2}$, $G(n)=\dfrac{1}{\sqrt{5}}(\alpha^n-\beta^n)$ とおくとき，$G(0)=F(0)$, $G(1)=F(1)$. 帰納法により $G(n)=F(n)$ を示す.

(2) $\alpha\beta=-1$ であるので $F(n)=\dfrac{\alpha^n}{\sqrt{5}}\{1-(-1)^n\beta^{2n}\}$ を得る. $-1<\beta<0$ であるので，$n\geqq 7$ のとき $0<\beta^{2n}\leqq\beta^{14}<0.1$ が成り立つ. よって $F(n)>\dfrac{\alpha^n}{\sqrt{5}}\times\dfrac{9}{10}$ を得，$n=5m+2$ のとき

$$\begin{aligned}\log_{10}F(n) &> n\log\alpha+\log\frac{9}{10\sqrt{5}}=(0.2089\cdots)n+(-0.395\cdots)\\ &> 0.2\times n-0.4=m\end{aligned}$$

となり $F(5m+2)>10^m$ が成り立つ.

2.2 互除法の仮定より

$$q_j\geqq 1,\quad j=0,1,2,\cdots,m,\quad q_{m+1}\geqq 2$$

である. 互除法の逆をたどると

$$\begin{aligned}&r_m\geqq 1,\quad r_{m-1}\geqq 2,\quad r_{m-2}=q_mr_{m-1}+r_m\geqq r_{m-1}+r_m,\\ &r_{m-3}=q_{m-1}r_{m-2}+r_{m-1}\geqq r_{m-2}+r_{m-1},\quad \cdots\cdots\\ &r_0\geqq r_1+r_2,\quad b\geqq r_0+r_1\end{aligned}$$

が成り立つことが分かる. これより

$$\begin{aligned}&r_m\geqq F(2),\quad r_{m-1}\geqq F(3),\quad r_{m-2}\geqq r_{m-1}+r_m\geqq F(3)+F(2)=F(4)\\ &r_{m-3}\geqq r_{m-2}+r_{m-1}\geqq F(4)+F(3)=F(5),\quad \cdots\cdots\\ &r_0\geqq r_1+r_2\geqq F(m+1)+F(m)=F(m+2),\\ &b\geqq r_0+r_1\geqq F(m+2)+F(m+1)=F(m+3)\end{aligned}$$

を得る.

2.3 (1) $a_0=a$ を p で割った剰余，$a_1=(a-a_0)/p$ を p で割った剰余，$a_2=(a-a_0-a_1p)/p^2$ を p で割った剰余，… と決めればよい.

(2) 帰納法で示す. $a=q_1p+a_0$, $0\leqq a_0\leqq p-1$ とすると $q_1=\left[\dfrac{a}{p}\right]$ であり，$a!=q_1!p^{q_1}b$, b は p で割り切れない，と書けることが分かる. 帰納法の仮定によって

$q_1!$ をちょうど割り切る p のベキ p^{m_1} は

$$m_1 = \sum_{l=1}^{\infty}\left[\frac{q_1}{p^l}\right] = \sum_{l=1}^{\infty}\left[\frac{a}{p^{l+1}}\right]$$

で与えられる．したがって

$$m = q_1 + m_1 = \left[\frac{a}{p}\right] + \sum_{l=1}^{\infty}\left[\frac{a}{p^{l+1}}\right] = \sum_{l=1}^{\infty}\left[\frac{a}{p^l}\right]$$

で与えられる．また，$i \geqq k+1$ であれば $\left[\dfrac{a}{p^i}\right]=0$，$1 \leqq i \leqq k$ であれば $\left[\dfrac{a}{p^i}\right]=a_i+a_{i+1}p+\cdots+a_kp^{k-i}$ であるので 2 番目の等号を得る．

(3)
$$\begin{aligned} a+b &= (a_0+b_0)+(a_1+b_1)p+(a_2+b_2)p^2+\cdots+(a_l+b_l)p^l \\ &= c_0+c_1p+c_2p^2+\cdots+c_lp^l+\varepsilon_lp^{l+1} \end{aligned}$$

である．すると $(a+b)!$ をちょうど割り切る p のベキ p^m は，(2)より

$$m = \frac{1}{p-1}\left(a+b-\sum_{j=0}^{l}c_j-\varepsilon_l\right)$$

同様に $a!, b!$ をちょうど割り切る p のベキ $p^{m'}, p^{m''}$ は

$$m' = \frac{1}{p-1}\left(a-\sum_{j=0}^{l}a_j\right), \quad m'' = \frac{1}{p-1}\left(b-\sum_{j=0}^{l}b_j\right)$$

である．したがって $\dbinom{a+b}{a}$ は $p^{m-m'-m''}$ でちょうど割り切れることになる．

$$m-m'-m'' = \frac{1}{p-1}\left\{\sum_{j=0}^{l}(a_j+b_j)-\sum_{j=0}^{l}c_j-\varepsilon_l\right\}$$

一方 ε_j の定義より

$$\sum_{j=0}^{l}(a_j+b_j)+\sum_{j=0}^{l-1}\varepsilon_j = \left(\sum_{j=0}^{l}\varepsilon_j\right)p+\sum_{j=0}^{l}c_j\,.$$

これより

$$m-m'-m'' = \sum_{j=0}^{l}\varepsilon_j$$

を得る．

2.4 (1) 定理 2.8 より $am+bn=1$ を満たす整数 a, b が存在する．したがって $\alpha=\alpha am+\alpha bn$ となるので $\beta=\alpha a$ とおくと $\beta m\equiv\alpha \pmod{n}$ が成り立つ．また $\beta' m\equiv\alpha \pmod{n}$ であれば $(\beta-\beta')m\equiv 0 \pmod{n}$ より $\beta\equiv\beta' \pmod{n}$ である．

(2) $a^2-1=(a-1)(a+1)\equiv 0 \pmod{p}$ より $a-1$ または $a+1$ は p の倍数である．

(3) (1)より $1\leqq a\leqq p-1$ を満たす任意の整数 a に対して

$$aa' \equiv 1 \pmod p$$

を満足する a', $1 \leqq a' \leqq p-1$ がただ1つ存在する．$a=a'$ であるのは(2)より $a=1$ および $a=p-1$ のときだけである．したがって

$$2\cdot 3\cdots(p-2) \equiv 1 \pmod p$$

が成り立つ．この両辺に $p-1$ をかけることによって

$$(p-1)! \equiv -1 \pmod p$$

を得る．

(4) $2 \leqq k \leqq p-1$ に対して

$$(p-1)! = (p-k)!(p-k+1)(p-k+2)\cdots(p-2)(p-1) \equiv -1 \pmod p$$

が成り立つ．これより

$$(p-k)!(-1)(-2)\cdots(-k+2)(-k+1) \equiv -1 \pmod p$$

を得る．書きかえると

$$(-1)^{k-1}(k-1)!(p-k)! \equiv -1 \pmod p$$

を得，これより

$$(k-1)!(p-k)! \equiv (-1)^k \pmod p$$

を得る．p は奇素数であるので $\dfrac{p+1}{2}$ は整数であり，上式の k を $\dfrac{p+1}{2}$ にとると

$$\left\{\left(\frac{p-1}{2}\right)!\right\}^2 \equiv (-1)^{\frac{p+1}{2}} \pmod p$$

を得る．

(5) ヒントより $a \not\equiv 0 \pmod p$ のとき

$$a\cdot(2a)\cdot(3a)\cdots\{(p-1)a\} \equiv (p-1)! \pmod p$$

が成り立つ．この左辺は

$$a^{p-1}\cdot(p-1)!$$

であり，$(p-1)! \equiv -1 \pmod p$ より

$$a^{p-1} \equiv 1 \pmod p$$

を得る．

2.5 (1) $1, 2, \cdots, m$ のうち m と素な整数を，

$$a_1 = 1,\ a_2,\ a_3,\ \cdots,\ a_k$$

$1, 2, \cdots, n$ のうち n と素な整数を

$$b_1 = 1,\ b_2,\ b_3,\ \cdots,\ b_l$$

とする．孫子の剰余定理により $c_{ij} \equiv a_i \pmod m$, $c_{ij} \equiv b_j \pmod n$ となる c_{ij} が存在する．c_{ij} は mn と互いに素である．$\varphi(m)=k$, $\varphi(n)=l$ であるので

$$\varphi(mn) \geqq kl = \varphi(m)\varphi(n)$$

が成り立つ.

一方 $1 \leqq \alpha \leqq mn$ が mn と素であるとすると，α は m, n と素であるので

$$\alpha \equiv a_i \pmod m, \quad \alpha \equiv b_j \pmod n$$

が成り立つように a_i, b_j を一意的に定めることができる．もし $1 \leqq \alpha\beta \leqq mn$ も mn と素であり

$$\beta \equiv a_i \pmod m, \quad \beta \equiv b_j \pmod n$$

が成り立ったとすると，

$$\alpha - \beta \equiv 0 \pmod m, \quad \alpha - \beta \equiv 0 \pmod n$$

が成り立つ．したがって

$$\alpha \equiv \beta \pmod{mn}$$

であるが，$1 \leqq \alpha, \beta \leqq mn-1$ であるので $\alpha = \beta$ である．したがって α に対して対 (a_i, b_i) が一意的に定まるので

$$\varphi(mn) \leqq \varphi(m)\varphi(n)$$

である．以上によって

$$\varphi(mn) = \varphi(m)\varphi(n)$$

が示された．(m, n は互いに素であるので

$$1 = km + ln$$

を満足する整数 k, l が存在する．対 (a_i, b_j) に対して

$$b_j km + a_i ln \equiv \alpha_{ij} \pmod{mn}, \quad 1 \leqq \alpha_{ij} \leqq mn-1$$

と α_{ij} を定めると α_{ij} は mn と素である．このことを使って $\varphi(mn) \leqq \varphi(m)\varphi(n)$ を示すことができる．この方が実は自然な対応である.)

(2) 素数 p のベキ p^m に対して

$$\varphi(p^m) = p^m - p^{m-1} = p^m\left(1 - \frac{1}{p}\right)$$

であることが容易に示される．あとは(1)を使えばよい．

(3) $1, 2, \cdots, n-1$ のうち n と素な整数を

$$a_1 = 1,\ a_2,\ \cdots,\ a_l, \quad l = \varphi(n)$$

とおくと，$a_1 a_2 \cdots a_l$ は n と素である．$a \not\equiv 0 \pmod n$ に対して

$$a \cdot a_j \equiv b_j \pmod n, \quad 1 \leqq b_j \leqq n-1$$

とおくと，$b_j \in \{a_1, a_2, \cdots, a_l\}$ であり，集合として

$$\{a_1, a_2, \cdots, a_l\} = \{b_1, b_2, \cdots, b_l\}$$

である．なぜならば，問題2.4(1)より，a_i に対して

$$a\cdot a_k \equiv a_i \pmod n$$

を満足する a_k がただ1つ存在するからである．これより

$$(aa_1)\cdot(aa_2)\cdot(aa_3)\cdots(aa_l) \equiv a_1a_2\cdots a_l \pmod n$$

であり，左辺は $a^l a_1a_2\cdots a_l$ である．$a_1a_2\cdots a_l$ は n と素であるので

$$a^l \equiv 1 \pmod n$$

が成り立つ．

2.6 (2) もし

$$b^2 \equiv a \pmod p$$

を満足する b が存在すれば，フェルマの小定理より

$$a^{\frac{p-1}{2}} \equiv (b^2)^{\frac{p-1}{2}} \equiv b^{p-1} \equiv 1 \pmod p$$

が成り立つ．問題中に注意したように，一般に

$$a^{\frac{p-1}{2}} \equiv \pm 1 \pmod p$$

である．そこで a が p を法として平方非剰余のとき

$$a^{\frac{p-1}{2}} \equiv -1 \pmod p$$

を示そう．任意の整数 $1\leqq c\leqq p-1$ に対して

$$cd \equiv a \pmod p$$

を満足する $1\leqq d\leqq p-1$ がただ1つ存在する(問題2.4(1))．a は p を法として平方非乗余であるので，つねに $c\neq d$ である．したがって

$$(p-1)! \equiv a^{\frac{p-1}{2}} \pmod p$$

が成立する．ウィルソンの定理により

$$a^{\frac{p-1}{2}} \equiv -1 \pmod p$$

である．

(3)の前半は(2)の直接の帰結である．(3)の後半，(4)の証明については本シリーズ『数論入門』を参照せよ．

2.7 $\omega_m=[\dot{a}_m, a_{m+1}, \cdots, \dot{a}_{m+n}]$ の第 k 近似分数を A_k/B_k と記すと(2.40)より

$$\omega_m = \frac{\omega_m A_{n+1}+A_n}{\omega_m B_{n+1}+B_n}$$

が成り立つ．A_k, B_k は正整数であり，ω_m は2次方程式

$$B_{n+1}x^2+(B_n-A_{n+1})x-A_n=0$$

の根である．

また

$$\omega = [a_0, a_1, \cdots, a_{m-1}, \omega_m]$$

であるので，ω の第 ν 近似分数を P_ν/Q_ν とおくと，再び(2.40)より

$$\omega = \frac{\omega_m P_{m-1} + P_{m-2}}{\omega_m Q_{m-1} + Q_{m-2}}, \quad \omega_m = \frac{\omega Q_{m-2} - P_{m-2}}{-\omega Q_{m-1} + P_{m-1}}$$

と書けるので，ω も整数係数の 2 次方程式の根であることが分かる．

第3章

3.1 (3) $I \neq \{0\}$ のとき，I に属する最低次数の多項式を $d(x)$ とおくと，あとは定理2.10の証明と同様の考えで $I = (d(x))$ であることが分かる．(4)の証明も定理2.10の証明と同様にできる．

3.2 $f(x) = \sum_{k=0}^{n} A_k(x-\alpha)^k$ と書けるので，両辺の k 階導関数の α での値をくらべればよい．

3.4 (2) $\mathbb{Q}[x]$ の多項式の積に因数分解し，各係数を既約分数として表示する．$f(x)$ が原始多項式であることより，各係数の分母は ± 1 でなければならないことが分かる．

(3) $f(x)$ が可約であれば(2)を使うことによって，$f(x)$ は $\mathbb{Z}[x]$ に属する多項式の積に分解される．このとき，これらの多項式の係数のうち少なくとも 1 つは p で割り切れない．このことを使って矛盾を導け．

3.5 $f(x) = 4x^3 - px - q = 0$，$f'(x) = 12x^2 - p = 0$ が共通根を持つ必要十分条件は $p^3 - 27q^2 = 0$ である．

3.6 $X = g(x)/f(x)$ を方程式に代入して，$f(x)$ と $g(x)$ とは共通因子を持たないことから矛盾を導け．

3.7 (1) $f^{(m)}(\alpha) \neq 0$ なので $\delta > 0$ を十分小さくとれば $f^{(m)}(x)$ は $(\alpha-\delta, \alpha+\delta)$ で符号は一定である．$\mathrm{sgn}(f^{(m)}(\alpha)) = +1$ であれば

sgn	$f(x)$	$f'(x)$	$f''(x)$	$\cdots$	$f^{(m-2)}(x)$	$f^{(m-1)}(x)$	$f^{(m)}(x)$
$x = \alpha - \delta$	$(-1)^m$	$(-1)^{m-1}$	$(-1)^{m-2}$	$\cdots$	$+1$	-1	$+1$
$x = \alpha + \delta$	$+1$	$+1$	$+1$	$\cdots$	$+1$	$+1$	$+1$

が成り立ち，$\mathrm{sgn}(f^{(m)}(\alpha)) = -1$ のときは符号がすべて逆になる．

(2) $\delta > 0$ を十分小さくとると $(\beta-\delta, \beta+\delta)$ で $f^{(i-1)}(x)$，$f^{(i+k)}(x)$ の符号は一定であるようにできる．$\mathrm{sgn}(f^{(i-1)}(\beta)) = \varepsilon = \pm 1$ とおく．$\mathrm{sgn}(f^{(i+k)}(\beta)) = 1$ のとき

sgn	$f^{(i-1)}(x)$	$f^{(i)}(x)$	$f^{(i+1)}(x)$	$\cdots$	$f^{(i+k-1)}(x)$	$f^{(i+k)}(x)$
$x=\beta-\delta$	ε	$(-1)^k$	$(-1)^{k-1}$	$\cdots$	-1	$+1$
$x=\beta+\delta$	ε	$+1$	$+1$	$\cdots$	$+1$	$+1$

$\mathrm{sgn}(f^{(i+k)}(\beta))=-1$ のとき

sgn	$f^{(i-1)}(x)$	$f^{(i)}(x)$	$f^{(i+1)}(x)$	$\cdots$	$f^{(i+k-1)}(x)$	$f^{(i+k)}(x)$
$x=\beta-\delta$	ε	$(-1)^{k-1}$	$(-1)^{k-2}$	$\cdots$	$+1$	-1
$x=\beta+\delta$	ε	-1	-1	$\cdots$	-1	-1

が成り立つ.

(3) (1),(2)を適用すればよい.

(4)
$$f(x)=a_nx^n\left(1+\frac{a_{n-1}}{a_n}\cdot\frac{1}{x}+\frac{a_{n-2}}{a_n}\cdot\frac{1}{x^2}+\cdots\right)$$
と書くと，右辺の括弧内の1を除いた部分はxが大きくなると，小さくなる．したがって$x=b>0$が十分大きいとき$\mathrm{sgn}(f(b))=\mathrm{sgn}(a_n)$であることが分かる．必要ならば$b$をさらに大きくとっておけば
$$\mathrm{sgn}(f'(b))=\mathrm{sgn}(f''(b))=\cdots=\mathrm{sgn}(f^{(n)}(b))=\mathrm{sgn}(a_n)$$
であることが分かり$V(b)=0$である．一方
$$f(0)=a_0,\quad f'(0)=a_1,\quad f''(0)=2a_2,\quad f^{(3)}(0)=3!a_3,\quad \cdots,\quad f^{(n)}(0)=n!a_n$$
であるので$V(a)=V$である．よって(3)より(4)が従う.

3.8 $a<\alpha<b$が$f(x)$の根であれば，αは重根でないので$f_1(\alpha)=f'(\alpha)\neq 0$. したがって$\alpha$の前後でスツルムの鎖の符号は1だけ変化する．また$a<\beta<b$が$f_i(x)$, $i\geqq 1$の根であれば，$f_{i-1}(\beta)=-f_{i+1}(\beta)$である．このとき，もし$f_{i+1}(\beta)=0$であれば$f_{i-1}(\beta)=0$. これより$f_{i-2}(\beta)=-f_i(\beta)=0$を得る．以下，同様にして$f_{i-3}(\beta)=f_{i-4}(\beta)=\cdots=f_1(\beta)=f(\beta)=0$となり，$\beta$は$f(x)$の重根となり仮定に反する．よって$f_{i-1}(\beta)=-f_{i+1}(\beta)\neq 0$である．3.7(2)より$\beta$の前後ではスツルムの鎖の符号は変化しない．したがって，xがaからbへ動くとき，スツルムの鎖の符号は根を通るたびに符号が1だけ変化する.

3.9 $f(x)$と$g(x)$に関してユークリッドの互除法を適用して
$$f(x)=q(x)g(x)+r(x)\qquad \deg r<\deg g$$
$$g(x)=q_1(x)r(x)+r_1(x)\qquad \deg r_1<\deg r$$

$$r(x) = q_2(x)r_1(x)+r_2(x) \qquad \deg r_2 < \deg r_1$$
$$\cdots\cdots$$
$$r_{m-1}(x) = q_{m+1}(x)r_m(x)$$

を得たとすると

$$\frac{f(x)}{g(x)} = q(x)+\cfrac{1}{q_1(x)+\cfrac{1}{q_2(x)+\cfrac{1}{\ddots+\cfrac{1}{q_{m+1}(x)}}}}$$

を得る.

第4章

4.1 $z\overline{w}+\overline{z}w = 2\,\mathrm{Re}\, z\overline{w}$ に注意する.

4.3 $g(x)$ は1次式の積に因数分解できる.

4.4 $e^{z+2\pi i} = e^z$ に注意する.

4.5 不定積分に定数を足しても不定積分であるので

$$w = \int \frac{dx}{x^2+1} = \frac{1}{2i}(\log(x-i)-\log(x+i))+\frac{\pi}{2}$$

と考える.

$$\log\frac{x-i}{x+i} = 2i\left(w-\frac{\pi}{2}\right)$$

であり，したがって

$$\frac{x-i}{x+i} = e^{2i\left(w-\frac{\pi}{2}\right)} = -e^{2iw}$$

を得る．これより

$$x = \frac{i(1-e^{2iw})}{1+e^{2iw}} = \frac{-i(e^{iw}-e^{-iw})}{e^{iw}+e^{-iw}} = \frac{\dfrac{e^{iw}-e^{-iw}}{2i}}{\dfrac{e^{iw}+e^{-iw}}{2}} = \tan w$$

を得る．これより

$$w = \arctan x$$

を得る.

4.6 方程式(4.26)は，z_j を z_j+a，$j=1,2,3$ にかえても(a だけの平行移動),

z_j を $e^{i\theta}z_j$, $j=1,2,3$ にかえても(原点を中心とする角度 θ の回転), z_j を rz_j, $j=1,2,3$, $r>0$ にかえても(r 倍の相似変換)かわらないので, $z_1=0$, $z_2=2$ と仮定しても一般性を失わない. このとき z_1,z_2,z_3 が正3角形の頂点であるための必要十分条件は $z_3=1\pm\sqrt{3}i$ となることである. 一方, 式(4.26)は $z_1=0$, $z_2=2$ のとき

$$z_3^2-2z_3+4=0$$

となる. この方程式の根は

$$z_3=1\pm\sqrt{3}i$$

である.

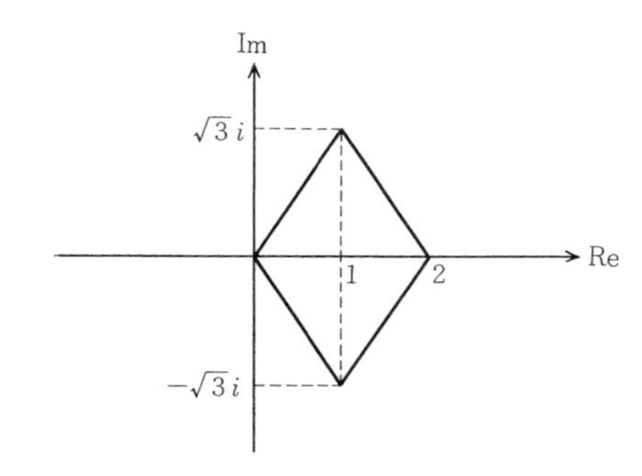

第5章

5.1 (1) $(g\circ f)(a)=(g\circ f)(b)$ であれば $g(f(a))=g(f(b))$. g は単射なので $f(a)=f(b)$. f は単射なので $a=b$.

(2) $w\in W$ に対して $g(t)=w$ となる $t\in T$ がある. また $f(s)=t$ となる $s\in S$ がある. すると $(g\circ f)(s)=w$ となり $g\circ f$ は全射.

(3) $f(a)=b$ であれば $a=f^{-1}(b)$. したがって $b=(f^{-1})^{-1}(a)$. これより $f=(f^{-1})^{-1}$.

(4) $f(a)=b$, $g(b)=c$ であれば $(g\circ f)(a)=c$. よって $a=(g\circ f)^{-1}(c)$. 一方 $a=f^{-1}(b)$, $b=g^{-1}(c)$ であるので $a=(f^{-1}\circ g^{-1})(c)$. これより $(g\circ f)^{-1}=f^{-1}\circ g^{-1}$.

5.2 (1) S の部分集合 T,T' に対して $\chi_T=\chi_{T'}$ であれば $T=\{s\in S\mid \chi_T(s)=1\}=\{s\in S\mid \chi_{T'}(s)=1\}=T'$ である. よって単射. 逆に $\chi\in\mathrm{Hom}(S,\{0,1\})$ に対

して $T=\{s\in S\,|\,\chi(s)=1\}$ とおくと $T\in\mathfrak{P}(S)$ かつ $\chi=\chi_T$.

(2) S の各元に 0 または 1 を対応させることによって $\mathrm{Hom}(S,\{0,1\})$ が得られるから, $\mathrm{Hom}(S,\{0,1\})$ の元の個数は $2^{|S|}=2^n$ である. (1)より $|\mathfrak{P}(S)|=2^n$ である.

(3) 全単射 $f\colon S\to\mathrm{Hom}(S,\{0,1\})$ があったとすると, (3)の説明にあるように矛盾が起こる. (実は $\sigma(t)\neq\tau_t(t)$ である σ の構成に選択公理(「現代数学の流れ 1」§2.1(c))をこっそり使っている.) (1)より $|S|\leqq|\mathfrak{P}(S)|$ なので $|S|<|\mathfrak{P}(S)|$ である.

5.3 (1),(2),(3)とも図より明らかである.

5.4 (1) $g\in Hg_1\cap Hg_2$ であれば $g=h_1g_1=h_2g_2$, $h_1,h_2\in H$ と書ける. $Hh_1=Hh_2=H$ であるので $Hg=Hg_1$, $Hg=Hg_2$ となり $Hg_1=Hg_2$ である.

(2) $\sim$ が同値関係であることを示す. $gg^{-1}=e\in H$ であるので $g\sim g$(E1), $gh^{-1}\in H$ であれば $hg^{-1}=(gh^{-1})^{-1}\in H$ であるので $g\sim h$ であれば $h\sim g$(E2), また $g_1g_2^{-1}\in H$, $g_2g_3^{-1}\in H$ であれば $g_1g_3^{-1}=(g_1g_2^{-1})(g_2g_3^{-1})\in H$ であり, $g_1\sim g_2$, $g_2\sim g_3$ であれば $g_1\sim g_3$(E3)が成り立つので $\sim$ は同値関係である. ところで $gh^{-1}\in H$ であることは $gh^{-1}=h_1\in H$ と書けることと同値. これより $h=h_1^{-1}g\in Hg$ となる. したがって $g\sim h$ であれば $h\in Hg$. 一方 $h\in Hg$ であれば $h=h_1g$, $h_1\in H$ と書け, これより $gh^{-1}=h_1^{-1}\in H$ となり $g\sim h$ である.

(3) $|G|=\sum_j|Hg_j|$ であるが $|Hg_j|=|H|$ であるので, $|G|=(G:H)|H|$ が成り立つ.

(4) $H=\{e,g,g^2,\cdots,g^{m-1}\}$ は G の部分群である. $|H|=m$ であり(3)よりこれは $|G|$ の約数である.

(5) $\overline{a}\in\left(\mathbb{Z}/(n)\right)^{\times}$ に対して(4)より $\overline{a}^{\,\varphi(n)}=\overline{1}$ が成り立つ. これは $a^{\varphi(n)}\equiv 1 \pmod{n}$ を意味する.

5.5 (1) 問題5.4(1)と同様にできる.

(2) $H^{-1}=\{h^{-1}\,|\,h\in H\}=H$ であるので $(gH)^{-1}=Hg^{-1}$.

(3) $Hg_1^{-1}=Hg_2^{-1}$ であれば, 問題5.4(1)より $g_1^{-1}=h_1g_2^{-1}$, $h_1\in H$ と書ける. これは $g_1=g_2h_1^{-1}$ と書くことができ $g_1H=g_2H$ が成り立つ.

(4) $g^{-1}Hg=H$ は $gH=Hg$ と同値である.

(5) $\widetilde{g_1}H=g_1H$, $\widetilde{g_2}H=g_2H$ のとき $\widetilde{g_1}h_1=g_1$, $\widetilde{g_2}h_2=g_2$ となる $h_1,h_2\in H$ が存在する. このとき $g_1g_2=(\widetilde{g_1}h_1)(\widetilde{g_2}h_2)=\widetilde{g_1}\widetilde{g_2}(\widetilde{g_2}^{-1}h_1g_2)h_2$ となり, $\widetilde{g_2}^{-1}h_1g_2=\widetilde{h_1}\in H$

(H は正規部分群であるので)より $g_1g_2H=\tilde{g}_1\tilde{g}_2H$ が成り立つ．このことから，$\tilde{g}_1H\cdot\tilde{g}_2H=g_1H\cdot g_2H$ であることが分かり剰余類の間の積がきちんと定義できることが分かる．H が正規部分群でなければ，$\tilde{g}_1H=g_1H$, $\tilde{g}_2H=g_2H$ であっても一般には g_1g_2H と $\tilde{g}_1\tilde{g}_2H$ とは一致せず，剰余類の積が定義できない．H が正規部分群のとき，この積に関して G/H が群になることは直接計算で示すことができる．たとえば gH の逆元は $g^{-1}H$ である．

(6) $p(g_1g_2)=(g_1g_2)H=g_1H\cdot g_2H=p(g_1)\cdot p(g_2)$. $p^{-1}(\bar{e})=H$ は明らか．

第6章

6.1 φ を $\mathbb{Q}$ の自己同型写像とすると，$\varphi(1)=1$. したがって，任意の正整数 n に対して $\varphi(n)=\varphi(\underbrace{1+\cdots+1}_{n})=\underbrace{\varphi(1)+\cdots+\varphi(1)}_{n}=n$ となる．また，$0=\varphi(0)=\varphi(1+(-1))=\varphi(1)+\varphi(-1)=1+\varphi(-1)$ より $\varphi(-1)=-1$. これより負の整数 $-n$ に対して $\varphi(-n)=\varphi(-1\cdot n)=\varphi(-1)\varphi(n)=-1\cdot n=-n$ となる．一般の分数 $a=m/n$ に対して $\varphi(na)=\varphi(m)=m$ であるが，$\varphi(na)=\varphi(n)\varphi(a)=n\varphi(a)$ であり，$\varphi(a)=m/n=a$ となる．よって φ は恒等写像である．

6.2 $f(x)+g(x)$ には $f\left(\dfrac{ax+b}{cx+d}\right)+g\left(\dfrac{ax+b}{cx+d}\right)$ が対応し，また $f(x)g(x)$ には $f\left(\dfrac{ax+b}{cx+d}\right)g\left(\dfrac{ax+b}{cx+d}\right)$ が対応するので，K 上の体の中への同型写像である．この写像が全射であることを示すためには，$f\left(\dfrac{ax+b}{cx+d}\right)=x$ となる $f(x)\in K(x)$ の存在を示せばよい．$f(x)=\dfrac{dx-b}{-cx+a}$ ととればよい．($f\left(\dfrac{ax+b}{cx+d}\right)=x$ を示すところで $ad-bc\neq 0$ が必要になる．) $A=\begin{pmatrix} a & b \\ c & d \end{pmatrix}$, $B=\begin{pmatrix} e & f \\ g & h \end{pmatrix}$ のとき

$$(\varphi_A\circ\varphi_B)(f(x))=\varphi_A(\varphi_B(f(x)))=\varphi_A\left(f\left(\frac{ex+f}{gx+h}\right)\right)$$

$$=f\left(\frac{a\left(\dfrac{ex+f}{gx+h}\right)+b}{c\left(\dfrac{ex+f}{gx+h}\right)+d}\right)=f\left(\frac{(ae+bg)x+(af+bh)}{(ce+dg)x+(cf+dh)}\right)$$

となる．$AB=\begin{pmatrix} ae+bg & af+bh \\ ce+dg & cf+dh \end{pmatrix}$ であるのでこれは $\varphi_{AB}(f(x))$ に他ならない．よって $\varphi_A\circ\varphi_B=\varphi_{AB}$ となり，Φ は群の準同型写像である．また $\mathrm{Ker}\,\Phi$ の元 $A=\begin{pmatrix} a & b \\ c & d \end{pmatrix}$ は $\dfrac{ax+b}{cx+d}=x$ とならねばならないので，$b=c=0$, $a=d\neq 0$ でなければ

ならない．よって $A=aI_2,\ a\in K^\times$ である．(I_2 は2次の単位行列.)

6.3 $f(x)\in K[x]$ を既約多項式とする．$f(x)$ と $f'(x)$ に対してユークリッドの互除法を適用すると，$f(x)$ が既約であることより

$$1=a(x)f(x)+b(x)f'(x)$$

を満足する $a(x),b(x)\in K[x]$ が存在する．よって $f(x)$ と $f'(x)$ とは共通根を持たない．なお $g(x)$ が重根 α を持てば $g'(\alpha)=0$ であることは例題3.13で示した．もし $g(x)$ が重根を持たなければ $\mathbb{C}$ で $g(x)=c\prod_{j=1}^{n}(x-\alpha_j)$ と因数分解すると，$g'(\alpha_l)=c\prod_{j\neq l}(\alpha_l-\alpha_j)\neq 0$ となる．これより $f(x)$ が重根を持つための必要十分条件は $f(x)$ と $f'(x)$ とが共通根を持つことであることが分かる．これは第4章で述べておくべきことであった．

6.4 α,β の K 上の最小多項式をそれぞれ $f(x),g(x)$ とし，$f(x),g(x)$ の根をそれぞれ $\alpha_1=\alpha,\ \alpha_2,\cdots,\alpha_m,\ \beta_1=\beta,\ \beta_2,\cdots,\beta_n$ とする．$f(x),g(x)$ は重根を持たない．(ここで標数0であることを使った.) したがって

$$\alpha+a\beta\neq\alpha_j+a\beta_l,\quad 2\leqq j\leqq m,\ 2\leqq l\leqq n$$

が成り立つような $a\in K$ を見出すことができる．このように a を選んで $\gamma=\alpha+a\beta$ とおくと $\gamma\in L$ であるので $K(\gamma)\subset L$ である．また $\alpha=\gamma-a\beta$ であるので $\beta\in K(\gamma)$ が言えれば $\alpha\in K(\gamma)$ が言え $L=K(\gamma)$ となる．ところで $f(\gamma-ax)\in K(\gamma)[x]$ は β を根に持つが $\beta_l,\ l\geqq 2$ を根に持たない．なぜならば a のとり方から $\gamma-a\beta_l=\alpha+a\beta-a\beta_l\neq\alpha_j,\ j\geqq 2$ となり，一方 $f(\gamma-ax)$ の根 ε は $\alpha_i=\gamma-a\varepsilon,\ i=1,2,\cdots,m$ を満足せねばならないからである．したがって $f(\gamma-ax)$ と $g(x)$ とは共通の根として β しか持たない．$f(\gamma-ax),g(x)$ を $K(\gamma)[x]$ で考えて，ユークリッドの互除法を適用することによって，共通因子を求めることができるが，これは1次式でなければならない．共通根が1個しかないからである．よって共通因子は $x-\beta$ でなければならず，これは $\beta\in K(\gamma)$ を意味する．

6.5 α_i,α_j は同じ既約多項式 $f(x)$ の根であるので，$K(\alpha_i)=K[\alpha_i]$ から $K(\alpha_j)=K[\alpha_j]$ への K 上の同型写像

$$\begin{array}{cccc}\varphi_0: & K(\alpha_i) & \longrightarrow & K(\alpha_j)\\ & a_0+a_1\alpha_i+\cdots+a_{n-1}\alpha_i^{n-1} & \longmapsto & a_0+a_1\alpha_j+\cdots+a_{n-1}\alpha_j^{n-1},\quad a_l\in K\end{array}$$

が存在する．この同型写像が $f(x)$ の最小分解体 $L=K(\alpha_1,\alpha_2,\cdots,\alpha_n)$ の K 上の自己同型に拡張できることを示す．そのためには，もう少し一般に次の定理を証

明しておけば十分である．

定理　体の全射同型写像 $\psi: E \simeq F$ が与えられ，多項式 $g(x)=a_0+a_1x+a_2x^2+\cdots+a_nx^n\in E[x]$ に対して $\widetilde{g}(x)=\psi(a_0)+\psi(a_1)x+\psi(a_2)x^2+\cdots+\psi(a_n)x^n\in F[x]$ を考える．このとき同型写像 ψ は $g(x)$ の最小分解体 L から $\widetilde{g}(x)$ の最小分解体 $\widetilde{L}$ への全射同型写像に拡張できる．

［証明］　$E[x]$ での $g(x)$ の因数分解

$$g(x)=a(x-\alpha_1)(x-\alpha_2)\cdots(x-\alpha_r)h_1(x)h_2(x)\cdots h_s(x)$$

が与えられたとすると，対応する $\widetilde{g}(x)$ の $F[x]$ での因数分解は，$c\in E$ に対して $\psi(c)=\widetilde{c}\in F$ と記すと

$$\widetilde{g}(x)=\widetilde{a}(x-\widetilde{\alpha}_1)(x-\widetilde{\alpha}_2)\cdots(x-\widetilde{\alpha}_r)\widetilde{h}_1(x)\widetilde{h}_2(x)\cdots\widetilde{h}_s(x)$$

で与えられる．ただし $h_j(x)\in E[x]$ は2次以上の既約多項式とする．もし $r=\deg g(x)=n$ であれば，E が $g(x)$ の最小分解体であり F が $\widetilde{g}(x)$ の最小分解体であるので，定理は正しい．以下 $g(x)$ が少なくとも $r+1$ 個の1次因子を持っているとき定理が正しければ，r 個の1次因子を持つときも定理が正しいことを示す．$r+1=n$ のとき定理は正しいので，以下逆向きの帰納法で $r=n-1,n-2,\cdots,1,0$ のとき定理が成立することが示せ，証明が完成する．

さて $r<n$ のとき $g(x)$ の根 α で $\alpha\notin E$ であるものが存在する．α は $h_1(x)$ の根と仮定しても一般性を失わない．このとき $\widetilde{h}_1(x)$ の根 $\widetilde{\alpha}$ を1つ選ぶと $\widetilde{\alpha}\notin F$ であり，ψ は体 $E(\alpha)$ から $F(\widetilde{\alpha})$ への全射同型写像 $\widetilde{\psi}$ に

$$\widetilde{\psi}(a_0+a_1\alpha^2+\cdots+a_m\alpha^m)=\widetilde{a}_0+\widetilde{a}_1\widetilde{\alpha}^2+\cdots+\widetilde{a}_m\widetilde{\alpha}^m,\quad a_j\in E$$

として拡張される．$E(\alpha)$ を基礎体として考えると $g(x)$ は少なくとも $r+1$ 個の1次因子を持ち($x-\alpha$ が新しい1次因子)，$g(x)$ の $E(\alpha)$ 上の最小分解体は L である．同様に，$\widetilde{g}(x)$ の $F(\widetilde{\alpha})$ 上の最小分解体は $\widetilde{L}$ である．したがって E のかわりに $E(\alpha)$，F のかわりに $F(\widetilde{\alpha})$，ψ のかわりに $\widetilde{\psi}$ をとると，定理は $g(x)$ が少なくとも $r+1$ 個の1次因子を持つときは正しいので，$\widetilde{\psi}$ は最小分解体の同型写像に拡張される．この拡張は ψ の拡張に他ならない．∎

6.6　(1) 定理6.35の中への同型写像 $\Phi: G_f\to S_p$ を考える．S_p の部分群 $H=\Phi(G_f)$ は，任意の $1\leqq i,j\leqq p$ に対して $g(i)=j$ となる g を含むことは演習問題6.5の主張である．一方，複素数体 $\mathbb{C}$ の複素共役写像 $\alpha\mapsto\overline{\alpha}$ は $\mathbb{C}$ の $\mathbb{R}$ 上の自己同型であり，$f(x)$ の係数は複素共役で変わらないので，$f(x)$ の最小分解体の $\mathbb{Q}$ 上の自己同型 σ を引き起こす．σ は $f(x)$ の実根を変えず，虚根上では複素共役を与える．$f(x)$ は虚根を2つ持つので $\Phi(\sigma)$ はこの虚根の入れ替えによる互換で

ある．よって$H=S_p$であることが分かる．

(2) アイゼンシュタインの既約判定法(演習問題 3.4)を素数 2 のときに適用することによって$f(x)$は既約であることが分かる．また

$$f(0)<0,\quad f(1)>0,\quad f(3)<0,\quad f(5)>0,\quad \cdots,\quad f(2(p-3)-1)<0$$

であるので$y=f(x)$をグラフを考えることによって，$f(x)$は$p-2$個の実根を持つことが分かる．残りの 2 個が虚根であることを示すためには，$f(x)$がp個の実根を持つと仮定して矛盾を導けばよい．(1 つ虚根を持てば，その複素共役も根である．) $f(x)$がすべて実根を持つとすると，ロルの定理(「微分と積分 1」定理 2.36)により$f'(x)$は$p-1$個の相異なる実根を持つ．$g(x)=(x-2)(x-4)\cdots(x-2(p-3))$とおくと，$f'(x)=3x^2g(x)+x^3g'(x)$となり$x=0$は$f'(x)$の重根である．これは矛盾である．

6.7 (1) 明らか．

(2) $\alpha=a+b\sqrt{d_{n-1}}$, $a,b\in K_{n-1}$と書き，これを$x^3-3x-1=0$に代入すると

$$(a^3+3ab^2c-3a-1)+(3a^2b+b^3c-3b)\sqrt{d_{n-1}}=0$$

を得る．これより$a^3+3ab^2c-3a-1=0$, $3a^2b+b^3c-3b=0$を得る．($1,\sqrt{d_{n-1}}$はK_nのK_{n-1}上の基底である．) これより$\beta=a-b\sqrt{d_{n-1}}$も$x^3-3x-1=0$の根であることが分かる．根と係数の関係より，この 3 次方程式の残りの根をγとおくと，$\alpha+\beta+\gamma=0$より$\gamma=-2a\in K_{n-1}$であることが分かる．いまと同様の論法をγに対して適用するとこの 3 次方程式はK_{n-2}に根を持つことが分かる．結局$x^3-3x-1=0$は$\mathbb{Q}$に根を持つことになる．ところが定理 3.31 および系 3.32 よりこの 3 次方程式の有理数の根は実は整数であり，±1のいずれかである．しかし±1ともに根ではない．これは矛盾である．

(3) 角60°が与えられたとき，角20°が作図できることと$2\cos 20^\circ$が作図できることとは同値である．3 倍角の公式$\cos 3\theta=4\cos^3\theta-3\cos\theta$より$\alpha=2\cos 20^\circ$は$x^3-3x-1=0$の根であることが分かる．

6.8 (1) $u,u'\in U$, $a\in K$に対して，

$$\begin{aligned}(g\circ f)(u+u') &= g(f(u+u'))=g(f(u)+f(u'))\\ &= g(f(u))+g(f(u'))=(g\circ f)(u)+(g\circ f)(u'),\\ (g\circ f)(au) &= g(f(au))=g(af(u))=ag(f(u))=a(g\circ f)(u)\end{aligned}$$

が成り立つので，$g\circ f\in \mathrm{Hom}_K(U,W)$である．

(2) $(g\circ f)(u_j)=g(f(u_j))=g\left(\sum_{i=1}^m a_{ij}v_i\right)=\sum_{i=1}^m a_{ij}g(v_i)=\sum_{i=1}^m a_{ij}\sum_{k=1}^n b_{ki}w_k$

$$= \sum_{k=1}^{n}\left(\sum_{i=1}^{m} b_{ki}a_{ij}\right)w_k$$

より $c_{kj}=\sum_{i=1}^{m} b_{ki}a_{ij}$ であることが分かる．これは $C=BA$ を意味する．

第7章

7.1 $f(x)=a_0+a_1x+\cdots+a_nx^n$ が単元であれば $f(x)g(x)=1$ を満たす $g(x)=b_0+b_1x+\cdots+b_mx^m\in K[x]$ が存在する．$f(x)g(x)=1$ の両辺を比べて $a_0b_0=1$，$a_1=\cdots=a_n=0$，$b_1=\cdots=b_m=0$ であることが分かる．

7.2 体の公理を満足することは簡単な計算から分かる．

7.3 (1) $D(x^{p^n})=p^nx^{p^n-1}=0$ より明らか．

(2) 演習問題6.3の解答を参照のこと．K の拡大体 L で $\gamma\in L$，$\gamma^p=a$ を満足するものが存在する．このとき $L[x]$ では $x^p-a=(x-\gamma)^p$ が成り立つ．

7.4 $F(a+b)=(a+b)^p=a^p+b^p=F(a)+F(b)$，および $F(ab)=(ab)^p=a^pb^p=F(a)F(b)$，また $a\in\mathbb{F}_p$ のとき $F(a)=a^p=a$ より F は $\mathbb{F}_p$ 上の体の中への同型．$K=\mathbb{F}_p(x)$ を考えると $F(x)=x^p$ より，$F(a)=x$ となる元 $a\in K$ は存在しない．

7.5 $\mathfrak{p}$ は素イデアルであるので，$a,b\in R-\mathfrak{p}$ すなわち $a,b\notin\mathfrak{p}$ であれば $ab\notin\mathfrak{p}$，よって $ab\in R-\mathfrak{p}$．また $a,b\in R-\mathfrak{p}$，$r,s\in R$ のとき $ab\in R-\mathfrak{p}$ より

$$\frac{r}{a}+\frac{s}{b}=\frac{br+as}{ab}\in R_{\mathfrak{p}},\quad \frac{r}{a}\cdot\frac{s}{b}=\frac{rs}{ab}\in R_{\mathfrak{p}}$$

となり，$0=\dfrac{0}{1}=\dfrac{0}{a}$ を零元，$1=\dfrac{1}{1}=\dfrac{a}{a}$ を単位元とする可換環であることは直接計算で示すことができる．また $\dfrac{r}{1}=0$ であれば $r=0$ であるので，$\mathrm{Ker}\,\psi=\{0\}$ であり写像 ψ は単射である．$\mathfrak{p}R_{\mathfrak{p}}\subsetneqq J\subset R_{\mathfrak{p}}$ なるイデアル J を考える．$\dfrac{r}{a}\in J$，$\dfrac{r}{a}\notin\mathfrak{p}R_{\mathfrak{p}}$ なる元 $\dfrac{r}{a}$ をとると，$r\notin\mathfrak{p}$．したがって $r\in R-\mathfrak{p}$ であり，$\dfrac{a}{r}\in R_{\mathfrak{p}}$ である．よって $1=\dfrac{a}{r}\cdot\dfrac{r}{a}\in J$ であり $J=R_{\mathfrak{p}}$．よって $\mathfrak{p}R_{\mathfrak{p}}$ は極大イデアルであり，$R_{\mathfrak{p}}/\mathfrak{p}R_{\mathfrak{p}}$ は体である．$R/\mathfrak{p}$ から $R_{\mathfrak{p}}/\mathfrak{p}R_{\mathfrak{p}}$ への写像 φ を

$$\begin{aligned}\varphi:\quad R/\mathfrak{p}\ &\longrightarrow\ R_{\mathfrak{p}}/\mathfrak{p}R_{\mathfrak{p}}\\ r+\mathfrak{p}\ &\longmapsto\ \frac{r}{1}+\mathfrak{p}R_{\mathfrak{p}}\end{aligned}$$

で定めると，これは可換環の中への同型写像であり，$R/\mathfrak{p}$ は整域であるので，φ は $R/\mathfrak{p}$ の商体から $R_{\mathfrak{p}}/\mathfrak{p}R_{\mathfrak{p}}$ の中への体の同型写像 $\tilde{\varphi}$ に拡張できる．$\tilde{\varphi}$ が全射であることは，$\dfrac{r}{a}+\mathfrak{p}R_{\mathfrak{p}}\in R_{\mathfrak{p}}/\mathfrak{p}R_{\mathfrak{p}}$ に対して，$\bar{r}=r+\mathfrak{p}$，$\bar{a}=a+\mathfrak{p}\in R/\mathfrak{p}$ とおくと

$\widetilde{\varphi}\left(\dfrac{\overline{r}}{\overline{a}}\right)=\dfrac{r}{a}+\mathfrak{p}R_{\mathfrak{p}}$ となることから分かる．

7.6 (1) $\varphi_n(x)$ は $\mathbb{Q}[x]$ の既約多項式であり，x^n-1 の既約因子である．よって演習問題 3.4 より $\varphi_n(x)\in\mathbb{Z}[x]$ であることが分かる．

(2) $h(\zeta^p)=0$ であるので $h(x^p)$ は ζ を根とし，したがって $\varphi_n(x)$ で割り切れる．$\overline{h}(x)\in\mathbb{F}_p[x]$ であり，$\mathbb{F}_p$ の元 a は $a^p=a$ を満足するので $\overline{h}(x^p)=\overline{h}(x)^p$ である．よって $\overline{\varphi}_n(x)$ は $\overline{h}(x)^p$ を割り切る．

(3) $\mathbb{F}_p[x]$ で $x^n-1=\overline{\varphi}_n(x)\overline{h}(x)$ であり，$\varphi_n(\zeta^p)\neq 0$ であれば $\overline{\varphi}_n(x)$ は $\overline{h}(x)$ を割り切るので，$\overline{\varphi}_n(x)$ と $\overline{h}(x)$ とは $\mathbb{F}_p$ の拡大体で共通根を持つ．したがって $f(x)=x^n-1$ は重根を持つ．しかし $f'(x)=nx^{n-1}$ と $f(x)$ とは共通根を持たないので，$f(x)$ は重根を持たず(上の問題 7.3)，これは矛盾である．よって $\varphi_n(\zeta^p)=0$．すると $\varphi_n(x)$ は ζ^p の最小多項式でもある．よって，上と同様の論法を ζ^p に対して適用すると，n と素な素数 q に対して $\varphi_n(\zeta^{pq})=0$ となる．このことから n と互いに素な正整数 l に対して $\varphi_n(\zeta^l)=0$ となり，$\varphi_n(x)$ はすべての 1 の原始 n 乗根を根として持つ．一方，円分多項式 $F_n(x)$ の定義と，$F_n(x)\in\mathbb{Q}[x]$ であることより，$\varphi_n(x)$ は $F_n(x)$ を割り切らねばならないので，$\varphi_n(x)=F_n(x)$ である．よって $F_n(x)\in\mathbb{Z}[x]$ かつ既約である．

7.7 $f(x_1,x_2,\cdots,x_n)$ は既約な多項式の積

$$f(x_1,\cdots,x_n)=g_1(x_1,\cdots,x_n)^{e_1}g_2(x_1,\cdots,x_n)^{e_2}\cdots g_l(x_1,\cdots,x_n)^{e_l}$$

に書くことができる．この表示が $K^\times$ の元の違いと，積の順序を除いて一意的に定まることを示せばよい．そのためには，$g(x_1,x_2,\cdots,x_n)$ が x_n の現れる項を含みかつ $K[x_1,x_2,\cdots,x_n]$ で既約のときに，x_n の多項式と見て $K(x_1,x_2,\cdots,x_{n-1})[x_n]$ でも既約であること，また同じ条件のもとで $g(x_1,x_2,\cdots,x_n)$ が $h(x_1,x_2,\cdots,x_n)\in K[x_1,x_2,\cdots,x_n]$ を $K(x_1,x_2,\cdots,x_{n-1})[x_n]$ で割り切れば，実は $K[x_1,x_2,\cdots,x_n]$ で割り切ることを示せばよい．このことは演習問題 3.4 と類似の考え方で($K[x_1,x_2,\cdots,x_{n-1}]$ では素因子分解の一意性が成り立つことを使って)示すことができる．

索　引

ア　行

カ　行

サ 行

タ 行

ナ 行

ハ 行

マ 行

ヤ 行

ラ 行

ワ 行

上野健爾
1945年生まれ
1968年東京大学理学部数学科卒業
現在　京都大学名誉教授
専攻　複素多様体論

現代数学への入門 新装版
代数入門

2004年 5 月 7 日　第1刷発行
2014年 11 月 5 日　第7刷発行
2024年 10 月 17 日　新装版第1刷発行

著　者　上野健爾（うえのけんじ）

発行者　坂本政謙

発行所　株式会社 岩波書店
〒101-8002 東京都千代田区一ツ橋 2-5-5
電話案内 03-5210-4000
https://www.iwanami.co.jp/

印刷製本・法令印刷

ISBN978-4-00-029929-9　　Printed in Japan

戸田盛和・広田良吾・和達三樹 編

理工系の数学入門コース ［新装版］

A5 判並製（全 8 冊）

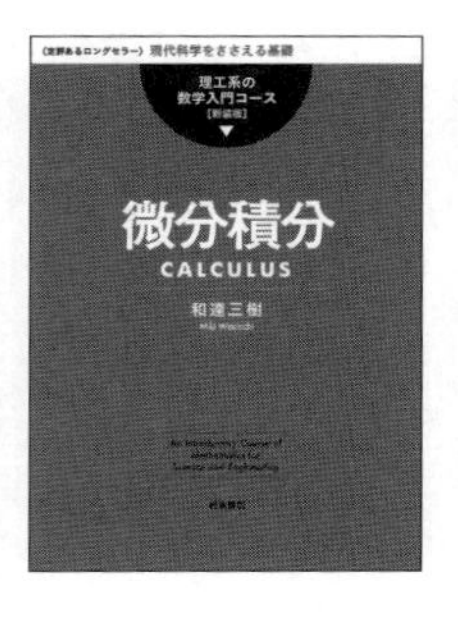

学生・教員から長年支持されてきた教科書シリーズの新装版．理工系のどの分野に進む人にとっても必要な数学の基礎をていねいに解説．詳しい解答のついた例題・問題に取り組むことで，計算力・応用力が身につく．

微分積分	和達三樹	270 頁	定価 2970 円
線形代数	戸田盛和 浅野功義	192 頁	定価 2860 円
ベクトル解析	戸田盛和	252 頁	定価 2860 円
常微分方程式	矢嶋信男	244 頁	定価 2970 円
複素関数	表　　実	180 頁	定価 2750 円
フーリエ解析	大石進一	234 頁	定価 2860 円
確率・統計	薩摩順吉	236 頁	定価 2750 円
数値計算	川上一郎	218 頁	定価 3080 円

戸田盛和・和達三樹 編

理工系の数学入門コース／演習 ［新装版］

A5 判並製（全 5 冊）

微分積分演習	和達三樹 十河　清	292 頁	定価 3850 円
線形代数演習	浅野功義 大関清太	180 頁	定価 3300 円
ベクトル解析演習	戸田盛和 渡辺慎介	194 頁	定価 3080 円
微分方程式演習	和達三樹 矢嶋　徹	238 頁	定価 3520 円
複素関数演習	表　　実 迫田誠治	210 頁	定価 3410 円

岩波書店刊

定価は消費税 10% 込です
2024 年 10 月現在